突发环境事件应急监测
典型案例研究

中国环境监测总站　编著

中国环境出版集团·北京

图书在版编目（CIP）数据

突发环境事件应急监测典型案例研究 / 中国环境监
测总站编著 . —北京：中国环境出版集团，2024.9.
ISBN 978-7-5111-5988-5

Ⅰ. X83–62

中国国家版本馆 CIP 数据核字第 2024AM3900 号

责任编辑　曲　婷
封面设计　彭　杉

出版发行　中国环境出版集团
　　　　　　（100062　北京市东城区广渠门内大街 16 号）
　　　　　　网　　　址：http: //www.cesp.com.cn.
　　　　　　电子邮箱：bjgl@cesp.com.cn.
　　　　　　联系电话：010-67112765（编辑管理部）
　　　　　　　　　　　010-67112736（第五分社）
　　　　　　发行热线：010-67125803，010-67113405（传真）
印　　刷　北京中科印刷有限公司
经　　销　各地新华书店
版　　次　2024 年 9 月第 1 版
印　　次　2024 年 9 月第 1 次印刷
开　　本　787×1092　1/16
印　　张　26
字　　数　642 千字
定　　价　128.00 元

中国环境出版集团郑重承诺：
中国环境出版集团合作的印刷单位、材料单位均具有中国环境标志产品认证。

目　录

第三部分　土壤环境突发污染事件

第四部分　固体废物（危险废物）环境污染事件

第五部分　尾矿库泄漏环境污染事件

第六部分　地震灾害环境应急监测

附　录

01

第一部分
大气环境突发污染事件

案例 1

天津港瑞海公司危险品仓库特别重大火灾爆炸事故环境应急监测

类　　别：大气环境污染事件

关键词：爆炸　氰化物　水质　大气　快速检测　化学分析

摘　　要：2015 年 8 月 12 日 22 时 52 分，位于天津市滨海新区东疆港保税区的瑞海国际物流有限公司危险品运抵区发生了两次剧烈爆炸。爆炸总能量约为 450 t TNT 当量，是一起特别重大的安全生产责任事故，造成了重大的人员伤亡、财产损失和环境污染。

瑞海国际物流有限公司及其周边海关监管区内存储了 110 种化学品，包括 1 600 t 硝酸铵、1 040.5 t 氰化钠等危险化学品。此外，还有硫化钠、金属镁、金属钠等物质。爆炸燃烧过程中有大量污染物进入空气、水、土壤等环境介质中，造成环境污染。

本次应急监测共分为四个阶段，分别为应急监测响应及污染物筛查阶段、监测范围持续扩展阶段、应急监测全覆盖阶段和事故后期处置阶段，应急监测工作从 8 月 13 日一直持续到 9 月 25 日。

事故发生后，监测人员对事故点周边大气环境质量进行了快速监测，主要使用了便携式傅里叶红外法、便携气质法、快速检测管法等。待确定监测方案后，监测人员锁定本次事故中主要的污染物为环境空气中的挥发性有机物（VOCs）和氰化氢，水体及土壤中的氰化物。主要使用的监测方法为传统的化学分析方法，如气相色谱法、分光光度法等。使用的仪器为各类气相色谱－质谱仪、双光束紫外可见分光光度计等。

一、应急监测响应及污染物筛查阶段（第一阶段）

（一）应急响应过程

8 月 13 日 0 时 30 分天津市环境保护局在获悉事故信息后，立即启动环境应急预案，迅速调动应急监测人员赶赴事故现场。

2 时 50 分首批应急人员及相关专家 15 人携带仪器设备 20 余套、监测车辆 6 台抵达现场，与先期到达的滨海新区环境监测人员会合后，立即在浓烟最严重的事故下风向布设点位开展监测，并初步核实事故情况后向市政府应急办、环境保护部应急办首次报告事故信息。

3 时 40 分筛查出甲苯、三氯甲烷、环氧乙烷等事故特征污染物，立即向指挥部和市领导进行了汇报。此后持续对事故特征污染物实施动态监控，每小时报告监测结果。

10时全市15个区县环境应急监测队伍全部到达，结合事故周边区域特征，布设大气环境应急监测点位，全面实施监测。

16时30分指挥部组织首次新闻发布会，客观、全面地介绍了事故区域周边空气和水环境状况，封堵入海口、防止污水入海的防控措施，及时回应了社会关切，有效缓解了公众的恐慌情绪。

（二）监测方案制定情况

在天津港爆炸事故发生初期，事发地核心区集中开展人员搜救工作，且核心区污染物成分复杂，浓度较高，并伴有火情，不适宜环境监测人员进入。所以采样断面（点）的设置以爆炸事故周边3～5 km区域为主，事发地周边无饮用水水源地，重点关注事故区域周边环境空气、地表水、海水等区域的影响，并合理设置监测断面（点）。对爆炸事故中污染物扩散较快的环境空气密集布设监测点位，对排海口、污水处理站和近岸海域布设点位，同时考虑监测的可行性和方便性。

（三）布点采样

1. 环境空气监测

8月13日凌晨监测人员到达现场，现场风向西南偏西，风向风力基本稳定，有利于爆炸事故产生的气体污染物向渤海湾扩散。经过现场勘察，以爆炸点为中心，在事故周边3～5 km范围内下风向按一定间隔的扇形布设11个固定监测点位（1#～11#），同时严密监控其他方向的居民、人群等敏感点位的环境空气质量；在事故点的上风向布设4个对照点位（14#～17#），该4个点位均处于滨海新区城区内，选取的位置均为居民、人群等敏感点位；设置12#（生态城管委会门口，距爆炸点8 km处）和13#（汉沽区管委会门口，距爆炸点20 km处）两个控制监测点位，主要为了监控爆炸废气中污染物的扩散范围，观察污染物是否影响上述敏感区域。采样过程中随时注意风向变化，以及各点位污染物监测种类及浓度水平，及时调整采样点位置（图1、图2）。

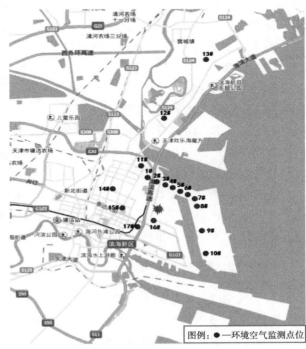

扫码查看
高清彩图

图例：●—环境空气监测点位

图1　第一阶段环境空气监测点位布设

图2　8月13日凌晨现场采集环境空气样品

由于事故发生初期，应急监测人员不足，且事故核心区内无居民、人群等敏感点位，所以第一阶段未在核心区1 km左右范围进行布点监测。

2. 水质监测

事故点周边10 km范围内无饮用水水源地。由于应急监测初期监测人员不足，所以选取爆炸事故下游重点区域（主要为排海泵站、污水处理厂、近岸海域）进行水质监测，同时为防止事故废水进入渤海湾，设置了天津港集装箱物流中心污水收集泵站等4个排海口点位；在海河入海口海河大闸点位设置1个点位；为了防止事故废水进入市政污水管网，对事故区周边的保税区扩

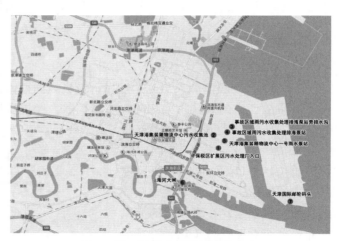

图3　第一阶段水质监测点位布设

扫码查看
高清彩图

展区污水处理厂入口设置1个点位；为了防止事故废水进入海洋，影响海水水质和海洋生物，设置了近岸海域天津国际邮轮码头点位（图3）。

各排海口均处于爆炸事故点下游方向，故本阶段水质监测重点为全面封锁排海口，禁止事故废水进入渤海，同时迅速对所有排海口点位进行监测，掌握水体受污染程度，为下一步事故区周边废水处置工作提供数据支撑。

（四）监测项目及频次

1. 环境空气监测项目及频次

8月13日3时40分，采样人员到达现场后，根据事故发生地的具体情况，迅速划定采样、控制区域。通过现场快速监测仪器对爆炸点下风向周围气体进行采样分析，同时使用环境自动监测车对事故点下风向气体进行监测，筛查出甲苯、环氧乙烷等事

故特征污染物，环境空气中 VOCs 存在一定的超标现象，其主要成分为苯系物（图4、图5）。环境空气中氰化氢未超标，但现场调查了解到危险品库中有大量氰化钠物质，该物质毒性大、危害性强，需对环境空气中的氰化氢进行监测；根据现场危险化学品（以下简称危化品）种类调查及现场便携式快速监测仪分析，定性分析出事故周边环境空气中存在一氧化碳、甲醛、氨和硫化氢。

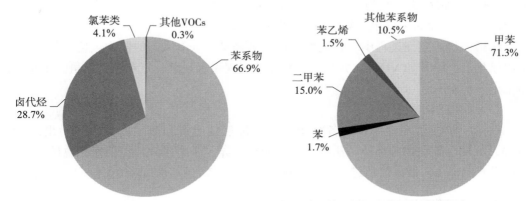

图 4　事故周边环境空气中 VOCs 成分分析　　　　图 5　事故周边环境空气中苯系物成分分析

综上所述，第一阶段确定的环境空气监测项目为氰化氢、挥发性有机物、甲苯、环氧乙烷、氨、硫化氢、一氧化碳和甲醛，同时为了掌握环境空气中挥发性有机物的种类，以及是否产生了新的污染物，对所有点位均进行挥发性有机物筛查。事故发生初期，对采样频次进行加密，监测频次为 1 次 /h。

2. 水质监测项目及频次

现场调查了解到危险品库中有大量氰化钠物质，所以水质监测项目重点关注氰化物，此外，还选取了常见的水体中污染物以及其他有机污染物（三氯甲烷和苯系物），最终确定的水质监测项目为 pH、COD、氨氮、硫化物、氰化物、三氯甲烷、苯系物。监测频次为 3 次 /d。重点关注各个排海口点位的水质状况，对毒性较大的氰化物监测频次为 4 次 /d，同时为了掌握海水中挥发性有机物和半挥发性有机物的种类，以及是否产生了新的特征污染物，对海水进行 VOCs 定性筛查和 SVOCs 定性筛查，筛查频次为 1 次 /d。

（五）监测方法及仪器设备

根据爆炸事故的突发性和污染物种类的复杂性，本阶段环境空气监测以快速法为主，能给出定性、半定量或定量的检测结果，直接读数，对样品的前处理要求低。其中，挥发性有机物、苯系物、环氧乙烷、氨、硫化氢、一氧化碳和甲醛均通过快速气体检测管法、便携式气体检测仪、便携式气相色谱 - 质谱仪等进行污染物快速定性、定量；对于事故区周边重点关注的氰化氢、挥发性有机物、苯系物同时采用国家标准方法采样后，送回实验室进行分析。应急响应初期，由于爆炸现场仍时常发生火情，存在较大的安全隐患，所以监测人员未深入爆炸核心区进行采样。

水质样品均从速采样后送实验室进行确认、鉴别和分析，实验室优先采用国家环境保护标准或行业标准进行分析。

（六）第一阶段监测结果分析

1. 环境空气监测结果分析

各点位甲醛、一氧化碳和环氧乙烷的浓度均呈现递减的趋势，在 8 月 14 日 8 时前，3 种污染物在所有监测点位均未检出，而从 8 月 14 日 8 时起，经现场大气监测车监测，连续 24 小时未检出一氧化碳、甲醛和环氧乙烷。

在第一阶段监测过程中，各监测点位尤其是事故区下风向的监测点位，仍然多次检出氰化氢、甲苯和 VOCs，并且在个别点位出现超标现象；氨和硫化氢虽然未超标，但也是多次检出。

2. 水质监测结果分析

在第一阶段监测过程中，各个排海口点位三氯甲烷和苯系物均为未检出，pH、COD、氨氮、硫化物等指标与历史数据无明显差异。各个排海口点位氰化物浓度在未检出至 6.0 mg/L，最大值超过污水综合排放二级标准限值（0.5 mg/L）。

二、监测范围持续扩展阶段（第二阶段）

（一）监测方案调整情况

根据应急响应及污染物筛查阶段结果，对环境空气固定点位进行优化，设置爆炸核心区流动监测点位，开始对爆炸核心区环境空气开展监测；继续增加水质监测点位，对爆炸点周边多种不同类型水体水质同时开展监测。

（二）布点采样

1. 环境空气布点

通过第一阶段高密度的监测，部分点位污染物监测结果持续未检出，同时根据《突发环境事件应急监测技术规范》中的"通过合理的点位设置，取得最有代表性的环境监测数据"的原则，对环境空气点位进行优化。随着爆炸核心区域现场处置工作的开展，监测人员已经可以进入核心区进行采样，为了更加准确地掌握此次爆炸事故污染物的种类和浓度，在爆炸点周边 500～1 500 m 范围增设 5 个流动监测点位，随时监控爆炸核心区污染物种类和去向（图 6）。

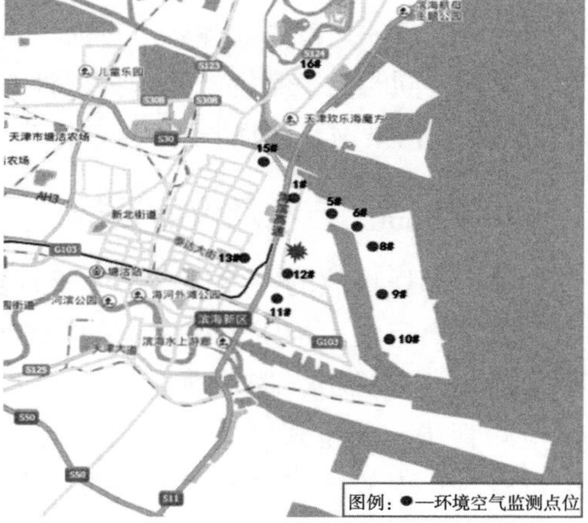

扫码查看
高清彩图

图例：●—环境空气监测点位

图 6　第二阶段环境空气监测点位布设

2. 水质布点

在第一阶段水质布点的基础上，随着外地监测队伍前来驰援，逐渐扩展监测范围，开始关注爆炸事故点水流上游方向水质，尤其是居民关注的地表水水质，共设置泰丰公园、泰丰公园人工湖、会展中心、会展中心人工湖、海河大闸和永定新河防潮闸6个点位；为了加强海水水质监控力度，增加近岸海域监测点位，在渤海湾共设置4个点位，以防止爆炸污染物尤其是氰化物进入渤海湾；其他于第一阶段设置的点位继续进行监测（图7）。

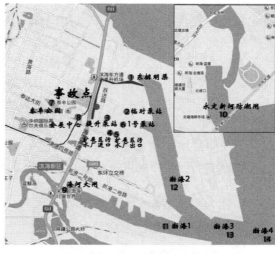

扫码查看
高清彩图

图 7　第二阶段水质监测点位布设

（三）监测项目及频次

1. 环境空气监测项目及频次

经第一阶段监测，一氧化碳、甲醛和环氧乙烷均持续未检出，故在第二阶段取消其监测。

事故点下风向的监测点位仍然多次检出氰化氢、甲苯和VOCs，并且在个别点位出现超标现象；氨和硫化氢虽然未超标，但也是多次检出，所以在第二阶段仍对环境空气中的氰化氢、甲苯、VOCs、氨、硫化氢进行监测。

由于第一阶段环境空气监测结果中仅个别监测点位出现超标，超标现象并未大面积发生，所以第二阶段适当减少监测频次，监测频次调整为1次/2 h；为了全面掌握事故周边环境空气中污染物种类，继续对各个点位挥发性有机物进行筛查，为1次/12 h；由于核心区环境空气中污染物种类繁多且浓度较高，所以对污染物以定性筛查为主，监测项目为氰化氢定性、VOCs筛查。定性筛查监测频次也应较周边环境空气监测频次高，为1次/4 h。

2. 水质监测项目及频次

在第一阶段监测过程中，三氯甲烷和苯系物均为未检出，故取消监测。进行水质采样监测的原则是不断扩大监测范围，适当减少监测频次。所以本阶段继续对东排明渠等排海口点位进行监测，监测项目为pH、COD、氨氮、硫化物、氰化物，监测频次为2次/d；新增的泰丰公园、会展中心等点位位于事故点水流上游位置且地表水均不外排，所以重点关注毒性较大的氰化物，监测频次为2次/d；继续密切关注海水水质，4个近岸海水点位监测项目与排海口相同，为pH、COD、氨氮、硫化物、氰化物，监测频次为2次/d。为了确保海水水质未受其他污染物污染，本阶段对海水中VOCs和SVOCs进行定性筛查，筛查频次为1次/d。

（四）监测方法及仪器设备

经过第一阶段监测，基本锁定了环境空气中主要污染物，但仍需进行挥发性有机物筛查，确定是否出现新的污染物。对事发地周边所有环境空气固定点位重点关注的氰化氢、挥发性有机物、甲苯采用国标方法采样后，送回实验室进行分析；硫化氢、氨采用快速气体检测管法；在事故下风向典型环境空气固定点位进行挥发性有机物定性筛查；本阶段，监测人员已可深入核心区 500～1 500 m 区域进行采样，监测人员不宜在爆炸核心区进行长时间监测，采用快速气体检测管法、便携式气体检测仪和便携式气相色谱－质谱仪对核心区流动点位的氰化氢、挥发性有机物进行快速定性、定量分析。

水质样品均从速采样后送实验室进行确认、鉴别和分析，实验室优先采用国家环境保护标准或行业标准进行分析。

（五）第二阶段监测结果分析

1. 环境空气监测结果分析

第二阶段环境空气各项污染物中，除在 8 月 16 日，8# 点位氰化氢出现 1 次超标情况外，其余点位各项污染物均达标，污染物浓度总体呈现下降趋势，但各项污染物仍然有检出。

2. 水质监测结果分析

各点位 pH、COD、氨氮、硫化物的监测浓度均与历史数据无明显差异。海水中 VOCs 和 SVOCs 中未筛查出除氰化物以外的其他特征污染物。

在第二阶段监测过程中，地表水中天保酒店景观湖点位、东排明渠入海口等排海口点位、多个雨污水点位氰化物均出现超标现象，超标点位的污水均被封堵，严禁外排，待治理达标后再进行排放。

海水中氰化物浓度为未检出至 0.003 2 mg/L，均满足《海水水质标准》（GB 3097—1997）中第一类海水水质标准（0.005 mg/L）。

三、应急监测全覆盖阶段（第三阶段）

（一）监测方案调整情况

根据监测范围持续扩展阶段结果，随着风向的改变，对环境空气固定点位和移动点位进行优化；地表水、雨污水、海水点位继续增加，新增地下水和土壤监测点位。本阶段为保障爆炸事故区周边学校正常开学和居民正常生产生活，以及迎接中国人民抗日战争暨世界反法西斯战争胜利 70 周年大会，对事故区周边学校、企业和居民小区进行了环境空气、水质、土壤和墙体附着物的环境监测调查。

（二）布点采样

1. 环境空气监测

根据前两个阶段不间断的监测，部分点位污染物监测结果持续未检出。同时，8 月 20 日至 9 月 6 日事发地主导风向发生变化，以东风、东北风、东南风为主，所以对固定监测点位进行优化调整，调整后，可以做到全面监控环境空气中的污染物对事故点西侧、北侧和南侧的影响；对事故点核心区监测范围进行细化，在爆炸点周边 500～1 500 m 范围内设置 4 个流动监测区域 A、B、C、D，每个区域随机设置 2 个监测点位，实时监控爆炸核心区污染物的种类和去向（图 8）。

2. 水质监测

为了确保事故区周边水环境质量安全，本阶段继续增加水质监测点位，做到事故区周边水质监测全覆盖（图 9），共设置地表水水质监测点位 22 个，覆盖事故区周边 5 km 范围内所有的景观渠、景观湖、明渠等点位，如出现氰化物超标现象，立即进

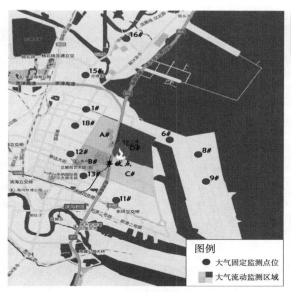

图 8　第三阶段环境空气监测点位布设

行封堵，待处理完成后再进行排放；设置市政污水河道及雨污水泵站水质监测点位 19 个，对超标雨污水进行封堵，严禁外排，待处理达标后再进行排放；布设海水水质监测点位 5 个，保留上一阶段的 4 个近岸海域海水监测点位，新增 1 个外海海域监测点位，监控外海水质情况；本阶段开始关注爆炸事故中氰化物对地下水的污染影响，共设置地下水监测井 28 口：浅层地下水井 12 口，中层地下水井 8 口，深层地下水井 8 口（图 10）。除 4 口浅层地下水井外，其余的浅层、中层和深层地下水井都呈组分布。

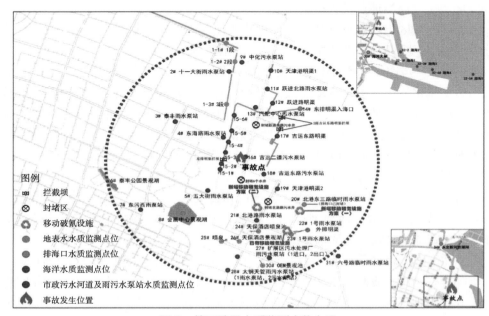

图 9　第三阶段水质监测点位布设

9

3. 土壤监测

为了掌握事故区周边表层土壤受爆炸事故污染影响，开展土壤监测。以事故地点为中心，在周边 5 km 范围内按一定间隔圆形布点采样，共布设 73 个监测点位（图 11）。每个点位面积不小于 50 m²，采集 0～5 cm 表层土样，土壤选择城市绿地、道路绿化林带、未利用地等类型。

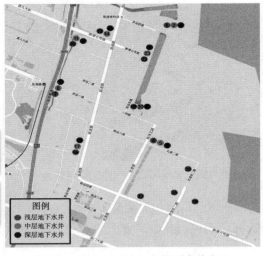

图 10　第三阶段地下水监测点位布设

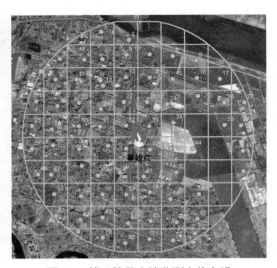

图 11　第三阶段土壤监测点位布设

（三）监测项目及频次

1. 环境空气监测项目及频次

由于滨海城区出现恶臭气味，经便携式快速定性仪器分析后，得出恶臭气体主要成分为甲硫醇，所以本阶段增加对典型恶臭物质甲硫醇的监测。

第二阶段环境空气中各污染物浓度总体呈现下降趋势，但仍然有检出，因此在第三阶段仍然将氰化氢、甲苯、VOCs、氨、硫化氢作为环境空气中污染物监测项目，同时增加甲硫醇的监测，监测频次为 1 次 /2 h；各点位挥发性有机物继续进行筛查，监测频次为 1 次 /12 h；核心区环境空气污染物监测仍以定性筛查为主，由于核心区各类污染物浓度较高且种类繁多，所以定性筛查频次较周边空气筛查频次要高，为 1 次 /4 h。

2. 水质监测项目及频次

经过前两个阶段不间断的监测，各点位 pH、COD、氨氮、硫化物的监测浓度均与历史数据无明显差异，故取消监测。海水中 VOCs 和 SVOCs 中未筛查出除氰化物以外的其他特征污染物，故取消监测。

由于在个别地表水点位、排海口点位、雨污水点位，氰化氢仍有较为严重的超标现象，所以第三阶段水质监测项目仍然重点关注氰化物，所有点位监测频次均为 2 次 /d。本阶段开始对地下水开展监测，为了解地下水受污染情况，除监测氰化物外，还对地下水所有点位进行有机物筛查，筛查频次为 1 次 /d。

3. 土壤监测项目及频次

为掌握事故点周边表层土壤受爆炸事故氰化物污染影响，本阶段开展 1 次土壤监测，监测项目为总氰化物。

（四）监测方法及仪器设备

经过前两个阶段的监测，基本锁定了环境空气中主要污染物，但仍需进行挥发性有机物筛查，确定是否出现新的污染物。对事发地周边所有环境空气固定点位重点关注的氰化氢、挥发性有机物、甲苯采用国标方法采样后，送回实验室进行分析；硫化氢、氨、甲硫醇采用快速气体检测管法；在事故下风向典型环境空气固定点位进行挥发性有机物定性筛查；监测人员可进入核心区 500～1 000 m 区域范围内，爆炸核心区污染物浓度高、种类多，且对人体危害较大，人员不宜进行长时间监测，采用快速气体检测管法、便携式气体检测仪和便携式气相色谱－质谱仪对流动点位的污染物进行快速定性、定量分析。

水质和土壤样品均从速采样后送实验室进行确认、鉴别和分析，实验室优先采用国家环境保护标准或行业标准进行分析。

（五）第三阶段监测结果分析

1. 环境空气监测结果分析

环境空气中的 VOCs 已恢复到事故前该区域环境背景值水平，氰化氢、氨、硫化氢、甲硫醇等污染物均连续未检出。

2. 水质监测结果分析

在第三阶段监测过程中，地表水点位中东排明渠入海口泵站等点位氰化物超标，超标废水已被封堵，无污水外排影响环境。雨污水点位中吉运东路明渠等点位氰化物超标，超标废水已被封堵，无污水外排影响环境。

地下水中氰化物浓度低于《地下水质量标准》[①]（GB/T 14848—93）的Ⅲ类标准，达到集中式饮用水水源地水质要求；海水中氰化物浓度低于《海水水质标准》（GB 3097—1997）中一类海水水质标准。

综上所述，在个别地表水点位、排海口点位、雨污水点位，氰化氢仍有较严重的超标现象，但超标废水均未外排。

3. 土壤监测结果分析

土壤中有 18 个点位总氰化物有检出，但浓度均低于相关标准限值要求。

（六）保障性监测工作

1. 监测方案制定情况

为保障爆炸事故周边学校正常开学和居民正常生产生活，同时迎接中国人民抗日战争暨世界反法西斯战争胜利 70 周年大会，对事故区周边学校、企业和居民小区进

---

① 目前，该标准已被《地下水质量标准》（GB/T 14848—2017）代替，下同。

行环境质量调查。以距事故中心
2 km、4 km 为半径，将事故区周
边划分为 3 个监测范围，分别为
0～2 km、2～4 km 和 4 km 以外。
在监测范围内按照不同方位，选
取 24 个典型学校、企业和居民小
区进行监测（图 12）。监测时间
为 8 月 24 日至 9 月 7 日。

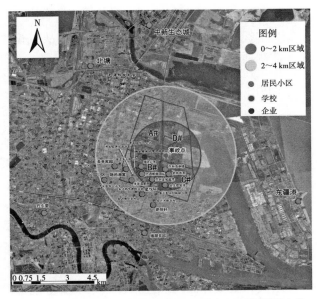

图 12　事故周边学校、企业和居民小区环境监测点位

扫码查看
高清彩图

2. 布点采样

（1）环境空气监测

在每个学校、企业和居民小
区中心位置各布设 1 个监测点位。

（2）地表水监测

在每个有景观水体的学校、
企业和居民小区各布设 1 个地表
水监测点位。

（3）土壤监测

选取学校、企业和居民小区裸地作为监测对象，由于面积较小且地面
均有硬化，不适宜采用网格布点法，因此每个学校、企业和居民小区随机
布设 3 个监测点位，采集 0～5 cm 表层土壤。

（4）墙体附着物监测

每个学校、企业和居民小区各布设 1 个监测点位。

3. 监测项目及频次的确定

环境空气参照事故区周边固定点位监测项目，重点关注本次事故中氨、氰化氢、
硫化氢、挥发性有机物等主要污染物，监测频次为 2 次 /d；地表水、土壤和墙体附着
物重点监测毒性较大、危害较强的氰化物，监测频次为 1 次 /d。

4. 监测方法及仪器设备

环境空气中主要污染物氨、氰化氢、硫化氢、挥发性有机物采用快速气体检测管
法、便携式气体检测仪和便携式气相色谱－质谱仪进行快速定性、定量分析；环境空
气中的氰化氢，地表水、土壤和墙体附着物中的氰化物均采用国家环境保护标准或行
业标准方法，快速采样后送回实验室进行分析。

5. 监测结果分析

（1）环境空气监测结果分析

8 月 24 日至 9 月 7 日，学校、企业和居民小区所有点位环境空气中 VOCs、氰化
氢、硫化氢和氨的监测结果均低于相关标准限值。

（2）地表水环境监测结果分析

在有景观水体的学校、企业和居民小区中，地表水的氰化物监测结果均低于《地

表水环境质量标准》（GB 3838—2002）中所规定的标准限值。

（3）土壤环境监测结果分析

各学校、企业和居民小区土壤中氰化物的监测结果均低于相关标准限值。

四、事故后期处置阶段（第四阶段）

（一）监测方案调整情况

核心区现场基本清理完毕，爆炸产生的污染物质进入周围环境后，随着稀释、扩散和降解等作用，其浓度逐渐降至环境背景值水平。应急监测逐渐转为常规监督性监测，大气、水质监测点位进一步优化，重点对海水、排海口、事故区雨污水管网和治理设施进行监测。

（二）布点采样

1. 环境空气监测

经监测专家组根据第三阶段监测情况讨论研究，部分点位污染物监测结果连续未检出，故取消监测；环境空气固定监测点位优化调整为 5 个；监测人员已可深入核心区 1 km 范围内，移动监测点位监测范围缩至 500～1 000 m。核心区各移动点位污染物指标均持续稳定达标，经监测专家组讨论，核心区移动点位由 8 个调整为 4 个，继续监控核心区环境空气污染物的种类、浓度和去向（图 13）。

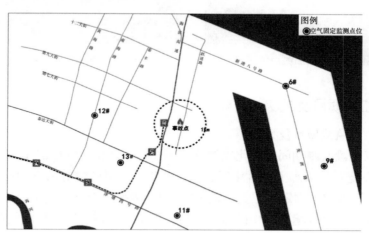

图 13　第四阶段环境空气监测点位布设

2. 水质监测

根据第三阶段监测结果，本阶段继续对地表水、排海口等点位进行监测，保留第三阶段设置的 9 个地表水点位、5 个排海口点位、14 个雨水井点位、16 个地下水点位，增加 1 个外海水质监测点位，共计 6 个海水点位。此外，新增部分水质监测点位，由于监测人员可以深入爆炸警戒区内进行采样，在爆炸中心坑设置 3 个点位，监控爆炸坑水质；对前期超标水体 4 个点位继续进行监测；对持续超标的事故区周边居民小区水坑 6 个点位进行监测；为了尽快处理完事故区含氰化物废水，在事故区新增 5 套破氰装置，对每套破氰装置进出口进行监测，共计 10 个点位，监测结果合格后方可进行排放（图 14）。

3. 土壤监测

9 月初降雨后，为防止氰化物随雨水渗入土壤，污染土壤环境，监测人员开展了第二次土壤监测。以事故地点为中心，在爆炸点周边 5 km 范围内按一定间隔圆形布点采样，共布设 73 个监测点位（图 15）。采集 0～5 cm 表层土样，土壤选择城市绿地、道路绿化林带、未利用地等类型。

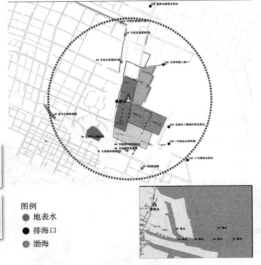

图例
- 🔴 地表水
- ⚫ 排海口
- 🔵 渤海

扫码查看
高清彩图

图 14　第四阶段水质监测点位布设

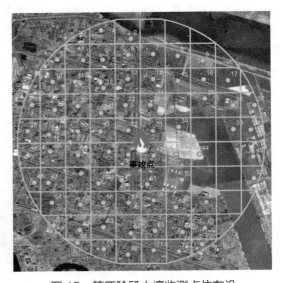

图 15　第四阶段土壤监测点位布设

（三）监测项目及频次

1. 环境空气监测项目及频次

经过第三阶段监测期间，氰化氢持续稳定达标，环境空气中的 VOCs 已恢复到事故前该区域环境背景值水平，氰化氢、氨、硫化氢、甲硫醇等污染物已连续未检出。综上所述，本阶段取消固定点位氨、硫化氢、甲硫醇和 VOCs 的监测，仅保留危害大、毒性强的氰化氢作为环境空气中的监测项目；为了确保核心区环境空气质量安全，保留移动点位的氰化氢、硫化氢和氨的定性监测。

2. 水质监测项目及频次

在第三阶段监测过程中，东排明渠入海口泵站、北港东三路临时雨水泵站、1 号雨水泵站外排明渠氰化物出现超标现象，超标废水已被封堵，无污水外排影响环境。

综上所述，第四阶段水质监测项目仍然重点关注氰化物。由于超标水体均已进行封堵，待处理达标后排放，无外排影响环境的危险，所以本阶段所有点位监测频次由 2 次 /d 降为 1 次 /d。

3. 土壤监测项目及频次

9月初降雨后，为防止氰化物随雨水渗入土壤，污染土壤环境，监测人员开展了第二次土壤监测，监测项目为总氰化物，监测频次为1次/d。

（四）监测方法及仪器设备

经过长时间的有机物筛查，环境空气中未发现新的特征污染物。本阶段对事故区周边所有环境空气固定点位重点关注的氰化氢采用国标方法采样后，送回实验室进行分析；爆炸核心区污染物浓度高、种类多，且对人体危害较大，不宜进行长时间人工监测，对流动点位的污染物采用快速气体检测管法、便携式气体检测仪和便携式气相色谱－质谱仪进行快速定性、定量分析。

水质和土壤样品均从速采样后送实验室进行确认、鉴别和分析，实验室优先采用国家环境保护标准或行业标准进行分析。

（五）第四阶段监测结果分析

经过第四阶段监测，事故点1 km范围外环境空气均已长期稳定达标，空气中挥发性有机物等污染物指标已达到环境背景值水平；土壤中总氰化物均未检出；超标地表水点位中氰化物处理完成，达标排放；地下水中氰化物浓度均达标；天津港近岸海域水质稳定达到所处功能区要求，与历年数据相比无明显变化。

五、应急监测结束后续工作

截至2015年9月25日，事故点1 km范围外环境空气、地表水、海水、地下水及土壤均已连续稳定达标，9月25日，经市政府批准同意，本次应急监测工作结束，应急监测正式转为常规监督性监测。监测重点为环境空气和水质，监测项目为氰化物。

六、应急监测期间质量控制与质量保证

本次应急监测工作从监测方案制定、人员、分析方法、仪器设备、数据报出等方面进行质量控制。环境监测质量控制工作主要体现在监测的日常管理工作中，例如，质量体系的正常运行，管理制度的贯彻实施，仪器设备的检定、校准和维护，标准物质的储备和校验，试剂和用品的准备，人员培训等。应急监测的质量控制和质量保证工作具有时间紧、样品复杂、样品数量大等特点，因此质控工作又有其特殊性。

本次应急监测质量管理工作分为污染物筛查阶段和监测分析阶段，监测全程采取了严格的质量保证和质量控制措施（图16）。

（一）污染物筛查工作质控措施

此阶段工作主要是了解事故状况、影响程度，确定污染物种类。主要监测仪器为各种便携应急仪器。由于监测人员对仪器的日常维护保养工作到位，保证了应急监测工作能在第一时间开展。应急人员携带便携式气相色谱－质谱仪深入事故现场周边对

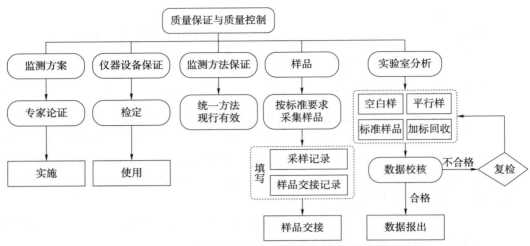

图 16　应急监测全过程质量保证与质量控制

污染物进行定性，为保证污染物筛查准确定性，现场采样后同时将样品送回实验室采用气相色谱 – 质谱仪对污染源进行定性。便携气质利用仪器自带标准气体进行校准，气相色谱 – 质谱仪根据谱库，筛查相似度在 80% 以上的物质。经过便携气质及气相色谱 – 质谱仪以及其他气体便携仪器的对比，参考危化品仓库的库存物质种类和爆炸燃烧时化学反应的可能产物，综合分析后最终筛查出此次事故主要污染物。此次筛查结果得到了其他兄弟站和检测单位的认可。

在应急监测工作中，为了快速有效地筛查出污染物，首先，监测仪器应该做好日常保养工作，尤其是仪器的充电、校准检定等，保证仪器随时能够使用。其次，人员要有一定的应急监测能力。应急监测不同于日常监测，快速地出具监测结果是首要任务，因此在这种情况下，应急监测人员的业务水平及现场应变能力显得尤为重要。监测中心在监测人员的培训方面应尤其注重应急监测人员的培养。业务科室应专门挑选身体素质好、业务水平高、应变能力强的人员作为应急人员，不定期组织人员培训及应急演练，提高应急人员的应急监测能力。

（二）应急监测分析工作质控措施

本次应急监测工作涉及环境空气、地表水、地下水、海水、土壤等多方面，监测覆盖面广泛。随着时间的推移，监测工作逐渐由现场监测向实验室分析转移。严格的质量控制措施保证了监测数据的真实性，并要求监测人员有效执行。

1.统一监测方法及技术表格

本次应急工作涉及多个监测站，涉及的仪器设备校准、方法的选用及记录的使用也不尽相同。为保证监测数据的可比性和完整性，需要对所使用的监测方法进行统一，确保监测方法现行有效并在计量认证范围内；使用统一的采样记录、样品交接记录及分析记录；所有试剂及耗材均由专人进行管理。

（1）环境空气监测执行《环境空气质量手工监测技术规范》[①]（HJ 194—2005）、《大气污染物无组织排放监测技术导则》（HJ/T 55—2000）中规定的质量保证与质量控制技术要求，分析方法采用《固定污染源排气中氰化氢的测定　异烟酸－吡唑啉酮分光光度法》（HJ/T 28—1999）。

（2）地表水监测执行《地表水和污水监测技术规范》[②]（HJ/T 91—2002）中规定的质量保证与质量控制技术要求，分析方法采用《水质　氰化物的测定　容量法和分光光度法》（HJ 484—2009）。

（3）地下水监测执行《地下水环境监测技术规范》[③]（HJ 164—2004）中规定的质量保证与质量控制技术要求，分析方法采用《生活饮用水标准检验方法　无机非金属指标》[④]（GB/T 5750.5—2006）。

（4）海水监测执行《近岸海域环境监测规范》[⑤]（HJ 442—2008）中规定的质量保证与质量控制技术要求，分析方法采用《海洋监测规范　第4部分：海水分析》（GB 17378.4—2007）。

（5）土壤监测执行《土壤环境监测技术规范》（HJ/T 166—2004）中规定的质量保证与质量控制技术要求，分析方法采用《土壤　氰化物和总氰化物的测定　分光光度法》（HJ 745—2015）。

2. 人员要求

采样和分析人员做到持证上岗，采样人员熟知采样器具的使用和样品的采集、固定、运输、保存。分析人员做到熟悉和掌握相关的分析方法、数据处理以及仪器设备的操作。

3. 现场采样质控措施

样品的代表性直接关系应急监测工作的成败。考虑到本次应急监测的特殊性，采样过程在执行常规质量控制措施的前提下，还应注意以下5个方面：

（1）由于本次事件波及范围广，污染物种类复杂，采样工作任务艰巨，因此尽量配备了有经验、对事发地情况较为熟悉的采样人员，保证在时间紧、任务重的情况下及时到达采样地点顺利采样，并保证按规范保存样品以便及时进行监测。

（2）注意样品的分类编码。应急监测时，由于采样时间紧迫，样品数量多，工作强度大，在样品的流转过程中容易造成样品的混乱，因此由指挥部根据样品采样地点及监测项目统一编码，避免了在采样现场样品混乱情况的发生，并指定专人对样品进行交接。

（3）现场使用的各类检测试纸、检测管、化学测试组件等均由专人按照规定保存条件进行保管，并保证在有效期内；现场采样所使用的吸收管和吸附管、水质采样容

---

①　目前，该标准已被《环境空气质量手工监测技术规范》（HJ 194—2017）代替，下同。

②　目前，该标准已被《地表水环境质量监测技术规范》（HJ 91.2—2022）部分代替，下同。

③　目前，该标准已被《地下水环境监测技术规范》（HJ 164—2020）代替，下同。

④　目前，该标准已被《生活饮用水标准检验方法　第5部分：无机非金属指标》（GB/T 5750.5—2023）代替，下同。

⑤　该标准在2020年被更新和代替，下同。

器均由天津市环境监测站和滨海新区环境监测站设专人统一进行清洗、准备，并进行抽查，抽查合格后才能进行样品采集。

（4）现场监测涉及的仪器设备均应通过检定，并在使用期间按照规定对仪器进行校准，杜绝使用问题仪器。应急监测期间，所有仪器设备设有专人进行管理和日常维护。

（5）本次应急监测期间质量管理人员对现场采样进行了检查，检查内容包括所使用仪器设备的检定／校准情况、人员持证上岗情况及记录填写是否规范。总体上，监测人员能够按照相关的监测标准和技术规范进行应急监测，在点位布设、采样操作、吸收液和吸附管的准备及记录填写规范性等方面基本满足相关质量控制要求。

4. 样品运输过程质量措施

样品采集后，为了在最短时间内得到监测结果，并保证数据准确性，缩短送样时间是最有效的方法。自8月16日起，天津市环境监测站实验室化学分析监测项目全部在距离事故地点较近的滨海新区环境监测站实验室进行。由于样品量大、滨海新区环境监测站实验室面积不足，市站及时与天津科技大学协商，在距离事故中心区仅有5 km的天津科技大学泰达校区组建了临时实验室，确保了监测数据的及时报出。

5. 实验室质控措施

样品的分析测试是整个监测过程的重要步骤，在样品具有代表性的前提下，分析测试的质量就决定了整个监测过程的质量，必须严格把关，保证监测数据的准确可靠。本着优先采用国家标准或行业标准的原则，实验室分析按要求采取通过计量认证的、统一的、现行有效的分析方法。

由于此次事故污染物种类复杂，基体干扰大。为消除基体干扰，监测人员进行实验尝试，找出去除干扰的最佳条件，减少了误差。对于浓度变化大的样品，为保证一次成功检测，实验室人员先用快速简单的方法测定污染物浓度范围，再进行样品的稀释和准确测定，防止因稀释比例不当导致无法测定，影响数据报出。

本次应急监测涉水、土壤、大气、生物等介质，尤其水样包括地表水、地下水、生活污水、消防废水、雨水、海水等，纷繁复杂，测试样品浓度范围横跨几个数量级，并且随着含氰化物废水的处置，样品干扰多、变化大，因此需要从各方面加强质量控制。主要采取了空白样品分析、平行样分析、标样测试、加标回收等方式进行质量控制。应急监测期间出具水质监测数据3 400余个，平行样467个，质控样及加标回收样270个；出具空气监测数据5 700余个，现场平行样66个，质控样44个。各种质控数据统计图见图17、图18，可以看出，本次应急监测中水中氰化物的平行样相对偏差大部分在10%以下；水中氰化物加标回收率为80%～110%；空气中氰化物现场平行相对偏差大部分在10%以下，少部分样品为10%～15%。由此可以看出，由于应急监测工作的复杂性、紧迫性导致一些质控数据的合格范围要比常规监测工作的质控数据合格范围要宽。

6. 数据处理质控措施

数据处理分析既是监测的最后一步，也是质量控制的最后一关，由于应急监测的时间紧、处理的数据量大，为避免在结果的计算和审查过程中出现错漏，此次应急监测坚持严格的校审制度，认真校对和审查。同时重视合理性分析，对发现的异常数据及时复测，保证数据准确。

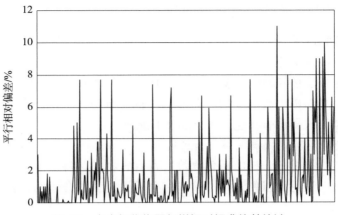

图 17　水中氰化物平行样相对标准偏差统计

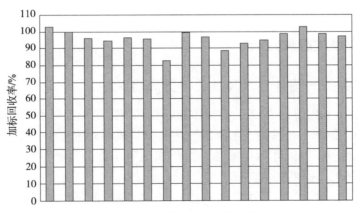

图 18　水中氰化物加标回收率统计

七、应急监测期间监测人员安全措施

进入突发环境事件现场的应急监测人员必须注意自身的安全防护，对事故现场不熟悉、不能确认现场安全或不按规定佩戴必需的防护设备（如防护服、防毒呼吸器等），未经现场指挥 / 警戒人员许可，不得进入事故现场进行采样监测。

（一）采样和现场监测人员安全防护设备

在本次爆炸事故中，采样和现场监测人员配备的安全防护设备包括：

（1）测爆仪及一氧化碳、硫化氢、氯化氢、氯气、氨等现场测定仪等。

（2）防护服、防护手套、胶靴等防酸碱、防有机物渗透的各类防护用品。

（3）各类防毒面具、防毒呼吸器（带氧气呼吸器）及常用的解毒药品。

（4）防爆应急灯、醒目安全帽、带明显标志的小背心（色彩鲜艳且有荧光反射物）、救生衣、呼救器等。

（二）采样和现场监测安全事项

（1）应急监测，至少两人同行。

（2）进入事故现场进行采样监测，应经现场指挥／警戒人员许可，在确认安全的情况下，按规定佩戴必需的防护设备（如防护服、防毒呼吸器等）。

（3）进入易燃易爆事故现场的应急监测车辆应有防火、防爆安全装置，应使用防爆的现场应急监测仪器设备（包括附件，如电源等）进行现场监测，或在确认安全的情况下使用现场应急监测仪器设备进行现场监测。

（4）对送实验室进行分析的氰化物等有毒有害物质，特别是浓度较高的事故核心区样品，均需加以注明，以便送样、接样和分析人员采取合适的处置对策，确保人身安全。

（5）对含有剧毒的氰化物样品，不得随意处置，应做无害化处理或送至有资质的处理单位进行处置。

八、本次事故应急监测特点

（一）党中央、国务院以及社会各界高度关注

事故发生后，党中央、国务院高度重视，党和国家领导人先后作出重要批示。

原环境保护部领导先后多次来津指导环境应急监测处置工作，原环境保护部应急中心、环境监测司、中国环境监测总站组织相关省（市）监测专家组成监测专家组，为开展应急监测工作提供技术支持。

清华大学、天津大学以及中国环科院、原环境保护部环境规划院、原环境保护部固体废物与化学品管理技术中心、天津市环科院、北京市环科院等科研单位专家针对污水处理、场地修复等问题，参与技术、实施方案的制定和论证。

媒体和社会公众对本次事件空前关注，除国内各类电视台、电台、报纸对本次事故的报道外，美联社、CNN、BBC、日本 NHK、韩联社等知名境外媒体也对爆炸事故给予高度关注和大量报道；互联网相关新闻评论、微博评论均破万条。应急监测工作近乎现场直播，以全公开、全透明的方式进行。

（二）应急监测难度高

瑞海国际物流有限公司储存的危险化学品种类繁多，有易燃气体、液体、固体，氧化剂、腐蚀性物品以及其他有毒有害的危险化学品，发生爆炸的仓库是中转仓库而非固定仓库，危险化学品的种类和数量都不固定，除已知的大量氰化钠外，还有硝酸铵、硝酸钾、二氯甲烷、三氯甲烷、四氯化钛、甲酸、乙酸、氢碘酸、甲基磺酸、电石等多种化学品，货场内还有油漆桶、硅化钙等。危险化学品种类、数量不详，监测项目确定困难。

（三）事故区周边敏感点多

事故区周边敏感目标集中，外资企业密集。爆炸点周围直径 3 km 内分布着 15 个以上的居民小区、7 所学校，以及国家超级计算机天津中心、多个物流公司和外资企业；在爆炸点周围 1 000 m 内，还有万科海港城（距爆炸中心 300 m）和启航嘉园小区（距爆炸中心 600 m），有超过 5 600 户住户，学校、企业和居民小区等敏感点众多。

（四）应急监测工作量大

本次环境应急监测覆盖大气、海水、土壤、地表水、地下水等要素，在事故处置期间，环保部门连续开展 24 小时不间断监测工作，共出动监测人员 700 余人、26 000 余人次、应急车辆 100 余台，动用仪器设备 600 余台（套），取得监测数据 38 000 余个，出具监测快报 300 期，每 2 小时对外发布一次数据，应急工作任务量巨大。

（五）数据质量要求高

国家海洋局、非政府组织、外资企业、媒体等都通过不同途径开展监测。在应急监测过程中，天津市环境监测部门出具的数据经受住了考验。例如，对于群众关注度较高的下雨后路面出现白沫、海河入海口出现死鱼等情况，绿色和平组织也第一时间在事发地进行了采样分析，公布了监测结果，与天津市环境监测部门发布的结果比对，均无显著性差异。环境监测部门发布的各项数据做到了真实、有效，全面、客观地反映环境质量状况及动态变化，为政府决策、事故处置、稳定民心提供了有力保障。

九、应急监测建议

（一）建立天津港有毒有害气体污染源清单

针对天津港规划特点和未来发展用途，建立全面的有毒有害气体污染源基础数据清单。

（二）制定应急状态环境质量与污染物综合排放标准

针对化学品突发事件特征污染物多样、应急处置时间紧迫的现实需求，制定主要基于短期急性暴露毒性的特征污染物环境空气质量标准；研究制定满足应急状态需求的环境质量标准与污染物排放标准。

（三）提升化学品突发事件应急监测水平

在重点区域涉及化学品企业排污口、入海口等安装化学品爆炸泄漏在线监测预警设备，加强化学品突发事件的监测预警。明确提出化学品爆炸泄漏事故环境监测能力配置标准，为危险化学品突发事件的环境应急决策提供技术支撑。

（四）制定适用于应急监测的标准方法

传统标准分析法得出的数据更为可靠，有相关标准作为依据，但分析周期较长，不符合应急监测快速的要求；快速分析法使用仪器操作简便，报数迅速，但缺少相关标准分析方法支撑，数据真实性会受到质疑。所以面对应急工作，应满足快速、准确、仪器操作简便的要求，在此前提下，尽快制定适用于应急监测的国家标准分析方法。

（五）明确应急监测范围

在本次事故中，监测范围做到了全覆盖，从核心爆炸区水坑到近岸海域，从核心区空气质量到爆炸点 5 km 外的居民小区，且各个区域均布设了大量的监测点位，工作量大，难以抓住应急监测工作的重点区域。应尽快出台相关规范性文件，应明确不同种类应急监测情况的监测范围。

（六）增加应急监测人员补助，关注应急监测人员身心健康

与常规监测工作相比，应急监测工作具有作业场所环境恶劣、监测持续时间长、工作强度大等特点。目前环境监测人员有常规工作补助，但缺少应急工作补助，所以应建立应急监测人员补助制度，且补助额度应较常规工作有明显提高。此外，还应关注监测人员的人身健康，如人身保险、工作调休、应急监测后身体检查等。

专家点评 //

一、组织调度过程

本次震惊全国的事故，从危险化学品储存、管理到公安消防队伍的业务素质，安全管理、环评、安评，乃至相关企业选址、建设、环保和安全验收等方面都应该深刻反思，认真总结，以防类似事件再次发生。

本案例的应急监测启动非常迅速，根据事故发生地的特点和事故发生时段，及时调整空气和水的监测点位布设，增减监测范围，并适当增加了土地、地下水、雨水井、入海口和海水监测，尤其对学校、企业和居民小区中心位置的空气和水塘景观监测，虽然工作量大，但十分重要、合理。

从接报到应急人员抵达现场仅用时 2 小时左右，应急监测响应十分迅速。此后，8 月 13 日 10 时，全市 15 个区县环境应急监测队伍全部到达，结合事故周边区域特征，布设大气环境应急监测点位，全面实施监测，体现出在应急监测响应初期，对区域内监测力量的组织调动也十分顺畅和高效。

回顾整个应急响应和监测过程，天津市环境监测系统的应急组织调度工作展现出应对充分、指挥有力、方案科学、统一高效等特点，具体体现在以下 4 个方面：一是首批应急队伍中除了应急人员还加入了相关专家，携带的仪器设备有 20 余套，出动监测车辆 6 台，出发前就预判了事故影响大、处置难；二是首批队伍抵达后，很快就组织全市 15 个区县应急监测队伍赶赴现场，根据现场工作需要对应急监测力量的指挥调度十分迅速果断；三是制定的应急监测方案充分考虑到不同时段事故对周边环境的影

响，同时紧密结合应急监测指挥部的决策需要，及时作出优化调整，确保了应急处置不同阶段应急监测方案的科学性；四是在事故处置期间，连续开展 24 小时不间断监测工作，对 700 余名现场监测人员、100 余台应急车辆、600 余套应急设备实施统一调度管理，并采取了严格的质控措施，有效保障了监测报告和数据发布的及时性和准确性。

二、技术采用

（一）监测项目及污染物确定

由于事故发生地储存大量的硝酸铵（1 600 t）、氰化钠（1 040.5 t）、硫化钠、金属镁、金属钠、四氯化钛、二氯甲烷、三氯甲烷、甲酸、乙酸、甲基磺酸、氢碘酸等 110 种化学品，燃烧爆炸后向环境中释放的污染物难以准确判断。因此本次使用 FTIR、GC-Ms、快速检测管等定性、半定量筛选后，定量监测是合理的，尤其是 FTIR 根据指纹可对多种 CH 化合物进行定性筛查。监测项目的确定体现出主次清晰、化繁为简、针对性和可操作性强的特点。在监测项目及污染物的确定过程中，第一时间使用了现场快速监测仪器和环境自动监测车，综合采用便携式傅里叶红外法、便携气质法、快速检测管法等现场快速监测方法，根据污染物危害大小、检出情况和社会关注程度，分阶段优化精简监测项目，最终锁定本次事故中主要的污染物为环境空气中的挥发性有机物和氰化氢及水体、土壤中的氰化物，并作为主要监测项目。

（二）监测点位、监测频次和监测结果评价及依据

1. 监测点位布设

应急监测过程中点位布设的原则把握准确、目标清晰、针对性强，紧密围绕应急处置工作需要，在不同应急监测阶段对环境空气、地表水、海水、地下水和土壤监测点位适时作出补充和优化调整。

2. 监测频次确定

监测频次的确定兼顾了监测初期应急处置急迫形势的需要和监测后期可持续跟踪事态发展的需要。监测初期开展加密监测，此后逐阶段优化降低了监测频次，既满足了污染物动态变化趋势监测分析的需要，又保证了监测工作的有序和可持续开展。

3. 监测结果评价及依据

在监测过程中，严格按照有关污染物排放标准和环境质量标准对监测结果进行评价。评价使用的标准包括《污水综合排放标准》《海水水质标准》《地下水质量标准》等。

（三）监测结果确认

本次应急监测从监测方案制定、人员、分析方法、仪器设备、数据报出等方面进行质量控制，全过程均采取了严格的质量保证和质量控制措施。其中，在污染物筛查工作阶段采用实验室同步分析方式对现场监测结果进行复核确认，监测过程统一监测方法及技术表格，安排专人管理实际耗材和对采样器具进行统一标准的清洗和准备，安排质管人员进行现场质控检查，样品分析过程严格采用空白样品分析、平行样分析、标样测试、加标回收等方式进行质量控制等经验做法值得学习。

（四）报告报送及途径

案例在此方面的总结一般。

（五）提供决策与建议

案例在此方面的总结一般。

（六）监测工作为处置过程提供的预警等方面

案例在此方面的总结偏弱。

三、综合评判意见和后续建议

（一）综合评判意见

案例主要内容涵盖了应急监测响应及污染物筛查阶段（第一阶段）、监测范围持续扩展阶段（第二阶段）、应急监测全覆盖阶段（第三阶段）、事故后期处置阶段（第四阶段）、应急监测结束后续工作、应急监测期间质量控制与质量保证、应急监测期间监测人员安全措施、本次事故应急监测特点、应急监测建议9个方面。案例较为系统完整地回顾了应急监测全过程，尤其是针对应急监测不同阶段方案的具体调整过程和内容，对今后此类事故的应急监测响应具有较好的借鉴参考作用。

（二）建议

1. 此次爆炸事故应急监测过程中，在应急监测指挥部的统一调度指挥下，全国范围内众多省份应急监测队伍发挥出了重要的支援支撑作用，建议在案例中增加有关对外部应急监测支援力量的统筹协调经验总结评估内容。

2. 案例中对环境空气、土壤等污染物监测结果评价的标准依据和选取原则描述还不够具体，为给今后的应急监测工作提供经验参考，建议做重点补充。

3. 案例中应急监测报告报送及途径方面还缺少总结回顾，建议进行补充。

本案例是典型的危险品库爆炸导致的水体和大气污染事件。由于事件造成的人员伤亡较多、经济损失巨大，因而引起了极高的社会关注度。

本案例由于事件发生的特殊性，应急监测工作较为复杂。在应急监测响应及污染物筛查阶段，监测点位的设置以爆炸事故区周边3～5 km区域为主，重点关注事故区域周边环境空气、地表水、海水等区域的影响；监测范围持续扩展阶段，在爆炸点周边500～1 500 m范围增设5个流动监测点位，随时监控爆炸核心区污染物种类和去向，对爆炸核心区环境空气开展监测，同时对爆炸点周边人工湖、防潮闸、渤海湾开展水质监测，重点关注毒性较大的氰化物；应急监测全覆盖阶段，为保障爆炸事故周边正常生产生活，对环境空气固定和移动点位随风向变化进行优化，同时持续增加地表水、雨污水、海域点位，并新增地下水和土壤监测点位；事故后期处置阶段，应急监测逐渐转为常规性监测，进一步优化大气、水质点位，重点对海水、排海口、事故区雨污水管网和治理设施进行监测。本次环境应急监测涉及大气、海水、土壤、地表水、地下水等要素，工作量大、难度高、社会关切更高，通过应急监测各阶段工作的周密部署和全体应急监测人员的共同努力，环境监测部门及时发布了各项监测数据，充分反映了环境质量状况及动态变化，为应急事故处置与稳定民心提供了有力保障。

本案例的处置对应对特大爆炸事故的应急监测工作具有很好的借鉴意义。

案例 2

扬子石化橡胶有限公司丁苯装置爆炸应急监测

类　　别：大气环境污染事件

关键词：一般突发环境事件　大气环境污染事件　便携式 GC-MS

摘　　要：2021 年 1 月 12 日 17 时 20 分左右，南京市新材料科技园南京扬子石化橡胶有限公司由于安全生产问题，导致丁苯装置发生爆炸起火，现场有挥发性有机物泄漏。江苏省南京市环境监测中心会同江苏省环境监测中心、南京市江北新区环境执法局以及第三方检测机构编制监测方案，采用便携式 GC-MS、便携式 PID、实验室监测、大气自动站及网格化监测站点等监测手段，开展相关监测，应急监测现场工作持续至 1 月 13 日 2 时，主要污染物为 1,3- 丁二烯和正己烷。

一、应急监测接报

1 月 12 日 17 时 30 分接到通知后，江苏省南京市环境监测中心（以下简称南京监测中心）分 2 批赶往现场，并第一时间向江苏省环境监测中心（以下简称省监测中心）汇报情况，到达现场后会同省监测中心和南京市江北新区环境执法局根据现场事态研判，结合路途编制应急监测方案初稿，确定监测方案，开展应急监测工作。

二、初期应对阶段

2021 年 1 月 12 日 18 时 20 分左右监测人员到达现场，明火已扑灭，事故已得到有效控制。

点位布设及监测频次：一是厂界及下风向 4 个手工监测点位，初期手工监测频次为 1 次 /h；二是事故下风向六合雄州国控站点、六合高级中学省控站点、四柳村环境空气自动站及园区周边网格化监测点位，统计挥发性有机物情况；三是走航车流动监测。

人员保证及防护：接报后，南京监测中心 8 人次赶赴现场，省监测中心应急监测专家及领导 4 人，并调度事故周边社会化检测机构 6 人，构成本次应急监测主要现场人员。同时调度南京监测中心大气监测科 4 名人员，对周边空气监测站点进行数据统计工作，保证了本次突发环境事件应急监测人员需要。开展事故点下风向手工监测人员均使用轻型防护面罩。

仪器设备：手工监测仪器均由南京监测中心提供，包括 2 台便携式 GC-MS、4 台便携式 PID。

应急监测初期，根据布点和监测，第一时间摸清了污染物种类为 1,3 丁二烯和正己烷，掌握了污染范围，为妥善应对突发环境事件提供了数据支撑。

三、基本稳定和稳定达标阶段

由于事故很快得到控制，经 3 小时监测，发现事故点下游 1 km 外已不受本次事故影响，因此调整监测方案，取消下风向 3～5 km 自动站点数据统计，开展事故点下风向 1 km 范围内手工监测。另为确定消防水是否进入周边中心河（流速较小且下游闸口封闭），对中心河开展布点监测，分别于入河排污口上游 500 m、入河排污口及入河排污口下游 3 km 进行挥发性有机物监测，监测频次为 1 次 /2 h。

1 月 12 日 22 时，事故点厂界已达标，下风向监测点位已基本接近上风向本地，手工监测频次调整为 1 次 /2 h，后续均达标；中心河分别于 22 时和第二天 2 时采样 2 次，未见中心河挥发性有机物升高，因此 1 月 13 日 2 时建议应急监测终止。

四、案件经验总结

（一）案件经验

一是反应迅速。接报后，反应迅速，第 1 批人员在 15 min 内完成准备和出发，充分体现了应急监测的速度。二是内外业衔接顺畅。接到事故通知后，现场出动的监测人员积极与事故现场人员联系，了解现场情况。根据反馈信息开始资料搜集、方案初稿编制及后续快报模板编制等工作，为快速开展应急监测及数据上报做好准备。三是多方监测数据汇总应用较好。参与本次突发环境事件监测的有省监测中心、南京监测中心、南京市江北新区环境执法局以及第三方检测机构，各方机构协调开展，高效运作，很好地完成了本次应急监测工作，省、市、区三级协同，是应急监测的实际演练。主要监测手段有手工 GC-MS、手工 PID、实验室监测、大气自动站及网格化监测站点等，这些监测结果的汇总与协同应用，对事件处置起到了很好的支撑作用，后续应拓展思路，充分利用现有自动站及网格化监测站等数据，结合现场手工监测数据，统筹分析，为突发环境事件处置工作提供有力支撑。

（二）意见建议

一是加强应急监测演练的实战性。应急监测人员多为兼职，对事故现场应急监测开展不熟练，初期存在未严格按照监测方案要求开展监测现象，存在"等、靠"现象。因此，建议各地应根据风险源情况，开展有针对性的应急监测演练，坚决避免"重演轻练"现象。二是数据上报不规范。事发时暂无应急监测系统，数据上报信息传递多依赖于微信群，存在各级监测部门应急监测规范化程序不统一、数据上报格式不统一等现象，且群内人员较多，需"爬楼"寻找信息，影响了应急监测快报的编制和上报工作速度。因此，建议国家或各省建立统一的应急监测程序，明确规定应急监测的一般流程和程序，实现应急监测的统一化和标准化，提升应急监测效率。

专家点评 ///————————————————————

一、组织调度过程

2021 年 1 月 12 日 17 时 20 分，爆炸事故发生，事发 10 min 后南京监测中心接报并第一时间组织人员分 2 批次赶往现场。南京监测中心接报后迅速响应，在赶往现场路途中即开展应急监测方案初稿的编制，到达现场后会同省监测中心和南京市江北新区环境执法局根据现场事态研判确定监测方案，迅速开展应急监测工作。本次应急监测工作过程中，南京监测中心 8 人次赶赴现场，省监测中心应急监测专家及领导 4 人，并调度事故周边第三方检测机构 6 人，构成本次应急监测主要现场人员。同时调度南京监测中心大气监测科 4 名人员，对周边空气监测站点进行数据统计工作，保证了本次突发环境事件应急监测人员需要。在统筹调度系统内监测力量的同时，还有效调度了第三方监测机构的人员共同参与应急监测工作，有关经验值得学习借鉴。

二、技术采用

（一）监测项目及污染物确定

在应急监测初期，根据布点和监测，第一时间确定了污染物种类为 1,3 丁二烯和正己烷，并相应明确了监测项目。

（二）监测点位、监测频次和监测结果评价及依据

1. 监测点位布设

监测点位的布设充分围绕评估爆炸事故对周边环境质量的影响，在上下风向均进行了合理布点。此外，此次应急监测处理有两点值得学习的地方：一是同步将事发地周边空气自动站和网格化监测点位纳入监测点位体系，充分利用在线自动监测数据对挥发性有机物扩散情况进行综合分析研判；二是有效使用了走航车开展了流动监测。在基本稳定和稳定达标阶段，为确定消防水是否对周边水体产生影响，进一步补充布设了水环境监测点位。

2. 监测频次确定

监测频次的确定兼顾了初期应急处置急迫形势的需要和后期可持续跟踪事态发展的需要。事故发生初期开展加密监测，此后逐阶段优化降低了监测频次。

3. 监测结果评价及依据

案例在此方面缺少回顾总结。

（三）监测结果确认

案例在此方面缺少回顾总结。

（四）报告报送及途径

案例在此方面缺少回顾总结。

（五）提供决策与建议

案例在此方面缺少回顾总结。

（六）监测工作为处置过程提供的预警等方面

案例在此方面缺少回顾总结。

三、综合评判意见，后续建议

（一）综合评判意见

案例主要内容涵盖了应急监测接报、初期应对阶段、基本稳定和稳定达标阶段、案件经验总结 4 个方面。案例中提及的一些创新做法，如充分利用自动监测站点和走航监测作为应急监测体系的有效补充，对第三方机构的统筹调度协作等方面，以及今后此类事故的应急监测响应具有较好的借鉴参考作用。

（二）建议

本案例属于生产装置爆炸导致的大气环境污染事件。

在初期应对阶段，根据事故调查与现场测试情况迅速确定了污染物，在厂界及下风向布设点位，开展现场监测；同时注意统计分析周边环境空气自动站及园区周边网格化监测点位的挥发性有机物情况，并采用走航车流动监测事故点下游环境空气质量；在基本稳定和稳定达标阶段，根据事故发展情况及时调整监测方案，缩小了监测面积，并对消防水处理的潜在风险开展了地表水监测。

本案例对处理化学品生产装置爆炸事故处理的应急监测具有较好的借鉴意义。

案例 3

四川雅安汉源县黄磷货车侧翻黄磷自燃事件应急监测

类　　别：大气环境污染事件

关键词：黄磷　泄漏自燃　五氧化二磷　大气污染事件

摘　　要：2021 年 8 月 14 日 15 时许，一辆从攀枝花市驶往乐山市的装载有 28 t 黄磷的货车，在途经四川省雅安市汉源县乌斯河镇（小地名毛头码）S435K41+300 m 处发生侧翻，引发黄磷泄漏自燃，自燃产生的大量浓烟（主要为颗粒态五氧化二磷）随风势沿河谷通道迁移至汉源县城及周边村镇和凉山州甘洛县部分乡镇，形成含磷"雾霾"空气污染，导致突发大气环境污染事件。事件发生后，汉源县政府成立了突发环境事件现场应急指挥部，开展现场应急处置。雅安市生态环境监测中心站接报后立即启动应急监测响应，派出应急监测人员携带仪器设备赶赴现场，四川省生态环境监测总站全程给予技术支持。通过研判，确定本次事故特征污染物为环境空气中五氧化二磷，选用监测方法为《环境空气　五氧化二磷的测定　钼蓝分光光度法》（HJ 546—2015），评价标准参照《环境影响评价技术导则　大气环境》（HJ 2.2—2018）附录 D 中标准限值（时均 0.15 mg/m³）执行。同时，增加烟雾关联指标——颗粒物（PM_{10}、$PM_{2.5}$），充分利用县城区域省控环境空气自动监测子站数据进行实时监控。经现场应急处置，事故车辆燃烧黄磷被扑灭，事故源安全运离，截至 8 月 15 日 19 时，汉源县城区及各敏感点环境空气质量已恢复正常达标，事故环境影响基本消除，应急监测终止。本次事件影响持续 28 小时。

一、初期应对阶段

（一）事件接报情况

8 月 14 日 17 时 40 分，四川省雅安市生态环境监测中心站（以下简称雅安市站）接到汉源县生态环境局请求支援报告后，迅速集结应急监测人员，携带仪器设备于当日 18 时从雅安出发，19 时 42 分抵达汉源县，立即搭建现场实验室，商汉源县应急指挥部制定监测方案，确定现场样品采集、测试分析、人员防护等技术细节。同时，四川省生态环境监测总站（以下简称四川省站）按照四川省生态环境厅统一部署，开展应急监测全程技术指导。

（二）污染物理化特性

黄磷（yellow phosphorus），又称白磷（white phosphorus），化学分子式为 P_4，是一种非金属单质，属于危险化学品系列中的自燃物品和剧毒物品，纯品为白色至浅黄色半透明蜡状固体，有蒜臭味，暴露空气中在暗处发淡绿色磷光。自燃点为 30℃，熔点为 44.1℃，沸点为 280℃，相对密度为 1.828 g/cm^3，饱和蒸气压为 0.13 kPa（76.6℃），不溶于水，微溶于苯、氯仿，易溶于二硫化碳。黄磷接触空气能自燃，并引起燃烧和爆炸，其碎片和碎屑接触人体皮肤干燥后可着火，并引起皮肤灼伤和人体中毒。黄磷一般装在有水封的密闭容器中，常因运输事故等原因导致泄漏的黄磷与空气接触并发生自燃。黄磷完全燃烧时，主要产生五氧化二磷；黄磷不完全燃烧时，主要产生三氧化二磷。本次事件黄磷燃烧点为室外环境，燃烧较为充分，主要产生五氧化二磷。

五氧化二磷能溶于水，放出大量的热，先生成偏磷酸、焦磷酸等，最终转化为磷酸。在空气中吸湿潮解，与有机物接触会发生燃烧，受热或遇水分解放出有毒的腐蚀性烟气，具有强腐蚀性。

（三）现场初期应对情况

1. 现场污染处置情况

事故发生后，汉源县政府成立了突发环境事件现场应急指挥部，统筹协调，开展现场应急处置，采取了交通管制、事故车辆拖离现场、现场洒水车作业、开启工地喷淋系统及公园喷泉等方式，降低事故大气污染影响程度。同时，通过官方公众号向附近居民发布通告，提出关好门窗、佩戴口罩、暂停户外活动等防控建议。

2. 初期应急监测情况

（1）预案启动情况。汉源县生态环境局在四川省站技术指导、雅安市站现场支援下，立即启动环境应急预案，组建应急监测工作专班，全力配合雅安市站开展应急监测工作。

（2）组织保障调度情况。雅安市站共设置应急监测指挥组、综合技术组、现场采样组、实验室分析组、后勤保障组等 5 个工作小组，出动人员 20 人，车辆 3 台。汉源县局组织县监测站技术人员等组建配合协助组，协助开展样品采集、样品运输等工作。

（3）初期点位布设、监测项目及监测频次等情况。监测初期，根据事故发生位置及现场气象、水文等因素，现场共布设 7 个环境空气监测点位，3 个地表水监测断面，初期监测内容详见表 1。

（4）监测方法及仪器设备情况。本次应急监测采取"手工采样—实验室分析"模式开展，非特征环境空气指标引用县城区自动站例行监测数据，重点关注颗粒物（与五氧化二磷烟雾有一定的关联性）变化趋势。现场监测的设备主要为 V-1000 型可见分光光度计、便携式分光光度计等。

表 1　监测初期环境空气及地表水监测内容

类别	序号	点位名称（距事发点直线距离）	功能	监测项目	监测频次
环境空气	1	瀑布沟电站大坝（下风向 3.5 km）	下风向监控点	五氧化二磷	1 次 /h
	2	甘洛县苏雄镇政府（下风向 6 km）			
	3	甘洛县苏雄镇防疫卡点（下风向 5.7 km）			
	4	甘洛县乌史大桥镇政府（下风向 8.2 km）			
	5	甘洛县乌史大桥镇潘泽洛村（下风向 8.7 km）			
	6	汉源县顺河乡政府（下风向 18.7 km）			
	7	汉源县城西区监测点（下风向 29.1 km）		五氧化二磷、$PM_{2.5}$、PM_{10}、二氧化硫、二氧化氮、一氧化碳	1 次 /h，自动站为实时数据
地表水	1	大渡河三谷庄断面	对照断面	总磷	1 次 /h
	2	事发地（毛头码）下游 150 m 大渡河断面	监控断面		
	3	事发地下游 2.5 km 大渡河断面	监控断面		

（5）污染态势初判情况。根据 8 月 14 日 19：20—23：04 初期监测结果，7 个环境空气监测点位中，五氧化二磷浓度为 0.041～5.73 mg/m³，各点位均存在超过 HJ 2.2—2018 附录 D 参考标准限值（1 h 平均 150 μg）情形；其中最大浓度点甘洛县乌史大桥镇政府（下风向 8.2 km）浓度为 5.73 mg/m³（21：36），超标 37.2 倍；其次是甘洛县乌史大桥镇潘泽洛村（下风向 8.7 km）浓度为 5.04 mg/m³（22：42），超标 32.6 倍；最小浓度点瀑布沟电站大坝（下风向 3.5 km）浓度为 0.041 mg/m³（22：07）。在该时间段，环境空气中五氧化二磷高峰污染团位于甘洛县乌史大桥镇政府和甘洛县乌史大桥镇潘泽洛村河谷地段。县城区省控汉源县富塘村子站特征污染物相关指标——颗粒物（$PM_{2.5}$、PM_{10}）浓度呈现关联趋势。3 个地表水监测断面均未检出总磷，不存在事故污水入河污染影响，初期监测结果见表 2。建议取消地表水总磷监测，加大对特征污染物（环境空气中五氧化二磷）的监测，密切关注污染团迁移情况。

表 2　环境空气、地表水监测结果（初期阶段，8 月 14 日）

类别	序号	点位名称	监测时间	监测项目	监测结果	参考标准	备注
环境空气	1	瀑布沟电站大坝	21：20	五氧化二磷	0.228	0.15	mg/m³
			21：42		0.164		
			22：07		0.041		
	2	甘洛县苏雄镇政府	22：34		0.872		
	3	甘洛县苏雄镇防疫卡点	23：04		0.642		
	4	甘洛县乌史大桥镇政府	21：36		5.73		
	5	甘洛县乌史大桥镇潘泽洛村	22：42		5.04		

类别	序号	点位名称	监测时间	监测项目	监测结果	参考标准	备注
环境空气	6	汉源县顺河乡政府	20：22	五氧化二磷	0.435	0.15	mg/m³
	7	汉源县城西区监测点	23：03		1.21		
地表水	1	大渡河三谷庄断面	19：20	总磷	未检出	0.05	mg/L
	2	事发地（毛头码）下游 150 m 大渡河断面	20：25		未检出		
	3	事发地下游 2.5 km 大渡河断面	20：48		未检出		

二、基本稳定阶段

（一）布点调整情况

本阶段根据初期应急监测和污染态势初判结果，并结合污染烟团沿河谷向下风向扩散、迁移和局地风场等影响因素，本阶段对监测点位进行了调整：取消 3 个地表水监测断面，增设 3 个下风向环境空气扩散监测点位［河西乡大岭卫生院（事发地下风向直线距离 35.9 km）、唐家镇政府（事发地下风向 35.8 km）］、九襄污水处理厂（事发地下风向 37.4 km），环境空气监测点位增至 10 个。

（二）监测指标、监测频次、监测手段等情况

监测指标为特征污染物五氧化二磷，监测频次为 1 次 /h，仍采取"现场采样—实验室分析"方式开展监测。继续关注县城区空气自动站特征污染物相关指标——颗粒物（$PM_{2.5}$、PM_{10}）浓度变化趋势。调整监测仪器和监测人员力量分工，重点保障环境空气监测采样、分析工作。

（三）稳定阶段监测结果

根据 8 月 15 日 7：12—13：55 监测结果，10 个环境空气监测点位中，五氧化二磷浓度为 0.045～0.354 mg/m³，其中最大浓度点为汉源县城西区监测点，浓度为 0.354 mg/m³（07：12），超标 1.36 倍；其次为甘洛县乌史大桥镇政府，浓度为 0.316 mg/m³（11：07），超标 1.11 倍；最小浓度点为甘洛县苏雄镇政府，浓度为 0.045 mg/m³（12：32）。除汉源县城西区监测点、甘洛县乌史大桥镇政府、甘洛县乌史大桥镇潘泽洛村 3 个点位超标（时均 0.15 mg/m³）外，其余 7 个点位基本趋于稳定并达标。县城区自动站关联污染物指标——颗粒物（$PM_{2.5}$、PM_{10}），8 月 15 日 6—9 时，$PM_{2.5}$ 浓度为 23～45 mg/m³，PM_{10} 浓度为 42～54 mg/m³，呈现趋于稳定达标的关联趋势。基本稳定阶段监测结果见表 3。

表3 环境空气监测结果（基本稳定阶段，8月15日）

类别	序号	点位名称	监测时间	监测项目	监测结果 / （mg/m³）	参考标准 / （mg/m³）	备注
环境空气	1	瀑布沟电站大坝	13：03	五氧化二磷	0.054	0.15	监控点
	2	甘洛县苏雄镇政府	12：32		0.045		
	3	甘洛县苏雄镇防疫卡点	12：59		0.147		
	4	甘洛县乌史大桥镇政府	11：07		0.316		
	5	甘洛县乌史大桥镇潘泽洛村	11：35		0.266		
	6	汉源县顺河乡政府	13：55		0.128		
	7	汉源县城西区监测点	7：12		0.354		
			8：24		0.288		
			9：32		0.285		
	8	河西乡大岭卫生院	11：10		0.135		扩散点（新增）
	9	唐家镇政府	12：10		0.135		
	10	九襄污水处理厂	11：25		0.128		

（四）趋势研判分析及建议

通过该阶段监测结果分析可得，各测点五氧化二磷浓度下降明显，表明主要污染团经由河谷地段长距离扩散稀释后，对下风向环境空气的影响程度在明显减弱，影响区域在不断增加。下风向3处浓度高值区（甘洛县乌史大桥镇政府、甘洛县乌史大桥镇潘泽洛村、汉源县城西区监测点）仍超标，并对下风向新增扩散点（河西乡大岭卫生院、唐家镇政府、九襄污水处理厂）造成明显影响。

综上所述，建议对3处超标点位所在区域（甘洛县乌史大桥镇政府、甘洛县乌史大桥镇潘泽洛村、汉源县城西区监测点）继续采取现场洒水车作业、开启工地喷淋系统及公园喷泉等处置措施，加大相关区域居民个人防护宣传，加密监测特征污染物和观测区域气象因子，密切关注污染团浓度变化趋势。

三、稳定达标阶段

（一）监测方案调整情况

在基本稳定阶段设置10个环境空气监测点位的基础上，继续关注污染物扩散趋势，监测项目仍为特征污染物五氧化二磷；根据最近一次监测方案中所有点位均达标的监测结果，将监测频次调整为2次/h，直至应急监测终止。

（二）稳定达标阶段监测结果分析

根据8月15日12：30—16：45监测结果，10个环境空气监测点位中五氧化二磷浓度为 0.044～0.137 mg/m³，所有监测点位浓度均达到《环境影响评价技术导则 大气环境》（HJ 2.2—2018）附录 D 参考标准限值（时均 0.15 mg/m³）要求；最高浓度值点位为汉源县顺河乡政府，最低浓度值点位为甘洛县苏雄镇防疫卡点。县城区自动站特征污染物指标——颗粒物（PM₂.₅、PM₁₀），该时段均稳定达到 GB 3095—2012 二级标准限值。稳定达标阶段监测结果见表 4。

表 4　环境空气监测结果（稳定达标阶段，8 月 15 日）

类别	序号	点位名称	监测时间	监测项目	监测结果 / （mg/m³）	参考标准 / （mg/m³）	备注
环境空气	1	瀑布沟电站大坝	14：10	五氧化二磷	0.059	0.15	监控点
	2	甘洛县苏雄镇政府	14：05		0.054		
	3	甘洛县苏雄镇防疫卡点	14：29		0.044		
	4	甘洛县乌史大桥镇政府	12：35		0.068		
			15：00		0.099		
	5	甘洛县乌史大桥镇潘泽洛村	12：47		0.137		
			15：30		0.128		
	6	汉源县顺河乡政府	14：54		0.137		
	7	汉源县城西区监测点	13：07		0.134		
			16：45		0.127		
	8	河西乡大岭卫生院	12：30		0.131		扩散点
	9	唐家镇政府	13：28		0.130		
	10	九襄污水处理厂	13：13		0.120		

（三）稳定达标趋势分析

本阶段布设的全部点位监测结果均达标，其中下降趋势最显著的点位为甘洛县乌史大桥镇政府，从 0.316 mg/m³ 降至 0.099 mg/m³，降幅达 68.7%。相对高值区（未超标）集中在以下 6 个点位区域（甘洛县乌史大桥镇潘泽洛村、汉源县顺河乡政府、汉源县城西区监测点、河西乡大岭卫生院、唐家镇政府、九襄污水处理厂），浓度为 0.120～0.137 mg/m³，表明主要污染团经由河谷地段长距离扩散稀释后，对下风向环境空气的超标影响已消失。

（四）技术难点

（1）《重特大突发空气环境事件应急监测工作规程》中提到，原则上在事故点周边主导风向的下风向 0.5～5 km 间隔布设点位。本次事故发生在山丘河谷地带，气体污染团呈典型的沿河谷分布特点，为摸清大气污染物最大落地浓度和削减规律，本案例结合污染物烟团肉眼可见的特点，并结合山区河谷地带复杂地形特征开展监测点位布设。

（2）本案例事发地地处山区，由于地形复杂、交通不便等因素，各点位未能做到同步监测，污染团分布和运动趋势的预测精确度受到了一定影响。

（五）工作建议

（1）建议当地相关部门对黄磷生产、运输、使用等现状开展全面摸排调查，掌握区域内该类型污染事故环境风险源分布，采取针对性预防措施，降低辖区事故发生概率。

（2）针对该类型突发环境事件，建议当地基层环境监测机构建立上下联动响应机制，定期开展黄磷泄漏类突发环境事件应急监测专项演练，提升应急监测实战能力。

四、案件经验总结

（一）现场应急监测主体责任不明确

事发初期，存在现场应急监测主体责任不明问题。汉源县政府成立了县级应急指挥部，初期与开展支援监测的雅安市站沟通不充分，县级应急指挥部确定了应急监测频次，但该监测频次不完全满足应急监测相关标准技术规范要求，使得事发后部分点位部分时段监测数据缺失，对事件应急处置支撑作用产生一定的不利影响。在县级监测站不具备全面开展应急监测的情况下，为确保对应急处置提供全面科学的技术支撑，市级监测站作为应急监测责任主体全面接手应急监测工作是必要的也是必需的，这一点可以在省级应急监测预案或市级应急监测预案中予以体现。

（二）基层应急监测能力不足

此次事故发生于川西偏远山区，当地县级环境监测站存在在岗人员少、装备不足、无特征污染物（五氧化二磷）监测能力等问题，难以满足第一时间响应该类型突发环境事件应急监测要求，是制约本次黄磷货车侧翻自燃事件及时开展应急监测的最大"瓶颈"。市县两级监测机构之间明晰应急监测任务分工、形成有效的应急监测联动响应机制十分必要，同时应针对区域环境风险特征，建立综合物资保障体系，例如，本案例涉及的汉源县监测站，可结合辖区内黄磷企业分布和黄磷运输车辆过境的现状，逐步形成五氧化二磷的采样能力甚至实验室分析能力，以应对类似事件的再次发生。

（三）强化该类型应急监测个人防护

黄磷是易燃性和剧毒性危险化学品，当发生泄漏事故时极易导致人员中毒和灼伤。现场监测人员进入泄漏、爆炸等区域，应取得现场指挥部门同意，在保证安全的前提下开展采样监测工作。在危险区域采样时必须做好个人防护（如佩戴专用防毒面具、戴手套等）。若大量吸入黄磷燃烧产生的五氧化二磷等污染物，应迅速脱离现场至空气新鲜处，保持呼吸道通畅，呼吸困难时需给输氧，如呼吸停止，应立即对其进行人工呼吸，并及时就医。

（四）山区河谷类型大气污染事件应急监测点位布设

对于发生于山区河谷地带的突发大气环境污染事件，因事故点地形复杂、存在局地风场（如山谷风）等不利因素，导致难以预测研判污染团运动趋势，大气污染物稀释扩散相对缓慢，监测点位布设要求较高，因此对河谷地带局地风场的监测或信息收集是监测点位科学布设的前提。本次黄磷自燃事件产生的颗粒态五氧化二磷为肉眼可见的"烟团"，通过监测技术人员目视观察可大体了解污染团迁移轨迹，再结合事发地河谷局地风场信息，布设了较具有代表性的监测点位，较好地反映出污染团的运动情况和浓度变化趋势。

监测点位及现场情况见图 1、图 2。

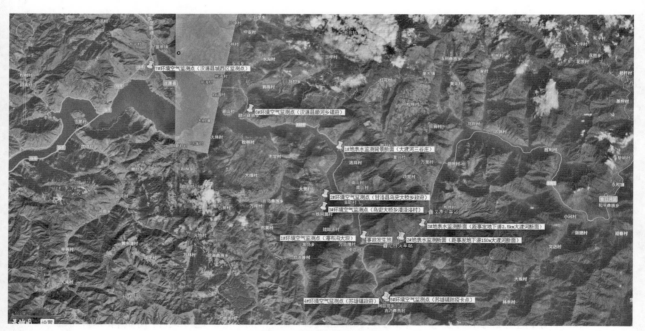

图 1   监测点位示意图

扫码查看
高清彩图

图 2 现场相关情况

专家点评 //

一、组织调度过程

2021年8月14日15时许，一辆从攀枝花市出发驶往乐山市的装载有28 t黄磷的货车，在途经四川省雅安市汉源县乌斯河镇（小地名毛头码）S435K41+300 m处发生侧翻（无人员伤亡），引发黄磷泄漏自燃，自燃产生的大量浓烟随风势沿河谷通道，迁移至汉源县乌斯河镇、富林镇、唐家镇、九襄镇、甘洛县乌史大桥镇、苏雄镇等部分区域以及汉源县城区部分地段，形成含磷"雾霾"空气污染。8月14日17时40分，雅安市站接到汉源县生态环境局请求支援报告后，迅速集结应急监测人员，携带仪器设备于当日18时从雅安出发，19时42分抵达汉源县，立即搭建现场实验室，商汉源县应急指挥部制定监测方案，确定现场样品采集、测试分析、人员防护等技术细节。同时，四川省站按照省生态环境厅统一部署，开展应急监测全程技术指导。

回顾整个应急响应和监测过程，雅安市站的应急组织调度工作展现出应对充分、指挥有力、方案科学、统一高效等特点，具体体现在以下4个方面：一是从接报至到达监测点位仅用2小时，响应快速；二是目标化合物的确定受到四川省站全程技术支持，通过研判，快速确定本次事故特征污染物为环境空气中五氧化二磷，同时选用监测方法为《环境空气　五氧化二磷的测定　钼蓝分光光度法》（HJ 546—2015），为应急设备的携带提供了答案；三是制定的应急监测方案充分考虑了不同时段事故对环境空气和地表水的影响，同时紧密结合应急指挥部的决策需要，及时作出优化调整，确保了应急处置不同阶段应急监测方案的科学性；四是增加烟雾关联指标——颗粒物（PM_{10}、$PM_{2.5}$），充分利用县城区省控环境空气自动监测子站数据进行实时监控。

二、技术采用

（一）监测项目及污染物确定

监测项目的确定体现出主次清晰、化繁为简、针对性和可操作性强的特点。在监测项目及污染物的确定过程中，第一时间请求四川省站的技术支持，确定环境空气中的五氧化二磷和水体中的总磷为主要监测项目。

（二）监测点位、监测频次和监测结果评价及依据

1. 监测点位布设

应急监测过程中对点位布设的原则把握准确、目标清晰、针对性强，紧密围绕应急处置工作需要，在不同应急监测阶段对环境空气和地表水监测点位适时作出补充和优化调整。

2. 监测频次确定

监测频次的确定兼顾了初期应急处置急迫形势的需要和后期可持续跟踪事态发展的需要。监测初期开展加密监测，此后逐阶段优化降低了监测频次，既满足了污染物动态变化趋势监测分析的需要，又保证了监测工作的有序和可持续开展。

3. 监测结果评价及依据

监测过程中评价标准参照《环境影响评价技术导则　大气环境》（HJ 2.2—2018）附录D中标准限值（时均 0.15 mg/m³）执行等。

（三）监测结果确认

本次应急监测从监测方案制定、人员、分析方法、仪器设备、数据报出等方面进行质量控制，全过程均采取了严格的质量保证和质量控制措施。其中，在污染物筛查工作阶段采用实验室同步分析方式对现场监测结果进行复核确认，监测过程采用统一

的监测方法及技术表格，安排专人管理实际耗材和对采样器具进行统一标准的清洗和准备，安排质量管理人员进行现场质量控制检查，样品分析过程严格采用空白样品分析、平行样分析、标样测试、加标回收等方式进行质量控制等经验做法值得学习。

（四）报告报送及途径

案例在此方面的总结偏弱。

（五）提供决策与建议

案例缺少在应急监测过程中给指挥部提供决策和建议内容的总结，但建议部分对黄磷的生产、运输、使用等现状开展全面摸排调查，掌握区域内该类型污染事故环境风险源分布，采取针对性预防措施，降低辖区事故发生概率，以及针对该类型突发环境事件，提出当地基层环境监测机构建立上下联动响应机制，定期开展黄磷泄漏类突发环境事件应急监测专项演练，提升应急监测实战能力的建议。

（六）监测工作为处置过程提供的预警等方面

案例在此方面的总结偏弱。

三、综合评判意见，后续建议

（一）综合评判意见

案例主要内容涵盖了初期应对阶段、基本稳定阶段、稳定达标阶段、案件经验总结和专家点评五大方面。①该事件是典型的环境空气污染物沿河谷通道远距离传输事件。黄磷快速自燃产生大量浓烟（五氧化二磷）颗粒态污染物，影响周边城区及环境敏感点，对附近居民身体健康产生威胁。②黄磷自燃产生五氧化二磷，本案例涉及在山区河谷地带开展环境空气中五氧化二磷的现场监测，在监测方法、监测设备、个人安全防护等方面具有一定的代表示范作用。③该案例的处置对市、县级监测站应对运输过程中化学品泄漏自燃环境空气监测布点具有较强指导性。

事故发生后，当地政府立即开展现场应急处置，采取了交通管制、事故车辆拖离现场、现场洒水车作业、开启工地喷淋系统及公园喷泉等方式，尽最大可能降低事故的影响程度；并向附近居民发布通告，提出关好门窗、佩戴口罩、暂停户外活动等防控建议。在现场监测过程中，根据污染物性质变化，有针对性地选择了监测方法和监测设备，注重监测人员的个人安全防护。监测点位布设方面，充分利用黄磷自燃事件产生肉眼可见的"烟团"，结合事发地河谷局地风场信息进行点位布设，较好地反映出污染团的运动情况和浓度变化趋势。以上这些做法，在处理大气污染应急事件上具有很好的示范作用。

本案例的处置对市、县级监测站应对运输过程中化学品泄漏自燃环境空气监测布点具有较强指导意义。

案例较为系统完整地回顾了应急监测全过程，尤其是针对应急监测不同阶段方案的具体调整过程和内容，对今后此类事故的应急监测响应具有较好的借鉴参考作用。

（二）建议

1. 建议在案例中补充有关对外部应急监测支援力量的统筹协调经验总结评估内容。

2.案例中经验总结了现场应急监测主体责任不明确和基础应急监测能力不足等问题，建议详细总结并建议省级层面加以规范制度化，为今后的应急监测工作提供经验参考，建议做重点补充。

3.案例中对于应急监测报告的报送及途径方面还缺少总结回顾，建议进行补充。

02

第二部分
水环境突发污染事件

案例 4

江苏响水特别重大爆炸事故环境应急监测

类　　别：水质环境污染事件、大气环境污染事件

关键词：化工厂　爆炸　水体　大气　有机物　便携式快速监测仪器　应急监测车

摘　　要：2019 年 3 月 21 日 14 时 50 分，江苏天嘉宜化工有限公司违规存放的大量危险废物积热自燃，发生剧烈爆炸，燃烧废气、挥发性气体及含有高浓度氨氮、有机物等污染物的废水对园区周边环境构成极大威胁，社会各界高度关注。面对严峻的形势，江苏省各战线应急监测人员临危受命、勇担重任，在生态环境部和中国环境监测总站指挥下，迅速赶往现场监测，根据事故不同阶段科学制定监测方案，在事件初期主要使用现场快速监测方法，在基本稳定和稳定达标阶段，现场快速监测方法与实验室分析方法相结合，利用便携式快速监测仪器、应急监测车等装备开展监测。根据应急处置工作的进展及需求，应急监测力量针对周边环境空气、园区内河、园区外河流、周边土壤、地下水等诸多要素有序开展应急监测工作，6 月 24 日，省级环境监测事权移至地方，由地方环境监测部门继续开展后续监测。在各级领导的有力指挥下，在社会各界力量的无私援助下，应急监测人员不分昼夜、无私奉献，取得了各阶段应急监测工作的胜利，由于及时有效地开展了应急监测和应急处置，该事件级别判定为次生一般突发环境事件。此次应急监测过程也暴露出一些不足，需要坚持问题导向，以更强的使命担当主动作为，从技术、人员、装备等方面全力推进应急监测能力的提升。

一、初期应对阶段

（一）案件概况

2019 年 3 月 21 日 14 时 50 分，位于江苏省盐城市响水县生态化工园区的天嘉宜化工有限公司（以下简称天嘉宜公司）发生特别重大爆炸事故，造成 78 人死亡、76 人重伤、640 人住院治疗，直接经济损失 198 635.07 万元。

事故发生后，党中央、国务院高度重视，正赴国外访问途中的习近平总书记立即作出重要指示，要求江苏省和有关部门全力抢险救援，搜救被困人员，及时救治伤员，做好善后工作，切实维护社会稳定；要加强监测预警，防控发生环境污染，严防发生次生灾害；要尽快查明事故原因，及时发布权威信息，加强舆情引导；要求各地和有

关部门要深刻吸取教训，加强安全隐患排查，严格落实安全生产责任制，坚决防范重特大事故发生，确保人民群众生命和财产安全。李克强总理作出批示，强调要科学有效做好搜救工作，全力以赴救治受伤人员，最大限度减少伤亡，采取有力措施控制危险源，注意防止发生次生事故；应急管理部督促各地进一步排查并消除危化品等重点行业安全生产隐患，夯实各环节责任。依据有关法律法规，经国务院批准，成立了由应急管理部牵头，工业和信息化部、公安部、生态环境部、中华全国总工会和江苏省政府有关负责同志参加的国务院江苏盐城"3·21"特别重大爆炸事故调查组（以下简称事故调查组），通过反复勘验现场、检测鉴定、调查取证、调阅资料、人员问询、模拟实验、专家论证等，事故调查组认定，天嘉宜公司"3·21"特别重大爆炸事故是一起长期违法贮存危险废物导致自燃进而引发爆炸的特别重大生产安全责任事故。

（二）现场情况

天嘉宜公司于 2007 年 4 月成立，占地面积约 14.7 万 m^2，有职工 195 人。其主要产品为间二甲苯、邻苯二胺、对苯二胺、间羧基苯甲酸、3,4- 二氨基甲苯、对甲苯胺、均三甲基苯胺等，多用于生产农药、颜料、医药等。因此造成爆炸后情况复杂，爆炸核心区域污染严重。由于爆炸威力巨大，天嘉宜公司周边 16 家企业不同程度受损，生态化工园区其他企业生产装置也受到一定波及，各企业装置内残留的各类化学品种类和数量难以第一时间统计，清运及后续处置难度极大。爆炸事故发生后，现场及周边空气受到燃烧废气与物料挥发气体影响，周边水环境存在废水漫入的风险。为摸清主要污染物、污染物浓度和污染范围，为事故救援、处置和调查工作提供决策技术支持，防止废水扩散，监测队伍紧急对周边环境空气及园区内、外水体布点进行应急监测（图 1）。

（三）污染物主要理化特性

事故产生的污染主要影响空气和水质，相关特性如下：

1. 苯系物（苯、甲苯、二甲苯），主要在初期空气及受污染水体中检出。苯在常温下为一种无色、有甜味的透明液体，其密度小于水，具有强烈的芳香气味。苯难溶于水。甲苯为无色透明液体，具有类似苯的芳香气味。不溶于水，可混溶于苯、醇、醚等多数有机溶剂。化学性质活泼，与苯相像。二甲苯为无色透明液体，具有刺激性气味，有 3 种异构体，溶于乙醇、乙醚，不溶于水。易燃，其蒸汽可与空气形成爆炸性混合物，有毒，毒性比苯和甲苯小。

2. 二氧化硫和氮氧化物，主要在消防灭火阶段周边环境空气中检出超标。二氧化硫为无色透明气体，有刺激性臭味。溶于水、乙醇和乙醚。在大气中，二氧化硫会氧化而成硫酸雾或硫酸盐气溶胶，是环境酸化的重要前驱物。大气中二氧化硫浓度在 0.5 mg/L 以上即对人体有潜在影响；在 1～3 mg/L 时多数人开始感到刺激；在 400～500 mg/L 时人会出现溃疡和肺水肿直至窒息死亡。二氧化硫与大气中的烟尘有协同作用。当大气中二氧化硫浓度为 0.21 mg/L、烟尘浓度大于 0.3 mg/L 时，可使呼

3月21日夜间事故现场　　　　　　　　　3月22日清晨事故现场

爆炸现场苯罐　　　　　　　　　　　爆炸现场受损建筑

图1　事故现场

吸道疾病发病率增高，使慢性病患者的病情迅速恶化。

氮氧化物是指只由氮、氧两种元素组成的化合物。常见的氮氧化物有一氧化氮（NO，无色）、二氧化氮（NO_2，棕红色）、一氧化二氮（N_2O）、五氧化二氮（N_2O_5）等，作为空气污染物的氮氧化物（NO_x）常指NO和NO_2，一氧化氮为无色气体，二氧化氮为棕红色刺鼻气体。氮氧化物对环境的损害作用极大，它既是形成酸雨的主要物质之一，也是形成大气中光化学烟雾的重要物质和消耗臭氧的重要因子。

3. 苯胺类、硝基苯、卤代烃类，主要在受污染水体中检出。苯胺类为无色或微黄色油状液体，有强烈气味。微溶于水，溶于乙醇、乙醚、苯。有碱性，能与盐酸化合生成盐酸盐，与硫酸化合生成硫酸盐。能起卤化、乙酰化、重氮化等作用。遇明火、高热可燃，燃烧的火焰会生烟。与酸类、卤素、醇类、胺类发生强烈反应，会引起燃烧。

硝基苯是苯分子中一个氢原子被硝基取代而生成的化合物，为无色或淡黄色（含二氧化氮杂质）且具苦杏仁味的油状液体。硝基苯毒性较强，吸入大量蒸汽或皮肤大量沾染，可引起急性中毒，使血红蛋白氧化或络合，血液变成深棕褐色，并引起头痛、恶心、呕吐等。化学性质活泼，能被还原成重氮盐、偶氮苯等。由苯经硝酸和硫酸混合硝化而得。作有机合成中间体及用作生产苯胺的原料。

卤代烃类：二氯甲烷为一种无色透明、易挥发的液体，具有类似醚的刺激性气味。不燃烧，但与高浓度氧混合后可形成爆炸性混合物。二氯甲烷微溶于水，与绝大多数常用的有机溶剂互溶，与其他含氯溶剂、乙醚、乙醇也可以任意比例混溶。二氯甲烷能很快溶解在酚、醛、酮、冰醋酸、磷酸三乙酯、甲酰胺、环己胺、乙酰乙酸乙酯中。二氯乙烷，即 1,1- 二氯乙烷和 1,2- 二氯乙烷，是卤代烃的一种。外观为无色或浅黄色透明液体，难溶于水。它在室温下是无色有类似氯仿气味的液体，有毒，具潜在致癌性，可能的溶剂替代品包括 1,3- 二氧己烷和甲苯。用作蜡、脂肪、橡胶等的溶剂及谷物杀虫剂。三氯甲烷为一种无色透明液体。有特殊气味，味甜。高折光，不燃，质重，易挥发。纯品对光敏感，遇光照会与空气中的氧作用，逐渐分解生成剧毒的光气（碳酰氯）和氯化氢。有麻醉性，有致癌可能性。常加入 1% 乙醇以破坏可能生成的光气。不易燃烧，在光的作用下，能被空气中的氧氧化成氯化氢和有剧毒的光气。

（四）初期监测方案

事故中受损严重的企业有 16 家，其他企业生产装置也不同程度地受到影响，后续处置难度大。自媒体、地方媒体、国家媒体、国际媒体高度关注，社会影响范围广，舆论关注持续时间长。初期的监测方案重点为事故区下风向环境空气，同时对地表水设置了监测点位。

1. 环境空气

监测点位：在爆炸现场下风向 200 m、500 m、1 000 m、1 500 m、1 500 m、2 500 m、3 000 m、3 500 m、5 000 m、10 km、20 km（响水县城）及园区周界布点监测；视现场情况确定调整监测点位，重点关注环境敏感目标；首先确定浓度高低边界，同时对园区边界周边挥发性有机物进行实时走航监测。

监测项目：环境空气中的挥发性有机物、二氧化硫、氮氧化物。

监测频次：1 次 /30 min，后续监测根据监测结果及时调整。

监测方法：便携式气质联用仪法、便携式傅里叶红外法。

2. 地表水

监测点位：园区内河布设 3 个监测点位（新农河、新丰河、灌河），灌河排污口上下游 500 m、1 000 m 各设 1 个点位。

监测项目：苯胺类、硝基苯类、挥发性有机物。

监测频次：1 次 /4 h。

事故中涉及的危险化学品种类多，爆炸后情况复杂。主要有间苯二胺以及苯、甲苯、二甲苯、氯苯、苯乙烯等苯系物。其他企业生产装置中残留的各类化学品种类和数量难以第一时间统计，清运难度大。根据园区水系情况，监测重点为新农河、新丰河、新民河断面（图 2）。

扫码查看
高清彩图

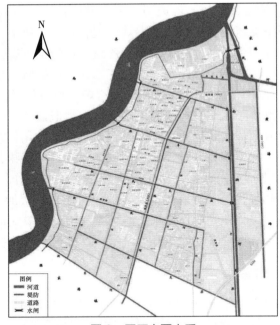

图2　园区主要水系

（五）应急预案启动－连夜赶赴现场为紧急疏散服务

事件发生后，江苏省第一时间启动应急监测预案，省生态环境厅在生态环境部和中国环境监测总站的指导下，在时任副部长翟青和时任副站长刘廷良的指挥下，连夜赶赴事故现场，组织江苏省、市、县三级生态环境监测部门，迅速响应，科学监测，持续跟踪，为领导决策和污染处置提供有力的技术支持。

21日15时40分，第一批监测人员赶赴现场，组织事发地环境监测部门先行开展应急监测。16时57分，采用便携式气质联用仪监测爆炸点下风向空气中挥发性有机物，便携式傅里叶红外分析仪监测下风向空气中二氧化硫和氮氧化物。3月22日凌晨，江苏15支应急监测队伍的首批120名监测人员全部到位，根据应急监测方案开展监测工作，全面精准的数据为应急处置赢得了时间。在灌河大堤上，时任生态环境部副部长翟青提出"不让一滴污水进入灌河"的要求，随后，副部长翟青、时任中国环境监测总站副站长刘廷良进入事故区域实地勘查，根据现场情况和监测结果对下一步应急监测工作进行指导（图3）。

（六）仪器设备及人员防护

第一批次队伍以周边监测机构为主，包括响水县环境监测站、江苏省盐城环境监测中心、江苏省连云港环境监测中心、江苏省环境监测中心；第二批次队伍为江苏省泰州环境监测中心、江苏省扬州环境监测中心、江苏省常州环境监测中心、江苏省南通环境监测中心、江苏省苏州环境监测中心、江阴市环境监测站，装备有便携式傅里

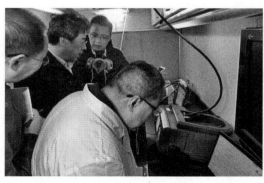

时任江苏省生态环境厅厅长王天琦前往应急监测车指导应急工作

属地生态环境监测机构第一时间开展应急监测

时任中国环境监测总站副站长刘廷良、江苏省环境监测中心副主任郁建桥、副主任胡冠九商讨应急监测结果

江苏省环境监测中心宋兴伟赶赴现场途中编制应急监测快报

图3 初期应急监测现场

叶红外分析仪；第三批次队伍为江苏省南京环境监测中心、江苏省徐州环境监测中心、江苏省无锡环境监测中心、江苏省镇江环境监测中心、江苏省宿迁环境监测中心，装备有便携式气质联用仪。事件初期主要配备的防护用具有防酸碱手套、活性炭口罩、半面罩、轻型防护服等，在核心区开展监测的人员还配备有中型防护服、全面罩等。

（七）监测结果及污染评估

事件初期现场浓烟明显，主要污染物为二氧化硫和氮氧化物，浓度峰值出现在 3 月 21 日 18 时 40 分，分别为 28.5 mg/m³ 和 86.9 mg/m³，分别超标 56 倍、319 倍。爆炸过后，短时间内空气中的苯严重超标，甲苯、二甲苯等园区特征指标也有检出。3 月 22—25 日爆炸地下风向各点位基本达标，偶有苯、甲苯超标。自 3 月 25 日 18 时开始，事故地下风向 1 000 m 处苯、氮氧化物偶有超标，苯最大超标 10 倍，氮氧化物超标 0.3 倍。结合消防作业现场空气专项监测结果分析，认为超标主要原因是事故现场作业导致前期被埋污染物重新暴露，持续挥发造成下风向超标。

爆炸之后，大量消防水漫布厂区，并进入园区内部河道。为防止消防废水进入园区外环境，应急处置部门急需掌握污染扩散途径，应急监测人员紧急对园区内、外水体进行监测。根据现场快速监测结果，消防水流经的内部河道三排河三溴甲烷、二氯甲烷、三氯甲烷、1,2- 二氯乙烷超出《地表水环境质量标准》（GB 3838—2002）表 3 标准，其他断面监测项目暂未超标。

第一阶段报告内容特征为"简、快"，以监测数据和评价结果为主。参照标准为《大气污染物综合排放标准》（GB 16297—1996）、《江苏省化学工业挥发性有机物排放标准》（DB 32/3151—2016）中的厂界污染物浓度限值，并参照相关资料，对检出的污染物毒性情况、健康风险等进行必要提示。

二、基本稳定阶段

（一）加密监测

1. 主要任务

水气并重、加密监测、回应关注，为群众恢复生产生活服务。

自 3 月 22 日 7 时起，随着明火的扑灭，现场浓烟消失，环境空气重点关注指标从二氧化硫、氮氧化物转为挥发性有机物；周边群众对附近环境空气质量极度关切，应急指挥部亟须掌握消防废水的流向和影响范围。应急监测关注重点从环境空气转为水、气并重（图 4）。

江苏省环境监测中心副主任胡冠九参与复杂水样的分析工作

徐州应急监测人员测定挥发性有机物

苏州应急监测人员在临时实验室开展分析工作

南京应急监测人员在应急监测车内开展分析工作

图 4　基本稳定阶段监测现场

2. 监测方案制定及调整

空气以挥发性有机物为重点关注指标。布设 6 个空气监测点位：中心半径 1 000 m 范围内点位 4 个、2 000 m 范围内点位 1 个、3 500 m 范围内点位 1 个，使用便携式气质联用仪开展监测。二氧化硫、氮氧化物监测方式由便携式傅里叶红外分析仪转为大气流动监测车。频次从最初的 1 次 /30 min 逐步稳定到 1 次 /6 h。

水以苯胺类、氨氮、挥发性有机物为重点关注指标，从临时实验室手工分析方法转为快速仪器分析，手工进行质控的方式。布设 8 个地表水监测点位：新丰河闸内、闸外，新民河闸内、闸外，新农河闸内、闸外，灌河下游 3 km 处和灌河入海口。频次从 1 次 /3 h 逐步稳定到 1 次 /8 h。根据指挥部需要开展园区外围河流排查监测、增设园区内加密监测点位，方案也在不断微调。

3. 应急监测质控工作

本次应急监测在临时实验室和现场均采取有效措施建立了应急监测质控体系，贯穿应急监测全程，在满足时效性要求的同时，更注重数据质量。

实验室分析组分为苯胺类监测组、氨氮分析组、挥发性有机物分析组、仪器分析组，并明确数据审核人和负责人。有针对性地调度有经验的氨氮分析技术人员、苯胺类分析技术人员 2 个批次，形成精准支援力量。实验室采取有效的质控措施，苯胺类有检出就加标；苯胺类、氨氮、化学需氧量等重点关注指标确保由两种以上方法同时分析、相互印证；苯等需要稀释分析的高浓度挥发性有机物组分与低浓度样品分开，由专门的仪器承担，避免相互之间产生干扰。

4. 监测结果及趋势预判

爆炸之后，短时间内造成空气中的苯浓度升高，甲苯、二甲苯等园区特征指标也有检出，从 3 月 28 日起，下风向 1 000 m 处苯持续稳定达标（4 月 12 日原料清运作业时短暂超标）。甲苯、二甲苯等其他挥发性有机物持续达标，事故地下风向 1 000 m、2 000 m、3 000 m 处苯、甲苯、二甲苯浓度前期有所波动，后期持续达标。

新丰河作为本次事故污水和消防废水的主要受纳水体，闸内苯胺类、氨氮浓度一直居于高位，苯胺类最高为 7.6 mg/L，超标 75 倍；氨氮最高为 454 mg/L，超标 226 倍。闸内二氯乙烷、三氯甲烷、化学需氧量等也有超标。新农河接纳少量事故污水和消防废水，化学需氧量、氨氮、三氯甲烷、苯胺等指标上下游浓度变化较明显，有不同程度超标，化学需氧量超标 1.1～1.9 倍、氨氮超标 0.4～1.7 倍、苯胺类超标 0.3～2.9 倍。新民河水质基本能达到地表水 V 类标准。河水 3 月 26 日起开始处置外排，为确保水质安全，河水排入灌河前投入活性炭处理，同时对外排水 24 小时连续加密监测，外排水持续达标。

周边土壤 11 个点位、地下水 6 个点位的监测结果表明，特征污染物均未检出，周边土壤未受此次事件影响，周边地下水未受此次事件影响。饮用水水源地水质未受此次事件影响，陈家港沿海水厂取水规模约 3.5 万 t/d，水源取自海堤河。自 3 月 22 日开始，每日对饮用水水源地水质开展 1 次监测常规污染物，均符合地表水 III 类水质标准，特征污染物均未检出。

　　该阶段监测报告内容参照最严格的评价标准，从3月23日18时起，挥发性有机物参照《室内空气质量标准》①（GB/T 18883—2002）评价，以快而全的原则，对空气、地表水、地下水、土壤各要素监测结果和超标情况进行报告，并对变化趋势进行简要描述。

　　5. 处置建议

　　为达到预定事故处置目标，3月22日凌晨3时，根据应急监测结果，指挥部明确了筑坝拦截、污水处理厂恢复运行、引流控污、工程削污、危险废物清理等应急措施，时任生态环境部副部长翟青率领部工作组全程指导，当地政府迅速组织实施。3月23日上午，为有效防止事故核心区各类污水扩散，在应急监测的支撑下，地方政府组织建设了污染物拦截坝，实现了对约3.5 km²核心区污染物的有效围堵（图5）。

时任生态环境部副部长翟青视察园区污水处置情况 　时任中国环境监测总站副站长刘廷良制定排查方案

江苏省环境监测中心副主任郁建桥对应急监测工作进行 　江苏省环境监测中心宋兴伟第一时间对应急监测数据进
指挥调度 　　　　　　　　　　　　　　　　　　　行审核

图5　相关领导亲临现场指挥

---

① 目前，该标准已被《室内空气质量标准》（GB/T 18883—2022）代替，下同。

（二）全面排查

1. 主要任务

深入现场全面调查核心区污染情况，为事故调查服务。

此阶段工作目标为全面掌握事故对周边环境造成污染的状况。工作特点为覆盖要素全、监测项目多。自 3 月 24 日起，除持续对园区内外地表水进行监测外，逐步调整监测方案，增加监测内容。同时，在此阶段开展了保障消防处置的专项监测和保障学校复课的专项监测。

2. 监测方案制定及调整

在环境空气方面，分别在爆炸点下风向的 1 000 m、2 000 m 和 3 500 m 布点利用便携式气质联用仪和大气流动监测车开展监测，主要监测指标为挥发性有机物、二氧化硫和氮氧化物等特征污染物，监控事故排放污染物对下风向环境空气的影响。

在水的方面，地表水布设 27 个监测点位：核心区 7 个、新丰河 4 个、新民河 4 个、新农河 4 个、灌河 2 个（在化工园区下游 3 km 处和入海口处各 1 个）、周边河流 6 个（伏堆河 3 个、新丰河上游 1 个、民生河 1 个、新东河 1 个）。3 月 24—27 日，对爆炸坑、预留车间空地、制氢车间西、精馏车间西、硝化车间东、二车间西、宿舍 7 个点位采样监测水质。

在地下水方面设置 4 个监测点位：天嘉宜公司东侧农田（对照点）、园区内的森达热电、天容化工、华旭药业。分别于 3 月 24 日、26 日进行了监测。

开展保障消防处置的专项监测。分别于事故发生地下风向 50 m、下风向 100 m、下风向 300 m 3 个点位进行监测。监测指标为苯、甲苯、二甲苯。监测频次根据处置工作需要不断调整。参考《室内空气质量标准》（GB/T 18883—2002）进行评价。

开展保障学校复课的专项监测。陆续对园区周边 10 余所学校点位开展监测。监测指标为苯、甲苯、二甲苯。监测频次根据处置工作需要不断调整。参考《室内空气质量标准》（GB/T 18883—2002）进行评价。

同时增加爆炸坑、厂区积水、固体废物、场内及周边土壤等各类专项监测。

3. 应急监测技术体系

本次应急监测技术体系见图 6。

（1）评价标准

前期参考《大气污染物综合排放标准》（GB 16297—1996）、《江苏省化学工业挥发性有机物排放标准》（DB 32/3151—2016）中的厂界污染物浓度限值作为大气监测的标准，从 3 月 23 日 18 时起，挥发性有机物参照最严格的评价标准《室内空气质量标准》（GB/T 18883—2002）评价。地表水评价参考《地表水环境质量标准》（GB 3838—2002）。

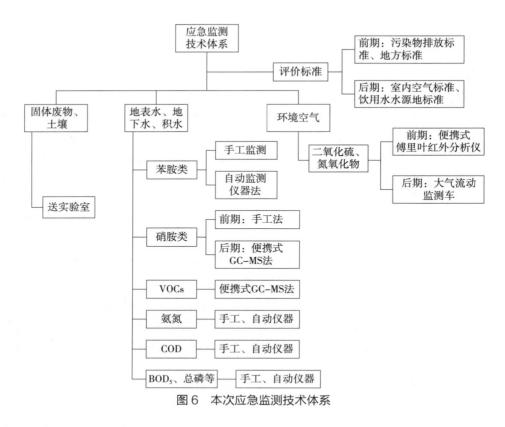

图 6　本次应急监测技术体系

（2）环境空气监测

事件初期参考《环境空气　无机有害气体的应急监测　便携式傅里叶红外仪法》（HJ 920—2017）、《环境空气　挥发性有机物的测定　便携式傅里叶红外仪法》（HJ 919—2017）开展应急监测，部分点位使用便携式气质联用仪测定环境空气中挥发性有机物，后期使用大气流动监测车结合便携式气质联用仪对大气污染物进行实时监测。

（3）地表水监测

事件初期苯胺类、化学需氧量、高锰酸盐指数、氨氮等指标依靠实验室分析方法应对，3月下旬至4月初，力合科技、碧兴物联、德林仪器厂家的水质快速监测仪器装备及其运行参数调试到位后，以上指标实现了自动化监测，减轻了人员压力，提高了水质监测的时效性。同时保留手工监测手段作为质控，同步与自动监测仪器进行比对监测，确保了监测数据的质量。

事件初期仅能依靠实验室分析方法《水质　硝基苯类化合物的测定　液液萃取/固相萃取-气相色谱法》（HJ 648—2013）对硝基苯进行分析，由于大型仪器无法转运至现场，样品还需转运至监测机构实验室分析，4月初，监测人员在调整气质联用仪运行参数并进行验证实验后，在事故发生地周边的临时实验室实现了硝基苯的快速监测，省去了样品转运至后方实验室的环节，大幅降低了样品处理及分析的时间。以加标试验及苯系物同步测定试验为质控。

事件初期污染水体中其他挥发性有机物以苯、三氯甲烷、二氯甲烷、二氯乙烷、甲苯为主（部分断面有三溴甲烷、四氯乙烯、乙苯、氯苯等检出），事故处置过程中污染物种类及浓度发生了不同程度的变化，为及时出具数据并保持数据的连贯性，统一使用气质联用仪＋顶空的方式进行测定，同时为了提高工作效率，防止高浓度样品的记忆效应对仪器造成干扰，临时实验室中配置2～3台气质联用仪对以三氯甲烷、二氯甲烷、二氯乙烷、苯为主的挥发性有机物进行监测，高、低浓度样品分开，同时采用空白样、仪器比对等方式进行质控。

（4）固废土壤

主要针对事故发生地爆炸大坑内土壤（天嘉宜厂区大坑土壤、天嘉宜厂区硝化车间西土壤2号）、园区外敏感点土壤（六港小学、王商小学、草港小学、大湾村粮食加工厂对面）开展专项监测，监测指标为《土壤环境质量 建设用地土壤污染风险管控标准（试行）》（GB 36600—2018）中规定的挥发性有机物、半挥发性有机物，参照该标准内的"建设用地土壤污染风险筛选值"及"建设用地土壤污染风险管制值"进行评价，采样后立即送后方实验室进行分析。

4. 监测结果及趋势预判

（1）周边河流

各监测断面高锰酸盐指数、氨氮均低于Ⅴ类标准限值。伏堆河下游氨氮浓度为1.97 mg/L，苯胺类浓度为0.06 mg/L，相对其他河流偏高，说明伏堆河受到园区污染物一定程度的影响。灌河22—26日监测结果均低于Ⅴ类标准限值，表明受污染水体未排入灌河，不影响灌河水环境及海洋环境安全。

（2）饮用水水源地

陈家港沿海水厂取水规模约3.5万t/d，水源取自海堤河。自22日开始，每日对饮用水水源地水质开展1次监测，常规污染物均符合地表水Ⅲ类水质标准，特征污染物均未检出。陈家港镇饮用水水源地位于废黄河—海堤河上，与园区河道分处两个水系。废黄河—海堤河高程较园区所在河道高1 m左右，园区地表水未进入该河道。

（3）地下水

24日地下水各点位的苯胺类、硝基苯未检出，挥发性有机污染物、半挥发性有机物低于标准限值。26日氨氮超标3.2～14.9倍（24日超标2.7～12.9倍），与24日监测结果基本一致。距离爆炸坑50 m的华旭药业点位，各项污染物浓度均低于2.5 km以外的天容化工点位。

（4）土壤

周边土壤特征污染物均未检出，周边土壤未受到此次事件影响。厂区核心区检出苯、甲苯等有机物，硝化车间西点位苯浓度为10.14 mg/kg，超过建设用地土壤污染风险筛选值，但低于风险管制值。学校、村庄敏感点硝基苯为0.03～0.06 mg/kg，远低于标准限值（筛选标准限值为34 mg/kg、控制值标准为190 mg/kg），苯胺类、挥发性有机物、半挥发性有机物均未检出。

（5）核心区环境

监测发现，核心区积水水质污染严重。参考江苏省《化学工业主要水污染物排放标准》[①]（DB32/ 939—2006）一级标准、《城镇污水处理厂污染物排放标准》（GB 18918—2002）和《污水综合排放标准》（GB 8978—1996）标准评价。爆炸坑 pH 为 3.23；苯浓度为 1.27 mg/L，超标 11.7 倍；化学需氧量为 1 900 mg/L，超标 22.8 倍；氨氮为 71.6 mg/L，超标 3.8 倍；硝基苯为 1.35 mg/L，低于标准限值。爆炸坑等 7 个点位苯、化学需氧量、氨氮、pH 均有不同程度超标。制氢车间西、精馏车间西、硝化车间东和二车间西积水的苯胺分别超标 70.8 倍、6.6 倍、61 倍和 8.1 倍。根据现场掌握的天嘉宜公司生产信息，该公司原辅用料及生产产品含有大量有机氮化合物及氮气、氢气、硫酸、碱液等物质。3 月 21 日发生火灾和爆炸事故时，以上物质发生剧烈反应产生氨，最终导致消防废水中的氨氮极高，进而对邻近事故区的内部沟渠造成污染，造成园区内新丰河闸内氨氮严重超标。

全面排查阶段报告内容不断扩充，分析模式不断完善。重点围绕园区 3 条主要河道新丰河、新民河和新农河开展加密调查监测，对断面超标指标污染趋势绘图分析，有助于对形势进行综合研判。综合判断新丰河是本次事故污水和消防废水的主要受纳水体，多项污染物严重超标。污染物浓度从上游到下游明显上升。新民河未受此次事件影响，建议经污水处理厂处理后排放。新农河影响较小，建议与新丰河同时采取处置措施。

5. 处置建议

（1）增加筑坝拦截

为进一步提升应对降雨时污染物外泄风险的能力，4 月 16 日，在第一道坝外围又加建了一道污染物拦截坝，形成了约 7 km^2 的大包围圈。通过步步设防、层层拦截，显著降低了事故污水排入园区外环境的风险。

（2）污水处理厂恢复运行

经过工作组现场实地勘查监测，离爆炸点约 3 km 的园区集中式化工污水处理厂——陈家港污水处理厂受爆炸影响较大，经过分析评估、实地监测和抢修维护，陈家港污水处理厂污水处理能力得以全面恢复，之后应急监测力量立即启动陈家港污水处理厂外排水的监测，为本次事件产生的各类污水得到有效处理创造了条件，为事件应急处置奠定了坚实的基础。

（3）引流控污

根据对应急监测及实验室分析结果的综合分析，得出受污染河水的典型污染特征。3 月 23—30 日，利用前期参与事故灭火的消防部门强大的大流量远距离输水能力，将总量约 2.1 万 m^3 爆炸大坑污水安全转移至陈家港污水处理厂隔壁废弃的裕廊化工污水处理厂的污水处理池，以及之江化工厂的事故应急池，消除了爆炸点及附近的重大生态环境隐患。在将裕廊化工污水处理厂原应急池、集水池等改造成爆炸大坑污水、受

---

① 目前，该标准已被《化学工业水污染物排放标准》（DB 32/939—2020）代替。

污染河水的预处理反应池的基础上，充分利用现场消防等队伍的输水能力，实现了各反应工段之间的污水输送，为各种事故污水的有效处理创造了条件。

三、稳定达标阶段

（一）现场处置监测

1. 主要任务

持续跟踪监测、随时调整，为事故现场处置提供服务。

爆炸之后，园区大量生产装置受损、大量化工原料泄漏；同时，污水积存在园区内三排河、新丰河等河道内，如遇暴雨将不堪设想，现场处置工作难度极大。自事故发生第6日（3月26日）起，逐渐增加了保障事故处置的监测内容，本阶段工作特点是监测内容多、分析研判要求高（图7）。

2. 主要监测方案

方案主体保留10个常设点位，根据处置需要每日加测其他点位。下风向1 000 m、2 000 m、3 500 m每日监测1次，使用大气流动监测车、便携式气质联用仪；厂区周边排水渠、新农河、新丰河、新农河、灌河等断面每日1次，使用水质在线分析仪法、便携式气质联用仪，手工方法作为质量控制；地下水2个点位，每周监测1次，送临时实验室分析；土壤2个点位，每月监测1次，送后方实验室分析。

江苏省环境监测中心副主任郁建桥等领导根据任务调整安排实验室分析工作

图7 稳定达标阶段相关领导现场指挥

自3月26日起，分散在不同地点的应急监测实验室逐渐统一集中至华清污水处理厂，标志着应急监测工作进入了以现场处置工作为中心目标的阶段。同期新民河处置工程自动监测车和园区污水处理厂临时实验室完成搭建。4月4—5日开展了园区新民支渠加密监测和新丰河闸内渗水调查监测。4月8—10日强降水期间组织开展了监测频次为1次/4 h的加密监测。4月10日起对事故区河道积水持续开展监测。

3. 监测结果及达标趋势判断

本阶段监测报告内容进一步扩充，增加了主要指标的趋势研判和原因分析，全面为污染处置工作提供技术支撑。

监测显示：高浓度废水从新民支渠、三排河进入新丰河后，抽至预处理设施进行处理。在此期间，新丰河闸内苯胺类浓度自4月1日起出现大幅上升。新民河27日起处理工程出水氨氮、化学需氧量浓度均满足地表水Ⅳ类标准要求，三氯甲烷、二氯甲烷、二氯乙烷等挥发性有机物有检出但均未超标。

现场专家组采取分段处理的方式，由新丰河闸内抽水至裕廊化工，预处理后进入园区污水处理厂进行深度处理，达标后排放。增加处置外排水、三排河、新民支渠等断面主要指标的趋势研判和原因分析。为了保障园区后期的清理和处置工作，自4月12日起，省监测中心调度南通、泰州、淮安和连云港驻市监测中心在园区开展持续监测。在前期监测的基础上，向国务院事故调查组报送应急监测工作情况报告，为事件的妥善处置及原因调查提供技术支撑。

（二）后续监测

1. 主要任务

跟踪监测重点断面，定期监测污水处理厂出水，为污水处置提供服务（图8）。

6月24日之后，应急监测工作事权由省级向市级移交，江苏省盐城环境监测中心及当地环境监测部门持续对环境质量及处理排放废水开展跟踪监测。

图8　监测人员在污水处理厂进出口水样采集

2. 监测方案

（1）空气监测

点位为事故发生地下风向1 000 m；指标为挥发性有机物；频次为每周1~2次；仪器使用便携式气质联用仪。

（2）地表水

地表水主要监测厂区周边排水渠、新丰河、灌河等断面，污水处理厂进口、出口；指标为氨氮、化学需氧量、苯胺类、硝基苯类、挥发性有机物；监测频次为每周监测1次；以实验室方法与便携式气质联用仪相结合开展监测。

3. 监测结果及现状评估

本阶段监测报告结构清晰，重点突出，对园区环境空气、园区下游地表水、污水处理厂进出口进行定期监测，为环境治理、物料转移等环境管理工作提供决策依据。

监测结果表明：事故地周边空气质量、地表水及地下水水质均持续达标，污水处理厂排放废水各项监测指标也均达标；陈家港化工园区周边环境质量总体稳定，地表水平均水质、饮用水水源地水质均达到Ⅲ类标准，空气质量优良天数比例达90%以上，近岸海域海水水质同比好转。监测情况符合生态环境部《重特大突发水环境事件应急监测工作规程》中"最近一次监测方案中全部监测点位的连续3次监测结果达到评价标准或要求，或者应急专家组认为可以终止应急监测时，由应急监测组提出应急终止建议，根据应急指挥部的决定终止应急监测"的要求，因此江苏省盐城环境监测中心建议终止跟踪监测工作，由当地生态环境部门开展日常例行监测。

四、案件经验总结

（一）经验

1. 生态环境部和中国环境监测总站一线指挥是本次应急监测成功的关键

生态环境部对环境应急工作的全局指挥、中国环境监测总站对本次应急监测工作的现场指导和关键环节把控，是圆满完成此次应急监测工作的至关重要的决定因素。

（1）方案制定与调整

事件处置期间，监测工作的目的、重点和范围随着应急领导小组的需求不断变化。在中国环境监测总站的有力领导下，每天对监测结果进行分析、会商，在此基础上不断调整监测方案，既保证了关键断面的延续性，又兼顾了应急救援、调查和处置工作的需求。

3月22日起及时对应急监测方案进行了5次重大调整（小的调整、根据处置工作需求临时增加的监测方案几乎每天都有），并及时编制监测报告对污染趋势进行分析和研判。

3月24日起对天嘉宜厂区内爆炸坑积水、园区漫水和厂区土壤开展了调查监测，编制报告12期；3月24日起对新丰河、新民河、新农河上游开展了为期1周的加密监测，编制加密专项报告7期。3月25日起对园区地下水、周边敏感点土壤开展了连续2期监测，编制监测报告2期，对厂区地下水开展1周1次的监视性监测。3月26日起完成新民河处置工程自动监测车和园区污水处理厂临时实验室的搭建，并开始连续监测，连续编制专报17期。4月4—5日：开展了园区新民支渠加密监测和新丰河闸内渗水调查监测，编制专报3期。4月8—10日：强降水期间组织开展了监测频次为1次/4 h的加密监测，编制监测简报12期，为应急指挥部制定事故处置方案、做好人民群众安抚工作提供了科学依据。

（2）现场监测及采样

根据监测方案和应急工作需求，指导现场监测点位布设、采样位置选择、现场采样质量控制等。

根据应急现场需求，综合协调组提出明确的技术需求，有针对性地在全省监测系统内调度人员和装备。分批次调度了省、市、县监测系统的24个监测机构，前后方协同配合，共同完成了此次应急监测工作。分区域、分批次调度，根据形势发展不断投入人员力量。根据事件发展态势动态调度人员，确保现场有充足人员。截至6月24日，先后精准调度大气流动监测车4台、挥发性有机物走航车1台、水质流动监测车1台、便携式气质联用仪16台、便携式傅里叶红外分析仪6台、其他应急监测仪器100余台、其他应急监测车30余台、无人机1台。根据园区污水处理厂处置工作需要，独立设置处置技术保障实验室 1 处，抽调人员布设在线 TOC 分析仪 1 台、便携式气质联用仪 2 台、便携式分光光度计 1 台、液相色谱仪 1 台。同时前后 4 批调度应急监测人员，事件后期根据需求进行人员轮换，保证长期作战状态下人员队伍始终处于良好的工作状态，不疲劳作战，保证现场工作安全。

（3）报告编制及优化

随着事件处置工作的深入，各方对监测报告的要求越来越高。对报告的需求不仅限于真、准、全、快，更对污染变化趋势、事件综合研判方面提出了明确的要求。在中国环境监测总站的指导下建立了监测数据的综合分析模式，为处置工作提供了坚实的支撑。

报告编制组分为数据审核组、例行报告编制组、加密报告编制组、综合报告编制组，均明确了负责人和工作衔接流程。

（4）积极有效的联动

本次应急监测工作全面与应急处置和消防全程联动，在消防部队驻地和消防处置现场下风向 50 m、100 m、300 m 全程开展空气质量监测；采用《室内空气质量标准》（GB/T 18883—2002）评价敏感点空气质量，最大限度地保障现场工作人员和人民群众身体健康；事件前期做到了全方位开展环境空气、地表水、土壤和地下水等环境质量监测，为环境应急处置提供了全面的基础数据和动态变化情况。

2. 组织调度有序是本次应急监测成功的保障

事件发生后，江苏省环境监测中心第一时间调度全省应急监测力量向响水集结，当晚连云港、泰州、扬州驻市监测中心到达现场，次日全省所有驻市监测中心全部到达现场，按照统一的方案、统一的方法、统一的质量要求迅速投入现场应急监测工作中。

3. 及时有效的响应是本次应急监测成功的奠基石

事件发生后，江苏省环境监测中心第一时间启动应急响应，第一时间确定了主要大气污染物、污染物浓度和污染范围，迅速为事件现场指挥机构的决策提供了第一手数据支撑。各地应急监测日常管理工作相对有效，明确了应急监测仪器维护、响应流程、组织机构和岗位职责，遇突发事件时可根据预案快速响应，在日常根据预案内容进行仪器维护、人员培训和操作演练。

4. 一支具备基本应急素养的战斗队伍是本次应急监测成功的基础

近年来，江苏省通过开展环境监测技术比武、应急监测技术培训和应急监测操作演练，挖掘和培养了一批具备应急监测技术基础的人员队伍。

5. 一支逐渐成长的社会化监测力量是本次应急监测战役的生力军

近年来，社会化检测机构发展迅速，人员规模不断扩大。在本次应急监测工作中，部分社会化检测机构积极主动地参与到现场工作中，在一些辅助岗位上承担了大量重要工作，一定程度上缓解了监测系统人员不足的问题。另外，一些应急监测仪器厂家主动派遣维护人员和应用研究人员在现场连续开展保障和运维工作，确保监测期间仪器状态和性能的稳定，为应急监测工作的圆满完成提供了有力的支撑。

（二）主要问题

1. 组织协调方面

（1）信息化指挥系统缺位

事件初期的方案制定、点位布设、现场监测等缺乏必要的地理信息系统，严重依赖现场人员经验，缺乏对整个事件的系统把控。应急指挥调度手段较为单一，电话点对点通信手段效率低，微信传输数据存在安全隐患，难以有效应对大规模的应急监测工作。

（2）第一时间人员投入不足

第一时间对应急监测工作的难度和规模预估不足，现场指挥协调、报告编制、现场监测、实验室分析、后勤保障等关键环节骨干人员在第一时间投入不足，未能在第一时间形成最佳的战斗力。

（3）存在信息不对称情况

重大突发环境污染事件监测前期工作任务紧急、信息繁杂，若实时信息传输交换不及时，后方不能及时了解现场的实时状况，前方不清楚后方的需要和目的，就会给应急指挥和决策带来困扰。虽然监测人员各自承担应急监测中的局部工作，但对监测整体方案的设置调整及事故处理各阶段进程应有清楚认识。

2. 技术储备方面

（1）常用仪器数量不足

主流便携式常用仪器储备不足，本次应急监测期间，驻市中心除盐城外各配有便携式气相色谱－质谱仪1台（盐城中心配置2台），《生态环境应急监测能力建设指南》推荐地市级配置测定水中挥发性有机物的便携式气相色谱－质谱仪1台，不能满足同时测定空气中挥发性有机物和水中挥发性有机物的工作需求。便携式傅里叶红外分析仪未能配置到各驻市中心，不能满足快速全面监测空气中无机气体的工作需求。此次"3·21"应急监测便携式大气装备需求量最多时为10台（套），依靠省内各地支援才能持续监测，若时间规模进一步扩大则需省外力量支援。

（2）新技术、新装备不足

受资金、技术等各方面影响，无人机、无人船、走航车等新型应急监测技术手段相对缺乏。无人机装备数量偏少，未能做到配备至一线，在应急监测初期现场装备的无人机可进行航拍，但未能形成应急监测能力。无人船尚未装备至应急监测一线，且其便携性不能满足应急监测工作的需求，制约了其功能在应急监测工作中的发挥。配备有飞行时间质谱仪等新装备的走航观测车在监测初期的应急监测工作中展现出了其在应急监测中的应用前景，但本次事件应急监测期间全省生态环境系统仅配有1台，数量明显偏少。

（3）水质快速监测方法不足

监测初期，仅能依靠实验室分析方法对苯胺类、硝基苯等指标进行监测，耗时、耗力，效率不高，难以满足重特大突发环境事件的处置需求；监测中后期，水质流动监测仪器装备和运行参数调试到位后，氨氮、化学需氧量、苯胺类等指标实现了自动化监测，减轻了人员压力，提高了水质监测的时效性。

3. 人员储备方面

（1）综合人员不足

应急监测既是体力劳动又是脑力劳动，尤其在监测前期，熟悉应急监测工作流程和全方位应急监测技术，从事应急监测工作的人员较少且专业化不高，具备一定深入分析和报告编制的人员储备不足。

（2）专业分析人员不足

应急监测初期，由于缺乏经验丰富的分析人员，导致摸索高浓度、高干扰条件下的各类指标手工分析条件工作耗时较长，在一定程度上制约了应急监测工作的开展。

（3）后备力量不足

江苏各驻市中心应急人员大部分为各个科室抽调，日常承担着大量常规监测工作，本次监测几乎出动了江苏系统内可以动员的全部应急监测机动力量，因事件处置得力，人员需求未增加，然而一旦事态升级，监测工作任务加重，现有人员将难以应对。

4. 保障机制方面

（1）物资保障

应急监测保障机制和水平不足，尚未形成有计划的应急监测物资保障预案，多数紧急需求品需要临时采购。此次爆炸事故为危险化学品爆炸，核心区域有机物浓度较高，而监测人员需要频繁进出核心区，部分地区支援人员对如此极端环境预估不足，准备的防护设备不够充分，未能从应急救援物资库及时拨付使用。

（2）后勤保障

应急监测工作保障不足，前期无相对方便的应急监测实验场地，样品分送至各实验室耗时严重，落实临时应急监测实验室场地后，效率大幅提高。大规模应急监测事件的后勤保障经验不足，且受事件影响周边交通和商业设施几乎停摆，昼夜连续工作状态下工作餐等基本需求的供应难度大，监测队伍安排在周边区县，大大限制了队伍的机动性，也增加了后勤保障人员负担。

（3）宣传保障

江苏各市应急监测队伍服装暂未统一，未能展示应急监测冲锋在前的精神风貌，所留影像资料辨识度不高。由于资源紧张，宣传力量相对较薄弱，未能第一时间在各类媒体上突出报道监测队伍发挥的作用及其作出的贡献。

5. 制度建设方面

（1）应急预案实用性不足

部分地区应急预案追求程式化，对各类可能发生的环境突发事件没有针对性，缺乏可操作性，响应有效性有待提高。虽然各监测队伍能在接到电话后第一时间赶赴现场，但应急预案的实用性不足，各监测队伍应通过案例经验和实战演练不断磨合提高。

（2）应急培训不够深入

目前，江苏省各驻市监测机构皆定期举办应急监测培训，但主要为讲解、发放培训讲义的形式，虽完成了专业理论和技术培训，但不够系统和深入，未能紧密结合实际工作，不能让参训人员直观地理解培训内容及应急监测工作的需求。

（3）应急监测管理不统一

部分地区在应急监测管理方面已建立应急监测仪器责任制，设置应急监测主管，定期检查、维护仪器，及时更新、补充相关试剂、耗材，保持其性能良好，定期培训、进行演练，确保来则能战，战则能胜。但因突发性污染事故发生的频次不及日常监测任务，部分地区未能做到常备不懈，应急监测管理易流于形式。

（三）建议

1. 探索建立集成应急监测方案制定、指挥作战、数据传输、会商研判等功能的信息化平台，并结合工作需要，配备应急监测信息系统终端，保证应急监测关键时期信息传输效率。按《重特大突发水环境事件应急监测工作规程》和《重特大突发环境事件空气应急监测工作规程》要求，在发生疑似重特大突发环境事故时应做充分响应，充分保障，并加大县（区）应急监测能力建设投入力度，确保突发环境事件所涉最小环境监测网格能够有效组织应急监测响应。

2. 加强各级监测机构应急监测能力建设，进一步明确各级政府对应急监测能力建设投入的主体责任。根据《生态环境应急监测能力建设指南》全面提升应急监测装备水平，加强应急监测车（船、无人机）的配备，建立和完善应急监测方法和标准体系，为应急监测技术人员提供技术支持和管理支持。按《生态环境应急监测仪器核查检查规程编制指南（试行）》要求负责编制核查规程和维护计划，定期进行日常维护保养。

3. 进一步加强生态环境应急监测队伍建设。分层次建立应急监测人员队伍储备机制，优化应急监测队伍人员构成。加强对《生态环境应急监测方法选用指南》《生态环境应急监测评价标准选用指南》《生态环境应急监测报告编制指南》的宣贯学习，逐步建立应急监测日常管理规范，引入打分考核机制，对应急监测队伍建设的实际成效进行评估。

4. 逐步完善高风险区域应急监测资源布局规划。依托地方、园区或企业监测站，形成应急监测备用实验室网格化布点。制定引导社会化检测机构参与应急监测工作的激励机制，鼓励和引导社会化检测机构开展应急监测能力建设和人员培养。

5. 加强应急监测人员队伍培训和演练，制订培训和演练计划并按期实施，根据《生态环境监测机构应急监测预案编制指南》制定和更新应急监测预案，并通过实战演练检验应急预案的实用性，确保快速、有效地响应突发环境事件应急监测。

专家点评 //

一、组织调度过程

2019 年 3 月 21 日 14 时 50 分爆炸事故发生，当日 15 时 40 分，首批应急监测人员抵达现场立即开展监测，属地监测机构人员第一时间响应，从爆炸事故发生到应急监测人员抵达现场仅用时 1 小时左右，应急监测响应十分迅速，16 时 57 分即采用便携式气质联用仪和便携式傅里叶红外分析仪获取了事故点下风向空气中挥发性有机物、二氧化硫和氮氧化物的一手监测数据。此后，3 月 22 日凌晨，江苏全省 15 支应急监测队伍的首批 120 名监测人员全部到位，根据应急监测方案开展监测工作，体现出应急监测响应初期，省级环境监测部门对区域内监测力量的组织调动十分顺畅和高效。

回顾整个应急响应和监测过程，应急监测组织和指挥工作紧跟应急指挥部需求，有针对性地在全省监测系统内调度人员和装备，先后分批次、分区域调度了省、市、县三级监测系统的 24 个监测机构，始终保障了充足的应急监测力量投入，做到了前后方协同配合。事件处置期间，监测工作的目的、重点和范围随着应急领导小组的需求不断变化。在中国环境监测总站的有力领导下，每天对监测结果进行分析、会商，在此基础上不断调整监测方案，既保证了关键断面的延续性，又兼顾了应急救援、调查和处置工作的需求。总体来说，生态环境部对环境应急工作的全局指挥、中国环境监测总站对本次应急监测工作的现场指挥和关键环节把控，加之江苏省良好的应急监测能力建设基础，是圆满完成此次应急监测工作的至关重要的决定因素。

二、技术采用

（一）监测项目及污染物确定

监测项目的确定体现出紧密服务决策、针对性和可操作性强的特点。在监测项目及污染物的确定过程中，第一时间使用了便携式气质联用仪和便携式傅里叶红外分析仪开展定性半定量监测，根据污染物危害大小、检出情况和社会关注程度，锁定本次事故中的主要污染物为环境空气中的挥发性有机物、二氧化硫和氮氧化物，水体中污染物和监测项目充分结合爆炸事故涉及的化学品以及次生产物，确定为苯胺类、硝基苯类、挥发性有机物。

（二）监测点位、监测频次和监测结果评价及依据

1. 监测点位布设

应急监测过程中对布设点位的原则把握准确、目标清晰、针对性强，紧密围绕应急处置工作需要，在不同应急监测阶段对环境空气、地表水、地下水和土壤监测点位适时作出补充和优化调整。初期监测点位重点为事故点下风向环境空气敏感点以及事故园区主要河道和外界重要水体，重点服务人员疏散应急指挥决策和污染物扩散监控；基本稳定阶段监测点位有针对性地进行加密，同时增加了土壤和地下水监测点位，重点服务应急处置和群众生产生活恢复决策；稳定达标阶段监测点位根据指挥部工作需要随时调整，重点针对园区水环境和积存污水科学布设点位，充分聚焦为事故后期处

置提供决策参考。

2. 监测频次确定

确定监测频次兼顾了初期应急处置急迫形势和后期可持续跟踪事态发展的需要。事故发生初期开展加密监测，此后逐阶段优化调整了监测频次，既满足了污染物动态变化趋势监测分析的需要，又保证了监测工作的有序和可持续开展。

3. 监测结果评价及依据

应急监测过程中，严格按照有关污染物排放标准和环境质量标准对监测结果进行评价。评价使用的标准包括《大气污染物综合排放标准》（GB 16297—1996）、《地表水环境质量标准》（GB 3838—2002）、《污水综合排放标准》（GB 8798—1996）、《城镇污水处理厂污染物排放标准》（GB 18918—2002）以及《江苏省化学工业挥发性有机物排放标准》（DB 32/3151—2016）等。特别是在基本稳定阶段，为了充分回应社会关切以及保障人民群众恢复正常生产生活的实际需要，对敏感点挥发性有机物的监测结果严格参照《室内空气质量标准》（GB/T 18883—2002）评价。

（三）监测结果确认

本次应急监测在临时实验室和现场均采取有效措施建立了应急监测质控体系，贯穿了应急监测全程，在满足时效性要求的同时更加注重数据质量。具体可以借鉴的做法主要有以下几点：对重点关注指标确保由两种以上方法同时分析、相互印证；对需要稀释分析的高浓度挥发性有机物组分与低浓度样品分开分析，同时进行空白样、仪器比对，并由专门的仪器承担分析，避免相互干扰；对关键项目采取检出就加标；快速监测和自动在线监测数据同步使用手工监测数据比对质控等。

（四）报告报送及途径

在中国环境监测总站的指导下，应急监测组建立了监测数据的综合分析模式，根据应急指挥部的需要，严格按照"真、准、全、快"的要求，分类编制报送了应急监测简报、专报、加密监测报告等各类应急监测报告，为处置工作提供了坚实的支撑。此外，应急监测报告编制组还进行了细致的分工，分别组建了数据审核组、例行报告编制组、加密报告编制组、综合报告编制组，均明确相关负责人和工作衔接流程。

（五）提供决策与建议

本次应急监测为事故应急处置提供了及时、科学、准确的决策参考依据和有价值的对策建议。其中，应急监测组根据监测数据综合研判，一是为进一步提升应对降雨时污染物外泄风险，提出了增加筑坝拦截的工作建议；二是为保障事故产生污水得到有效处理，有针对性地开展了污水处理厂处理效果的评估监测并及时提出了恢复污水处理厂运行的建议；三是为妥善处置园区截留污水提供了针对性的引流控污建议。

（六）监测工作为处置过程提供的预警等方面

为坚决贯彻落实时任生态环境部副部长翟青提出的"不让一滴污水进入灌河"的要求，应急监测组全程对事故园区污水拦截情况进行加密监测，通过对监测数据变化趋势的分析，及时向应急指挥部报送分析报告，有效提供了污水外排管控的决策参考。

在事故处置后期，为保障学校复课、居民生产生活恢复，也作出了重点监测预警保障，每日提供监测数据参考。此外，为保障消防救援人员作业安全，应急监测组还提供了保障消防处置的专线监测。

三、综合评判意见

案例较为系统完整地回顾了应急监测全过程，特别是在经验总结方面较为客观地总结了应急监测的成功经验和存在的问题与不足，并对下阶段应急监测工作提出了系统的、有针对性的建议，对今后此类事故的应急监测响应具有较好的借鉴参考作用。

（1）此次应急监测工作在中国环境监测总站的坚强领导下，迅速理顺应急监测组与应急指挥部的沟通协调机制，确保应急监测组时刻紧跟应急指挥部需求开展工作，同时在应急监测报告编制上报与应急综合协调信息的即时传达方面也给予了有力指导。

（2）在应急监测响应初期，围绕事故点下风向开展的监测工作为应急指挥部疏散群众提供了及时有效的决策参考，但案例中对此总结回顾较少，建议在案例中补充有关内容。

（3）在应急处置后期，围绕保障当地群众生产生活恢复以及学校复课开展的监测工作也十分重要，建议再做一些具体工作安排以及发挥成效方面的补充。

（4）本次应急监测过程中，除系统内监测机构发挥了决定性支撑作用外，众多社会机构在物资保障和应急监测装备支援方面也提供了有效助力，建议在案例中进一步细化补充有关成功经验。

（5）本次应急监测过程中投入了大量的应急监测人员和车辆，特别是在事故中后期的应急处置阶段，后勤保障组提供了全方位的保障支撑，为应急监测队伍可持续战斗作出了重要贡献，建议补充有关后勤保障工作方面的经验总结。

（6）案例中"（五）应急预案启动－连夜赶赴现场为紧急疏散服务"部分，建议调整至"（四）初期监测方案"部分之前。

本案例是典型的化工厂爆炸导致的水体和大气污染事件。由于事件造成的损失巨大，引起的社会关注度较高。

在应急监测的初期应对阶段，由于事件中涉及的危险化学品种类多，爆炸后情况复杂，监测点位布设与监测指标选取极为关键，可为后续的应急监测工作和事件级别判定打下坚实的基础。在基本稳定阶段，随着事故处置的进行，环境空气重点关注指标从二氧化硫、氮氧化物转为挥发性有机物，应急监测关注重点从环境空气转为水、气并重，积极回应周边群众对附近环境空气质量的极度关切，为群众恢复生产生活做好配套服务；在稳定达标阶段，及时调整监测方案，持续跟踪监测，为事故现场处置提供服务。由于应急监测和应急处置的及时有效开展，该事件级别最终判定为次生一般突发环境事件。

本案例的处置对处理特大爆炸事故应急监测工作具有很好的借鉴意义。

案例 5

中国石油吉林石化分公司双苯厂爆炸事故松花江水污染事件应急监测

类　别：特别重大水质环境污染事件

关键词：水质环境污染　松花江　苯　硝基苯　苯胺　气相色谱－质谱仪　液相色谱仪

摘　要：2005 年 11 月 13 日 13 时 36 分，位于吉林省吉林市的中国石油天然气股份有限公司吉林石化分公司双苯厂苯胺二车间发生爆炸事故，造成 8 人死亡、60 人受伤。事故中未发生爆炸和燃烧的部分原料、产品、循环水及抢救事故现场所用的消防水、残余物料的混合物流入双苯厂清净下水排水系统，进入东 10# 线并与东 10# 线上游来的清净下水汇合，一并流入松花江，引发松花江水污染事件。根据事发前后现场的原料、产品量估算，爆炸后约有 98 t 物料（其中苯 17.6 t、苯胺 14.7 t、硝基苯 65.7 t）流入松花江，本次水污染事件的主要污染物为苯、苯胺和硝基苯，这 3 项污染物主要采用气相色谱仪、气相色谱－质谱联用仪、液相色谱仪进行检测，检测方法按照国家环境保护总局《水和废水监测分析方法》（第四版）中推荐的分析方法，苯和硝基苯采用气相色谱法及气相色谱－质谱法，苯胺采用气相色谱－质谱法及液相色谱法。整个水质应急监测工作初期从 2005 年 11 月 13 日持续到 12 月 2 日，历时 19 天，2005 年 12 月 3 日开始按照国家环境保护总局办公厅环办函〔2005〕747 号文件相关要求继续开展稳定达标阶段监测到 2006 年 2 月 20 日，后续按照国家环境保护总局办公厅环办函〔2006〕68 号文件及吉林省环境保护局的相关要求继续开展了事故后期松花江水质、生态影响的调查和监测工作，一直持续到 2006 年 8 月结束。

一、事件背景

（一）事件概况

2005 年 11 月 13 日 13 时 36 分，位于吉林省吉林市的中国石油天然气股份有限公司吉林石化分公司（以下简称吉化公司）双苯厂苯胺二车间发生爆炸事故，引燃大火，造成 8 人死亡、60 人受伤。事发后吉林省政府、吉林市委领导亲赴现场指挥，组织灭火、疏散群众等工作。爆炸引发的大火至 14 日 4 时被彻底扑灭。爆炸事故并没有造成重大的人员伤亡和财产损失，但令人始料未及的重大污染事件已经发生，事故中未发生爆炸和燃烧的部分原料、产品、循环水及抢救事故现场所用的消防水、残余物料混合物流入双苯厂清净下水排水系统，进入东 10# 线并与东 10# 线上游来的清净下水汇合，一并流入松花江，引发松花江水污染事件。根据事发前后现场的原料、产品量估算，爆炸后约有 98 t 物料（其中苯 17.6 t、苯胺 14.7 t、硝基苯 65.7 t）流入松花江。事故形成长约 80 km 水污染带流向了松花江下游。爆炸后 2 h，吉林市环境监测站（以下简称吉林市站）的环境监测人员就开始进行环境空气和水质应急监测工作。14 日开始吉林省环境监测站、长春市环境监测站（以下简称长春市站）和松原市环境监测站（以下简称松原市站）的环境监测人员相继投入松花江吉林江段水质应急监测工作中。整个水质应急监测工作初期从 2005 年 11 月 13 日持续到 12 月 2 日，历时 19 天，2005 年 12 月 3 日开始按照国家环境保护总局办公厅环办函〔2005〕747 号文件相关要求继续开展稳定达标阶段监测到 2006 年 2 月 20 日，后续按照国家环境保护总局办公厅环办函〔2006〕68 号文件及吉林省环境保护局的相关要求继续开展了事故后期松花江水质、生态影响的调查和监测工作，一直持续到 2006 年 8 月结束。

事故发生后吉林省委、省政府高度重视，省政府立即启动《吉林省突发环境事件应急预案》，召开紧急会议部署防控工作，明确要求要以对人民群众高度负责的精神，采取有效措施，全力进行防控，确保居民饮用水安全。有关部门和单位按照预案要求，采取了一系列有效措施进行防控。吉化公司立即封堵了事故排放口，并将厂区内事故产生的污水全部引入厂内污水处理厂进行处理，迅速切断了污染源，同时采取加大丰满水电站放水流量的办法尽快稀释污染物，在短时间内使水体中污染物浓度迅速降低。11 月 18 日，吉林省政府向黑龙江省通报了爆炸可能对松花江水质产生污染的情况，11 月 19 日 21 时，污染团进入黑龙江省界缓冲区，11 月 20 日 7 时，污染带前锋抵达黑龙江省。11 月 22 日，外交部向俄罗斯政府通报了松花江苯污染事件，并表示会充分考虑下游国家的利益。12 月 4 日，时任国务院总理温家宝就松花江水污染事件给时任俄罗斯总理弗拉德科夫写信。同时指示环保等部门和地方政府要采取有效措施，保障饮用水安全，加强监测，提供准确信息。12 月 8 日下午，时任国家主席胡锦涛在人民大会堂会见了时任俄罗斯政府第一副总理梅德韦杰夫，在谈到松花江水污染事件时，胡锦涛主席表示，中国政府一定会本着对两国和两国人民高度负责的态度，严肃认真地处理此事。中方会采取一切必要和有效的措施，最大限度地降低污染程度。事故污染带在我国境内历时 42 天，12 月 25 日进入俄罗斯境内，后续中俄继续开展联合监测工作。

国务院"11·13"双苯厂爆炸事故及事件调查组认定，吉化公司双苯厂"11·13"爆炸事故和松花江水污染事件是一起特大生产安全责任事故和特别重大水污染责任事件。事件导致一批企业领导、政府官员被撤职、查处，国家环境保护总局局长解振华辞职。

（二）流域概况

松花江是我国七大江河之一，发源于吉林省长白山天池，流经吉林省的安图、敦化、吉林、长春、松原等 26 个市（县），于松原市拉林河口流入黑龙江省。吉林省境内称第二松花江，流域面积 131 700 km²，河长 960.5 km，被誉为吉林省的"母亲河"。主要支流有辉发河、漂河、蛟河、牤牛河、温德河、团山河、鳌龙河、沐石河、饮马河等，多年平均地表水资源量 114.89 亿 m³。

二、初期应对阶段

（一）应急监测启动

1. 应急接报

2005 年 11 月 13 日下午 14 时 20 分，吉林市站时任站长吴铁强接到吉林市安全委员会电话通知，吉化公司双苯厂苯胺二车间发生爆炸事故，要求立即组织应急监测。吴铁强站长立即启动了本站《突发化学事故应急监测预案》，迅速通知应急指挥小组成员及各工作小组成员准备开展突发事故现场应急监测。14 时 45 分，吉林市站应急监测人员赶赴事发现场。

2005 年 11 月 14 日 11 时，吉林省环境保护局（以下简称省环保局）成立应急指挥部，时任副局长佟才带领省环保局办公室、监察总队及吉林省环境监测中心站（以下简称省站）人员从长春启程赶赴事故现场，13 时 30 分一行人赶到事故现场，立即召开了现场办公会。16 时佟才副局长指示省局办公室立即电话向长春、松原两市环保部门主要领导通报有关情况，要求做好应急监测准备工作，并立即在松花江村断面和松原自来水厂取水口断面组织应急监测。随即省站、长春市环境保护局组织长春市站、松原市环境保护局组织松原市站分别组建了环境应急监测组。

在省环保局应急指挥部领导下，明确了吉林省应急监测组织结构，各应急监测组确定了人员，指定了车辆，明确了工作职能，保证了通信畅通，措施到位，责任到人，至此吉林省松花江污染事故应急监测工作全面开展。此次吉林省环境应急监测组织结构见图 1。

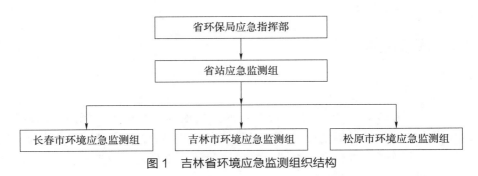

图 1　吉林省环境应急监测组织结构

2005 年 11 月 16 日 8 时吉林省政府召开紧急会议，宣布启动《吉林省突发环境事件应急预案》，成立了省突发环境事件应急指挥部，办公室设在省环保局，下设综合、现场检查、技术指导、监测 4 个工作组，其中监测组组长由省站刘杰副站长担任，全面调度吉林省松花江水污染事故应急监测工作。

2. 污染物的主要理化特性

苯：无色至淡黄色易挥发、非极性液体。具有强烈芳香味，易燃，有毒。化学分子式为 C_6H_6，熔点为 5.5℃，沸点为 80.1℃，密度为 0.88 g/cm^3，辛醇－水分配系数对数值（log K_{OW}）为 2.15。不溶于水，溶于醇、醚、丙酮等多数有机溶剂。高浓度苯对中枢神经系统有麻醉作用，可引起急性中毒；长期接触苯对造血系统有损害，可引起慢性中毒。该物质对环境有危害，应特别注意对水体的污染，特别是能积蓄于鱼的肌肉与肝脏中，一旦脱离污染的水体，鱼体内的苯排出比较快。在环境中易被光解。由于其易挥发，应注意对大气的污染。

硝基苯：淡黄色透明油状液体，具苦杏仁味，易燃，有毒。化学分子式为 $C_6H_5NO_2$，熔点为 5.7℃，沸点为 210.9℃，密度为 1.20 g/cm^3，辛醇－水分配系数对数值（log K_{OW}）为 1.86。不溶于水，易溶于乙醇、乙醚、丙酮等多数有机溶剂。若人体吸入大量蒸汽或皮肤大量沾染，可引起急性中毒，主要为高铁血红蛋白血症造成溶血及肝损害。该物质对环境有危害，应特别注意对水体的污染，特别是在水生生物中易发生生物蓄积。

苯胺：无色或微黄色透明油状液体，有强烈气味，可燃，有毒。分子式为 C_6H_7N，熔点为 -6.2℃，沸点为 184.4℃，密度为 1.02 g/cm^3，辛醇－水分配系数对数值（log K_{OW}）为 0.94。微溶于水，溶于乙醇、乙醚、苯。易经人体皮肤吸收主要引起高铁血红蛋白血症、溶血性贫血和肝、肾损害。该物质对环境有危害，应特别注意其对水体的污染。

3. 现场情况

2005 年 11 月 13 日 14 时 45 分，吉林市站应急监测人员赶赴事故现场，首先查阅吉化公司《双苯厂应急预案》，了解该厂可能产生污染的化学物质信息，同时向有关人员调查询问了事故的原因，初步判定主要污染物为苯、苯胺、硝基苯等。经现场调查，第一时间确定了环境空气和水质监测方案，并即刻组织吉林市站开始环境空气和水质应急监测采样和分析工作。

（二）应急监测方案

1. 监测布点

（1）环境空气

2005 年 11 月 13 日 15 时，吉林市站技术人员根据爆炸火灾现场及当时的气象条件，结合周边环境保护目标情况，确定了环境空气监测的范围，在污染源下风向的吉林化工学院、大砬子、吉化有机合成厂罐区布设了 3 个环境空气监控点，由吉林市站负责采样和实验室分析（图 2）。

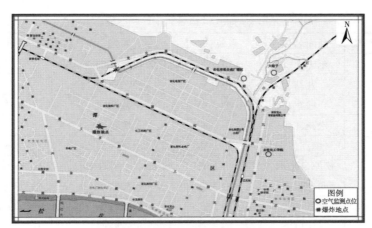

扫码查看
高清彩图

图 2 环境空气监测点位示意图

（2）地表水

2005 年 11 月 13 日 15 时，吉林市站技术人员根据爆炸火灾现场污水排放情况（通过吉化公司东 10# 线在吉林市松江桥下游右岸 100 m 处排入松花江），研判污染范围和趋势，确定了 3 个水质监测断面，分别为东 10# 线、松花江吉林市江段的九站和白旗（图 3）。

2005 年 11 月 14 日 16 时，省环保局应急指挥部进一步对吉林省松花江全域整体布设了监测断面，在原有断面的基础上增设了松花江长春江段松花江村和松花江松原江段松原自来水取水口（集中式饮用水水源）2 个监控断面。

2005 年 11 月 16 日，省突发环境事件应急指挥部进一步完善了吉林省松花江全域监测断面，在原有断面的基础上增设了松花江长春江段镇江口和松花江松原江段西大咀子、泔水缸及三江口下 4 个监测断面。

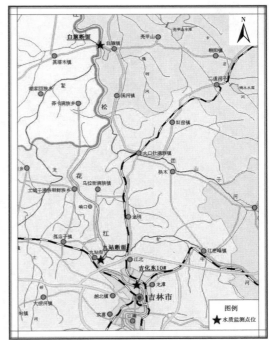

扫码查看
高清彩图

图 3 水质监测断面示意图

至此共计布设了 9 个监测断面，根据实际情况每个断面分左、中、右 3 个采样点，分别由吉林市站、长春市站、松原市站、省站负责采样，吉林市站、长春市站、省站负责实验室分析，见表 1 和图 4。

2. 监测项目、监测频次

（1）环境空气

根据事故情况研判，确定环境空气监测项目为苯。监测频次未具体规定。

表 1 松花江吉林省段监测断面

序号	城市河段	断面名称	点位	属性	采样、分析单位
1	吉林	东 10# 线	中	吉化公司废水排放管线	吉林市站
2		九站	左、中、右	控制断面	吉林市站
3		白旗	左、中、右	削减断面	吉林市站
4	长春	松花江村	左、中、右	入境断面	长春市站
5		镇江口	左、中、右	出境断面	长春市站
6	松原	松原自来水	左、中、右	城市饮用水取水口前	松原市站、吉林省站
7		西大咀子	左、中、右	控制断面	松原市站、吉林省站
8		泔水缸	左、中、右	削减断面	松原市站、吉林省站
9		三江口下	左、中、右	出省断面	松原市站、吉林省站

扫码查看
高清彩图

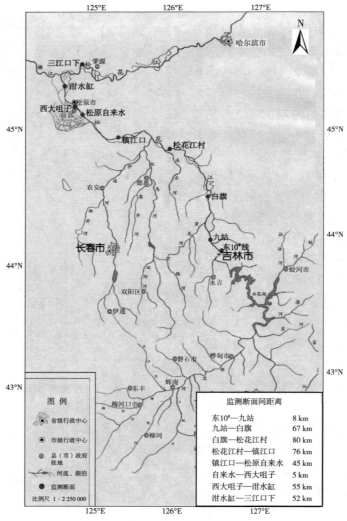

图 4 水质应急监测断面示意图

（2）地表水

根据事故情况研判，确定水质监测项目为苯、硝基苯、苯胺。监测频次未具体规定。

2005 年 11 月 18 日 16 时 30 分，省站接中国环境监测总站电话通知，要求增加甲苯、乙苯、二甲苯、异丙苯、硝基甲苯、2,4- 二硝基甲苯、硝基氯苯、间硝基苯胺 8 个监测项目，自 19 日 0 时开始，省站将松花江松原江段 4 个监测断面增加到 11 个。

3. 监测方法、仪器设备

（1）环境空气

环境空气检测方法及仪器设备见表 2。

表 2 环境空气分析方法、仪器设备及检出限

监测项目		吉林市站
苯	分析方法	活性炭吸附二硫化碳解吸气相色谱法，《空气和废气监测分析方法》（第四版）（中国环境科学出版社，2002）
	仪器设备名称、型号	气相色谱仪，日本岛津 GC9A
	方法检出限 /（mg/m³）	0.01

（2）地表水

吉林市站、长春市站和省站采用的检测方法及设备见表 3。

表 3 各监测站采用分析方法、仪器设备及检出限

监测项目		吉林市站	长春市站	省站
苯、甲苯、乙苯、二甲苯、异丙苯	分析方法	气相色谱法，《水和废水监测分析方法》（第四版）	气相色谱－质谱法，《水和废水监测分析方法》（第四版）	气相色谱－质谱法，《水和废水监测分析方法》（第四版）
	仪器设备名称、型号	气相色谱仪，日本岛津 GC9A	气相色谱－质谱仪，美国 PE-Turbo Mass	气相色谱－质谱仪，日本岛津 QP2010
	方法检出限 /（mg/L）	0.001	0.000 4	0.000 4
硝基苯、硝基甲苯、2,4- 二硝基甲苯、硝基氯苯	分析方法	气相色谱－质谱法，《水和废水监测分析方法》（第四版）	气相色谱－质谱法，《水和废水监测分析方法》（第四版）	气相色谱法，《水和废水监测分析方法》（第四版）
	仪器设备名称、型号	气相色谱－质谱仪，日本岛津 QP5050A	气相色谱－质谱仪，美国 PE-Turbo Mass	气相色谱仪，日本岛津 GC2010
	方法检出限 /（mg/L）	0.000 5	0.000 2	0.000 2
苯胺、间硝基苯胺	分析方法	气相色谱－质谱法，《水和废水监测分析方法》（第四版）	气相色谱－质谱法，《水和废水监测分析方法》（第四版）	液相色谱法，《水和废水监测分析方法》（第四版）
	仪器设备名称、型号	气相色谱－质谱仪，日本岛津 QP5050A	气相色谱－质谱仪，美国 PE-Turbo Mass	液相色谱仪，日本岛津 LC10ATvp
	方法检出限 /（mg/L）	0.001	0.002	0.000 3

4. 评价标准

（1）环境空气

采用《工业企业设计卫生标准》（TJ 36—79）中居住区大气中有害物质的最高容许浓度，即苯一次最高容许浓度 2.4 mg/m³，日均最高容许浓度 0.8 mg/m³。

（2）地表水

污染源排放废水即东 10# 线断面采用《污水综合排放标准》（GB 8978—1996）中 1998 年 1 月 1 日起建设的单位第二类污染物最高允许排放浓度一级标准，即苯 0.1 mg/L、硝基苯 2.0 mg/L、苯胺 1.0 mg/L。

松花江断面采用《地表水环境质量标准》（GB 3838—2002）表 3 集中式生活饮用水地表水源地特定项目标准限值，即苯 0.01 mg/L、硝基苯 0.017 mg/L、苯胺 0.1 mg/L、甲苯 0.7 mg/L、乙苯 0.3 mg/L、二甲苯 0.5 mg/L、异丙苯 0.25 mg/L、2,4- 二硝基甲苯 0.000 3 mg/L、硝基氯苯 0.05 mg/L。

（三）应急监测过程

1. 环境空气

吉林市站于 2005 年 11 月 13 日 15 时 15 分开始对 3 个环境空气监测点位连续进行采样监测，17 时 20 分和 22 时各进行了 1 次采样监测，14 日 11 时完成最后一次采样监测，爆炸引发的大火已被扑灭，空气污染事态已基本平息，经指挥组同意后结束环境空气应急监测。

2. 地表水

松花江吉林江段：

吉林市站于 2005 年 11 月 13 日 15 时 30 分开始首次对东 10# 线和九站断面开展采样监测，14 日 11 时开始首次对白旗断面开展采样监测，之后随事态进展及管理要求及时调整。

东 10# 线断面 2005 年 11 月 14—15 日每天采样监测 2 次，16—18 日每天采样监测 3 次，11 月 19 日—12 月 2 日每天采样监测 4 次。

九站断面 2005 年 11 月 14—21 日每天采样监测 2 次，11 月 22 日—12 月 2 日每天采样监测 1 次。

白旗断面 2005 年 11 月 14—21 日每天采样监测 2 次，11 月 22 日—12 月 2 日每天采样监测 1 次。

松花江长春江段：

长春市站于 2005 年 11 月 14 日 18 时开始对松花江村断面开展采样监测，至 15 日每天采样监测 2 次，11 月 16 日起增加到每天采样监测 6 次，11 月 18 日起改为每天采样监测 4 次，11 月 22 日 10 时起至 12 月 2 日改为每天采样监测 1 次。

长春市站于 2005 年 11 月 16 日 13 时 15 分开始对镇江口断面开展采样监测，至 17 日每天采样监测 7 次，11 月 18 日起改为每天采样监测 4 次，11 月 22 日 10 时起至 12 月 2 日改为每天采样监测 1 次。

松花江松原江段：

松花江松原江段 4 个监测断面由松原市站和省站共同承担采样任务，省站负责实验室分析。

省站和松原市站于 2005 年 11 月 15 日 9 时开始对松原自来水断面开展采样监测，16—22 日每天采样监测 4～9 次不等，23—26 日每天采样监测 2 次，11 月 27 日—12 月 2 日每天采样监测 1 次。

省站和松原市站于 2005 年 11 月 16 日 13 时开始对西大咀子断面开展采样监测，16—21 日每天采样监测 3～9 次不等，22 日和 27 日各采样监测 1 次，之后未再进行监测。

省站和松原市站于 2005 年 11 月 16 日 16 时开始对泔水缸断面开展采样监测，17—20 日每天采样监测 4～9 次不等，21 日采样监测 1 次，11 月 27 日—12 月 2 日每天采样监测 1 次。

省站和松原市站于 2005 年 11 月 19 日 15 时开始对三江口下断面开展采样监测，20—22 日每天采样监测 2～4 次不等，11 月 23 日—12 月 2 日每天采样监测 1 次。

（四）应急监测结果评估

1. 环境空气

2005 年 11 月 13 日 15 时 15 分，各环境空气监测点位苯浓度均未检出；17 时 20 分，吉林化工学院和大砬子环境空气点位苯浓度略高于居住区大气中有害物质的日均最高容许浓度，但不超过一次最高允许浓度，22 时各环境空气监测点位苯浓度均未超标，14 日 11 时各环境空气监测点位苯浓度均未检出。

2. 地表水

（1）东 10# 线断面

事故发生当日，现场采集的水样有强烈的苦杏仁气味，开始时显红棕色，22 时 30 分以后变为浅黄色。2005 年 11 月 13 日 15 时 30 分第一次采样监测结果苯、苯胺和硝基苯 3 项污染物浓度均超过《污水综合排放标准》（GB 8978—1996）的限值，其中苯浓度超标 2 229 倍，苯胺浓度超标 1 409 倍，硝基苯浓度超标 850 倍，之后苯浓度呈升降波动状态，于 14 日 8 时 30 分达到峰值，超标 2 759 倍，硝基苯和苯胺浓度则逐渐下降。14 日 20 时 30 分苯、苯胺和硝基苯 3 项污染物浓度值明显下降，16 日 8 时 30 分苯胺浓度开始达标，17 日以后污染物浓度值变化趋于平缓，30 日 8 时 30 分硝基苯浓度开始达标，12 月 1 日 14 时 20 分苯浓度开始达标。

（2）九站断面

2005 年 11 月 13 日 18 时第一次采样监测结果苯和硝基苯 2 项污染物浓度超过《地表水环境质量标准》（GB 3838—2002）的限值，苯胺浓度达标。13 日 22 时 30 分硝基苯浓度最高超标 212 倍，苯胺浓度最高超标 3.3 倍，14 日 8 时 30 分苯浓度最高超标 446 倍；15—16 日 3 项污染物浓度值明显下降，15 日 9 时苯胺浓度开始达标，18 日 13 时 30 分苯浓度开始达标，30 日 10 时 40 分硝基苯浓度开始达标。

（3）白旗断面

2005 年 11 月 14 日 11 时第一次采样监测结果苯浓度超过《地表水环境质量标准》（GB 3838—2002）的限值，硝基苯、苯胺未超标，15 日污染加重，10 时硝基苯最高超标 85.5 倍，15 日 14 时苯浓度最高超标 110 倍，苯胺浓度则持续达标；18 日 14 时苯浓度开始达标，21 日 10 时硝基苯浓度开始达标。

（4）松花江村断面

2005 年 11 月 16 日 8 时 40 分检出苯、硝基苯浓度开始超过《地表水环境质量标准》（GB 3838—2002）限值，其中苯浓度超标 56.5 倍，硝基苯浓度超标 28 倍，苯胺浓度未超标；之后苯和硝基苯浓度呈缓慢下降趋势，18 日 12 时苯浓度开始达标，18 日 18 时硝基苯浓度开始达标，苯胺浓度则持续达标，22 日 10 时 3 项污染物浓度均未检出。

（5）镇江口断面

2005 年 11 月 17 日 8 时检出苯、硝基苯浓度开始超过《地表水环境质量标准》（GB 3838—2002）限值，其中右岸苯浓度超标 2.74 倍，硝基苯浓度超标 0.04 倍，苯胺浓度未超标；17 日 16 时开始污染物浓度明显增加，18 日 6 时右岸硝基苯浓度最高超标 25.9 倍，18 日 12 时右岸苯浓度最高超标 47.4 倍，苯胺浓度在这一时段也达到最高，但未超标；20 日 0 时苯和硝基苯浓度均开始达标，22 日 10 时污染物浓度均未检出。

（6）松原自来水断面

2005 年 11 月 18 日 8 时检出苯、硝基苯浓度开始超过《地表水环境质量标准》（GB 3838—2002）限值，其中苯浓度超标 10 倍，硝基苯浓度超标 0.7 倍，苯胺浓度未超标；之后苯浓度逐渐下降，19 日 8 时硝基苯浓度最高超标 48.2 倍，20 日 18 时 10 分苯浓度开始达标，22 日 18 时硝基苯浓度开始达标，苯胺浓度则持续达标。

19 日 0 时第一次采样监测甲苯、乙苯、二甲苯、异丙苯、硝基甲苯、2,4- 二硝基甲苯、硝基氯苯、间硝基苯胺 8 项污染物浓度，均未超标，之后持续保持全部达标。

（7）西大咀子断面

2005 年 11 月 18 日 10 时检出苯浓度超过《地表水环境质量标准》（GB 3838—2002）限值 3 倍，之后逐渐降低，12 时检出硝基苯浓度超过《地表水环境质量标准》（GB 3838—2002）限值 5.4 倍，19 日 8 时最高超标 48 倍，19 日 23 时 40 分苯浓度开始达标，22 日 5 时 20 分硝基苯浓度超标 0.54 倍，接近达标，27 日 11 时硝基苯浓度达标，苯胺浓度则持续达标。

19 日 8 时第一次采样监测甲苯、乙苯、二甲苯、异丙苯、硝基甲苯、2,4- 二硝基甲苯、硝基氯苯、间硝基苯胺 8 项污染物浓度，均未超标，之后持续保持全部达标。

（8）泔水缸断面

2005 年 11 月 19 日 0 时检出硝基苯浓度超过《地表水环境质量标准》（GB 3838—2002）限值 2.88 倍，8 时检出苯浓度超过《地表水环境质量标准》（GB 3838—2002）限值 0.17 倍，19 日 18 时苯浓度最高超标 0.65 倍，硝基苯浓度最高超标 52.4 倍，

20 日 8 时苯浓度开始达标，27 日 10 时 30 分硝基苯浓度达标，苯胺浓度则持续达标。

19 日 0 时第一次采样监测甲苯、乙苯、二甲苯、异丙苯、硝基甲苯、2,4- 二硝基甲苯、硝基氯苯、间硝基苯胺 8 项污染物浓度，均未超标，之后持续保持全部达标。

（9）三江口下断面

2005 年 11 月 20 日 8 时检出硝基苯浓度超过《地表水环境质量标准》（GB 3838—2002）限值 16.3 倍，20 时检出苯浓度超过《地表水环境质量标准》（GB 3838—2002）限值 0.19 倍，20 日 20 时硝基苯浓度最高超标 42.1 倍，21 日 8 时苯浓度开始达标，22 日 18 时 40 分硝基苯浓度达标，苯胺浓度则持续达标。据此推断污染团已离开吉林省境。

三、达标阶段

（一）应急监测方案调整

2005 年 12 月 2 日，省站接到省局转发的国家环境保护总局办公厅《关于印发〈松花江水污染事故监测方案〉的通知》（环办函〔2005〕747 号），立即进行仔细研究，根据现场实际情况调整监测部署，制定了具体的实施方案，并按方案组织实施。同时，省站还接到了中国环境监测总站传真《关于印发松花江水污染事故中冰和底泥采样、制样及分析方法的通知》（总站水字〔2005〕153 号），随即转发给吉林市站、长春市站，并开始布置对冰样和底泥样品进行采样、前处理及分析。2005 年 12 月 3 日开始按照调整后的监测方案要求开展应急监测工作。

1. 监测布点

调整后的监测方案分为水质、冰样、底泥三部分监测，监测断面见表 4～表 6。

表 4　松花江吉林省段水质监测断面及点位

序号	城市河段	断面名称	监测垂线	监测点位	属性	监测单位
1	吉林	东 10# 线	—	东 10# 线	吉化公司废水排放管线	吉林市站
2	长春	松花江村	左	水面下 0.5 m 处设 1 个点	长春地区入境断面	长春市站
			中	水面下 0.5 m 处设 1 个点，河底以上 0.5 m 处设 1 个点		
			右	水面下 0.5 m 处设 1 个点		
3	松原	松原自来水	中	水面下 0.5 m 处设 1 个点	城市饮用水取水口前	省站
4		三江口下	左	水面下 0.5 m 处设 1 个点	吉林省出境断面	省站
			中	水面下 0.5 m 处设 1 个点，河底以上 0.5 m 处设 1 个点		
			右	水面下 0.5 m 处设 1 个点		

表5 松花江吉林省段冰样监测断面及点位

序号	城市河段	断面名称	点位	属性	监测单位
1	长春	松花江村	左、中、右	长春地区入境断面	长春市站
2	松原	松原自来水	右	城市饮用水取水口前	省站
3		泔水缸	中	削减断面	省站
4		三江口下	左、中、右	吉林省出境断面	省站

表6 松花江吉林省段底泥监测断面及点位

序号	城市河段	断面名称	点位	属性	监测单位
1	吉林	东 10# 线	中	吉化公司废水排放管线	吉林市站
2	长春	松花江村	中	长春地区入境断面	长春市站
3	松原	松原自来水	中	城市饮用水取水口前	省站
4		西大咀子	中	控制断面	省站
5		泔水缸	中	削减断面	省站
6		三江口下	中	吉林省出境断面	省站

2.监测项目、监测频次

水质监测项目：苯、甲苯、乙苯、二甲苯、异丙苯、硝基苯、挥发酚。

冰样监测项目：苯、甲苯、乙苯、二甲苯、异丙苯、硝基苯、挥发酚。

底泥监测项目：苯、苯胺、硝基苯。

监测频次均为 1 次 /5 d。

3.监测方法、仪器设备

省站、吉林市站和长春市站对冰样和底泥样品前处理采用《关于印发松花江水污染事故中冰和底泥采样、制样及分析方法的通知》（总站水字〔2005〕153 号）中规定的方法，检测方法及仪器设备见表7。

表7 各监测站采用分析方法、仪器设备及检出限

监测项目		吉林市站	长春市站	省站
苯、甲苯、乙苯、二甲苯、异丙苯	分析方法	气相色谱法，《水和废水监测分析方法》（第四版）	气相色谱－质谱法，《水和废水监测分析方法》（第四版）	气相色谱－质谱法，《水和废水监测分析方法》（第四版）
	仪器设备名称、型号	气相色谱仪，日本岛津 GC9A	气相色谱－质谱仪，美国 PE-Turbo Mass	气相色谱－质谱仪，日本岛津 QP2010
	方法检出限 /（mg/L）	0.001	0.000 4	0.000 4

	监测项目	吉林市站	长春市站	省站
硝基苯	分析方法	气相色谱－质谱法，《水和废水监测分析方法》（第四版）	气相色谱－质谱法，《水和废水监测分析方法》（第四版）	气相色谱法，《水和废水监测分析方法》（第四版）
	仪器设备名称、型号	气相色谱－质谱仪，日本岛津 QP5050A	气相色谱－质谱仪，美国 PE-Turbo Mass	气相色谱仪，日本岛津 GC2010
	方法检出限/（mg/L）	0.000 5	0.000 2	0.000 2
苯胺	分析方法	气相色谱－质谱法，《水和废水监测分析方法》（第四版）	气相色谱－质谱法，《水和废水监测分析方法》（第四版）	液相色谱法，《水和废水监测分析方法》（第四版）
	仪器设备名称、型号	气相色谱－质谱仪，日本岛津 QP5050A	气相色谱－质谱仪，美国 PE-Turbo Mass	液相色谱仪，日本岛津 LC10ATvp
	方法检出限/（mg/L）	0.001	0.002	0.000 3
挥发酚	分析方法	《水质　挥发酚的测定　蒸馏后 4-氨基安替比林分光光度法》（GB 7490—1987）	《水质　挥发酚的测定　蒸馏后 4-氨基安替比林分光光度法》（GB 7490—1987）	《水质　挥发酚的测定　蒸馏后 4-氨基安替比林分光光度法》（GB 7490—1987）
	仪器设备名称、型号	—	—	分光光度计天美 7200
	方法检出限/（mg/L）	0.002	0.002	0.002

4. 评价标准

松花江各断面水质采用《地表水环境质量标准》（GB 3838—2002）表 3 集中式生活饮用水地表水源地特定项目标准限值，即苯 0.01 mg/L、硝基苯 0.017 mg/L、苯胺 0.1 mg/L、甲苯 0.7 mg/L、乙苯 0.3 mg/L、二甲苯 0.5 mg/L、异丙苯 0.25 mg/L。

冰样和底泥无评价标准，数据作为参考资料。

（二）应急监测过程

松花江吉林江段：

吉林市站于 2005 年 12 月 3 日 9 时开始继续对东 10# 线断面开展水质采样监测，2005 年 12 月 3—17 日每天采样监测 1 次，2005 年 12 月 17 日—2006 年 2 月 20 日每 5 天采样监测 1 次。2005 年仅监测了苯、硝基苯、苯胺 3 个项目，2006 年监测了苯、硝基苯、苯胺、挥发酚 4 个项目。

因东 10# 线排水温度较高，常年不结冰，故无法进行冰样监测。

省站于 2005 年 12 月 24 日和 2006 年 1 月 1 日对东 10# 线开展了底泥采样监测。

松花江长春江段：

长春市站于 2005 年 12 月 7 日 11 时 30 分开始继续对松花江村断面开展水质采样

监测，至 2006 年 2 月 20 日每 5 天采样监测 1 次。

12 月 7 日 11 时 30 分开始对松花江村断面开展了冰样采样监测，至 2006 年 2 月 20 日每 5 天采样监测 1 次。监测了苯、硝基苯、苯胺 3 个项目。

因气候条件所限，松花江处于结冰期，冰层较薄，采样船因江面结冰不能使用，无法采集到底泥样品，故未对底泥进行监测。

松花江松原江段：

省站于 2005 年 12 月 12 日 13 时开始对松原自来水断面开展水质采样监测，至 2006 年 2 月 20 日每 5 天采样监测 1 次。

省站于 2005 年 12 月 7 日 14 时开始对三江口下断面开展水质采样监测，至 2006 年 2 月 20 日每 5 天采样监测 1 次。

因气候条件所限，松花江处于结冰期，冰层较薄，采样船因江面结冰不能使用，无法采集到底泥样品，故未对底泥进行监测。

（三）质量控制

根据国家监测方案相关要求，各个检测单位均按照《环境水质监测质量保证手册》（第二版）的要求在本阶段应急监测工作中开展了全程序质量控制工作，采取平行双样、质控样等措施，保证监测数据的准确性。

（四）应急监测结果评估

2005 年 12 月 3 日—2006 年 2 月 20 日东 10# 线水质苯、硝基苯、苯胺浓度监测结果均不超过《污水综合排放标准》（GB 8978—1996）的限值；松花江各监测断面全部水质监测项目均达到《地表水环境质量标准》（GB 3838—2002）限值。

四、后期监测阶段

为了掌握松花江水污染事件后期流域环境质量状况及其变化趋势，跟踪污染物对环境的影响，确保人民群众的生产生活用水安全，2006 年 2 月 14 日国家环境保护总局发布了《松花江水污染事件后期环境监测技术方案》（环办函〔2006〕68 号），2006 年 2 月 23 日，省站根据方案要求并结合吉林省的实际情况，制定了《松花江水污染事件后期环境监测吉林省工作计划》，并于 2006 年 2 月 24 日开始组织长春市站、吉林市站按计划进行监测工作。

（一）监测方案

1. 监测布点
各要素监测断面（点位）见表 8。
2. 监测项目、监测频次
监测项目及监测频次见表 9。

表 8 松花江吉林省段后期监测断面（点位）

监测类别	地区	监测断面（点位）	监测单位
水质（冰）底泥生物体	吉林	东 10# 线入江口、白旗	吉林市站
	长春	松花江村	长春市站
	松原	松原自来水、泔水缸	省站
地下水	吉林	龙潭区龙潭乡龙城村、吉林铁合金厂、吉林铁合金厂供水井、昌邑区九站乡九站村、新中国制糖厂供水井、昌邑区九站乡上通溪村	吉林市站
	长春	松花江村水站、松花江村榆树水利松前灌区一级站	长春市站
	松原	杨万清家、杜立民家、张放家、王启家	省站
土壤和农产品	吉林	腰通溪、污水厂入江口、七家子、化纤厂	吉林市站
	长春	乌金屯沿江农业用地 1#、2#、3#	长春市站
	松原	总干桥左岸、总干桥右岸	省站
环境空气	吉林		吉林市站
	长春	松花江村水站、松花江村榆树水利松前灌区一级站	长春市站
	松原		省站

表 9 松花江吉林省段后期监测项目及监测频次

监测对象	监测项目	监测频次
水体（冰）	苯、硝基苯、苯胺	2 月 25 日—3 月 15 日，1 次 /7 d 3 月 15 日—4 月 15 日，1 次 /d 4 月 15 日后，1 次 /7 d
底泥	苯、硝基苯、苯胺	3 月 1—10 日，1 次 8 月 1—10 日，1 次
生物体	苯、硝基苯、苯胺	3 月 1—10 日，1 次 8 月 1—10 日，1 次
地下水	苯、硝基苯、苯胺	吉林 1 次 /14 d；松原 8 月 1—10 日 1 次
土壤和农产品	苯、硝基苯、苯胺	吉林市、长春市和松原市沿江采用江水灌溉的农田，分别于春耕之前、第一次农灌之后和第一次农业收获之后采集典型农业用地土壤样品，并在第一次农业收获之后采集经济类农产品样品
环境空气	苯、硝基苯	5 月、8 月各采集两次环境空气样品

3. 监测方法

根据 2006 年 3 月 20 日中国环境监测总站《关于松花江污染事件后期监测中有关分析方法的回复》（总站综函〔2006〕47 号）的要求，水质和底泥监测采用国家标准方法或推荐方法，因水生生物的监测没有相关的国家标准方法，在省站现有仪器设备情况下，采用《吉林省环境监测中心站生物样品中硝基苯、苯胺、苯分析方法》。

4. 评价标准

松花江各断面水质及地下水采用《地表水环境质量标准》（GB 3838—2002）表3 集中式生活饮用水地表水源地特定项目标准限值，即苯 0.01 mg/L、硝基苯 0.017 mg/L、苯胺 0.1 mg/L。

环境空气采用《工业企业设计卫生标准》（TJ 36—79）中居住区大气中有害物质的最高容许浓度，即苯一次最高容许浓度 2.4 mg/m³，日均最高容许浓度 0.8 mg/m³；硝基苯一次最高容许浓度 0.01 mg/m³。

冰、底泥、生物体、土壤和农产品无评价标准，数据作为参考资料。

（二）监测过程及结果评估

吉林市站于 2006 年 3 月 15 日—6 月 5 日对东 10# 线入江口断面进行了 102 次水质采样监测，监测结果苯、硝基苯、苯胺均未检出；2006 年 2 月 27 日—6 月 5 日对白旗断面左、中、右 3 个点位进行了 74 次水质采样监测，监测结果苯、硝基苯、苯胺均未检出。长春市站于 2006 年 2 月 27 日—6 月 5 日对松花江村断面左、右 2 个点位进行了 89 次水质采样监测，监测结果苯、硝基苯、苯胺均未检出。省站于 2006 年 2 月 27 日—5 月 30 日对松原自来水断面左、中、右 3 个点位进行了 217 次水质采样监测，监测结果苯、硝基苯、苯胺均未检出；2006 年 2 月 27 日—5 月 30 日对泔水缸断面左、中、右 3 个点位进行了 70 次水质采样监测，监测结果苯、硝基苯、苯胺均未检出。

吉化公司于 2006 年 3 月 6 日对东 10# 线进行了清淤，吉林市站于 2006 年 3 月 3 日（清淤前）和 3 月 10 日（清淤后）对东 10# 线入江口断面（分为 5 个单元，每个单元采用梅花布点法采集 5 点混合样）分别进行了 2 次底泥采样监测，监测结果苯从 94～214.2 mg/kg 降到 6.9～9.8 mg/kg，硝基苯从 147.7～345.9 mg/kg 降到 5.6～33.6 mg/kg，苯胺从 68.1～160.3 mg/kg 降到 4.7～8.6 mg/kg；2006 年 3 月 6 日对白旗断面左、右 2 个点位进行了底泥采样监测，监测结果苯均未检出；硝基苯白旗左未检出，白旗右 0.10 mg/kg；苯胺白旗左 0.05 mg/kg，白旗右 0.13 mg/kg。长春市站于 2006 年 3 月 1 日和 3 月 8 日对松花江村断面左、右 2 个点位进行了底泥采样监测，监测结果苯、硝基苯、苯胺均未检出。省站于 2006 年 3 月 5 日对松原自来水断面、泔水缸断面左、中、右 3 个点位进行了底泥采样监测，监测结果苯、硝基苯、苯胺均未检出。

省站于 2006 年 3 月 5 日对泔水缸断面进行了生物体采样监测，监测结果苯、硝基苯、苯胺均未检出。

吉林市站于 2006 年 3 月 6 日至 5 月 31 日对龙潭区龙潭乡龙城村、吉林铁合金厂、吉林铁合金厂供水井、昌邑区九站乡九站村、新中国制糖厂供水井、昌邑区九站乡上通溪村 6 个点位进行了 7 次地下水采样监测，监测结果苯、硝基苯、苯胺均未检出；长春市站于 2006 年 3 月 8 日—5 月 29 日对松花江村水站、松花江村榆树水利松前灌区一级站等 2 个点位进行了 7 次地下水采样监测，监测结果苯、硝基苯、苯胺均未检出；省站于 2006 年 2 月 13 日—5 月 30 日对杨万清家、杜立民家、张放家、王启家 4 个点位分别进行了 7～9 次地下水采样监测，监测结果苯、硝基苯、苯胺均未检出。

吉林市站于 2006 年 4 月 23 日对腰通溪、污水厂入江口、七家子、化纤厂 4 个点位进行了土壤采样监测，监测结果苯、硝基苯、苯胺均未检出；长春市站于 2006 年 4 月 24 日对乌金屯沿江农业用地 1#、2#、3# 3 个点位进行了土壤采样监测，监测结果苯、硝基苯、苯胺均未检出；省站于 2006 年 4 月 18 日对总干桥左岸、总干桥右岸 2 个点位进行了土壤采样监测，监测结果苯、硝基苯均未检出。

农产品未见监测数据。

长春市站于 2006 年 5 月 23—24 日对松花江村水站、松花江村榆树水利松前灌区一级站 2 个点位进行了环境空气采样监测，监测结果苯和硝基苯均未检出。

五、案件经验总结

（一）存在的问题

一是快速反应能力差。现场应急监测设备和应急监测车辆缺乏，需要先进行现场采样，再带回实验室进行分析，大量时间耗费在样品传输上，不仅数据时效性差，从各断面污染物峰值大小分析，并不是每个断面都捕捉到了污染物的最大值，说明监测频次偏低，由于运送样品的车辆严重不足且运输路程较远导致整个监测周期过长，极易错失环境管理决策的最佳时机。另外，采样地点多数远离城市，路况极差，交通不便，一般车辆无法通行，特别是雨、雪天气时车辆根本无法到达采样地点。

二是实验室分析仪器设备严重不足。此次松花江苯类污染物的检测需要用到一些高灵敏度的色谱及质谱类仪器。污染物在吉林省内沿江经过吉林、长春和松原 3 个地区，而吉林市站、长春市站均只有 1 台气相色谱仪和气质联用仪，吉林市站连液相色谱仪也不具备，而上述所有仪器设备在松原市站 1 台都没有，松花江松原段苯类污染物的监测工作只能由省站来进行。省站的气相色谱仪、气质联用仪、液相色谱仪也仅各有 1 台，在此次松花江苯类污染物监测工作中，这 3 台仪器一直处于工作状态，尽管如此，由于样品量实在太大，还是难以满足快速出具监测结果的要求。此外，部分监测站中有些仪器设备已较为陈旧，进入了故障频发阶段，并且出现故障后难以维护（型号太旧，配件已不生产），给正常工作带来了极大的不便。如果同类仪器能多配备几台，监测工作效率即可成倍增加，能够更加迅速地报出监测结果，为各级管理部门迅速作出正确决策提供强有力的技术保障。

三是实验室样品前处理能力差。环境样品的前处理是环境监测的重要环节，而当时样品前处理大部分为人工处理，不仅费时、费力和消耗大量的有机溶剂，而且前处理过程产生误差的可能性也相对较大。

四是技术人员的专业技能需要加强。除省站及长春市站、吉林市站的个别骨干技术人员外，多数监测人员的专业技能只能满足一般性的常规监测分析，对新技术、新领域的研究不够，特别是与国内外同行的交流及学习机会较少，不仅制约了环境监测队伍技术水平的发展和进步，而且由于掌握大型仪器的技术人员较少，替补人员不足，导致这些骨干技术人员过于劳累。例如，长春市站在此次应急监测工作中，自始至终只有1名技术人员进行仪器分析工作，虽然顺利地完成了工作，但十几天来其已身心俱疲。

五是应急化学事故查询及预测系统尚不完善，不能及时了解掌握现有化学品的数量、种类、性质及可能产生的危害等，难以真正做到科学预测。

六是没有应急监测经费。应急监测任务属突发事件，财政部门未列入经费计划，因此造成运行经费紧张，影响其他工作的正常开展。

（二）经验

总体来看，在此次污染事故环境应急监测中，吉林省环境监测系统组织调度得力，在监测断面位置选取上准确合理，对污染物（苯、硝基苯、苯胺）分析正确。在监测频次、取样方法、检测方法、质量控制措施方面均严格按照监测规范要求操作，各级监测站的监测结果没有因为仪器落后而迟报；监测人员没有因为压力而动摇，没有因为困难而退步，监测及时，上报迅速，数据科学。整个监测工作经受住了考验，为有效地控制事故造成的污染，为管理部门分析决策提供了重要的科学依据。

通过此次事件，凸显了应急监测工作具有以下重要作用：第一，通过监测东10#线、九站断面显示出松花江水质污染的严重性（高超标率）。第二，多点位（10#线、九站、白旗、松花江村）的连续监测，监测结果连续超标显示出污染已经形成了带状结构，从而引起政府的高度重视。第三，通过对污染带的动态跟踪监测，为沿江饮用水安全提供了技术保障。第四，通过监测，为松花江污染（吉林段）水体多介质（冰样、底泥、水生生物等）的污染分析与研究提供了依据。第五，为2006年农业、畜牧业、渔业及饮用水安全提供了技术支持。

六、案件历史意义

吉化公司双苯厂爆炸事故引发的一系列重大突发事件表明，在工业化、城市化过程中，安全生产、环境保护、公共卫生、社会安全形势更加脆弱、复杂和严峻，不同类型突发事件之间的联系更加紧密，很容易相互转化，而应对各类随时可能发生的突发事件，则需要政府转变理念，树立正确的应急观念，坚持以人为本，上下同心、左右协作，加强区域和国际合作，对于大江大河流域的生态环境保护和工业污染防治需要建立科学有效的危机协作应对机制。严谨扎实的事故（件）调查结论以及严厉的责任追究，吉化公司双苯厂爆炸事故和松花江污染事件，成为我国应急管理发展历程中具有重要意义的突发事件，促使政府、企业和社会进一步强化安全生产、环境保护、社会安全等领域的应急管理，提高应急管理科学化水平。

一是加快了政府应急管理的治道变革，更加重视风险管理和环境保护，将风险管理放在突出重要的位置。事故发生后，国务院要求各级党政领导和企业负责人进一步提高安全生产意识和环境保护意识，切实加强危险化学品的安全监督管理和环境监测监管工作，进行风险监测评估和风险隐患排查。要求各地不断改进《重大突发事件应急救援预案》中控制、消除环境污染的应急措施，防范和遏制重特大生产安全事故和环境污染事件的发生。2008 年国家撤销环境保护总局，成立环境保护部，在环境保护部内设立专门应急管理办公室。

二是更加重视流域性和区域性应急协作。松花江水污染事件暴露出我国现有大江大河流域管理体制难以有效应对日益增多的水体污染事件，这既涉及中央政府和地方政府的关系，更涉及不同地方政府、水利和环保等部门的关系。2009 年，环境保护部制定《建立健全预防和处置跨流域（区域）突发水环境事件长效机制的指导意见》，提出要加强日常监测和预警能力，建立定期联席会商机制、跨流（区）域污染和突发环境事件信息共享协作处置机制，集中资源、形成协同治污处突的合力，提高应对环境突发事件的效率和水平。

三是更加重视环境保护及环境监测，环境保护及监测走上了发展的快车道。突发性环境污染事件的处理处置工作中首当其冲的便是对突发性的环境污染事件进行应急监测。"松花江污染事件"后各级政府加大对环境保护及环境监测工作的资金投入，强化了各级环境监测系统的仪器设备装备，特别是应急监测仪器设备。环境应急监测技术体系建设有序开展，国家层面研究建立多介质、多指标的应急监测技术方法体系，2010 年，环境保护部发布了《突发环境事件应急监测技术规范》①（HJ 589—2010），国家水污染防治重大专项、重大科学仪器设备开发重点专项等科研项目也开展了快速监测方法技术体系研究；国家、省、市级环境监测机构分别制定环境应急监测预案或相关文件，国家、各省定期开展环境应急监测演练。2011 年，环境保护部开展全国环境应急监测演练，105 个环境监测站、3 000 余名监测人员参加，动用环境应急监测车百余台，应急指挥车 30 余台，便携式仪器设备数百台，实验室仪器设备近百台。这些大大推动了突发环境事件应急监测工作的科学化、程序化和规范化，使突发环境事件应急监测技术水平不断提高，监测能力大幅增强，为国家环境应急工作提供了重要技术支撑。

专家点评 //

吉林公司双苯厂爆炸事故是重大的安全生产事故导致松花江水质严重污染，事发时正值冬季严寒期，应急监测工作十分困难，大家齐心协力，在极其艰苦的环境下完成了应急监测任务。

监测断面设置合理，目标化合物确定正确，除监测主要污染物苯、硝基苯、苯胺外，还监测了甲苯、乙苯、二甲苯、异丙苯等苯系物及硝基甲苯、硝基氯苯、间硝基

---

① 目前，该标准已被《突发环境事件应急监测技术规范》（HJ 589—2021）代替，下同。

苯胺类。

在事故始发期监测周边的空气质量做得很好。我们的应急监测人员付出了辛勤劳动，给当地政府提供了合格的监测数据，使人民群众的生活环境质量得到了保障。

九站是吉林市排污口的控制断面，浓度超标十分严重，吉化公司虽然立即封堵了事故污染物排放口，并将厂区内事故产生的污水全部引入厂内的污水处理厂进行处理，迅速切断了污染源。但从监测数据和污染物扩散情况看，即使采取了上述措施，也未能将废水全部封堵到厂区以内。

如果厂区控制失灵，即使污染物入江，在九站前采取筑橡皮坝，用吸油毡等一系列吸附方法也不至于使污染物超标 700～2 000 倍，并且危害了松原自来水取水口的安全。

从松原自来水取水口断面监测的数据看，11 月 18 日硝基苯超标 0.7 倍，而 19 日超标 48.2 倍，说明污染物在水中分布均匀，污染团到达各取水口的时间不同，因此，多布设监测断面是必需的。

本案例发生在寒冷的吉林冬季，使用快速溶剂萃取和吹脱－捕集法很合理，如果用顶空法就很难获得准确的监测报告数据。另外，松花江要经过黑龙江省出境，因此，及时通知黑龙江省相关部门做好应急监测也是必需的。

案例6

京杭大运河高邮段油品泄漏事件应急监测

类　　别：水质环境污染事件

关键词：水质环境污染事件　水源地　应急监测　石油类　便携式 GC-MS

摘　　要：2019 年 5 月 29 日 6 时左右，江苏省扬州市金湖县良友运输公司运输原油的
一艘船舶，在京杭大运河江苏省扬州市高邮城区金三角秦邮特岗段发生原油泄漏事故，
造成下游河面漂浮大量油污，事故点距江苏省高邮市里运河清水潭饮用水水源地取水
口约 8 km。江苏省环境监测中心、扬州环境监测中心、盐城环境监测中心以及高邮
市、宝应县环境监测站在接报后立即赶赴事发地，使用便携式 GC-MS、便携式流动
注射分析仪等仪器，重点对事发地水域及高邮市清水潭饮用水水源地、宝应县城区饮
用水水源地开展应急监测工作，主要污染物指标为石油类、挥发酚和挥发性有机物等。
经过 2 天的应急处置，所有断面全部恢复至达标状态。本次泄漏事故未对京杭大运河
和高邮市、宝应县居民饮水造成严重影响，无人员伤亡。

一、初期应对阶段

5 月 29 日 9 时 —5 月 31 日 14 时，
石油类浓度整体处于超标状态，为事故
发生后的初期应对阶段。

（一）接报情况

2019 年 5 月 29 日 6 时许，江苏省
扬州市金湖县良友运输公司原油运输船
舶在江苏省扬州市高邮市京杭大运河金
三角秦邮特岗段发生原油泄漏（图 1）。
5 月 29 日上午 8 时 30 分，扬州环境监
测中心接到扬州市生态环境局通知，立
即赶赴现场，组织人员并协调高邮市、
宝应县环境监测站共同协助开展应急监
测工作，江苏省环境监测中心当日下午

图 1　事发地下游河道

赶赴现场，开展技术指导。

（二）污染物特性

原油是烷烃、环烷烃、芳香烃和烯烃等多种液态烃的混合物，成分复杂，密度一般为 0.75～0.95 kg/L，比水轻，因此会浮于水面。泄漏到水中会对生态环境造成巨大破坏；渗漏到土壤和地下水中，会污染土壤和地下水，危害人体健康。

（三）现场情况

事故发生后，泄漏的原油沿京杭大运河水道快速漫延，上、下游河道受到影响，所幸未造成人员伤亡。事发后，事发地点下游使用多道拦油索阻隔，并立即关闭下游水闸调节河水流速，防止污染漫延。经处理，有效地防止了污染团的扩散，使污染被控制在一定的水域范围内。

（四）监测点位、项目及频次

根据前期监测数据和现场污染物分布情况，由事发地上游 500 m 至下游 60 km，沿京杭大运河共布设 12 个监测断面，监测项目为石油类、挥发酚，饮用水水源地加测 pH、溶解氧、COD_{Mn}、氨氮、VOCs 等指标。监测项目、监测频次根据监测结果及时调整，力求科学设置采样、监测的空间和时间，合理涵盖污染物分布区域，确保及时掌握实时数据（表 1、图 2、图 3）。

表 1　初期应对阶段监测断面、监测项目和监测频次

编号	断面名称	监测指标	监测频次
W1	事发地上游 500 m	石油类、挥发酚	石油类 1 次 /2 h；挥发酚 1 次 /4 h
W2	事发地	石油类、挥发酚、VOCs	石油类 1 次 /2 h；挥发酚、VOCs 1 次 /4 h
W3	事发地下游 1 000 m	石油类、挥发酚	石油类 1 次 /2 h；挥发酚 1 次 /4 h
W4	事发地下游 3 500 m（清水潭饮用水水源地上游 2 000 m）	石油类、挥发酚	石油类 1 次 /2 h；挥发酚 1 次 /4 h
W5	事发地下游 4 500 m（清水潭饮用水水源地上游 1 000 m）	石油类、挥发酚	石油类 1 次 /2 h；挥发酚 1 次 /4 h
W6（清水潭饮用水水源地）	事发地下游 5 500 m（清水潭饮用水水源地取水口，阻拦索内）	石油类、挥发酚、pH、溶解氧、COD_{Mn}、氨氮、VOCs	1 次 /2 h
W7	事发地下游 6 000 m（清水潭饮用水水源地取水口，阻拦索外）	石油类、挥发酚	石油类 1 次 /2 h；挥发酚 1 次 /4 h

续表

编号	断面名称	监测指标	监测频次
W8	事发地下游 20 km（界首大桥）	石油类、挥发酚	石油类 1 次 /2 h；挥发酚 1 次 /4 h
W9	事发地下游 25 km（三桥）	石油类、挥发酚	石油类 1 次 /2 h；挥发酚 1 次 /4 h
W10	事发地下游 33 km（通湖路桥）	石油类、挥发酚	石油类 1 次 /2 h；挥发酚 1 次 /4 h
W11（盐城、宝应饮用水水源地）	事发地下游 36 km（盐城取水口、宝应水厂新取水口）	石油类、挥发酚、pH、溶解氧、COD_{Mn}、氨氮、VOCs	1 次 /2 h
W12	事发地下游 60 km（扬州—淮安市界）	石油类、挥发酚	1 次 /d

扫码查看
高清彩图

图 2　初期应对阶段监测点位示意图（高邮段）　图 3　初期应对阶段监测点位示意图（宝应段）

（五）保障调度情况

成立环境应急监测领导小组，下设报告编制组、综合协调组、现场监测组、样品分析组、后勤保障组等。各组任务职责如下：

1. 环境应急监测领导小组

负责应急监测工作的组织、决策、调度及应急监测方案审定和报告核发。

2. 报告编制组

负责制定现场应急监测工作方案，编制应急监测报告（包括短信报告和书面报告等），若有必要则开展应急监测数据及事故处置进展等综合分析。

3. 综合协调组

在应急监测领导小组的授权下，一方面代表应急监测领导小组与环境应急指挥部沟通协调，另一方面负责应急监测内部各组之间的沟通协调。

4. 现场监测组

牵头突发环境事件的应急监测踏勘调查。启动应急监测响应后，第一时间赶赴现场开展踏勘调查。应急监测方案审定后，根据综合协调组的调度要求开展现场监测和样品采集，实时反馈现场监测数据和情况，按规范程序将样品送达样品分析组。

5. 样品分析组

负责突发环境事件的实验室分析，接到领导小组的通知后第一时间做好实验分析准备，若有必要则按要求赶赴现场搭建临时实验室。应急监测方案审定后，根据要求及时做好样品分析的准备，尽快完成样品分析，及时报送实验数据。

6. 后勤保障组

在应急监测领导小组的授权下，代表应急监测组与环境应急指挥部沟通协调后勤事宜；负责应急监测组的车辆调度、相关物资的购买调配以及应急监测人员的生活保障等，负责事后相关费用的报销和结算。

（六）监测因子

泄漏地点上下游的监测项目为石油类、挥发酚，饮用水水源地加测水质的常规指标如 pH、溶解氧、COD_{Mn}、氨氮、VOCs 等。

（七）监测仪器与评价标准

pH、溶解氧使用便携式水质多参数分析仪现场测定，挥发酚使用便携式流动注射分析仪现场测定，COD_{Mn}、氨氮、石油类采样后送实验室分析，VOCs 采用便携式GC-MS 现场分析结果。

石油类等水质常规指标参照《地表水环境质量标准》（GB 3838—2002）进行评价。

（八）监测人员安排

监测初期，现场采样和实验室分析工作由扬州环境监测中心组织高邮环境监测站、宝应环境监测站承担。扬州环境监测中心负责应急监测数据收集、报告编制等工作，每批监测结果及时编制监测报告，报送江苏省环境监测中心。

二、基本稳定阶段

5 月 31 日 14 时—6 月 2 日 16 时，事件造成的污染得到基本控制，进入基本稳定阶段。

（一）监测方案调整

监测点位由 12 个调整为 11 个，其中 W1 的位置由上游 500 m 调整到上游 1 000 m，监测频次由部分指标 1 次 /2 h 改为 1 次 /4 h。

由事发地向下沿京杭大运河共布设 10 个断面、京杭大运河外（头闸东渠内）布设 1 个断面，监测项目为石油类；饮用水水源地加测 pH、溶解氧、COD_{Mn}、氨氮、VOCs。监测项目、监测频次根据监测结果及时调整（表 2、图 4）。

表 2　基本稳定阶段监测断面、监测项目和监测频次

编号	断面名称	监测指标	监测频次
W1	事发地上游 1 000 m	石油类	
W2	事发地	石油类	
W3	事发地下游 1 000 m	石油类	
W4	事发地下游 3 500 m（清水潭饮用水水源地上游 2 000 m）	石油类	
W5	事发地下游 4 500 m（清水潭饮用水水源地上游 1 000 m）	石油类	1 次 /4 h（2 时、6 时、10 时、14 时、18 时、22 时）
W6（清水潭饮用水水源地）	事发地下游 6 000 m（清水潭饮用水水源地取水口，阻拦索外）	石油类、pH、溶解氧、COD_{Mn}、氨氮、VOCs	
W7	事发地下游 10 km	石油类	
W8	事发地下游 20 km（界首大桥）	石油类	
W9	事发地下游 25 km（三桥）	石油类	
W10（盐城、宝应取水口）	事发地下游 36 km（盐城、宝应取水口）	石油类、pH、溶解氧、COD_{Mn}、氨氮、VOCs	
W11	京杭大运河外（头闸东渠内 300 m）	石油类	

扫码查看
高清彩图

图 4　基本稳定阶段监测点位示意图

（二）结果及趋势研判

根据 5 月 29 日 9 时至 6 月 2 日 10 时监测数据，随着现场处置工作的进行，事发地断面石油类浓度 5 月 30 日 18 时前整体处于超标状态，且浓度有所波动，最高点出

现在 5 月 30 日 6 时，浓度为 1.06 mg/L，超过《地表水环境质量标准》（GB 3838—2002）表 1 中 Ⅲ 类标准限值 20.2 倍，随后持续下降。自 5 月 31 日 14 时起，石油类监测浓度持续达标。

油类污染物可以相互聚集形成聚集性油膜，或黏附在水体中的固体悬浮物上，聚集形成团块。此次事件应急监测数据显示，泄漏源切断后石油类污染可视为瞬时排放源，其向上游少量扩散，向下游扩散受水流、风速和人工设置的吸油毡等吸附材料影响。石油类最高污染峰值出现在上游 1 000 m 至下游 3 000 m，在事发后 24 h 出现峰值，这是由表面浮油向水体溶解的规律决定的。石油类污染物主要聚集在这一区域，随着吸油措施的实施，水体中石油类浓度逐渐降低，并在事发后 96 h 恢复至地表水 Ⅲ 类标准以下。自 6 月 1 日 6 时起，石油类监测浓度持续达标（图 5）。

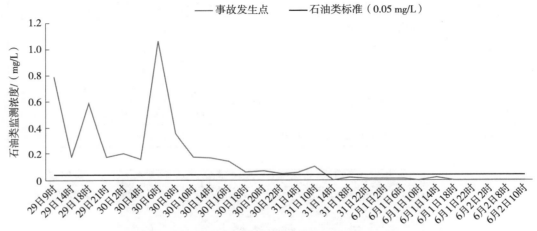

图 5　事发地监测断面石油类浓度变化情况

（三）质量保证要求

样品的采集、运输、保存、分析等全过程按《突发环境事件应急监测技术规范》（HJ 589—2010）等进行。采样、分析记录要完整、规范，严格执行三级审核。

三、稳定达标阶段

6 月 2 日 16 时—6 月 3 日 8 时，事件造成的污染得到基本控制，进入稳定达标阶段。

（一）监测方案调整

监测点位由 11 个调整为 8 个，监测频次由 1 次 /4 h 改为 3 次 /d。

由事发地向下沿京杭大运河共布设 8 个断面，监测项目为石油类；饮用水水源地加测 pH、溶解氧、COD$_{Mn}$、氨氮、VOCs。监测项目、监测频次根据监测结果及时调整（表 3、图 6）。

表 3　稳定达标阶段监测断面、监测项目和监测频次

编号	断面名称	监测指标	监测频次
W1	事发地上游 1 000 m	石油类	
W2	事发地	石油类	
W3	事发地下游 3 500 m	石油类	
W4（清水潭饮用水水源地）	事发地下游 6 000 m（清水潭饮用水水源地取水口，阻拦索外）	石油类、pH、溶解氧、COD_Mn、氨氮、VOCs	3 次 /d（8 时、16 时、22 时）
W5	事发地下游 10 km	石油类	
W6	事发地下游 20 km（高邮 - 宝应界）	石油类	
W7	事发地下游 25 km	石油类	
W8（盐城、宝应取水口）	事发地下游 36 km（盐城、宝应取水口）	石油类、pH、溶解氧、COD_Mn、氨氮、VOCs	

扫码查看
高清彩图

图 6　稳定达标阶段监测点位示意图

（二）趋势达标要求

根据前期监测数据，截至 6 月 2 日 14 时，事发地上下游 10 个断面已连续 20 小时达标，事发地石油类污染物浓度持续降低，饮用水水源地水质恢复正常，事发地附近含油污染团逐步削减，事件进入稳定达标阶段（图 7）。

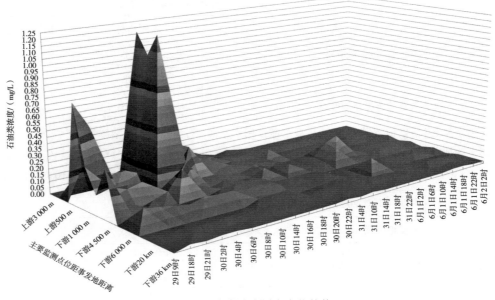

图 7　石油类浓度时空变化趋势

四、案件经验总结

（一）经验总结

1. 方案制定

本次事故未造成人员伤亡，由于事故信息上报及时、应急监测启动迅速、各项措施及时有效，污染物得到了有效控制，将污染物对河流和周边环境的危害降至了最低。

环境应急监测工作及时迅速、指挥明确，监测人员勇于担当、工作有序，数据上报快速准确，本次事件中共编制了 29 期应急监测快报，为事故处置决策提供了科学依据和有力支撑。

2. 现场监测

根据监测方案和应急工作需要，指导现场监测点位布设、采样位置选择、现场采样质量控制等。

综合协调组分批调度了县（区）、市、省级环境应急监测机构的骨干力量，共同完成了此次应急监测工作。在事故发生点上游至下游 60 km，布设了 12 个监测断面，并及时进行应急处置，布设拦油索等措施控制污染源扩散，调度了水质流动监测车、无人机、无人船、GC-MS 等仪器设备，安排监测人员轮换值班，保证长期作战状态下人员队伍始终处于良好的工作状态，不疲劳作战，保证现场工作安全。

3. 实验分析

本次事件前期通过临时实验室开展样品分析工作，并立刻调度第三方机构等力量支援，通过社会力量的广泛参与，大幅提高了监测工作尤其是实验分析工作的效率，并采取实验室手工监测方法进行质控，保证了监测结果的准确性。

实战带来的经验为应急预案的优化提供了参考与示范，锻炼了应急监测队伍的工作能力，促进了各级监测机构之间的配合和统一指挥。

（二）技术难点与存在的问题

1. 组织协调难度大

本次事件发生在 5 月 29 日，距离响水"3·21"化工厂爆炸事故发生不久，媒体对突发环境事件特别是江苏省内的环境事件关注度较高，本次事件吸引了众多媒体的关注。

由于监测范围过大，点位数量较多，应急指挥调度手段较为单一，复杂情况下的人员沟通存在效率低下的问题。为满足更加复杂应急监测的需求，监测设备和人员的调动速度有待提升，各级监测机构和不同应急部门之间的沟通有待提高。

2. 基层应急监测技术储备不足

（1）县、区监测站监测方法更新不及时

事件发生后，距离事发地点较近的高邮监测站与宝应监测站第一时间启动响应，但两个监测站的监测分析方法更新不及时，无法立即投入应急监测工作中，直到扬州环境监测中心与盐城环境监测中心赶赴现场后，派出分析人员并提供试剂与仪器，方才正式开展应急监测分析工作。

（2）快速监测仪器不足

缺少能够在现场短时间测出数据的快速监测仪器。本次突发环境事件的典型污染物质是石油类，需要采集样品送到实验室分析，在保存和运送样品的过程中耽搁了大量宝贵的时间。目前石油类的测定主要依据《水质　石油类的测定　紫外分光光度法（试行）》（HJ 970—2018），需要进行复杂的前处理才能进行实验室分析工作，耗时、费力且效率低下。事件发生时市场上所有的石油类现场快速测定仪器均由实验室仪器便携化改造而成，在现场使用时仍需进行萃取等复杂的前处理步骤，在应急监测现场简陋的实验条件下难以保证样品分析的精度。

（3）新技术手段不足

在本次应急监测中，初期阶段仅有一艘渔船可用于采样工作，大部分工作时段无船可用，只能在岸边采样，导致样品分析结果数据的差异较大。

受资金、技术等各方面影响，无人机、无人船等新技术装备数量不足，无法发挥其多方位共同监测的优势。在本次事件中，事发地点位于京杭大运河河面，大部分采样点位分布于河道中央，现场也没有桥梁作为依托，许多监测点位的采样工作难以进行。因此，加大投入配备无人机、无人船、监测船等装备是亟待解决的问题。

3. 基层应急监测人员储备不足

缺少相应的应急监测技术人员。一是综合性应急监测技术人员不足，大部分应急监测人员仅掌握少部分仪器的使用方法，在复杂环境下难以起到多面手的作用；二是应急监测人员的后备力量不足，许多应急监测人员由各个科室人员兼岗，还需负责平时的常规监测任务，不利于应急监测的专业化和规范化。

本次事件中，监测范围过大，点位数量较多，负责应急监测工作的人员主要来自扬州环境监测中心与高邮环境监测站、宝应环境监测站，人员数量严重不足。现场采样人员应对大范围、长距离的采样工作疲于奔命；分析人员面对大批量、高频次的样品也是深感疲惫。

4. 后勤保障装备不足

在事故前期，没有相对方便的应急监测实验场地，样品需送到当地实验室，运输耗时严重，落实临时应急监测实验室场地后，效率大幅提高。

夜间作业与水上作业保障装备严重不足，采样时无法看清水面油污，导致监测结果偏高。事故中后期，一直负责采样工作的渔船船工没有人员进行轮换，长期连续工作后严重疲劳，在6月3日凌晨采样时，由于船只照明不足，险些与河面上其他船只碰撞，引发安全事故。

（三）建议

1. 加强信息化应急监测指挥调度能力建设

建立集应急监测方案制定、指挥作战、数据传输、会议研讨等功能于一体的信息化应急监测管理平台，并结合日常监测工作，配备应急监测信息系统终端，保证应急监测关键时期的信息传输效率，综合协调组织应急监测人员和设备，确保各级各地应急监测资源高效投入。

2. 完善现场快速监测方法标准体系

目前，国内已经出现了一批用于现场快速监测的方法标准和相应的快速监测仪器。在实践中，这些仪器能够快速部署到突发环境事件现场，并对相应指标进行自动化的快速监测，减轻了现场监测人员的压力，同时大幅提高了监测过程的时效性。然而，面对复杂的突发环境事件，现有的快速监测方法覆盖的指标还远远不足，出台新的现场快速方法，完善应急监测方法和标准体系迫在眉睫。

3. 全面提升应急监测装备水平

加强各级监测机构应急监测能力建设，全面提升应急监测装备水平，增加应急监测车、监测船、无人机、无人船的配备。应急监测车、监测船能够搭载人员和设备快速响应，保障应急监测工作的时效性；无人机、无人船的应用则能充分保障应急监测人员多方位共同监测的能力。

用于应急监测的仪器数量缺乏，远不能满足应急监测的需求。本次突发环境事件中，最主要的石油类和氨氮等常规指标只能用传统的实验室分析方法检测，若能配备相应的快速监测仪器，则能大幅提高应急监测的工作效率和数据报出的时效性。

4. 提升应急监测人员队伍活力

加强生态环境应急监测队伍建设，成立专职的应急监测工作职能部门。要打破现在应急监测工作人员由其他职能部门兼岗兼职的现状，组织专业的应急监测技术人才队伍，分层次建立应急监测人员储备机制，优化应急监测队伍人员构成，深入钻研应急监测技术和流程，建立健全应急监测管理调度体系，更好地承担生态环境应急监测职能。

5. 加强应急监测培训和演练

加强应急监测人员队伍培训和演练，制订培训和演练计划、按期实施，检验应急预案实用性，确保快速、有效响应突发环境事件应急监测。逐步建立应急监测日常管理规范，引入打分考核机制，对日常管理水平及培训、演练实际成效进行评估。注重培养应急监测人才，引入奖惩机制，全面提高应急监测人员的素质和技能，让每一个人都能独当一面。

6. 完善应急监测保障机制

形成有计划的应急监测物资保障预案，完善应急监测保障机制，提高应急监测保障水平，建立更加全面、覆盖面更广的应急救援物资库，提供充分的物资保障。加大县（区）应急监测能力建设投入力度，确保突发环境事件所涉最小环境监测网格能够有效组织应急监测响应，逐步完善高风险区域应急监测资源布局规划。依托地方、园区或企业监测站，形成应急监测备用实验室网格化布点。制定引导社会化检测机构参与应急监测工作，促使应急监测工作获得更加广泛全面的基础支撑。

专家点评 ////

一、组织调度过程

2019 年 5 月 29 日 6 时许泄漏事故发生，江苏省扬州环境监测中心作为省驻市环境监测机构，在 8 时 30 分接扬州市生态环境局通知后，立即赶赴现场，组织人员并协调高邮市、宝应县环境监测站共同协助开展应急监测工作，江苏省环境监测中心当日下午赶赴现场，开展技术指导。事故初期，现场采样和实验室分析工作由扬州环境监测中心组织高邮环境监测站、宝应环境监测站承担。扬州环境监测中心负责应急监测数据收集、报告编制等工作，每批监测结果及时编制监测报告，上报江苏省环境监测中心。2019 年事故发生之际，江苏省生态环境监测系统已完成了省以下监测机构垂直管理改革工作，本次应急监测工作的组织调度过程充分体现了垂改后江苏省突发环境事件应急监测响应工作程序和组织原则。回顾整个应急响应和监测过程，成立环境应急监测领导小组，下设报告编制组、综合协调组、现场监测组、样品分析组、后勤保障组等，应急监测现场工作机构组成完整，县（区）、市、省级环境应急监测机构力量分工合理，协作顺畅，为圆满完成此次应急监测任务奠定了坚实的工作基础。

二、技术采用

（一）监测项目及污染物确定

事件主要起因是原油运输船舶发生泄漏，主要污染物非常明确是石油类物质，监测项目即相应确定为水中石油类、挥发酚和挥发性有机物等。同时，为确保事发地下游饮用水水源地水质安全，针对水源地加测 pH、溶解氧、COD_{Mn}、氨氮、VOCs 等指标。

（二）监测点位、监测频次和监测结果评价及依据

1. 监测点位布设

事故发生地位于江苏省扬州市高邮市京杭大运河金三角秦邮特岗段，由于周边水系相对简单，应急监测点位的布设主要覆盖了事发地上游背景断面、事发地以及事发地下游各控制断面和饮用水水源地断面，总体符合地表水监测布点原则和有关技术要求，此外，还在下游扬州与淮安市界交界断面设置了控制断面，提前为下游跨市污染预警做好了准备。

2. 监测频次确定

监测频次的确定兼顾了监测初期应急处置急迫形势的需要和后期跟踪评估污染物扩散范围的需要。监测初期开展加密监测，此后逐阶段优化降低了监测频次。本案例中应急监测频次在合理降低的同时结合点位布设情况，根据监测结果及时进行调整，确保了分析研判污染物扩散范围所需监测数据的及时性和有效性。

3. 监测结果评价及依据

在监测过程中，严格按照有关污染物环境质量标准对监测结果进行评价。评价使用的标准主要为《地表水环境质量标准》（GB 3838—2002）。

（三）监测结果确认

本次应急监测从样品的采集、运输、保存、分析等全过程按《突发环境事件应急监测技术规范》（HJ 589—2010）进行。采样、分析记录要求完整、规范，严格执行三级审核制度。

（四）报告报送及途径

案例在此方面的总结偏弱。

（五）提供决策与建议

案例在此方面的总结偏弱。

（六）监测工作为处置过程提供的预警等方面

案例在此方面的总结偏弱。

三、综合评判意见，后续建议

（一）综合评判意见

案例主要内容涵盖了初期应对阶段、基本稳定阶段、稳定达标阶段和案件经验总结 4 个方面。案例较为系统地回顾了应急监测全过程，针对应急监测不同阶段在监测方案的调整进行了总结分析，在经验总结与存在的问题方面分析得较为客观，对今后此类事故的应急监测响应具有较好的借鉴参考作用。

（二）建议

本案例属于原油运输船只泄漏导致的地表水体污染事件。事故点位置敏感，距下游饮用水水源地取水口约 8 km，因此及时化解风险至关重要。

在应急监测的初期应对阶段，根据现场污染物分布及下游水体利用情况，合理确

定监测断面、设置监测指标和监测频次，确保掌握全面水体水质情况；基本稳定阶段，及时调整监测点位与监测频次，重点监控取水口附近的水质；稳定达标阶段，持续关注取水口附近的水质。事发后，事发地点下游使用多道拦油索阻隔，并立即关闭下游水闸调节河水流速，将污染峰控制在上游 1 000 m 至下游 3 000 m。应急监测工作的有力开展和事故处理措施采取得当，使水体水质在事发后 96 小时恢复至地表水Ⅲ类标准以下，避免了原油泄漏事故对下游取水点水质的影响。

本案例的处置对运输船只泄漏导致的水体污染具有较强指导意义。

一是在本次应急监测过程中，成立了环境应急监测领导小组，下设报告编制组、综合协调组、现场监测组、样品分析组、后勤保障组等，由于监测过程涉及县（区）、市和省多级监测机构人员共同参与，建议对各组人员构成作详细补充，为今后工作提供经验借鉴。

二是案例中对监测结果的确认（质量管理与控制）、报告报送以及提供决策建议部分总结归纳较少。

案例 7

贵州盘州市宏盛煤焦化有限公司洗油泄漏事件应急监测

类　　别：水质环境污染事件

关键词：水质环境污染事件　洗油　石油类　分光光度计

摘　　要：贵州省盘州市宏盛煤焦化有限公司洗油泄漏事件事发地位于贵州省六盘水市盘州市大山镇，事件发生原因为企业生产所用洗油串漏至冷却塔循环水池，随冷却水渗漏至地下裂隙，后从地下水出露点中流出并对地表水水体造成污染。该事件自 2022 年 2 月 7 日起启动应急监测，2 月 12 日贵州省启动 Ⅱ 级应急响应，7 月 12 日结束 Ⅱ 级响应并启动 Ⅲ 级响应，历时 5 个多月。该事件污染物为洗油，应急监测特征污染指标为石油类，分析方法为紫外分光光度法。截至 2022 年 7 月 12 日，累计下发应急监测方案 21 版，投入应急监测人员 32 685 人次，组建实验室 10 个，对沿程多个重要水体累计开展 39 次专项监测；累计分析应急监测数据 61 339 个，绘制各类图谱 3 968 幅，编制各类应急监测报告 1 187 期，为事件的应急决策和处置提供了重要的技术支撑。

一、初期应对阶段

（一）事件基本情况

贵州省盘州市宏盛煤焦化有限公司（以下简称宏盛公司）位于盘州市大山镇高山村，现有规模为 300 万 t/a 洗煤、120 万 t/a 焦炭项目。该公司化产车间 1 号冷却塔低温循环冷却水池长期渗漏未处置，2021 年 11 月 19 日，该公司化产车间洗脱苯系统二段贫油冷却器洗油层与水层换热隔板破损，生产所用洗油串漏至 1 号冷却塔循环水池，随大量冷却水渗漏至地下裂隙。2022 年 1 月 26 日至 2 月 6 日，污染物在连续雨雪天气下随突增的地下水从小黄泥河出露点涌出污染河体。出露点涌水经小黄泥河进入黄泥河，跨界云南，在黔西南州汇入南盘江，下游万峰湖交界广西，河流沿岸未涉及集中式饮用水水源。2022 年 2 月 7 日 15 时左右，小黄泥河盘州市大山镇河段水质出现异常，贵州省盘州市和云南省曲靖市富源县小黄泥河段出现鱼翻肚现象，污染造成跨省影响。发现异常后，当地政府及时联动采取了溯源、拦截、抽运等应急处置措施。

（二）污染物基本性质

根据初期调查和监测结果，本次污染事件污染物为洗油。洗油是利用其与煤焦油、石油中其他组分相似相溶的特点，用于分馏过程中产生气体的洗涤，使之吸收气体中的苯、萘等物质，因此得名"洗油"，现主要作为煤焦油行业用语使用。洗油一般为黄褐色或棕色油状液体，主要由萘类化合物、苊、芴、氧芴、酚、氮杂芳环化合物等组成，密度为 $1.03 \sim 1.06 \ g/cm^3$，与水的密度接近。

（三）应急响应基本情况

2022 年 2 月 7 日，盘州市启动突发环境事件应急Ⅳ级响应；2 月 8 日，六盘水市人民政府启动Ⅳ级响应；2 月 9 日，六盘水市、黔西南州政府相继将响应级别调整到Ⅲ级；2 月 12 日，贵州省启动Ⅱ级响应并成立省应急指挥部，在生态环境部工作组指导下，统筹六盘水市和黔西南州，联动云南、广西加强事件应急处置。贵州省生态环境监测中心于 2022 年 2 月 8 日接到应急报告，随即启动应急预案，涂志江主任带领相关人员随省应急工作组立即赶赴事发地现场，并第一时间组织开展了应急监测相关工作。

（四）污染态势初步判别

事件发生后，地方政府于 2022 年 2 月 7 日编制完成第一版应急监测方案，对地下水出露点、对照断面、黄泥河国控断面等开展水质监测。2 月 8 日省工作组抵达后，迅速明确应急监测总体目标为"快速及时、科学准确、数据说话、支撑决策"，省生态环境监测中心依据《突发环境事件应急监测技术规范》《重特大突发水环境事件应急监测工作规程》，以"确定污染物种类、应急监测指标及大致污染范围和污染程度"为初期应急监测目标，优化调整完成第二版应急监测方案。其中，参照《炼焦化学工业污染物排放标准》，初步监测指标设置主要包括 pH、COD、氨氮、石油类、挥发酚、硫化物、苯、氰化物、苯并 [a] 芘、高锰酸盐指数等；初步设置监测断面 10 个，包括对照断面、地下水出露点，同时在出露点下游 0.1 km（W2）、2.2 km（W3，第一级活性炭坝上游）、2.3 km（W4，第一级活性炭坝下游）、6 km（W5，黄泥河国控断面）、16 km（W6，新村）、60 km（W7，犀牛塘）、73 km（W8，老江底）、94 km（W9，乃革）处设置监控断面。监测频次为 1 次 /4 h，并根据监测结果适时加密。随后，根据监测结果，不断优化调整应急监测断面及应急监测频次，先后下发第三版及第四版监测方案。根据初期应急监测结果，精准锁定本次事件主要特征污染物为石油类，同时初步确定了污染带范围。

（五）保障调度情况

贵州省生态环境监测中心抵达现场后，初步研判事件污染情况，迅速明确了本次应急监测的工作思路：挂图作战，党员先锋；任务细化，责任到人；科学高效，保证质量；全省轮战，以战代练。根据工作思路，对应急监测初期面临的困难与挑战逐一进行破解：

一是针对污染物罕见，监测分析有难度的困难，采取破解办法为统一监测流程，坚持质量管理。具体做法为：第一时间编制并下发了《石油类监测要求提示》，统一监测流程，明确了采样器具、采样操作流程、固定剂添加等详细措施，有效避免了采样过程和分析过程中产生的人为误差。统一确定紫外分光光度法为本次应急监测分析方法，以确保监测数据科学、准确、可比。同时，在保证应急监测时效性情况下严格开展相关质控措施，如对采样瓶严格按照规范开展正己烷润洗及抽检工作、采样瓶及分液漏斗采取按石油类浓度高低分类管理、分类使用等措施。

二是针对人员不足、设备短缺，数据时效性要求高的困难，破解办法为全省一盘棋，开启全省"轮战"支援。本次应急监测工作开展后，由于县（区）级生态环境监测站人员不足、应急监测设备不足、应急监测经验不足等问题，其在应急监测方案制定、监测指标选定、监测工作开展、监测数据分析研判等过程中还存在一定不足。贵州省监测中心抵达现场后，在做好新冠肺炎疫情防控工作的基础上，第一时间全面启动全省应急监测轮战模式，制订全省轮战计划，从贵州省监测中心、各市（州）监测中心、各县级监测站抽调精兵强将支援现场的轮战模式。轮战内容主要包括带班领导轮战、采样分析人员轮战及数据研判分析人员轮战。

二、基本稳定阶段

（一）跟踪监测情况

2022年2月12日，生态环境部工作组进驻，贵州省人民政府成立省应急指挥部，下设综合协调组、水质监测组、水文及水库安全工作组、专家工作组、舆情管控组、事故调查组、六盘水市工作组和黔西南州工作组8个工作组，全面统筹本次应急处置工作。中国环境监测总站领导随生态环境部工作组抵达应急监测一线，指导优化调整并下发监测方案第五版，统筹贵州、云南、广西应急监测力量。在第五版监测方案中，监测断面由10个调整为16个，其中背景断面1个、效果评估断面2个、控制断面13个。13个控制断面中新增南盘江干流断面3个，最远至出露点下游200 km处（W13，万峰湖国控断面）。

根据应急监测结果，2022年2月17日4时至2月26日20时，监测断面全部达标，后由于降雪融化、围堰施工、贯通试验及降水等原因，石油类浓度出现4次波动，经及时处置，自4月5日0时至5月9日0时，全部断面达标。5月9日至6月16日，受强降水影响，出露点涌水量及石油类浓度出现3次较大波动，经及时处置，自6月16日4时起全部断面持续达标。应急监测期间，动态优化调整监测方案16次，监测断面增至31个。根据应急需求及断面设置情况，对不同断面监测频次进行优化，其中，石油类浓度较高且水量较大时，地下水出露点监测频次为1次/30 min，污染处置设施出口监测频次为1次/h，主要断面（如W18、W5、W6、W14等）监测频次为1次/2 h。通过应急监测断面、监测频次的适时优化调整，既保证了应急资源的合理配置、应急人员及设备的及时休整，又快速准确地得出了水质中污染物浓度现状，快速准确地摸清了污染物浓度变化趋势，快速准确地研判出了污染团迁移过程。

（二）专项监测开展情况

为进一步摸清污染物迁移变化规律，同时为应急处置提供数据支撑，在应急监测方案内容的基础上，组织开展了临时性的专项监测工作，并对专项监测数据开展研判分析。其中，鲁布格水库水质状况是影响下游广西最重要也是最后一道屏障，因此对该水库先后开展了 16 次专项监测，每公里布设 1 个断面，对水库的左岸、中岸、右岸和上层、中层、下层实施分层采样，对整个库区开展拉网式立体监测，并结合石油类中挥发性物质的自清洁能力、气温变化和环境容量等因素，精确研判污染带的位置、浓度变化情况及分层沉降情况，为精准调控水库下泄水量等应急决策提供了关键支撑。同时，水质监测组还对沿程其他重要水体，如黄泥河国控断面上游至新村断面、咚喇水库和万峰湖断面分别开展了 13 次、2 次和 8 次专项监测，为应急决策和处置提供了精准的技术支撑。

（三）保障调度情况

由于本次应急工作时间长、任务重、特征污染物特殊等，跟踪监测过程中存在不少困难与挑战，在中国环境监测总站的有力指导下，水质监测组对困难与挑战进行了逐一破解：

一是针对污染物迁移距离较长，水文情况较复杂的困难，采取的破解办法为严格落实"13353"原则，科学设置监测断面及现场实验室。本次污染事件发生在典型的喀斯特地形地貌区域，降水前后河道水量变化较大，且同时涉及小黄泥河约 72 km，黄泥河约 50 km，直接流经 8 个水电站，水文情况较为复杂。按照一般每 10 km 布设一个控制断面的原则，在地下水出露点以下 200 km 范围内，共设置水质监控断面 24 个；按照 50 km 布设一个现场实验室或应急监测车的原则，在黔西南州生态环境监测中心基础上，因地制宜地新建了 5 个现场实验室，其中包括涉事企业厂区内现场实验室、出露点现场实验室、白碗窑镇现场实验室、鲁布格镇现场实验室、万峰湖船载实验室，保证了监测数据的及时性和连续性。同时，在 5 个关键断面增设 5 套石油类自动监测设备，对水质开展 24 小时连续监测。

二是针对采样过程中面临的各种困难，采取的破解办法为迎难而上，科学预判，发扬铁军先锋队精神。本次应急监测时间跨度大，经历了从寒冬到酷暑、从冰雪到洪水的过程，采样面临较大的困难和挑战。为此，一方面，各级领导靠前指挥、激发斗志，统一了所有监测人员的思想，不断发扬铁军先锋队精神；另一方面，通过专业气象预测，提前预判水量变化及石油类浓度变化的趋势和时间，并根据预判结果科学合理地调配监测力量开展应急监测相关工作，保障采样人员人身安全，同时让监测人员分批次得到休整。

三、稳定达标阶段

自 2022 年 6 月 16 日 4 时起，所有河流水质监测断面石油类浓度均达到《地表水环境质量标准》（GB 3838—2002）石油类Ⅲ类标准（0.05 mg/L）后，监测断面逐步有序降低监测频次，具体监测频次根据降水量及污染物浓度变化制定，例如，一般情况下出露点监测频次为 1 次 /2 h，降水量较大时增至 1 次 /1 h。

贵州省人民政府于 2021 年 7 月 12 日终止突发环境事件应急Ⅱ级响应，并降级为Ⅲ级响应。为保障宏盛公司洗油泄漏事件应急响应级别调整后水质监测工作持续有效开展，及时掌握地下水出露点及下游小黄泥河、黄泥河水质变化情况，结合实际，贵州省生态环境厅下发了《关于做好盘州市宏盛煤焦化有限公司洗油泄漏事件后续应急处置工作方案的通知》，并组织贵州省生态环境监测中心编制完成《盘州市宏盛煤焦化有限公司洗油泄漏事件现场应急处置水质监测专项工作方案》（以下简称专项监测方案），省监测中心继续指导开展应急监测工作，继续分析研判应急监测数据。

为确保水质应急监测工作科学、有序、高效开展，在保留宏盛公司厂区现场实验室及出露点现场实验室基础上，专项监测方案制定了日常情况和加密情况应急监测内容。其中，启动加密监测的前提条件为宏盛公司气象监测点位小时实际降雨 25 mL 以上，或出露点涌水量影响区域 24 小时内面雨量达 30 mL 以上，或出露点涌水 3 000 m³/h 以上。一般情况下，地下水出露点、工程设施排水口和现有应急处理池下游断面（W18，下同）的水质监测频次为 1 次 /d，监测时间为每日 10 时；当宏盛公司气象监测点位单次实际降水在 10～25 mL 时，地下水出露点监测频次为 1 次 /4 h。黄泥河国控断面（W5，下同）、岔江水站断面（W22，下同）2 个断面监测频次为 1 次 /7 d。5 个自动监测站监测频次为每 2 小时自动采样分析 1 次。在加密情况下，所有监测断面按时序开展监测，例如，当地下水出露点石油类污染物浓度 <1 mg/L 时，地下水出露点及工程设施排水口监测频次加密至 1 次 /2 h。当 1 mg/L≤地下水出露点石油类污染物浓度 <10 mg/L 时，地下水出露点监测频次加密至 1 次 /h。当 W18 石油类浓度达到或高于 0.05 mg/L 时，启动新村断面（W6）断面监测，加密 W5 断面监测，监测频次均为 1 次 /2 h。当 W18 石油类浓度达到或高于 0.16 mg/L 时，启动咚喇水库断面（W14）、抹角村（W21）监测，监测频次均为 1 次 /2 h。5 个自动监测站监测频次增为自动采样分析 1 次 /h。

同时，为保障宏盛公司厂区现场实验室及出露点现场实验室稳定运行，明确要求，一是确保现场实验室运行基本环境，确保制水机、通风橱等设施正常运行；二是确保分析设备（紫外分光光度计、振荡器等）正常稳定运行，定期进行校准、核查及维护，每月不低于 1 次；三是确保分析试剂及耗材充足，定期对正己烷、硅酸镁、无水乙醇等试剂进行补充，同时按照用 1 备 1 的比例在现场实验室存储分液漏斗、锥形瓶、比色皿等器具；四是确保石油类采样器及样品瓶数量，按规范对采样瓶及时进行清洗。

四、案件经验总结

2022 年 2 月 7 日应急监测启动至 2022 年 7 月 12 日 Ⅱ 级应急响应结束，累计下发应急监测方案 21 版，投入应急监测人员 32 685 人次，组建实验室 10 个（含走航船 1 艘），使用海事和渔政部门采样船舶 283 艘次，出动车辆 12 735 台次，对沿程多个重要水体累计开展 39 次专项监测。其间，累计分析应急监测数据 61 339 个，绘制各类图谱 3 968 幅，编制各类应急监测报告 1 187 期，为应急决策和处置提供了重要的技术支撑。在本次应急监测中，针对面临的困难及挑战，灵活采取了多种解决方式，取得的经验主要包括以下 6 个方面：

一是三省联动，任务明晰。成立水质监测组统一协调调度贵州省、云南省、广西壮族自治区应急监测相关工作。对应急监测进行了分级分区的任务细化：水质监测组下设了指挥部（数据分析研判小组）、贵州省监测组、云南省监测组、广西壮族自治区监测组，承担主要监测任务的贵州省监测组又分别下设采样组、分析组、后勤保障组等，形成了完整的应急监测管理体系，保证了指挥部指令下达后第一时间落实。

二是领导表率，党员先锋。中国环境监测总站及贵州省生态环境监测中心领导长时间在一线指挥应急监测相关工作，确保应急监测工作有序推进。贵州省生态环境厅领导多次赴监测一线指导工作、加油鼓劲，激发了监测人员斗志。同时，发挥党员的先锋模范作用和党支部的战斗堡垒作用，在最偏远的现场实验室、最困难的采样断面，都是党员先上，让党旗永远飘扬在应急监测第一线，进一步提升了应急监测队伍的凝聚力和战斗力。

三是全省轮战，以战代练。在保证各监测中心正常开展常规监测任务的前提下，制订全省统一的轮战计划，贵州省内所有市（州）监测中心按序前往应急监测一线开展轮战支援工作。同时，将本次应急监测当作一次实战练兵、监测演练的机会：贵州省内所有市（州）监测中心主要领导、应急监测相关负责同志均到现场参加轮战，学习和积累应急监测技术、管理方面的经验。

四是响应快速，调度有序。接到应急监测指令后，贵州省生态环境监测中心领导组织力量第一时间抵达现场，迅速完成应急监测方案编制、现场实验室初步搭建及应急监测人员统筹安排等工作，确保了应急监测及时、规范、科学、高效地开展。同时，通过统一思想、细化分工，做到了监测人员调度有序，监测设备调度有序，监测后勤保障有序，分级分层管理有序。

五是资源整合，提前谋划。在全省范围内按照"就近调配、物资整合"的原则，快速从事发地周边监测中心调集一批应急监测设备，包括采样设备、分析设备、辅助设备（全自动萃取仪）等。通过监测数据及降水量数据等科学预判应急监测工作量，提前从贵州周边省、市购买紧缺的试剂。建立现场应急监测物资库，对应急监测所需物资（包括玻璃分液漏斗、比色皿、采样瓶等）、试剂（正己烷、硅酸镁等）进行足量储存。

六是严格质控，统一标准。第一时间编制并下发《石油类监测要求提示》，在统一上下功夫：统一工作调配、统一监测方法、统一监测器具、统一质量控制、统一数据报送方式、统一对外联络方式等，保证了数据的科学性和可比性。具体包括：统一监测流程，明确了采样器具、采样操作流程、固定剂添加等详细措施，有效地避免了采样过程和分析过程中产生的人为误差。根据污染物的特殊性（洗油），确定紫外分光光度法为本次应急监测统一的分析方法。在时间紧、任务重的情况下认真执行相关质控措施，如对采样瓶严格开展正己烷润洗及抽检工作、采样瓶及分液漏斗采取按石油类浓度高低分类管理及使用等措施；同时，对搭建的现场实验室在"人、机、料、法、环"等方面均作出了统一的标准要求，确保了应急监测数据的质量。应急监测工作情况见图1～图4。

图1　分析人员挑灯夜战（厂区现场实验室）

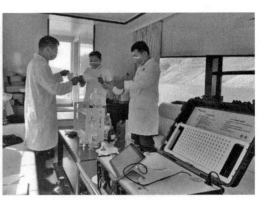

图2　万峰湖船载实验室

图3　雪天采样

图4　夜间冒雨采样

专家点评 //

一、组织调度过程

本案例为宏盛公司化产车间洗脱苯工段二段贫油冷却器出现破裂，由于企业未及时发现，洗油持续串漏进入循环冷却水系统约94小时，通过1号冷却塔低温循环过水池裂隙、孔洞渗漏至土壤，并通过区域密集发育的地下溶沟、溶槽等下渗至地下岩溶裂隙、包气带滞留。时任副部长翟青率工作组连夜赶赴现场，指导协调督促贵州、云南、广西三省（区）全力开展事件应对工作，联动开展应急监测，经现场调查和前期监测确定污染团前锋位置、污染团所在位置和污染团尾部位置，并根据实时监测结果持续优化应急监测方案，对主要污染物石油类进行监测，科学、高效、有力地支撑了应急处置工作。本案例中省、市、县三级监测站分工协作，联动开展应急监测的典型案例，形成了快报、日报和总结报告相结合的高效数据报送模式，形成统筹人员分组应急监测模式，初步探索了应急监测中的质量控制和质量监督，为交通不便、地形复杂、监测时间跨度长的地表水环境石油类污染应急监测提供了经验。

二、技术采用

（一）监测项目及污染物确定

本案例为含油废水，特征污染物为石油类。

（二）监测点位、监测频次和监测结果评价及依据

1. 监测点位布设

应急监测过程中对点位布设的原则把握准确、目标清晰、针对性强，紧密围绕应急处置工作需要，在不同应急监测阶段对点位适时作出补充和优化调整。

2. 监测频次确定

监测频次的确定兼顾了初期应急处置急迫形势的需要和后期可持续跟踪事态发展的需要。事故发生初期开展加密监测，此后逐阶段优化降低了监测频次，既满足了污染物动态变化趋势监测分析的需要，又保证了监测工作的有序和可持续开展。

3. 监测结果评价及依据

监测过程中，严格按照有关采样技术规范和环境质量标准对监测结果进行评价。监测分析标准为《水质　石油类的测定　紫外分光光度法（试行）》（HJ 970—2018）。

（三）监测结果确认

本案例中应急监测质量保证和质量控制要求贯穿应急监测全过程，对全流程开展监督，对数据质量进行审核。

（四）报告报送及途径

本案例中形成应急监测快报、日报和总结报告相结合的报送模式，实现迅速报出数据。

（五）提供决策与建议

本案例中应急监测日报及时分析污染带的范围和污染物的扩散情况并对下游情况作出预测，为事件处置提供数据支撑。

（六）监测工作为处置过程提供的预警等方面

三省（区）抽调10余个市（州）应急监测力量进行支援，沿河布设6个临时实验室，建设5套在线监测设备，组织开展应急监测。先后21次优化调整方案，布设25个常规控制断面，6个处置效果评估断面，对沿途水库等重要水体开展39次专项监测，对主要支流开展3次污染排查监测，全过程全时段跟踪监测。累计投入49家单

位 32 685 人次、车辆 12 735 台次、采样船舶 283 艘次、应急监测设备近 100 台（套），共分析数据 61 339 个，编制各类应急监测快报 1 187 期，为应急决策和处置提供坚实的数据支撑。

三、存在的问题

前期对地形的喀斯特地貌预判、河流流向特点研判不足。

四、综合评判意见，后续建议

（一）综合评判意见

案例较为系统完整地回顾了应急监测全过程，尤其是构建省内应急监测省、市、县联动监测模式，初步探索了应急监测中的质量控制和质量监督，为喀斯特地貌区域，浅表溶隙、溶洞极为发育，地下岩溶漏斗、溶沟、溶槽繁多，纵横交错地表水环境石油类污染应急监测提供了经验，对今后此类事故的应急监测响应具有较好的借鉴参考作用。

（二）建议

1. 本案例监测方法按照行业类别应参考《炼焦化学工业污染物排放标准》（GB 16171—2012），应选用《水质　石油类和动植物油类的测定　红外分光光度法》（HJ 637—2018）进行监测分析，现场确定使用紫外方法，应给予说明。

2. 泄漏初期应加《炼焦化学工业污染物排放标准》（GB 16171—2012）等特征污染物指标，制定方案时未考虑，建议在应急总结里补充。

3. 本次监测初期方案应对应急事故附近的地貌和地下水给予考虑。

案例 8

延安市志丹县杏子河石油类污染事件应急监测

类　　别：水质环境污染事件

关键词：地表水环境污染　石油类　紫外分光光度计

摘　要：2020 年 8 月 28 日，陕西省榆林市靖边县长庆油田分公司第四采油厂输油管线破裂，泄漏油水混合物约 9.540 8 m³，造成跨榆林、延安两市水污染突发环境事件，威胁下游延安市市级饮用水水源地王瑶水库水质安全。陕西省、延安市、志丹县三级生态环境监测站分工协作，8 月 28 日至 9 月 4 日联动开展应急监测，经现场调查和前期监测确定污染团前锋位置、污染团所在位置和污染团尾部位置，并根据实时监测结果持续优化应急监测方案，使用紫外分光光度计对主要污染物石油类进行监测，科学、高效、有力地支撑了应急处置工作。该案例为省、市、县三级生态环境监测站分工协作，联动开展应急监测的典型案例之一，形成了快报、日报和总结报告相结合的高效数据报送模式，形成统筹人员分组应急监测模式，初步探索了应急监测中的质量控制和质量监督，为道路崎岖、信号不畅区域地表水环境石油类污染应急监测提供了经验。

一、事件背景

王瑶水库位于陕西省延安市境内，水库坝址位于延河支流杏子河（黄河二级支流）中游陈则沟村，水库库区涉及安塞区、志丹县，距延安市约 65 km。王瑶水库是一座以防洪为主，兼有城市供水、灌溉、发电任务的大（Ⅱ）型水利枢纽工程，大坝为碾压式均质土坝，坝高 55 m，坝顶高程 1 189.8 m，正常蓄水位下线 1 182.5 m，水库总库容 2.03 亿 m³。始建于 1970 年，工程由大坝、两座泄洪排沙洞、输水洞和电站等组成，工程任务以拦泥为主，结合灌溉供水、发电。1997 年，王瑶水库供水工程建成，增加向延安市城区供水的工程任务，年供水量 1 510.4 万 m³，王瑶水库是延安市城区重要饮用水水源地之一。

2020 年 8 月 28 日，榆林市靖边县艾家湾村长庆油田第四采油厂 1 增集输外输管线由于连续降雨致管线承重基础下陷，10 时 42 分发生管线破裂，10 时 48 分停止输油，泄漏原油流入河道，威胁下游 75 km 处延安市市级饮用水水源地王瑶水库水质安全。接到突发环境事件报告后，延安市、榆林市、志丹县、靖边县政府和长庆油田分公司迅速赶往现场指挥，靖边县、志丹县相继启动了政府突发环境事件应急响应，成立应急指挥部，在生态环境部和陕西省生态环境厅工作组指导下，统筹开展应对工作。

石油污染是指石油开采、运输、装卸、加工和使用过程中，由于泄漏和排放石油引起的污染。石油漂浮在水面上，迅速扩散形成油膜，可通过扩散、蒸发、溶解、乳化、光降解以及生物降解和抽取等进行迁移、转化，会产生降低水产品质量、影响水生浮游生物生长、破坏水生态平衡等危害。同时，石油中所含的多环芳烃对生物体有剧毒，经过生物富集和食物链传递最终传递到人体内，对人有很强的致癌作用。

二、应急响应

8月28日，延安市生态环境监测站（以下简称延安市站）接市局党组命令，立即启动《延安市突发性环境污染事件应急监测预案》，第一时间抵达志丹县张渠便民服务中心，统筹延安市站、志丹县站35人，调用采样车辆10辆，立即分成样品采集、分析测试和报告分析3个小组同时开展工作，确保应急监测任务有序、高效开展。8月29日，陕西省环境监测中心站（以下简称陕西省站）按省生态环境厅党组要求抵达现场，开展应急监测全过程质量监督，并对样品采集、分析测试和报告分析工作进行全面指导。初步形成了省、市、县三级生态环境监测站分工协作，联动开展的应急监测体系。

三、应急监测工作准备阶段

经现场调查和前期监测确定污染团前锋位置、污染团所在位置和污染团尾部位置后，在陕西省站指导下，延安市站立即制定应急监测方案，方案根据事件发展情况和污染处置措施及时优化调整8次，确保为应急处置提供有力支撑。

（一）构建应急监测组织体系

建立由质量监督指导组、样品采集组、分析测试组和报告分析组4个小组构成的应急监测组织体系，省、市、县三级监测站各司其职、高效运转，确保了应急监测任务有条不紊地开展。应急监测组织框架见图1。

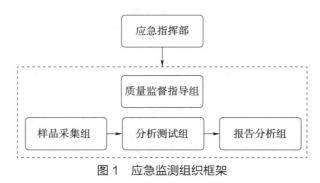

图1 应急监测组织框架

（二）确定监测方法和评价标准

1. 监测方法

《地表水和污水监测技术规范》（HJ/T 91—2002）；

《水质 采样技术指导》（HJ 4949—2009）；

《水质 河流采样技术指导》（HJ/T 52—1999）；

《水质 石油类的测定 紫外分光光度法（试行）》（HJ 970—2018）。

2. 评价标准

《地表水环境质量标准》（GB 3838—2002）中石油类标准限值见表1。

表1 《地表水环境质量标准》中石油类标准限值 单位：mg/L

Ⅲ类	0.05
Ⅳ类	0.5
Ⅴ类	1.0

（三）明确样品采集和分析要求

1. 样品采集要求

水质采样过程中应注意兼顾安全和代表性，尽量选择混合均匀、便于采样的河段采集样品，可根据现场实际情况适当调整距离并做好记录。现场采样记录须如实记录并在现场完成，内容全面，至少应包括以下信息：采样点位地理信息、必要的水文气象参数及样品感官特征、监测项目、采样时间、样品数量及采样人员的签名。

采样时使用干燥的采样容器，即500 mL样品瓶（专用石油瓶或玻璃瓶）采集。采样前，不对采样容器进行冲洗，先破坏水面可能存在的油膜，在水面以下300 mm采集柱状水样，采集的水样全部用于测定。如水深不足，在水深1/2处采样，尽可能避免采集到表层油膜。样品采集后加入盐酸保存剂。保存剂使用符合国家标准的分析纯试剂，必要时采用优级纯。水样瓶均需贴上标签，内容有采样点位编号、采样日期和时间、测定项目、保存方法，水样采集后立即送回实验室。

2. 样品分析要求

样品到达实验室后应立即按照应急监测方案和分析方法开展实验室分析。在实验室分析过程中由分析人员根据测试状态及时做好相应的标记，做好原始记录，遇特殊情况和有必要说明的问题，应进行备注。

注意事项：正己烷使用前于225 nm处，使用1 cm比色皿以水为参比，透光率应大于90%（2 cm比色皿时应大于80%），否则应脱芳处理或更换；硅酸镁550℃灼烧4小时后，应加入6%（m/m）蒸馏水活化；每一批样品分析应使用同一批号正己烷，必要时可将几瓶混合摇匀后使用；实验过程中产生的废液和废物应分类收集，待应急监测结束后带回单位集中交有资质的单位处置。

（四）下达质量保证和质量控制要求

质量保证和质量控制要求贯穿应急监测全过程。样品采集和分析测试人员均持证上岗，熟练掌握相关仪器设备的使用，熟知相关技术规范和标准要求；检测用设备均在检定周期或校准有效期内，按要求进行日常的维护、保养，确保仪器设备始终保持良好的技术状态；原始记录和数据报告原则上经三级审核后报送。

1. 质量监督

陕西省站派质量监督员对全流程开展监督，对数据质量进行审核。

2. 空白实验

每批样品至少做一个空白实验，测试结果应低于方法测定下限。

3. 标准曲线

标准曲线回归方程的相关系数应≥0.999。

4. 准确度

每批样品至少分析一个有证标准物质 / 样品或标准浓度点，测定结果的相对误差应在 ±10% 以内。

四、应急监测开展阶段

（一）初期应对阶段

8 月 28 日 10 时 42 分，长庆油田第四采油厂工作人员发现 1 增集输外输参数异常，10 时 48 分完成停输、放空管道、关闭上下游控制闸门，16 时 40 分管线漏点补焊完成。11 时 20 分启动作业区应急预案，13 时 14 分启动厂级应急预案，16 时 40 分志丹县政府启动应急预案，21 时 26 分靖边县政府启动应急预案。19 时 28 分延安市站接到命令启动应急监测预案，主要污染物为石油类。

1. 断面布设和监测频次

事故区域位于白于山区，道路崎岖，信号不畅，且时值夜晚，时有降雨，因此现场污染物扩散情况尚不清楚。为尽快掌握污染物扩散情况制定应急监测方案，在事故点所处河流崖畔沟河汇入杏子河前、杏子河下游 6 km 和 14 km 处共设置 3 个监测断面展开初期监测，每小时监测 1 次。

通过对已获得的监测数据的分析，以及崖畔沟河和杏子河的污染变化，及时调整了应急监测方案 2 次，在杏子河及其支流崖畔沟河增设至 10 个监测断面，对上游污染团所在的崖畔沟河及支流开展加大监测频次重点监测，根据样品采集往返应急实验室实际需要时间，确定上游断面监测 1 次 /2 h，下游断面监测 1 次 /4 h。

2. 实验室布设和保障调度

结合现场地形、电力等实际条件，应急实验室布设于距离事故点最近区域——志丹县张渠便民服务中心办公楼，兼顾崖畔沟河和杏子河流域，满足 1 次 /h 的监测频率。

样品采集组第一小组 4 人携带采样设备器材、安全防护设备立即赶赴现场按方案一要求采集样品，第二小组 3 人随后出发；分析测试组 3 人携带紫外分光光度计、分液漏斗振荡器和平行振荡器等仪器设备，以及化学试剂、玻璃器皿和质控样品等物资；报告分析组 2 人携带电脑和打印机等物资，同时出发赶往应急实验室拟建地点。

3. 初期阶段监测情况

截至 8 月 29 日 18 时，共计开展 10 个地表水断面 7 批次 63 个样品监测，开展质控样品考核 1 次，人员比对考核 1 次。监测结果显示，延安境内污染团主要控制在大庄科拦油坝、后石井拦油坝一带，长度约 22 km。其中，大庄科拦油坝坝内 8 月 29 日 15 时 56 分石油类监测结果到达最高值，为 3.59 mg/L，超标 70.8 倍。变化趋势详见图 2。

图 2　大庄科拦油坝坝内石油类浓度变化趋势

（二）基本稳定阶段

延安、榆林两市和长庆油田分公司先后组织 1 100 多人，投放活性炭约 91 t，投用编织袋 21 万条、吸油毡 241 包（约 12 050 片），拦油索 86 包（344 条）、草帘子 6 200 余条，使用汽油打水泵 12 台，出动自吸车、装载机、拉油车、挖掘机、卡车、农用三轮车等机械 109 台，在杏子河支流共临时设置 10 道拦截坝，延安市同时启用突发环境事件永久性应急设施"六闸六坝"（该设施由长庆油田分公司 2016 年 9 月投入 9 000 万元建成，主要用于延安市饮用水水源地王瑶水库上游突发环境事件应急处置），采取坝前投放草帘子、吸油毡、拦油索、活性炭等措施对污染物进行拦截和削减，污染物在志丹县张渠便民服务中心杏子河支流前园子村（距事发地点 14 km 处）得到有效拦截。

1. 断面布设和监测频次

随着降雨的停止，白天开展了有效的应急抢险作业，拦截坝有效截留了污染带。根据连续监测结果，继续优化调整了应急监测方案 5 次，将杏子河及其支流崖畔沟河设置的 10 个监测断面逐步优化调整为 6 个，持续达标或距离较近的断面暂停监测。

监测频次由崖畔沟 2 号闸（崖畔沟河汇入杏子河前 200 m）1 次 /h，上游其他断面 1 次 /2 h，下游断面 1 次 /3 h，调整为崖畔沟 2 号闸（崖畔沟河汇入杏子河前 200 m）及其上游断面 1 次 /3 h，下游断面 1 次 /6 h。由于污染带被有效控制在杏子河支流崖畔沟河流域内，因此杏子河干流所设监测断面监测频次逐步降低。

2. 保障调度

依据最新应急监测方案，持续调度延安市站、志丹县站人员，样品采集组人员增至 17 人，分析测试组人员增至 6 人，监测车辆由最初的 3 辆增至 10 辆，有效保障了应急监测工作的顺利进行。

3. 基本稳定阶段监测情况

截至 8 月 31 日 12 时 30 分，本次应急监测共计开展 13 个地表水断面（含王瑶水库出口处）16 批次 101 个样品监测，开展质控样品考核 3 次，与陕西省站人员比对 2 次，共出具监测快报 16 份，监测数据 100 组，出具日报 2 期。

从监测数据看，延安境内污染团仍有效控制在大庄科拦油坝、后石井拦油坝一带，长度约 22 km。大庄科拦油坝坝内 8 月 29 日 15 时 56 分石油类监测结果仍为最高监测值，为 3.59 mg/L，超标 70.8 倍。8 月 30 日 14 时，随着调用油罐车持续抽取拦截的油水混合物，大庄科拦油坝段、后石井拦油坝段断流，因此该区域监测断面停止监测。变化趋势详见图 3。

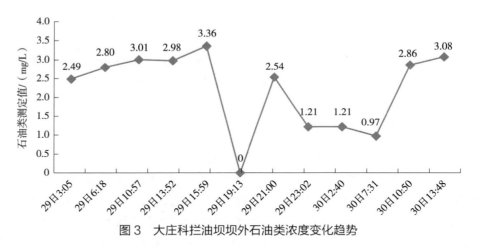

图 3　大庄科拦油坝坝外石油类浓度变化趋势

监测结果显示，污染团前锋位置后石井拦油坝坝外自 8 月 29 日 4 时 5 分开始监测石油类，最高浓度出现在 4 时 5 分，为 0.89 mg/L，超出《地表水环境质量标准》（GB 3838—2002）Ⅲ类标准限值 16.8 倍，而后石油类浓度持续降低。变化趋势详见图 4。

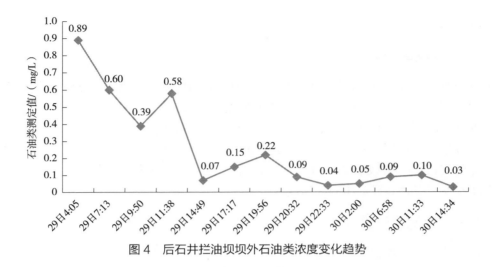

图 4　后石井拦油坝坝外石油类浓度变化趋势

（三）稳定达标阶段

8 月 30 日起天气转晴，为防止污染扩散，大型机械抵达现场后，清污工作采取机械和人工相结合的方式，对泄漏点下游 14 km 段山沟底部和河道污水实施全面清理，调用油罐车抽取拦截的油水混合物，累计收集、转运含油废水约 75.99 m³，均运往艾家湾作业区田 20～21 临时存放点存放和靖边县鸿浩石油化工产品有限公司进行处置；转运河道污水约 1 582 m³ 送至卸油台。截至 9 月 3 日 16 时，现场油污基本清理完毕。

1. 断面布设和监测频次

随着污染团得到有效控制和崖畔沟河断流，监测断面逐步减少至 3 个，而后地表径流恢复又将监测断面增至 6 个，断面布设根据监测结果适时调整。监测频次由崖畔沟 2 号闸（崖畔沟河汇入杏子河前 200 m）及其上游断面 1 次 /3 h，下游断面 1 次 /6 h；调整为崖畔沟 2 号闸（崖畔沟河汇入杏子河前 200 m）及其上游断面 1 次 /3 h，下游断面 1 次 /d 达标后停止监测；而后调整崖畔沟流域内断面监测频次为 3 次 /d。

2. 稳定达标阶段监测情况

陕西省站、延安市站自 8 月 30 日 18 时起将应急监测任务移交给志丹县站，自 8 月 30 日 18 时至 9 月 4 日 18 时，志丹站共开展 27 批次 150 个样品的监测，共出具监测快报 27 份、监测数据 151 组，出具汇总报告 4 期。延安境内石油类浓度下降明显，各个断面指标逐步恢复正常，9 月 3 日 16 时应急指挥部决定终止应急监测，志丹县站继续监测跟踪至 9 月 4 日 18 时。

8 月 30 日 18 时至 9 月 2 日 18 时，志丹县站共计开展 10 个断面 19 批次 106 个样品监测，开展质控样品考核 3 次。延安境内污染带主要控制在大庄科拦油坝、后石井拦油坝一带，石油类浓度均有所下降。9 月 2 日 18 时至 4 日 18 时，共计开展 11 个断面 8 批次 44 个样品监测，监测结果显示，延安境内石油类浓度下降明显，各个断面指标逐步恢复正常。

五、总结与思考

杏子河污染事件虽然持续时间较短，污染物泄漏量较小（经第三方中介机构测算，泄漏油水混合物约为 9.540 8 m³），但陕西省委、省政府高度重视，时任省长赵一德、时任副省长赵刚相继作出批示，要求科学处置，确保王瑶水库饮水安全。生态环境部和陕西省生态环境厅分别成立工作组赶赴现场，协调、指导两市政府做好应急处置工作。在延安市委、市政府的高度重视下，省、市、县监测站联动发力，科学、高效、有力地支撑了应急处置工作的顺利进行。

（一）案例总结经验

1. 形成高效数据报送模式

形成应急监测快报、日报和总结报告相结合的报送模式，实现快报迅速报出数据，日报及时分析污染带的范围和污染物的扩散情况并对下游情况作出预测，总结报告全面总结本次应急监测工作，为以后的应急监测提供经验和借鉴。

2. 构建省、市、县联动监测模式

应急响应启动后，陕西省站、延安市站和志丹县站联动开展应急监测，延安市站和志丹县站负责采样、分析和数据报告等，陕西省站负责全过程的质量监督和指导并对现场分析人员进行再培训，确保了报出数据快速、准确，报送报告及时、高效。

3. 统筹人员分组应急监测模式

借鉴 2019 年"4·18""5·27""6·25"3 次水污染应急监测经验，抵达现场统筹资源立即分成样品采集、分析测试和报告分析 3 个小组同时开展工作，确保应急监测任务有序、高效开展。

4. 探索应急监测质量控制模式

应急监测监测频次高、时间紧，同时根据石油类不具备采集现场平行条件、所用试剂正己烷易变质等特点，采取加强实验室空白分析、正己烷试剂同步检验、不定时发放密码质控样和人员比对等方法开展质量控制工作，并由上级站进行全过程质量监督。该模式有效保障了应急监测数据的准确性。

（二）存在的不足和建议

1. 存在的不足

县级监测站存在监测能力相对薄弱，经验不足，人员较少等问题，难以应对复杂环境下应急监测工作；污染事件现场环境复杂、信号较差、电力难以保障和天气不稳定等问题制约了应急监测的开展，突发情况应对手段仍有不足；质量控制措施相对单一；跨行政区间监测部门配合不足，信息共享不畅。

2. 建议

加强县级监测站应急监测培训，整合全市县级应急监测力量，统筹调度开展市域内应急监测，不断积累应急监测经验；吸取以往应急监测经验教训，学习其他地区应急监测经验，完善应急监测预案，储备应急监测设备和物质；不断丰富应急监测质量控制手段，合理安排全程序空白、加标回收、仪器比对等质控措施；构建跨行政区应急监测信息共享机制或平台，加强跨行政区监测部门的沟通合作。

案例 9

伊犁州 218 国道柴油罐车泄漏事件应急监测

类　　别：水质环境污染事件

关键词：水质环境污染事件　柴油罐车　石油类　红外测油仪

摘　　要：2016 年 11 月 7 日 11 时许，218 国道新疆维吾尔自治区伊犁州段一辆柴油运输车侧翻，导致约 30 t 柴油泄漏至伊犁河主要支流巩乃斯河，威胁下游水质安全。自治区环境保护厅迅速派出工作组赶赴现场指导伊犁州开展突发环境事件应急监测及处置工作。通过精准部署调度、科学布点监测、有效拦截处置等措施，经过 250 余人连续奋战近 9 天约 220 小时，报送环境应急监测快报 204 份，报送数据 896 个，最终实现了污染物出境浓度控制在标准范围内，确保了跨国境河流的水环境安全，未造成跨界污染。主要的测试仪器为红外测油仪，分析方法为《水质　石油类和动植物油类的测定　红外分光光度法》（HJ 637—2012）。

一、背景介绍

（一）事件概况

2016 年 11 月 7 日 11 时 20 分，218 国道新疆维吾尔自治区伊犁州段一辆柴油运输车侧翻，导致约 30 t 柴油泄漏至伊犁河主要支流巩乃斯河，威胁下游伊犁河水质安全。事发地距中哈交界断面约 187 km，污染物出境浓度一旦超标，将造成跨国境污染。事件发生后，国务院领导作出重要批示，环境保护部高度重视，立即组织召开部长专题会研究落实，并先后派出两批工作组及专家赶赴现场，指导督促地方做好事件应急处置工作。通过精准部署调度、科学布点监测、有效拦截处置等措施，最终实现了污染物出境浓度控制在标准范围内的目标，确保了跨境河流的水环境安全，未造成跨国境污染。

（二）流域概况

伊犁河流域地处欧亚大陆中心，位于新疆维吾尔自治区的西北部。主要河流伊犁河是最大的中哈跨境河流，也是新疆维吾尔自治区最大的国际河流。伊犁河由特克斯河、巩乃斯河和喀什河三大支流及众多支流汇集而成。主源特克斯河从哈萨克斯坦流入我国，与巩乃斯河汇合后称伊犁河，在雅玛渡渡口喀什河汇入，西流至霍尔果斯河进入哈萨克斯坦境内。

伊犁河流域沿河分布 3 条国道和 2 条省道，根据辖区内工业布局及产业结构，沿河道路需常年运输柴油、硫酸等危险化学品。

（三）污染物特征

柴油是轻质石油产品，复杂烃类（碳原子数为 10～22）混合物。主要由原油蒸馏、催化裂化、热裂化、加氢裂化、石油焦化等过程生产的柴油馏分调配而成；也可由页岩油加工和煤液化制取。广泛用于大型车辆、铁路机车、船舰的柴油发动机。柴油在地表水中对应的水质指标主要为石油类，其标准限值见表 1。石油类物质对水的色、味和溶解氧有较大的影响。石油类中的芳烃物质具有明显的生物毒性。进入水体的石油类，其浓度超过 0.1 mg/L，即可形成油膜浮于水体表面，影响空气与水体界面氧的交换，造成水体缺氧，危害水生生物的生活和有机污染物的好氧降解；分散于水中以及吸附于悬浮微粒上或以乳化状态存在于水中的油被微生物氧化分解时，将消耗水中的溶解氧，最终使水质恶化。当水中石油类浓度超过 3 mg/L 时，会严重抑制水体自净过程。而且水体石油污染还会造成相当大的社会和经济损失，如旅游和娱乐。石油类物质中的致癌、致畸、致突变物质也会在水中鱼、贝类等生物体富集，并通过食物链传递给人体。石油类物质中的芳香烃类物质对人体的毒性较大，尤其是以双环和三环为代表的多环芳烃毒性更大，此类物质与人体接触后会危害人的神经系统和呼吸系统、造血系统、皮肤和黏膜等，从而导致人体中毒。

表 1　石油类相关标准限值

水质标准	指标	浓度限值 /（mg/L）				
《地表水环境质量标准》（GB 3838—2002）	石油类	Ⅰ 类	Ⅱ 类	Ⅲ 类	Ⅳ 类	Ⅴ 类
		0.05	0.05	0.05	0.5	1.0
《农田灌溉水质标准》（GB 5084—2021）	石油类	水田作物		旱地作物		蔬菜
		5		10		1

二、应急响应

2016 年 11 月 7 日 13 时 47 分，伊犁州环境保护局（以下简称环保局）分别接到新源县、尼勒克县环境保护局分局电话报告：接到县安监局电话通知，国道 218 线处发生一起油罐车侧翻事故，现场情况不明。接报后，伊犁州环保局领导立即安排技术人员赶赴现场开展环境应急监测和调查工作，核实现场情况后，分别向自治区环境保护厅（以下简称环保厅）、伊犁州人民政府应急办等报告，自治区环境监测总站按照自治区环保厅要求，立即启动突发环境事件应急监测预案，第一时间到达事发现场，同时调度乌鲁木齐市、昌吉州、克拉玛依市、奎屯市监测部门及社会化检测机构等监测力量携带仪器、试剂耗材支援。

三、应急监测工作

（一）成立应急监测工作组

11 月 8 日，环境保护部工作组与环境保护部西北督查中心专家抵达伊宁市，现场指导督促地方开展应急处置工作。应急监测指挥部设置在伊犁州环境监测站（以下简称伊犁州站），指挥部下设现场采样组、实验室分析组、质量控制组、数据快报组、后勤保障组 6 个小组。伊犁州党委、政府高度重视事故处置工作，成立了以党委书记为总指挥、州长及党政分管领导为副总指挥，各相关县市、部门为成员的事故应急处置指挥部，明确分段责任，统筹处置工作，应急监测组织框架见图 1，应急监测技术体系见图 2。

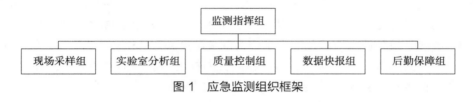

图 1　应急监测组织框架

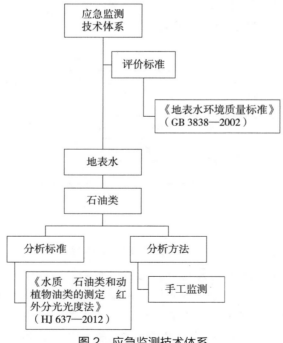

图 2　应急监测技术体系

（二）初期应对阶段

初期布设点位较多，伊犁州站应急监测人员严重不足，经请示伊犁州环保局领导请求各县市环境监测站支援。伊犁州环保局调动 7 个县市环保局支援现场应急监测，同时，启用第三方环境监测检测机构，协助开展实验分析工作。人员及车辆由伊犁州站统一调配。

伊犁州站监测人员第一时间对事故点上游 500 m 处、事故点、事故点下游 3 km、事故点下游 6 km 处的 4 个监测点位的采样工作，为掌握污染情况取得了第一手资料。初期共布设监测点位 7 个：事故点上游 500 m（对照断面）、事故点、事故点下游 3 km 尼巩大桥、事故点下游 8.8 km、事故点下游 42 km 雅玛渡大桥、事故点下游 107 km 英也尔乡、事故点下游 159 km 63 团大桥；监测指标为石油类、挥发酚、COD$_{Cr}$；监测频次为 1 次 /2 h。

（三）基本稳定阶段

11 月 8 日，经环境保护部专家确定后重新调整优化监测方案，增加事故点下游 25 km 拜石墩、事故点下游 52 km、事故点下游 92 km 伊犁河大桥、事故点下游 114 km 惠远大畜队及事故点下游 173 km 三道河子（出境断面）监测断面，调整后的断面共计 10 个，见图 3；为了突出重点，提高监测效率，监测项目及时调整为石油类一项指标，监测频次改为 1 次 /h。

图 3　监测断面示意图

11 月 8—9 日出现事故点到出境断面中间部分断面石油类数据最高值，超标 17.8 倍，10 日起趋于稳定，出境断面监测数据保持在地表水Ⅲ类标准限值以内，石油类污染物浓度变化趋势见图 4。

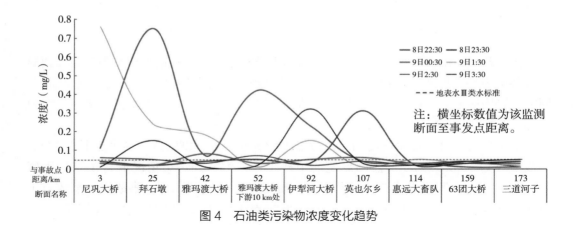

图 4　石油类污染物浓度变化趋势

（四）稳定达标阶段

11 月 12 日 14 时起，监测数据全线达标，按照应急指挥领导小组指示将尼巩大桥断面、拜石墩断面、63 团大桥、三道河子断面监测频次从 12 日 21 时 30 分开始由1 次 /h 改为 1 次 /2 h。13 日 12 时 30 分取消雅玛渡大桥下游 10 km 处、惠远大畜队断面的采样监测。按照应急指挥领导小组指示将英也尔乡、63 团大桥、三道河子断面监测频次从 14 日 14 时 30 分开始全部改为 1 次 /2 h 并跟踪监测 48 小时，终止其余断面采样监测，支援地州分批撤离。16 日 14 时稳定达标 96 小时，应急监测终止。

（五）分析方法及评价标准

分析方法：《水质　石油类和动植物油类的测定　红外分光光度法》（HJ 637—2012）。

评价标准：《地表水环境质量标准》（GB 3838—2002）。

（六）质量保证与质量控制

现场采样及实验室分析人员严格遵照《突发环境事件应急监测技术规范》（HJ 589—2010）、《水质　石油类和动植物油类的测定　红外分光光度法》（HJ 637—2012）以及《环境监测质量管理技术导则》（HJ 630—2011）等相关标准规范的要求，采取了充分的质量控制措施。

1. 采样环节质量控制措施

为了保障现场采集的水样不受干扰物的影响以及更好的留样备查，特定制 2 000 只1 000 mL 玻璃采样瓶，用于沿线内监测点位的现场采样，依据石油类污染物特征，各监测断面均要求在靠近河道中央位置采集表层水，每个断面均要求采集 100% 的现场双样，所有留样按照相关标准规范保存在指定房间供复测和检查。

2. 分析环节质量控制措施

为避免样品测定过程中的交叉污染，在样品测定过程中严格按照《水质　石油类

和动物油类的测定 红外分光光度法》（HJ 637—2012）的相关规定，对实验过程中所使用的玻璃器皿先用洗涤剂清洗，再用自来水和纯水冲洗干净后烘干，测试前用四氯化碳荡洗后使用；每批样品均做 20% 以上的留样，对超标或异常样品进行留样复测；实验室准备至少 2 份有证标准储备液，每批样品均对有证标准样品进行分析，分析结果均在标准值的不确定度范围内，使分析结果能够追溯到国家基准。

3. 其他措施

采集、运输过程均要求及时填写采样与交接记录，核对样品编号、样品数量、样品性状、采样时间等，准确无误后，交接双方在交接记录上签字。现场采样及实验室分析人员均持证上岗。实验室分析完成后立即打印分析数据及相关质控数据，经三级审核后上报。

四、采取的应急处置措施

（一）源头工程阻断

一是清理事故点受污染土壤，紧急调集 20 余辆挖掘机、翻斗车、铲车等大型机械挖掘换填污染土石方约 2 500 m³；二是利用事故点河道的自然特征，在事故点上下游建拦截坝，形成堰塞湖，切断污染源与河道的连通；三是在堰塞湖内用吸油毡等吸油，处理高浓度污染水体，最大限度地将污染封堵在源头区域。

（二）多级拦油吸油

以钢丝绳、渔网为载体，覆盖上棉被、吸油毡、麻袋、稻草等材料，沿河各段布设拦油吸油网，在事故点下游至出境断面约 173 km 河段共建成 21 道拦油吸油网。通过多级拦油吸油，沿程逐步降低污染物浓度。同时，紧急请示自治区人民政府，协调国家民航局、南方航空公司派专机于 11 月 8 日 6 时从乌鲁木齐运送了 2.3 万条吸油毡，分发至相关县市。

（三）优化水利调度

优化调度特克斯恰普其海水库、喀什河吉林台水库下泄流量，在处置前期下闸蓄水，降低河流下游流量和流速，为下游处置争取时间，保障下游油污拦截作业；下游拦截措施布设完成后，适时开闸放水，加大下游稀释水量，降低污染物浓度。

五、建议与思考

（一）几点建议

一是按照国家地州级、县级环保部门环境应急能力建设标准化建设要求，配备应急监测装备、应急调查取证设备、应急指挥系统、应急交通工具等，并在环境应急人员培训、环境应急工作的指挥协调、分析决策等方面给予帮助，提高伊犁州突发环境事件应急处置能力。

二是提升实验室监测能力。配备具备开展地表水 109 项监测的仪器设备，加强伊犁州站监测分析能力，县级监测站能够承担河流水质常规监测任务。

三是加强预警应急自动监测网建设。在伊犁河及其支流增设至少 4 个水质自动监测站，全面掌握中哈界河水质的动态变化规律，完善中哈界河水质自动监测预警体系，逐步实现对中哈界河水质的连续实时监控。

四是支持伊犁州建设环境监管综合信息平台，为环境应急处置决策提供依据。

（二）存在的问题

一是对突发环境事件的应急意识需要加强。事故发生后，最先到现场的处置人员简单地理解为交通事故，没有意识到油料泄漏会对伊犁河造成污染，也没有及时上报柴油泄漏情况，错过了最佳处置时间。

二是应急监测初期点位布设较少，监测指标选择过多，应该抓住主要特征污染物，选择 1～2 个即可。

三是应急监测试剂耗材储备不足。由于样品量过大，导致分析用的四氯化碳和硅酸镁试剂难以及时供应。

专家点评 //

一、组织调度过程

2016 年 11 月 7 日 11 时 20 分，218 国道新疆维吾尔自治区伊犁州段一辆柴油运输车侧翻，导致约 30 t 柴油泄漏至伊犁河主要支流巩乃斯河，威胁下游伊犁河水质安全。11 月 7 日 13 时 47 分，伊犁州环保局分别接到新源县、尼勒克县环境保护分局电话报告：接到县安监局电话通知，国道 218 线处发生一起油罐车侧翻事故，现场情况不明。接报后，伊犁州环保局领导立即安排技术人员赶赴现场开展环境应急监测和调查工作，核实现场情况后，分别向自治区环保厅、伊犁州人民政府应急办等报告，自治区环境监测总站按照自治区环保厅要求，立即启动突发环境事件应急监测预案，第一时间到达事发现场，同时调度乌鲁木齐市、昌吉州、克拉玛依市、奎屯市监测部门及社会化检测机构等监测力量携带仪器、试剂耗材支援。虽然文中未写明应急人员抵达现场具体时间，但伊犁州环保局统筹调度 7 个县市环保局支援现场应急监测，同时，启用第三方环境监测检测机构，协助开展实验分析工作。人员及车辆由伊犁州站统一调配。根据应急监测响应初期需求开展的一系列部署，对区域内监测力量的组织调动十分顺畅高效。环境保护部工作组与环境保护部西北督查中心专家抵达伊宁市后开展的一系列部署，更加体现了专家组的专业性和高效性。

回顾整个应急响应和监测过程，在环境保护部工作组与环境保护部西北督查中心专家的统一指挥下，伊犁州环境监测系统的应急组织调度工作展现出应对充分、指挥有力、方案科学、统一高效等特点，具体体现在以下 6 个方面：一是由州党委书记任总指挥、州长及党政分管领导为副总指挥，应急指挥部成立及时，为后续调度处置提供了坚强后盾；二是专家抵达现场后，及时对监测方案进行了调整，有的放矢；三是根据现场工作需要对应急监测力量的指挥调度十分迅速果断；四是制定的应急监测方案充分考虑了不同时段事故对水体的影响，同时紧密结合应急指挥部的决策需要，及时作出优化调整，确保了应急处置不同阶段应急监测方案的科学性；五是在事故处置期间，连续开展 24 小时不间断监测工作，事故初期紧急请示自治区人民政府，协调国家民航局、南方航空公司派专机于 11 月 8 日 6 时从乌鲁木齐运送了 2.3 万条吸油毡，分发至相关县市；六是整个应急监测采取了严格的质控措施，有效保障了监测报告和数据发布的及时性和准确性。

二、技术采用

（一）监测项目及污染物确定

应急监测初期点位布设较少，监测因子选择过多，应该抓住主要特征污染物，选择 1～2 个即可。后期专家抵达后将监测项目定为石油类，体现出主次清晰、化繁为简、针对性和可操作性强的特点。

（二）监测点位、监测频次和监测结果评价及依据

1. 监测点位布设

专家组抵达后应急监测过程中对布点的原则把握准确、目标清晰、针对性强，紧密围绕应急处置工作需要，在不同应急监测阶段对地表水断面的监测点位适时作出补充和优化调整。

2. 监测频次确定

监测频次的确定兼顾了初期应急处置急迫形势的需要和后期可持续跟踪事态发展的需要。事故发生初期开展加密监测，此后逐阶段优化降低了监测频次，既满足了污染物动态变化趋势监测分析的需要，又保证了监测工作的有序和可持续开展。

3. 监测结果评价及依据

监测过程中，严格按照《地表水环境质量标准》（GB 3838—2002）对监测结果进行评价。

（三）监测结果确认

本次应急监测从监测方案制定、人员、分析方法、仪器设备、数据报出等方面进行质量控制，全过程均采取了严格的质量保证和质量控制措施。其中，为了保障现场采集的水样不受干扰物的影响以及更好的留样备查，特定制 2 000 只 1 000 mL 玻璃采样瓶，用于沿线内监测点位的现场采样，同时现场质控检查，即样品分析过程严格采用空白样品分析、平行样分析、标样测试、加标回收等方式进行质量控制等经验做法值得学习。

（四）报告报送及途径

案例在此方面的总结偏弱。

（五）提供决策与建议

案例针对应急监测过程提出了后期需要加强的方面建议，特别是针对自身薄弱环节提出了很好的建议。

（六）监测工作为处置过程提供的预警等方面

案例在此方面的总结偏弱。

三、综合评判意见，后续建议

（一）综合评判意见

案例主要内容涵盖了应急监测响应及污染物筛查阶段（第一阶段）、监测范围持续扩展阶段（第二阶段）、应急监测全覆盖阶段（第三阶段）、事故后期处置阶段（第四阶段）、应急监测期间质量控制与质量保证、应急监测建议6个方面。案例较为系统完整地回顾了应急监测全过程，尤其是针对应急监测不同阶段方案的具体调整过程和内容，对今后此类事故的应急监测响应具有较好的借鉴参考作用。

（二）建议

1.案例中"第一时间"，建议调整为具体时间。

2.建议细化具体分析地点，详细描述设置了哪些实验室、投入的测油仪数量等。

3.本次事故应急监测过程中，在应急监测指挥部的统一调度指挥下，全自治区内众多应急监测队伍发挥出了重要的支援支撑作用，建议在案例中补充有关对外部应急监测支援力量的统筹协调经验总结评估内容。

4.案例中对于应急监测报告的报送及途径方面还缺少总结回顾，建议进行补充。

案例 10

平凉泾川交通事故致柴油罐车泄漏次生环境事件应急监测

类　　别：水质环境污染事件

关键词：水质环境污染事件　红外测油仪　交通事故　柴油泄漏　泾河

摘　　要：2018 年 4 月 9 日 15 时 40 分左右，陕西省勉县致远运输公司一辆重型油罐车途经泾川县境内省道 304 线 1 500 m 处，与相对方向行驶的一辆翻斗车相撞，造成油罐车悬空于汭河河堤，罐体形成 5 处裂口且高度倾斜，导致罐体内 31 t 柴油泄漏至道路面及汭河后流入泾河，随后污染物迁移至陕西省境内。接到报告后平凉市环境监测站、庆阳市环境监测站立即奔赴现场开展应急监测，发现泾河河道内石油类污染物严重超标。甘肃省环境监测中心站 4 月 11 日 8 时 10 分启动《甘肃省突发环境事件应急监测预案》，组织应急监测小组奔赴现场开展监测。根据现场情况和主要污染物特征，确定本次应急监测的监测指标为石油类，采用红外分光光度法对事故发生点上游 500 m、长庆桥、汭河汇入泾河上游 500 m 处等共 10 个断面开展了长达 5 天的应急监测后，自 4 月 13 日 15 时起，甘肃省境内泾河全线持续稳定达标；18 时起，陕西省境内泾河全线持续稳定达标。自 4 月 14 日 11 时起，甘肃省各级相关政府解除应急响应。自 4 月 15 日 12 时起，咸阳市政府解除应急响应。按照《突发环境事件调查处理办法》（环境保护部部令　第 32 号）的有关规定，生态环境部启动重大突发环境事件调查程序，成立调查组，按照"科学严谨、依法依规、实事求是、注重实效"的原则，通过现场勘察、资料核查、人员询问及专家论证，查明了事件原因和经过，认定此次事件是一起因交通事故致柴油罐车泄漏次生的重大突发环境事件。

一、初期应对阶段

（一）事件基本情况

2018 年 4 月 9 日 15 时 40 分，陕西省勉县致远运输公司一辆重型油罐车途经泾川县境内省道 304 线 1 500 m 处，与相对方向行驶的一辆翻斗车相撞，造成油罐车悬空于汭河河堤，罐体形成 5 处裂口且高度倾斜，导致罐体内柴油泄漏至汭河。4 月 9 日 17 时，柴油罐车被救援运离现场；19 时王母宫断面（事发点下游 1 km）石油类超标 49.2 倍。10 日 23 时，泾河平凉和庆阳两市交界长庆桥断面（事故点下游 42 km）石油类超标 71.4 倍。11 日 2 时，甘陕交界长宁桥断面（事故点下游 72 km）石油类首次超标 10.4 倍，12 时最高超标 120.6 倍。13 日 12 时，咸阳市永寿县石桥断面（事故点下游 182 km）首次超标 0.2 倍，13 时超标 0.4 倍，随后持续达标。4 月 13 日 15 时起，甘肃省境内泾河全线持续稳定达标；18 时起，陕西省境内泾河全线持续稳定达标。4 月 14 日 11 时起，甘肃省各级相关政府解除应急响应。4 月 15 日 12 时起，咸阳市政府解除应急响应。经评估，此次事件应急处置阶段共造成直接经济损失 601.27 万元，其中甘肃省 364 万元，陕西省 237.27 万元。事故罐车共载有柴油 31 t，罐体内残存 7 t，泄漏 24 t。其中泄漏至汭河河堤后清理转运 11.6 t，泄漏入河 12.4 t。此次事件造成汭河、泾河下游 182 km 河段水体受到不同程度的污染，其中甘肃省境内 72 km，陕西省境内 110 km。经排查，沿河无集中式饮用水水源，未造成居民生活用水影响。

（二）现场情况

事发现场油罐车侧翻导致柴油泄漏，汭河水体表面有浮油，空气中有明显的刺鼻的柴油味，消防部门正调运土方对泄漏的石油进行覆盖、搅拌后暂存待处理。

（三）污染物特征

柴油主要是由烷烃、烯烃、环烷烃、芳香烃、多环芳烃与少量硫（2～60 g/kg）、氮（<1 g/kg）及添加剂组成的混合物。

对人的危害：主要通过皮肤接触，经皮肤和黏膜吸收而发生接触性皮炎，在皮肤大量接触后，个别人员可能发生肾脏损害。

对环境的主要危害：在水面形成薄膜，阻断空气中的氧溶解于水，水中氧浓度减少后，发生水质恶化，危害水生生物的生存环境，引起水产产量下降，并污染水和水产食品，进而危害人体健康。

（四）应急监测启动

2018 年 4 月 9 日 16 时 32 分，平凉市环境监测站在接到报告后，立即组织专业技术人员到达事故地点，共布设了 5 个监测断面，对泾河、汭河水质开展了 15 种常规项目和 7 种重金属的应急监测。根据《地表水环境质量标准》（GB 3838—2002）表 1 中Ⅲ类标准限值，所监测的事故发生点下游 1 km（王母宫）断面石油类超标 49.2 倍、汭河汇入泾河下游 2 km 断面石油类超标 2.0 倍，其余项目均达标。

庆阳市环境监测站技术人员于 4 月 10 日 1 时许到达现场，分别于 2 时、3 时和 8 时对长庆桥、米家沟两个点位水体中石油类项目开展监测，监测结果符合《地表水环境质量标准》（GB 3838—2002）Ⅲ类水质标准。随着事态发展，4 月 10 日 23 时至 4 月 11 日 8 时，庆阳市环境监测站调整监测方案，对宁县长庆桥镇（庆阳入境断面）、宁县新庄镇米家沟村（甘陕出境断面）每 3 小时开展 1 次监测。监测发现，11 日 2 时长庆桥入境断面石油类开始超标，从 4 月 11 日 8 时开始，对宁县新庄镇米家沟村（甘陕出境断面）的监测频次调整为 1 次/h。

甘肃省环境监测中心站 4 月 11 日 8 时 10 分接到省环境保护厅通知，启动《甘肃省突发环境事件应急监测预案》，组织应急监测小组奔赴现场开展监测，同时制定第一期应急监测方案。

（五）应急监测方案

监测断面（点）位布设为事故发生点上游 500 m、事故发生点下游 1 km（王母宫）、泔河汇入泾河上游 500 m 处、泔河汇入泾河下游 2 km 处、白家桥、长庆桥、米家沟。

根据主要污染物特征，确定本次应急监测的监测指标为石油类，监测频次 1 次 /h。具体监测方法见表 1。

表 1 监测方法

监测指标	监测方法及标准号	仪器设备及型号	方法检出限 /（mg/L）
石油类	《水质 石油类和动植物油类的测定 红外分光光度法》（HJ 637—2012）	红外分光测油仪	0.01

（六）监测结果

4 月 19 时，王母宫断面（事发点下游 1 km）石油类超标 49.2 倍。10 日 23 时，泾河平凉和庆阳两市交界长庆桥断面（事故点下游 42 km）石油类超标 71.4 倍。11 日 2 时，甘陕交界长宁桥断面（事故点下游 72 km）石油类首次超标 10.4 倍，12 时最高超标 120.6 倍。

（七）保障调度情况

为保障应急监测工作的顺利进行，成立了应急监测领导小组，具体组织实施应急监测工作，制定应急监测方案，协调指导各小组工作，审核应急监测报告，及时向上级汇报。下设应急监测组、实验室分析组、信息情报组和后勤保障组。各组具体职责为：应急监测组按照应急监测方案，负责现场监测布点、采样和污染状况调查报告；实验室分析组接到现场样品后迅速进行实验室分析，全程实施即接、即做、即报，将监测结果迅速报告信息综合组；信息情报组及时收集、汇总应急监测数据及相关信息资料，审核数据质量，及时编报应急监测报表、报告，上报领导小组；后勤保障组提供和解决环境应急监测所需的车辆、物资、实验用品、监测人员吃住等后勤保障工作。

（八）质量保证措施

为确保应急监测数据质量制定了质控要求，具体为：采样人员、分析人员必须持证上岗；用于监测的各种计量器具在检定有效期内；采样时，要严格执行样品的保存和管理技术规定；现场和实验室分析过程中必须加测质控样进行质量控制；样品运输过程应认真记录样品流转单，实验室接收时应做好样品交接手续；应急监测样品应留样，直至事故处理完毕；监测数据及报告需经三级审核。

二、基本稳定阶段

（一）现场处置措施

1. 切断源头

事故发生后，泾川县第一时间对柴油罐车进行了安全移置，防止罐体内残存柴油继续泄漏；沿事故点汭河河床修筑约 1 m 高围堰，减少柴油流入汭河；调用吸污车收集河床上相对集中的油污，铺设吸油毡吸附河床上分散油污；河床表面油污基本清除后，将受污染的河床土壤清运处置，并通过多次回填清洁土蘸和后再清运的方式切断污染源。

2. 拦截吸附

甘肃省平凉、庆阳两市先后设置吸油毡、拦油坝（索）72 道，其中水泥管活性炭拦截坝 3 道，利用天然河床构筑临时纳污坑塘 2 个，对河面浮油进行人工收集和喷淋降解。通过多种措施进行降污，延缓了污水出省界约 17 小时，为下游应急处置争取了时间。

3. 信息公开

事件发生后，相关市、县政府统筹组织，通过多种途径及时发布事件应急处置进展情况，密切关注舆情动态，及时回应社会关注。4 月 11 日，在预判可能会造成甘、陕跨界污染的情况下，平凉市及泾川县政府连夜召开新闻发布会，向社会和公众发布事件相关信息和应急工作开展情况。平凉市、庆阳市分别通过市政府门户网站、广播电视台、手机客户端等官方媒体平台对事件处置相关情况进行报道。

（二）应急监测方案

先后调整监测方案 3 期。第二期监测方案将米家沟断面调整为长宁桥（出境断面）；第三期监测方案对事故发生点上游 500 m（背景点）、汭河汇入泾河上游 500 m 处（背景点）两个断面监测频次进行调整，由 1 次 /h 调整为 1 次 /d，在汭河汇入泾河下游 2 km 处（拦河坝）与白家桥之间新增景村大桥、苏家河村桥 2 个监测断面；第四期方案对监测频次进行了调整。

（三）质量保证要求

本阶段采取的质量保证措施与初期应对阶段相同。

（四）保障调度

为保障应急监测工作的顺利进行，应急监测人员由省站统筹安排，根据现场实际情况在应急前线建立现场临时实验室 2 个，按照采样断面的距离合理安排各实验室样品分析任务，同时在省站后方组织人员进行数据汇总和分析。

（五）监测结果

各断面监测结果具体如下：

1. 事故发生点下游 1 km（王母宫）断面监测结果

平凉市环境监测站于 2018 年 4 月 9 日 18 时 25 分对事故发生点下游 1 km（以下简称王母宫）断面开展监测，20 时 40 分浓度值为 2.51 mg/L，超标 49.2 倍；4 月 9 日 22 时，浓度值达到最大为 3.61 mg/L，超标 71.2 倍；4 月 10 日 5 时，达标；4 月 10 日 23 时又开始超标，浓度值为 0.06 mg/L，超标 0.2 倍；4 月 12 日 4 时，浓度值最大为 0.31 mg/L，超标倍数 5.2 倍。4 月 12 日 5 时起，此断面达标（图 1）。

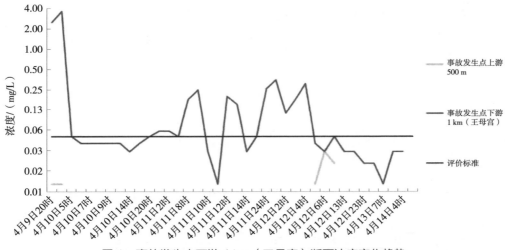

图 1　事故发生点下游 1 km（王母宫）断面浓度变化趋势

2. 汭河汇入泾河下游 2 km 处断面监测结果

汭河汇入泾河下游 2 km 处监测断面从 4 月 9 日 18 时 25 分开始监测，20 时 40 分浓度值为 0.15 mg/L，超标 0.2 倍；4 月 10 日 20 时浓度最高，为 1.99 mg/L，超标 38.8 倍；4 月 12 日 5 时起，此断面达标（图 2）。

3. 白家桥断面监测结果

白家桥断面从 4 月 10 日 23 时开始监测，浓度值为 1.38 mg/L，超标 26.6 倍；4 月 11 日 10 时浓度最高，为 1.77 mg/L，超标 34.4 倍。4 月 13 日 2—8 时达标，9 时浓度值为 0.06 mg/L，超标 0.2 倍，12 时浓度值为 0.08 mg/L，超标 0.6 倍；4 月 13 日 13 时以后，此断面达标（图 3）。

4. 长庆桥断面（平凉出境断面）监测结果

长庆桥监测断面从 4 月 9 日 18 时 25 分开始监测，20 时 40 分浓度值为 0.02 mg/L，4 月 10 日 23 时浓度最高，浓度值为 3.62 mg/L，超标 71.4 倍，4 月 13 日 3 时起，此断面达标（图 4）。

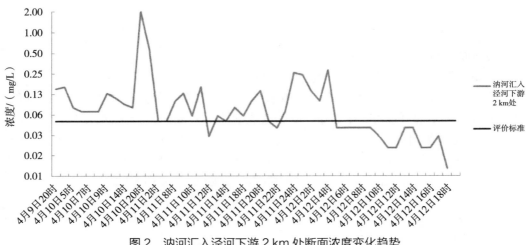

图 2　汭河汇入泾河下游 2 km 处断面浓度变化趋势

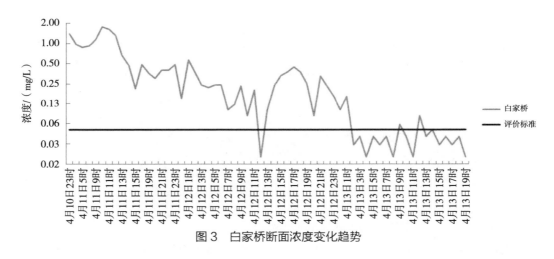

图 3　白家桥断面浓度变化趋势

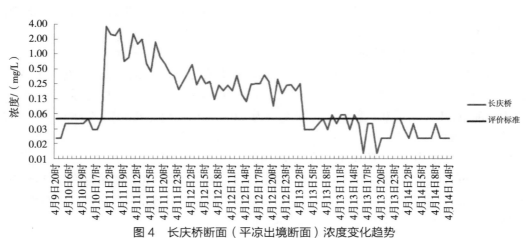

图 4　长庆桥断面（平凉出境断面）浓度变化趋势

5. 米家沟、长宁桥（出境断面）断面监测结果

米家沟、长宁桥为甘肃至陕西出境断面，4月10日23时至11日16时对米家沟断面进行监测，17时起，按照第二期监测方案，调整至长宁桥监测断面。

米家沟出境监测断面4月11日2时起开始超标，浓度值为0.57 mg/L，超标10.4倍。

长宁桥出境监测断面4月11日17时，监测浓度为5.78 mg/L，浓度值最高，超标114.6倍；4月13日10时起，此断面达标（图5）。

图5 米家沟、长宁桥断面浓度变化趋势

6. 景村大桥、苏家河村桥断面监测结果分析

根据第三期方案内容，4月12日14时，对原监测断面及监测频次进行调整，在汭河汇入泾河下游2 km处（拦河坝）与白家桥之间新增景村大桥、苏家河村桥2个监测断面。

景村大桥断面4月12日14时监测浓度为0.08 mg/L，超标0.6倍；4月12日14时，浓度值最高，为0.09 mg/L，超标0.8倍；4月12日20时起，此断面达标。

苏家河村桥4月12日14时监测浓度值最高，为0.10 mg/L，超标1.0倍；4月12日19时起，此断面达标（图6）。

（六）相关处置建议

经过对数据分析发现，白家桥于13日2—8时达标，9时出现反弹，为配合现场应急处置，排查可疑污染团，监测组建议对汭河汇入泾河下游2 km处与白家桥之间进行排查。现场处置组通过对现场的实际排查发现，在汭河汇入泾河下游2 km处与白家桥之间，由于河道弯道的原因导致泄漏的柴油漂浮在死水区和回水区。监测组立即在该河段新增了2个监测断面（景村大桥、苏家河村桥监测断面），实时跟踪污染团和监控处置效率。

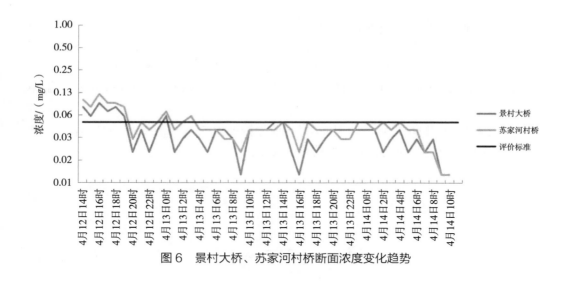

图6　景村大桥、苏家河村桥断面浓度变化趋势

三、稳定达标阶段

石油类监测项目稳定达标后，应急响应终止，制定了第五期监测方案，对监测频次及监测断面进行调整，只保留了王母宫、长庆桥、长宁桥（出境断面）3个监测断面，监测频次调整为1次/12 h，由平凉市环境监测站进行跟踪监测。

四、案件总结

（一）经验

采用在应急前线建立现场临时实验室方式，可节约时间成本，提高监测分析效率。

（二）存在的问题

1.事件初期对污染严重性预判不足，处置措施不够科学有效

泾川县政府在事件初期未及时查明污染情况，对可能造成跨省界突发环境事件的污染形势预判不足，未提请上级政府启动高级别应急响应；对泄漏至汭河河床的柴油清理不彻底，未及时彻底切断污染源头；拦截吸附措施不够科学，初期仅使用吸油毡、拦油索、秸秆等开展处置。

2.监测初期未科学监测跟踪污染趋势，监测布点不科学

4月9日19时至10日20时共12批监测，在石油类监测指标已超标的事故点下游2 km处，至长庆桥断面之间约40 km河道中，均未再设置监测点，未能及时跟踪研判污染趋势，无法为科学设置拦截吸附设施提供技术支持；未及时查明掌握污染情况，在距离市界断面上游5 km处实际已发现受到污染的情况下，向市委、市政府和省环境保护厅报送了包含"可断定境内污染源已全部切断并清除，预计短时间内可解除应急状态"相关内容的报告。

3. 应急监测能力薄弱

由于市县环境应急监测人员不足，业务水平不高，导致前期对可能造成跨省界突发环境事件的污染形势预判不足，造成跨省环境污染事件。

4. 跨区域联动机制不够

相关市县跨区域突发环境事件应急联动不够，没有形成跨省市、多部门、上下游协同作战的环境应急联动机制。

专家点评

一、组织调度过程

2018 年 4 月 9 日 15 时 40 分左右，陕西省勉县致远运输公司一辆重型油罐车途经泾川县境内省道 304 线 1 500 m 处，与相对方向行驶的一辆翻斗车相撞，造成油罐车悬空于汭河河堤，罐体形成 5 处裂口且高度倾斜，导致罐体内 31 t 柴油泄漏至道路面及汭河后流入泾河，随后污染物转移至陕西省境内。4 月 9 日 16 时 32 分，接到报告后平凉市环境监测站、庆阳市环境监测站立即赶赴现场开展应急监测，发现泾河河道内石油类严重超标。甘肃省环境监测中心站 4 月 11 日 8 时 10 分接到省环境保护厅通知，启动《甘肃省突发环境事件应急监测预案》，组织应急监测小组赶赴现场开展监测，同时制定第一期应急监测方案。根据现场情况和主要污染物特征，确定本次应急监测的因子为石油类，采用红外分光光度法对事故发生点上游 500 m、长庆桥、汭河汇入泾河上游 500 m 处等共 10 个断面开展了长达 5 天的应急监测后，4 月 13 日 15 时起，甘肃省境内泾河全线持续稳定达标；18 时起，陕西省境内泾河全线持续稳定达标。4 月 14 日 11 时起，甘肃省各级相关政府解除应急响应。4 月 15 日 12 时起，咸阳市政府解除应急响应。

回顾整个应急响应和监测过程，在事故初期未能立即上报甘肃省环境监测中心站，泾川县政府在事件初期未及时查明污染情况，对可能造成跨省界突发环境事件的污染形势预判不足，未提请上级政府启动高级别应急响应，存在迟报现象；在甘肃省环境监测中心站介入后应急组织调度工作展现出应对充分、指挥有力、方案科学、统一高效等特点，具体体现在以下 3 个方面：一是对监测方案进行了及时调整，有的放矢；二是根据现场工作需要对应急监测力量的指挥调度十分迅速果断；三是制定的应急监测方案充分考虑不同时段事故对水体的影响，同时紧密结合应急指挥部的决策需要，及时作出优化调整，确保了应急处置不同阶段应急监测方案的科学性。

二、技术采用

（一）监测项目及污染物确定

应急监测初期点位布设较少，监测因子选择过多，应该抓住主要特征污染物，选择 1～2 个即可。后期专家抵达后将监测项目确定为石油类，体现出主次清晰、化繁为简、针对性和可操作性强的特点。

（二）监测点位、监测频次和监测结果评价及依据

1. 监测点位布设

案例中总结了监测初期未科学监测跟踪污染趋势，监测布点不科学。4月9日19时至10日20时共12批监测，在石油类监测指标已超标的事故点下游2 km处，至长庆桥断面之间约40 km河道中，均未再设置监测点，未能及时跟踪研判污染趋势，无法为科学设置拦截吸附设施提供技术支持；未及时查明掌握污染情况，在距离市界断面上游5 km处实际已发现受到污染的情况下，向市委、市政府和省环境保护厅报送了包含"可断定境内污染源已全部切断并清除，预计短时间内可解除应急状态"相关内容的报告。后期甘肃省环境监测中心站抵达后及时补充监测点位，对布点的原则把握准确、目标清晰、针对性强，紧密围绕应急处置工作需要，在不同应急监测阶段对地表水断面的监测点位适时作出补充和优化调整。

2. 监测频次确定

监测频次的确定兼顾了初期应急处置急迫形势的需要和后期可持续跟踪事态发展的需要。事故发生初期开展加密监测，此后逐阶段降低了监测频次，既满足了污染物动态变化趋势监测分析的需要，又保证了监测工作的有序和可持续开展。

3. 监测结果评价及依据

在监测过程中，严格按照《地表水环境质量标准》（GB 3838—2002）对监测结果进行评价。

（三）监测结果确认

案例中在不同阶段的应急监测过程中均制定了质量保证措施。从监测方案制定、人员、分析方法、仪器设备、数据报出等方面进行质量控制，全过程均采取了严格的质量保证和质量控制措施。

（四）报告报送及途径

案例在此方面的总结偏弱。

（五）提供决策与建议

案例中在基本稳定阶段，经过对数据分析提出了处置建议。

（六）监测工作为处置过程提供的预警等方面

案例在此方面的总结偏弱。

三、综合评判意见，后续建议

（一）综合评判意见

2018年4月9日15时40分在泾川县境内省道304线1 500 m处发生碰撞事件，16时32分平凉市环境监测站在接到报告后，于第一时间布设了5个监测断面。庆阳市监测人员于4月10日凌晨对长庆桥、米家沟两个点位开展监测。随着事态发展，11日2时长庆桥入陕西断面石油类开始超标，甘肃省环境保护厅于4月11日8时10分启动《甘肃省突发环境事件应急监测预案》，组织应急监测小组奔赴现场开展监测，同时制定第一期应急监测方案。在初期应对阶段，监测部门第一时间开展了污染监测工作，但由于泾川县政府对污染形势预判不足，未提请上级政府启动高级别应急响应；

并且拦截吸附措施不够科学，初期仅使用吸油毡、拦油索、秸秆等开展处置，造成了此事件应急监测启动时间滞后。

由于溢油流至地表水体，形成的污染区域范围受水体流量影响较大，且柴油与水无法混溶，因此，监测断面的布设、采集代表性样品在整个污染形势研判中至关重要。本次事件处理过程中，在石油类监测指标已超标的事故点下游2 km至长庆桥断面之间约40 km河道中，未再设置监测点，未能及时跟踪研判污染趋势，无法为科学设置拦截吸附设施提供技术支持。

此事件为溢油事件的污染处置提供了很好的案例分析。

案例主要内容涵盖了初期应对阶段、基本稳定阶段、稳定达标阶段、案件总结4个方面。案例较为系统完整地回顾了应急监测全过程，尤其是针对应急监测不同阶段方案的具体调整过程和内容，对今后此类事故的应急监测响应具有较好的借鉴参考作用。

（二）建议

1.增加水流域图，标识各监测点位，以利于读者理解事件的整个处理过程。针对本次事故存在的不足，需要加强的地方建议作更加详细的总结等。

2.本次事故应急监测过程中，在应急监测指挥部的统一调度指挥下，省内众多应急监测队伍发挥出了重要的支援支撑作用，建议在案例中补充有关对外部应急监测支援力量的统筹协调经验，总结评估内容。

3.案例中对应急监测报告的报送及途径方面还缺少总结回顾，建议进行补充。

案例 11

永州市湘江纸业有限责任公司重油泄漏事件应急监测

类　　别：水质环境污染事件

关键词：湘江　重油　水污染

摘　　要：2020 年 8 月 2 日晚，永州市冷水滩城区部分居民反映空气中弥漫大量类似沥青的异味，永州市生态环境局立即联合冷水滩分局连夜进行广泛摸排。8 月 3 日 11 时许，市局排查至原永州湘江纸业有限责任公司，发现场内 4# 地块处地埋式重油罐体拆除后未采取相应防范措施，导致重油泄漏后经雨水管道流入湘江造成污染事件。

8 月 3 日 11 时许，永州市人民政府启动市级应急响应，并向生态环境部和湖南省委、省政府报告。8 月 4 日，永州市人民政府成立永州湘江纸业公司重油泄漏污染事件应急指挥部，时任市委书记严华统筹全局指挥调度，时任市委副书记、市长朱洪武任指挥长，并制定了本事件应急处置工作方案。

8 月 3—5 日，湖南省永州生态环境监测中心配合市局参与监测工作。8 月 6 日凌晨，由于情况严重，县区监测力量严重不足，根据应急指挥部指令，永州监测中心正式启动应急预案，组织本次污染事件的应急监测工作。在应急监测期间，永州监测中心共编制监测加密方案 11 期，检测样品 131 个批次，出具监测数据 702 个、编制各类监测快报 131 期、综合分析报告 9 期，为应急指挥部作出正确的处置方案提供数据支撑，为领导和专家作出应急终止的行政决策提供参考。

8 月 12 日，市湘纸污染事件处置工作指挥部召开会议，对各监测断面数据进行研判后，分析湘江永州段各监测断面石油类监测结果持续低于《地表水环境质量标准》（GB 3838—2002）中 Ⅲ 类标准（0.05 mg/L），认为湘纸污染事件河面处置工作可暂告一段落，下一步着力抓好厂内污染处置收尾工作，应急指挥部终止本次应急监测工作，要求开展后续监测。8 月 21 日，应急指挥部对连续 9 日的跟踪监测数据研判后，决定结束跟踪监测工作，本次应急监测工作圆满收官。

一、初期应对阶段

（一）初次响应

2020 年 8 月 3 日 13 时 40 分，湖南省永州生态环境监测中心（以下简称永州监测中心）接到永州市生态环境局（以下简称市局）通知后，组织技术人员于 14 时 20 分到达采样现场，乘坐渔船自事发地往下游方向进行现场踏勘，由于渔船柴油储量不足，沿河行至高溪市镇饮用水取水口下游后被迫返航。沿途发现重油污染带自上而下间断分散约 15 km，左岸河面油污明显并逐渐向河道中央扩散，右岸河面暂未发现明显油污团（图 1）。

图 1　永州监测中心沿江对污染团进行跟踪
并现场采集样品

重油，又称燃料油，呈暗黑色液体，主要是以原油加工过程中的常压油、减压渣油、裂化渣油、裂化柴油和催化柴油等为原料调合而成。其特点是分子量大、黏度大。重油的比重一般在 0.82～0.95，比热为 10 000～11 000 kcal/kg，其主要成分是碳氢化合物。按照国际公约的分类方法，重油叫作持久性油类，顾名思义，这种油比较黏稠，难挥发，很难清除。专家表示，应对重油污染可以调用围油栏、吸油毡和化油剂等必要的溢油应急设施。

根据现场状况及市局、下游县城祁阳县分局的反馈情况，永州监测中心制定首期监测方案，对事发地附近水域及下游 1 km、3 km、10 km 处及港子口（"十四五"国控断面）共 4 个断面进行了采样监测。首次监测结果显示，事发水域左侧至下游 10 km 均受到不同程度的污染，主要污染物为石油类，水质为劣 V 类水，主要污染团迁移到排污口下游 3 km 处，永州监测中心及时提供的监测数据表征了主要污染物指标及污染带扩散情况，为应急处置初期工作提供参考。

（二）技术指导

8 月 4 日，市局委托第三方检测机构开展应急监测，永州监测中心承担现场技术指导工作。当日共布设监测点位 4 个，监测指标为 pH、高锰酸盐指数、石油类、溶解氧、挥发酚 5 项，监测频次为 1 次 /6 h。第三方检测机构因能力不足，无法及时完成样品分析，无法按时按要求提供检测数据。永州监测中心主动担当，4 日晚迅速组织力量加班加点，保证了监测数据的及时报出。

（三）直接参与

8 月 5 日，永州监测中心积极响应永州市委、市政府号召，临危受命直接承担监测工作，全中心干部职工进入 24 小时待命应急状态。在制定的第二期监测方案中，永州监测中心对事发地附近及其下游共 7 个断面开展水质应急监测，监测指标为 pH、高锰酸盐指数、石油类、溶解氧、挥发酚 5 项，监测频次为 1 次 /2 h。

（四）启动应急

8月6日1时起，接应急指挥部指令，永州监测中心启动应急监测，并制定第一期应急监测方案。为做好下游黄阳司镇水源地保护，做好祁阳境内取水点保护和防护工作，本期应急监测方案主要针对事发地下游的4个饮用水取水口、1个县区交界断面、1个市级交界断面进行布点，监测指标为石油类，频次为1次/2 h，冷水滩区和祁阳县环境监测站承担现场监测工作，永州监测中心承担实验室分析工作。

二、基本稳定阶段

本阶段应急监测方案调整情况见图2、表1，监测点位见图3。

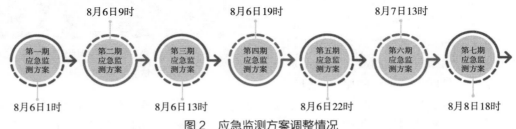

图2 应急监测方案调整情况

表1 主要应急监测点位情况

序号	断面名称	与重油泄漏点河面距离	现场采样单位	断面位置
1	漏油排污口下游湘江断面	约0.03 km	永州监测中心	冷水滩辖区
2	省控港子口地表水断面	约3.3 km	永州监测中心	冷水滩辖区
3	国控港子口地表水断面	约5.5 km	永州监测中心	冷水滩辖区
4	高溪市镇饮用水取水口	约7.7 km	冷水滩区环境监测站	冷水滩辖区
5	高溪市铁路桥下拦污带下游100 m断面	约12.1 km	冷水滩区环境监测站	冷水滩辖区
6	黄阳司镇饮用水取水口	约23 km	祁阳县环境监测站	冷水滩辖区
7	茅竹镇滴水村饮用水取水口	约34 km	祁阳县环境监测站	祁阳县辖区
8	大村甸水厂取水口	约42 km	祁阳县环境监测站	祁阳县辖区
9	浯溪水厂取水口	约44 km	祁阳县环境监测站	祁阳县辖区
10	归阳断面	约150 km	祁阳县环境监测站	永州市与衡阳市的交界断面

（一）第二期应急监测方案

为获知事发地应急处置工作对江面油污的处置成效，自8月6日9时起，永州监测

扫码查看
高清彩图

图3　主要应急监测点位示意图

中心执行第二期应急监测方案。本方案增加了事发地附近湘江断面（河面处置工作下游）和港子口水质常规断面，监测指标为石油类，频次为4次/d，同时归阳断面监测频次也调整为4次/d，其他断面监测要求不变。

（二）第三期应急监测方案

自事件发生后，应急指挥部一直坚持截流堵源并行的处置原则，在湘江河面根据油污分布及地形情况布设了多道围油栏和拦污带。同时，依托省中心的调度，衡阳监测中心抽调的技术人员与设备于6日中午抵达永州，帮助下游县城祁阳县环境监测站建立起临时实验室。

为监测拦污带拦污成效，并确保合理使用监测力量，自8月6日13时起，永州监测中心开始执行第三期应急监测方案。本方案增加了高溪市铁路桥下拦污带下游100 m断面，降低事发地附近湘江断面、港子口断面（水质常规断面）和归阳断面（市级交界断面）的监测频次为4次/d，降低下游祁阳县境内茅竹镇滴水村饮用水取水口、大村甸水厂取水口监测频次为4次/d，其他断面的监测频次与第二期一致；同时，要求祁阳县环境监测站开始承担其辖区内的样品分析工作。

（三）第四期应急监测方案

根据上级专家及领导的要求，为确保监测数据能全面反映湘江河面油污团迁移和湘江水质情况，自8月6日19时起，永州监测中心执行第四期应急监测方案。本方案中除下游祁阳县境内茅竹镇滴水村饮用水取水口、大村甸水厂取水口及归阳断面监测频次为1次/6 h外，其余点位监测频次均调整为1次/2 h，其他工作内容与上期方案一致。

（四）第五期应急监测方案

由于事发地附近湘江断面和港子口断面附近暗礁多，水流情况复杂，市海事部门建议负责以上断面监测的船只夜间不得出行，因此在8月6日22时制定的第五期应急监测方案中，将事发地附近湘江断面和港子口断面的监测时间调整为 6 时至 18 时，监测频次为 1 次 /2 h。

（五）第六期应急监测方案

为确定本次事件未出现跨县区污染，在 8 月 7 日 13 时制定的第六期应急监测方案中，调整茅竹镇滴水村饮用水取水口断面（县区交界断面）的监测频次为 1 次 /2 h，其他工作内容未发生变化。

（六）第七期应急监测方案

前期监测数据表明，应急处置工作已取得良好成效，事发地排污口下游水域监测断面自 7 日 13 时起水环境质量基本达标，事发地所属区域冷水滩区与下游祁阳县未发生跨界污染，祁阳县及下游出境水质正常。

自 8 月 8 日 18 时起，永州监测中心执行第七期应急监测方案，冷水滩境内监测点位的监测频次全部调整为 1 次 /6 h，下游祁阳县境内监测点位的监测频次全部调整为 1 次 /d。

（七）异常数据原因分析

在应急监测中期，部分监测断面的监测数据出现了波动情况，如图 4、图 5 所示。分析其原因为重油分子量大、黏度高，少部分重油黏附在河内水生植物、卵石等易附着物上。由于应急处置阶段中污染河段的清理工作对河床及水生植物产生扰动，加之水生植物光合作用产生的气泡牵引，导致水面下少量油类物质上浮至河面，引起监测断面监测数据在应急监测中期出现波动。随着河道清理工作的全面收尾，各监测断面的监测数据都趋近稳定达标。

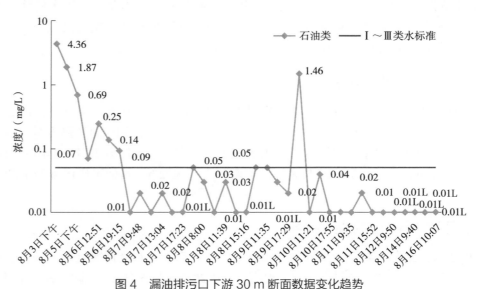

图 4　漏油排污口下游 30 m 断面数据变化趋势

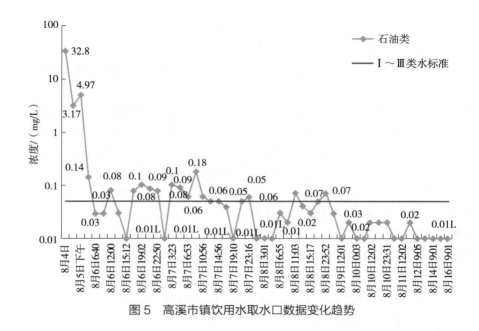

图5　高溪市镇饮用水取水口数据变化趋势

三、稳定达标阶段

（一）第一期后续监测方案

第七期应急监测方案执行后，各监测断面连续78小时监测数据均稳定达标，依据《国家突发环境事件应急预案》中应急终止条件，应急指挥部根据市政府及专家技术组的建议，于11日24时终止本次应急监测工作。

为保障人民群众的饮用水安全，确保湘江永州段水质稳定达标，自8月12日0时起，永州监测中心执行第一期后续监测方案，剔除高溪市铁路桥下拦污带下游100 m断面，其他7个断面监测频次降为1次/d（采样时间为每天9时），于8月12日0时起开始执行。

（二）第二期后续监测方案

自8月17日0时起，永州监测中心执行第二期后续监测方案，监测断面为2号点湘江纸业排污口下游100 m、省控港子口断面、国控港子口断面及高溪市镇饮用水取水口断面，监测频次降为1次/d（采样时间为每天9时）。

四、案件经验总结

（一）经验体会

1. 全省监测一盘棋，三级联动强合力

事件发生后，湖南省监测中心充分发挥了省内监测技术和领导核心作用，一是相关部门领导和技术人员亲临现场指导工作，为应急方案的制定提供技术支撑；二是调度邻近市州监测中心技术人员支援，为临时实验室建立和综合报告的完善提供援助；三是调配先进仪器设备支援，极大地提高了分析效率，为数据的及时出具提供保障。

同时，永州监测中心也积极作为，一是在人员不足、两线作战的情况下，合理安排、积极调度，在前期负责了所有样品的分析和主要点位的现场采集工作，为应急监测工作提供兜底保障；二是根据各县（区）技术力量情况，带动县（区）站有效参与本次应急监测工作，三级站的及时参与也为本次应急监测的圆满完成提供了有效补充。

2. 八方力量一股绳，多重助力提时效

永州监测中心积极借用外部有效力量，保证应急监测工作良好开展。一是在事发后，立即主动对接省内知名科技公司，安排技术人员携车载监测设备支援永州，在冷水滩境内建立移动实验室，为应急初期工作的顺利开展提供帮助。二是在湖南省环境监测中心的帮助下，从仪器公司借来 2 台自动化石油类分析设备。新型自动化设备的应用，使原来 1 小时只能做 4 个样品，需要人工洗、烘、萃取、吸附、过滤等多道环节的实验室分析，提升为一次性自动检测 16 个样品、1 个样品仅需 9 min 的高效检测过程，为按时保质完成每批次样品提供了重要助力。三是借用祁阳县新自来水公司厂内分析室建立起祁阳县临时实验室，采用了"以空间换时间"的有效措施，既减轻了永州监测中心的分析压力，又保证了祁阳县境内监测数据的时效性。

3. 快速、准确、全面，应急监测助力决策决断

在监测初期，应急监测数据的及时出具，真实反映出湘江河面的重油污染情况。永州市政府依据监测结果，果断启动应急预案，为处置工作的有效开展奠定了基础。

在应急处置中，各断面和拦污带下游的监测数据直接反映出污染团的迁移趋势及各项处置措施取得的实际处理效果，为应急指挥部作出正确的处置方案提供了数据支撑。

在应急事件的后期，应急监测数据连续多天达标或低于检出限，为领导和专家作出应急终止的行政决策提供参考。

（二）问题及建议

1. 市州监测中心定位缺乏支撑，应急监测工作职责有待明确

在垂改初期，各级部门对市州监测中心的监测职能未充分理解，加之事权划分未被充分贯彻，导致市州监测中心在地方性应急监测中地位尴尬。

在本次应急事件中，永州监测中心承担了绝大部分的应急监测工作，但对应急监测工作要求没有话语权，也不能全面获知应急监测工作部署的信息。

2. 市、县监测队伍薄弱，技术力量与应急监测需求不匹配

永州监测中心长期存在任务重、人员少的情况，30 多年来日常工作任务数十倍增

长，但是机构编制从未增加，作为二级站仅有 35 个人员编制，日常工作都是在满负荷运转的情况下完成。面对本次应急监测工作，技术力量不足的问题凸显。

同时，各级地方政府、环保部门对监测工作重视不够，技术骨干大多被抽调离开监测岗位，加之对社会检测机构的过度依赖，导致县、区监测站的监测职能被大量弱化，监测能力呈断崖式下降。

3. 应急监测资金缺乏保障，应急演练效果不佳

多年来，由于辖区内环境突发事件较少，各级地方政府对应急监测能力建设缺乏重视，监测部门缺乏应急监测能力建设专项资金配套，应急监测设备严重老化，已不能满足工作需要。

在日常开展的各类突发事件应急演练中，由于时间、经费等因素制约，应急监测所占比例偏小，应急监测工作无法按照工作流程完全铺开，应急监测演练成效有待加强。

4. 应急监测响应迅速，监测终止存在困难

应急事件发生后，应急监测工作会迅速铺开，为应急事件处置等各项工作提供技术支持。可一旦应急事件进入处置后期，监测数据出现稳定达标后，各级领导或者专家都不敢轻易提及应急监测工作终止，担心出现后续事故需要担责，都尽可能地拉长监测时间，造成了监测资源的浪费，应急监测拖尾难止。

5. 油类采样的反思及建议

（1）油类采样器的选择

市场上的通用油类采样器多为灌装型采样器，在实际样品采集中存在两个问题：一是操作不便，采集的样品量不能把控，容易出现反复采样的情形，无形中增加现场监测的工作量；二是在实际操作中，由于气浮球的材质和浮力，需快速提升采样器才能保证采集样品适量，但由于水压及提升速度原因，被采集到的表层样品占比较小，采集的样品理论上不能满足 0～300 mm 柱状水样的要求，建议采用柱状采样器开展现场油类样品的采集工作。

（2）分析数据与现场感官差别

在采样过程中，水面上可见明显的油污，规范采集到的样品监测结果偏低或者未检出，与现场的实际感官有明显的出入。分析可能存在的原因如下：一是大部分油类的性质不溶于水，污染水域中乳化现象较少，或油类黏度大附着在水生植物及河底。二是实验室分析采用的标准溶液是按照分析标准选用的固定成分试剂配备的，但实际生活中油类组分复杂，与标准中石油类的定义存在差异，分析数据可能只体现油类中部分成分的量。

在地表水、地下水和海水出现油类污染后，为保证监测数据能够真实反映污染情况，建议依据《水质　石油类的测定　紫外分光光度法（试行）》（HJ 970—2018）中注意事项的要求，从污染源或受污染的水体中获得标准油，用于该类水体中石油类的测定。

专家点评 //

一、组织调度过程

案例中叙述 2020 年 8 月 2 日晚，冷水滩城区部分居民反映空气中弥漫大量类似沥青的异味，市局立即联合冷水滩分局连夜进行广泛摸排。8 月 3 日 11 时许，市局排查至原永州湘江纸业有限责任公司，发现场内 4# 地块处地埋式重油罐体拆除后未采取相应防范措施，导致重油泄漏后经雨水管道流入湘江造成污染事件。2020 年 8 月 3 日 13 时 40 分，永州监测中心接到市局通知后，组织技术人员于 14 时 20 分到达采样现场，乘坐渔船自事发地往下游方向进行现场踏勘，由于渔船柴油储量不足，沿河行至高溪市镇饮用水取水口下游后被迫返航。沿途发现油污带自上而下间断分散约 15 km，左岸河面油污明显并逐渐向河道中央扩散，右岸河面暂未发现明显油污团。

8 月 3—5 日，永州监测中心配合市局参与监测工作。8 月 6 日凌晨，由于情况严重，县区监测力量严重不足，根据应急指挥部指令，永州监测中心正式启动应急预案。

回顾整个应急响应和监测过程，湖南省环境监测系统的应急组织调度工作存在明显滞后，未能及时响应，未能及时将污染团堵截，给后期监测和处置工作带来困难。具体体现在以下两个方面：一是 8 月 2 日晚已接到群众举报，未能连夜进行调查和监测，失去处置良机；二是未能预判石油类项目的测定困难性，初期 1 小时只能做 4 个样品，需要人工洗、烘、萃取、吸附、过滤等多道环节的实验室分析，后期在湖南省环境监测中心的帮助下，从仪器公司借来 2 台自动化石油类分析设备。新型自动化设备的应用可一次性自动检测 16 个样品，且每个样品仅需 9 min 的高效检测过程。

后期，湖南省环境监测中心充分发挥了省内监测技术和领导核心作用，一是相关部门领导和技术人员亲临现场指导工作，为应急方案的制定提供技术支撑；二是调度邻近市州监测中心技术人员支援，为临时实验室建立和综合报告的完善提供援助；三是调配先进仪器设备支援，极大地提高了分析效率，为数据的及时出具提供保障。

二、技术采用

（一）监测项目及污染物确定

本案例监测项目及污染物目标较明确，就是重油泄漏产生的直接污染物石油类，但方案中还增加了常规指标和挥发酚，在监测力量有限的情况下，应体现出主次清晰、化繁为简、针对性和可操作性强的特点。

（二）监测点位、监测频次和监测结果评价及依据

1. 监测点位布设

应急监测过程中对点位布设的原则把握准确、目标清晰、针对性强，紧密围绕应急处置工作需要，在不同应急监测阶段对地表水监测点位适时作出补充和优化调整。

2. 监测频次确定

监测频次的确定兼顾了初期应急处置急迫形势的需要和后期可持续跟踪事态发展的需要。事故发生初期开展加密监测，此后逐阶段降低了监测频次，既满足了污染物动态变化趋势监测分析的需要，又保证了监测工作的有序和可持续开展。

3. 监测结果评价及依据

在监测过程中，严格按照《地表水环境质量标准》（GB 3838—2002）对监测结果进行评价。

（三）监测结果确认

本案例应急监测从监测方案制定、人员、分析方法、仪器设备、数据报出等方面进行质量控制，全过程均采取了严格的质量保证和质量控制措施。其中，对油类采样器的选择进行了分析思考，分析了目前市场上的通用油类采样器的缺点，建议采用柱状采样器开展现场油类样品的采集工作；同时案例中针对采样过程中水面上可见明显的油污，规范采集到的样品监测结果偏低或者未检出，与现场的实际感官有明显的出入进行了原因分析。这些值得学习。

（四）报告报送及途径

案例在此方面的总结偏弱。

（五）提供决策与建议

案例在此方面的总结偏弱。

（六）监测工作为处置过程提供的预警等方面

案例在此方面的总结偏弱。

三、综合评判意见，后续建议

本案例是企业重油泄漏导致的地表水体污染事件。事件起源是由交界断面开展例行监测过程中发现，交界断面至下游取水口锑浓度超标，威胁到下游洞口县城居民用水安全。

在事件的初期应对阶段，应急监测主要针对事发地下游饮用水取水口、县市交界断面布点监测，及时指出受泄漏事故影响的范围；在基本稳定阶段，不断优化监测方案，评价污染处理成效，阐明部分断面监测数据的波动原因；在稳定达标阶段，调整监测断面，确保湘江永州段水质稳定达标，保障人民群众的用水安全。

本案例对处理水体溢油污染事件，确保饮用水水质安全的应急监测工作具有很好的参考意义。

案例主要内容涵盖了初期应对阶段、基本稳定阶段、稳定达标阶段、案件经验总结 4 个大的方面。案例较为系统完整地回顾了应急监测全过程，尤其是针对应急监测存在的问题提出了很好的建议，为今后应急监测工作指明了方向。

建议：

1. 系统增加加强应急监测能力建设的详细内容。

2. 建议在案例中增加属地部门加大平战结合演练，提高应急监测的响应的内容。

3. 案例中对于应急监测报告的报送及途径方面还缺少总结回顾。

案例 12

伊犁州新源县邻甲酚罐车泄漏事件应急监测

类　别：水质环境污染事件

关键词：水质环境污染事件　邻甲酚罐车　泄漏　挥发酚　分光光度计

摘　要：2020 年 11 月 10 日凌晨 4 时 30 分左右，伊犁州新源县境内一辆装载邻甲酚的化学品罐车在行驶过程中发生泄漏，导致约 31.9 t 邻甲酚泄漏至伊犁河主要支流巩乃斯河，事件发生后，在生态环境部领导及有关单位指导下，自治区各方积极应对，先后共布设 80 个监测断面，及时报送 3 000 余个污染特征指标（挥发酚）监测数据，为精准锁定污染团、分析污染带迁移、研判污染趋势及为该事件的科学处置工作提供了及时可靠的数据支撑。经过连续 13 天 346 小时应急监测与处置，此次水环境污染事件得到有效控制，未对跨国界河流伊犁河造成影响，完全实现了生态环境部领导提出的"确保污染团不出巩乃斯河"的要求，主要的测试仪器为分光光度计，分析方法为《水质　挥发酚的测定　4- 氨基安替比林分光光度法》（HJ 503—2009）。

一、背景介绍

（一）事件概况

2020 年 11 月 10 日凌晨 4 时 30 分左右，伊犁州环境应急与事故调查中心接到新源县生态环境分局电话报告，伊犁州新源县境内一辆装载邻甲酚的化学品罐车（属于兵团第四师可克达拉市工业园区新地新材料有限公司运输车）在行驶过程中发生泄漏。经现场核实，该车装载邻甲酚共 31.9 t，罐体泄漏导致污染路面总长约 31 km，事故车最终停留在 218 国道 373 km 处，罐车内剩余邻甲酚泄漏至路边河流，并进入巩乃斯河造成水环境污染事件，污染物出境浓度一旦超标，将造成跨国境污染。

事件发生后，在生态环境部领导及有关单位的指导下，自治区各方积极应对，通过源头清污、沿河多级拦截引流、活性炭筑坝吸附、水体稀释等一系列措施，此次水环境污染事件得到有效控制，未对跨国界河流伊犁河造成影响，完全实现了生态环境部领导提出的"确保污染团不出巩乃斯河"的要求。截至 2020 年 11 月 23 日 14 时，事故点至 63 团出境断面约 411 km 河段挥发酚指标已全线达标。

（二）流域概况

伊犁河流域地处欧亚大陆中心，新疆维吾尔自治区的西北部。伊犁河是最大的中哈跨境河流，也是新疆维吾尔自治区最大的国际河流。伊犁河由特克斯河、巩乃斯河和喀什河三大支流及众多支流汇集而成。主源特克斯河从哈萨克斯坦流入我国，与巩乃斯河汇合后称伊犁河，在雅玛渡渡口喀什河汇入，西流至霍尔果斯河进入哈萨克斯坦境内。

伊犁河流域沿河分布 3 条国道和 2 条省道，根据辖区内工业布局及产业结构，沿河道路需常年运输邻甲酚、硫酸等危险化学品。

（三）污染物特征

邻甲酚为无色或略带淡红色结晶，化学分子式为 C_7H_8O，有苯酚气味，高毒，有腐蚀性。熔点 30.9℃，遇明火、高热可燃，微溶于水，溶于苛性碱液及几乎全部常用有机溶剂。邻甲酚渗入河流后在地表水中对应的水质指标主要为挥发酚。酚类是苯的羟基衍生物，被人体吸收后造成中毒，出现头晕、头疼、吞咽、呕吐等各种神经系统症状和消化道症状。酚类对水产、微生物、农作物也有一定毒害。当水中酚含量达到 0.1～0.2 mg/L 时，鱼类就会出现中毒症状，超过 5～10 mg/L 时会引起鱼类大量死亡。使用含酚水灌溉农田，则会使农作物减产或枯死。高浓度的酚能抑制水中微生物的繁殖，影响水体的自净作用。酚类在地表水水质中限值见表 1。

表 1　地表水挥发酚标准限值

标准	指标	浓度限值				
《地表水环境质量标准》（GB 3838—2002）	挥发酚 /（mg/L）	Ⅰ类	Ⅱ类	Ⅲ类	Ⅳ类	Ⅴ类
		0.002	0.002	0.005	0.01	0.1
《农田灌溉水质标准》（GB 5084—2021）	挥发酚 /（mg/L）	水田作物	旱地作物		蔬菜	
		1				
苏联《居民区大气中有害物质的最大允许浓度》（CH 245—71）	酚类 /（mg/m³）	0.01				

二、应急响应

事件发生后，伊犁州生态环境局立即启动二级环境应急响应，州生态环境应急监测队伍于 11 月 10 日 10 时到达现场开展应急监测［制定应急监测方案、开展水环境样品采集并送回伊犁州生态环境监测站（伊犁州站）进行测试分析；在新源县生态环境局及 63 团出境断面水站 2 处着手搭建实验室等］，提供了现场一手资料。同时，伊犁州站根据现场情况，及时（10 日早上）向自治区生态环境监测总站提出了应急监测支援的请求。

接到该事件信息后，自治区生态环境监测总站高度重视，立即启动应急监测预案，连夜调度相关科室技术人员，积极准备应急监测仪器设备、试剂药品等并选派2名技术人员于10日早乘坐（仪器设备运输）监测车辆赶赴新源县；同时，由自治区生态环境厅田丰副厅长带队，时任自治区生态环境监测总站站长李新琪及相关专业技术人员随行乘坐第一趟航班到达伊宁市后即乘车赶赴事发现场，及时了解事故详情及污染态势，并根据监测工作要求，立即调整应急监测工作组人员，按中国环境监测总站专家意见调整了应急监测方案并连夜组织开展应急监测工作。

三、应急监测工作

（一）成立应急监测工作组

立即调集全区环境监测力量，成立由监测指挥组、监测专家组、现场采样组、实验室分析组、质量保证组、综合信息组、后勤保障组7个工作小组构成的应急监测工作组（图1）。在时任生态环境部副部长翟青和中国环境监测总站副站长肖建军指导指挥下，调集周边省市环境监测力量赴现场开展应急监测，为事故科学处置等工作提供了及时准确的监测数据。应急监测技术体系见图2。

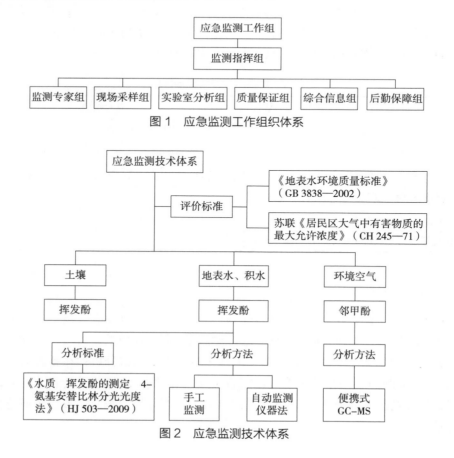

图1 应急监测工作组织体系

图2 应急监测技术体系

（二）初期应对阶段

事件发生后，伊犁州生态环境局立即启动二级环境应急响应，州生态环境应急监测队伍于 11 月 10 日 10 时到达现场开展应急监测，制定应急监测方案，共布设事故点、71 团大桥、雅玛渡大桥、伊宁市地表水水源地取水口、63 团大桥 5 个监测断面，监测因子为邻甲酚，频次为 1 次 /2 h。开展样品采集并送回伊犁州站进行测试分析；在新源县生态环境局及 63 团出境断面水站 2 处着手搭建实验室等，提供现场一手资料。同时，伊犁州站根据现场情况，及时（10 日早上）向自治区生态环境监测总站提出了应急监测支援的请求。

11 月 10 日 19 时，自治区生态环境监测总站站长带领监测人员，以及中国环境监测总站组织的赴自治区开展应急能力评估工作的专家组赶至现场后，立即调整监测方案，提供处置建议，将监测点位增至 11 个，见图 3，频次为 1 次 /2 h。事故点至下游各断面地表水环境样品采集、测试分析、监测工作质量保证、数据统计及信息上报等工作有序开展。同时，根据工作需要，自治区生态环境监测总站立即调集兵团环境监测站、乌鲁木齐市、克拉玛依市、昌吉州、塔城地区等 5 家环境监测站、3 家社会化环境检测机构人员及仪器设备等进行支援。

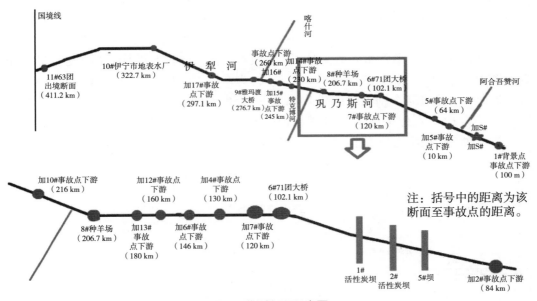

图 3　监测断面示意图

11 月 11 日，根据现场实际情况调整监测方案，对事故点至 71 团大桥（事故点下游 102 km）之间的巩乃斯河河道上增设 3 个监测断面，共计 14 个监测断面，频次为 1 次 /2 h；在事故点、1# 闸门拦截坝设置 2 个环境空气监测点位，采用便携式 GC-MS 现场直接测定，监测因子为邻甲酚，频次为 1 次 /d。

11 月 12 日，重点对 71 团大桥至种羊场段进行加密监测，监测断面增加至 22 个，频次为 1 次 /2 h。

监测结果显示，11 月 11 日 14 时 71 团大桥（事故点下游 102 km）断面开始超标，水质挥发酚浓度最高为 0.101 3 mg/L，超标 19.3 倍；事故点、1# 闸门拦截坝环境空气中邻甲酚浓度分别为 0.094 mg/m³（超标 8.4 倍）、0.009 mg/m³（未超标），参考苏联《居民区大气中有害物质的最大允许浓度》（CH 245—71）中的酚类标准限值（0.01 mg/m³），最后一次邻甲酚监测结果均未超标。

（三）基本稳定阶段

11 月 13 日，中国环境监测总站到达现场后，了解到测试分析人员仍然较为短缺后，立即调集了陕西省、甘肃省监测中心站人员及若干社会化检测机构（携带自动监测仪器设备）赶赴现场支援，为捕捉污染团移动的位置、峰值和移动速率，在中国环境监测总站的指导下，再次优化监测方案，动态调整点位及监测频次：将巩乃斯河 5# 闸以下，特克斯河汇入巩乃斯河汇入口以上 104 km 的河道作为监测重点，加密监测点位，沿河共布设 7 个监测点位，监测频次为 1 次 /h；在特克斯河汇入巩乃斯河汇入口以下，至喀什河汇入伊犁河入河口以上 50 km 河段，每 15 km 设置 1 个点位，共设置 4 个点位，加 10#（距事故点 216 km）出现污染物超标，立即在加 14#、加 15#、加 16# 开始监测，频次为 1 次 /h；在喀什河汇入伊犁河汇入口下设置 1 个监测点位，监控伊犁河上游段污染物浓度，在伊宁市地表水厂（322.7 km）设置 1 个监测点位，在伊犁河出境断面设置 1 个监测点位，以上 3 个点位 1 天监测 2 次；在事故发生地，密切关注事故发生地拦截污水外泄情况，在事故点拦截水坑和巩乃斯河事故发生地 10 m 各设置 1 个监测点位，监测频次为 1 次 /2 h；为掌握 1# 闸、2# 闸、3# 闸、4# 闸污水溢流情况，分别在 4 个闸坝的近端 10 m、中端 50～100 m、远端 500 m 各设置 3 个监测点位（共 12 个点位），监测频次为 1 次 /2 h，1# 闸引流坑设置 1 个监测点位，监测频次为 1 次 /d，监测点位增至 29 个，见图 4。

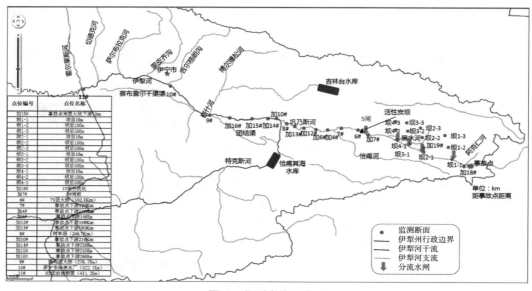

图 4　监测点位示意图

11月13日14时种羊场（事故点下游206 km）断面开始超标，最高值为0.013 2 mg/L，超标1.6倍，14日19时起均未检出超标。

11月16日10时，事故点下游10 km（1#闸）、事故点下游32 km（2#闸）出现超标。为排查事故车中途是否停留及确定停留位置，11月19—20日将事故点至1#闸门拦截坝以上的河道作为监测重点，加密监测点位。事故点上游设置1个监测点位；事故点南坑、北坑溪流段布设3个监测点位；事故地溪流汇入巩乃斯河下游布设17个监测点位，监控事故点周边污染物浓度变化；并结合便携式GC-MS现场对环境空气进行监测，顺利找到了罐车第二停留地（残存污染源），见图5，根据监测数据结果，进一步印证了为事故点受污染地下水流场导致部分断面出现局部超标，见图6。

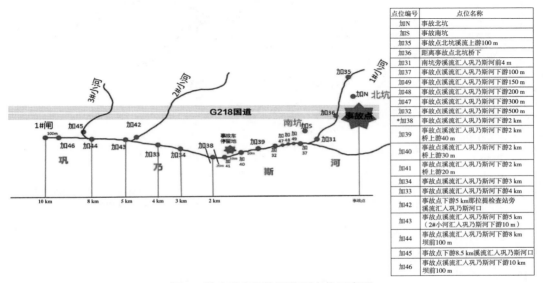

点位编号	点位名称
加N	事故北坑
加S	事故南坑
加35	事故点北坑溪流上游100 m
加36	距离事故点北坑桥下
加31	南坑旁溪流汇入巩乃斯河前4 m
加37	事故点溪流汇入巩乃斯河100 m
加49	事故点溪流汇入巩乃斯河下游150 m
加48	事故点溪流汇入巩乃斯河下游200 m
加47	事故点溪流汇入巩乃斯河下游300 m
加32	事故点溪流汇入巩乃斯河下游500 m
*加38	事故点溪流汇入巩乃斯河下游2 km
加39	事故点溪流汇入巩乃斯河下游2 km桥上游40 m
加40	事故点溪流汇入巩乃斯河下游2 km桥上游30 m
加41	事故点溪流汇入巩乃斯河下游2 km桥上游20 m
加34	事故点溪流汇入巩乃斯河下游3 km
加33	事故点溪流汇入巩乃斯河下游4 km
加42	事故点下游5 km那拉提检查站旁溪流汇入巩乃斯河口
加43	事故点溪流汇入巩乃斯河下游5 km（2#小河汇入巩乃斯河下游10 m）
加44	事故点溪流汇入巩乃斯河下游8 km坝前100 m
加45	事故点下游8.5 km溪流汇入巩乃斯河口
加46	事故点溪流汇入巩乃斯河下游10 km坝前100 m

图5　排查残存污染源监测点位示意图

11月21日，将1#闸门拦截坝至特克斯河汇入巩乃斯河汇入口以上的河道作为监测重点，加密监测点位：事故地溪流汇入巩乃斯河下游布设6个监测点位，监控事故点周边污染物浓度变化，监测频次为1次/4 h；沿1#闸门拦截坝至特克斯河汇入巩乃斯河汇入口布设7个监测断面，监测频次为2次/d；在喀什河汇入伊犁河汇入口下设置1个监控断面，监控伊犁河上游段污染物浓度，在伊宁市地表水厂设置1个监测点位，在伊犁河出境断面设置1个监测点位，监测频次均为1次/d。

监测结果显示：仅下游10 km（1号闸）、32 km处（那拉提镇塔依阿苏桥）轻度超标，但总体风险可控，分别超标2倍、1.7倍，其余断面已全部达标（事故点下游32～411 km出境断面处）。

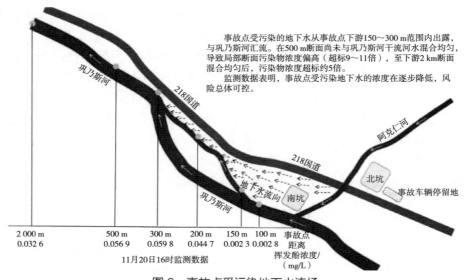

事故点受污染的地下水从事故点下游150～300 m范围内出露，与巩乃斯河汇流。在500 m断面尚未与巩乃斯河干流河水混合均匀，导致局部断面污染物浓度偏高（超标9～11倍），至下游2 km断面混合均匀后，污染物浓度超标约5倍。

监测数据表明，事故点受污染地下水的浓度在逐步降低，风险总体可控。

2 000 m	500 m	300 m	200 m	150 m	100 m	事故点
0.032 6	0.056 9	0.059 8	0.044 7	0.002 3	0.002 8	距离 挥发酚浓度/（mg/L）

11月20日16时监测数据

图6　事故点受污染地下水流场

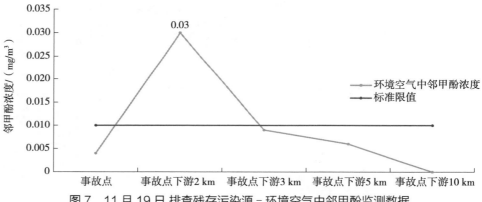

图7　11月19日排查残存污染源-环境空气中邻甲酚监测数据

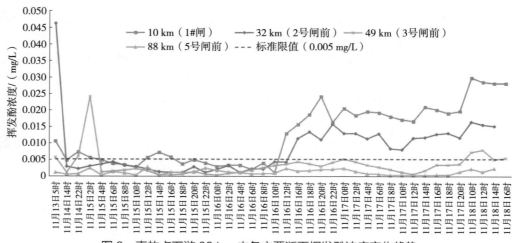

图8　事故点下游88 km内各主要断面挥发酚浓度变化趋势

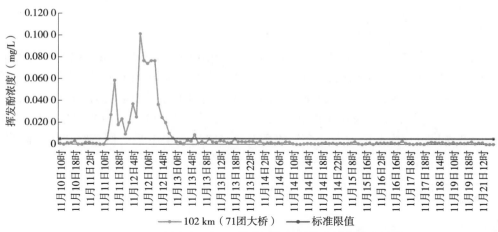

图 9 71 团大桥（102 km）监测断面挥发酚浓度变化趋势

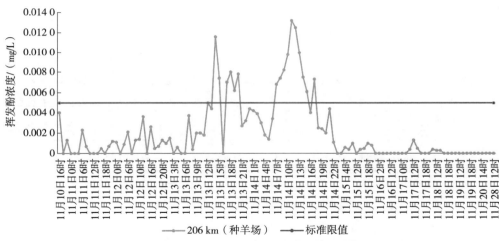

图 10 种羊场大桥（206 km）监测断面挥发酚浓度变化趋势

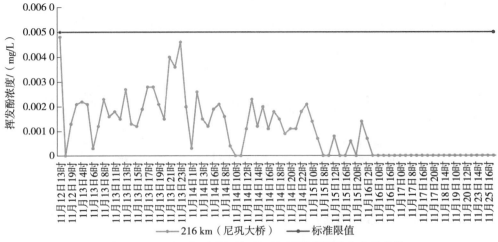

图 11 尼巩大桥（216 km）监测断面挥发酚浓度变化趋势

（四）稳定达标阶段

截至 2020 年 11 月 23 日 14 时，事故点至 63 团出境断面约 411 km 河段挥发酚指标已全部达标。11 月 19 日，事故点环境空气中邻甲酚的浓度为 0.004 mg/m³（未超标），较第一次下降 95.7%，事故点下游 2 km 处（新发现污染源）邻甲酚浓度为 0.030 mg/m³（超标 2 倍），事故点下游 10 km 处邻甲酚未检出。11 月 25 日 18 时，伊犁州生态环境局应急指挥部在最近一次监测方案中全部监测点位稳定达标 48 h 后，同意终止应急监测。

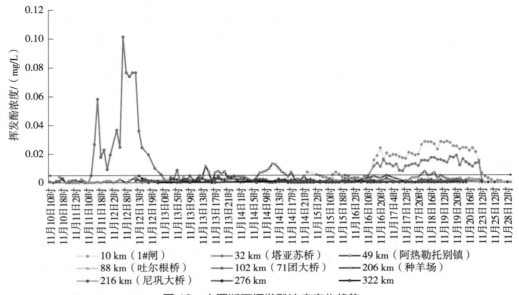

图 12　主要断面挥发酚浓度变化趋势

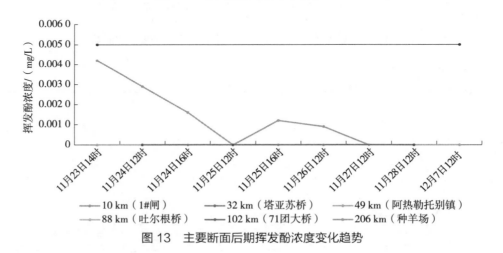

图 13　主要断面后期挥发酚浓度变化趋势

（五）分析方法及评价标准

分析方法：《水质　挥发酚的测定　4- 氨基安替比林分光光度法》（HJ 503—2009）。

评价标准：

水质：《地表水环境质量标准》（GB 3838—2002）中Ⅲ类水体标准限值，即 ≤0.005 mg/L。

环境空气：苏联《居民区大气中有害物质的最大允许浓度》（CH 245—71）中的酚类标准限值，即≤0.01 mg/m³。

（六）质量保证与质量控制

（1）样品的采集、运输、保存、分析等全过程按《突发环境事件应急监测技术规范》（HJ 589—2010）等进行。对采样人员实行矩阵式管理，要求采样人员对采样位置进行定位，拍照留证，确保采样规范。对于交通不便的重要监测点位，最多采用4组人员轮番接力采样，不疲劳作战，保障监测工作及时、安全地开展。保证样品在采集、运输过程中无沾污、无破损、无错码，并做好样品交接工作，每个断面采样时增加平行样。

（2）建立实验室监督员制度，实行全过程监督，实验室分析人员必须持证上岗，分析仪器处在检定周期或校准有效期内，实验室采取空白、平行、加标等有效的质控措施。

（3）从样品采集、样品前处理、样品分析、数据审核、数据报送等全过程把关，保证监测数据质量。采样、分析记录完整、规范，严格执行三级审核。

（4）开展手工、在线设备监测数据比对检验：手工方法与水质自动监测模块相互印证，确保多种检测方式的结果误差处在一定限度内；高浓度与低浓度样品分开，由专门的设备承担，避免相互干扰，确保监测数据准确。

四、采取的处置措施

根据监测数据，应急处置采取了源头清污、沿河多级拦截引流、活性炭筑坝吸附、水体稀释等一系列措施，有效地控制了污染。

五、总结与思考

在中国环境监测总站及自治区生态环境监测总站组织及统筹协调下，本次应急监测共调集28家环境监测机构［包括4个省级监测站、5个地（州、市）监测站、11个县（市）监测站及7家第三方环境监测机构人员］共208人，环境应急监测设备20余台（套）及大量试剂耗材，调动车辆96辆；共设置挥发酚监测实验室7个（其中临时实验室5个），共制定（调整）监测方案15个，设置监测断面80个，报送监测数据3 000余个，编写应急监测快报88期，监测报告17期，总体上做到了及时采样、及时分析、及时出数据，全力支撑了精准治污，圆满完成了本次应急监测任务。

（一）几点经验

一是《重特大突发水环境事件应急监测工作规程》（环办监测函〔2020〕543号）

适用且指导性强。在中国环境监测总站的有力指导下，应急监测工作小组严格按照《重特大突发水环境事件应急监测工作规程》中"13353"原则开展应急监测工作，每10～20 km布设一个监测断面，每个监测断面配备2～4组采样人员及样品运输车；每隔30～50 km布设一个现场实验室（或应急监测车）负责附近监测断面的样品分析，每个实验室配备2～3组人员并24小时轮流值班；数据汇总及信息报送组安排2组人员负责方案编制（调整）、数据收集、数据分析、报告编制等。按照《重特大突发水环境事件应急监测工作规程》，合理制定应急监测方案并根据情况不断优化、调整，布点科学、监测精准，既保证了关键断面的延续性，又兼顾了应急处置工作的需求，为牢牢抓住污染团，分析污染带迁移，研判污染趋势，开展应急处置工作提供及时可靠的数据支撑。

二是监测部门快速响应很重要。事件发生接报后，伊犁州站及自治区生态环境监测总站充分认识到该事件的重要性，立即启动应急监测预案，第一时间到达事故现场，开展采样及测试分析，自治区生态环境监测总站接到指令后，高度重视，立即启动应急监测预案，连夜调度相关科室技术人员，积极准备应急监测仪器设备、试剂药品等并立即赶赴现场，在中国环境监测总站应急监测专家组指导下，及时调整了应急监测工作小组成员，明确各组职责分工，连夜组织开展应急监测工作，为领导决策及该事件科学处置提供及时监测数据。

三是确保监测人员满足要求很关键。事件发生后，领导及有关各方就急需监测数据进行研判分析。但由于受各方面因素限制，现场一度测试分析人员不足，影响数据及时上报。自治区生态环境监测总站发现测试分析人手不足，立即再次从本站调集第二批人员（5名）赶到现场，还紧急调集了乌鲁木齐市、克拉玛依市、昌吉州、塔城地区监测站及若干社会化检测机构监测人员连夜携带仪器设备等予以支援。中国环境监测总站副站长肖建军到达现场后，了解到测试分析人员仍然较为短缺后，及时调集了陕西省、甘肃省监测中心站人员及若干社会化检测机构（携带自动监测仪器设备）赶赴现场支援，为应急监测工作的圆满完成提供了有力支撑。

（二）存在的不足

一是应急监测人才储备不足。突发环境事件的特点决定了环境应急监测工作应以属地为主。按照"县级能监测、地市级能应急、省（区）级能监督"的要求及重特大突发水环境事件应急监测"国家指导、区域协同、省级统筹、属地管理"的原则，全区环境应急监测的主体为各地（州、市）生态环境监测（中心）站。此次突发环境事件，充分反映出伊犁州站存在监测人员不足、队伍不稳定、人才流失严重，难以有效承担伊犁河流域环境应急监测任务的问题。与此同时，全区各级环境监测机构也普遍存在此类问题，实际在岗人员数量与监测工作任务量不匹配，承担环境应急监测工作的人员更是严重不足。同时，受各方面因素影响和限制，特别是待遇不高的原因，各级环境监测机构不但引进高素质人才困难，而且现有骨干人才流失问题较为突出，环境监测队伍稳定性面临严峻挑战。此次事件也充分暴露出自治区应急监测人员储备不足的问题。

二是应急监测仪器设备短缺。实施环境突发事件应急监测，就需配备相应的应急监测器材及相关防护装备。生态环境部印发了《生态环境应急监测能力建设指南》，并明确提出地方生态环境监测部门应具备能够同时应对 2 起重特大突发环境事件的监测能力。但此次突发环境事件充分暴露出，包括伊犁州站在内的全区各地（州、市）监测站现有应急监测设备（包括应急监测车辆）数量不足，老化严重，与《生态环境应急监测能力建设指南》中的装备配置表相比差距较大，水质自动监测车、应急监测指挥车、无人机等新型应急监测设备及技术手段相对缺乏，已严重影响全区环境应急监测能力。同时，自治区各级生态环境监测机构应急监测工作经费还不能得到有效保障，造成部分环境监测机构现有应急监测设备（包括应急监测车辆）更新维护困难、备品备件及试剂耗材无法补充更新等问题。

三是后勤保障有待加强。应急监测初期，由于新源县生态环境局实验室电力保障频繁出现故障，导致应急监测仪器设备无法正常使用，严重影响了监测数据的时效性，后经多次协调才得以解决。同时，为了及时报出监测数据，需要采集完样品立即送回实验室分析，初期采样人员及车辆保障不足，每个点位仅能保障 1 台车，甚至 2 个点位共用 1 台车，耽误送样时间，导致分析测试滞后；中后期车辆保障有所好转，每个点位至少 1～3 台车轮流送样，确保人员安全，样品也能及时送到实验室。

专家点评 ////————

一、组织调度过程

2020 年 11 月 10 日 4 时 30 分左右，伊犁州环境应急与事故调查中心接到新源县生态环境分局电话报告，伊犁州新源县境内一辆装载邻甲酚的化学品罐车（属于兵团第四师可克达拉市工业园区新地新材料有限公司运输车）在行驶过程中发生泄漏。事件发生后，伊犁州生态环境局立即启动二级环境应急响应，州生态环境应急监测队伍于 11 月 10 日 10 时第一时间到达现场开展应急监测（制定应急监测方案、开展水环境样品采集并送回伊犁州站进行测试分析；在新源县生态环境局及 63 团出境断面水站 2 处着手搭建实验室等），提供了现场一手资料。同时，伊犁州站根据现场情况，及时（10 日早上）向自治区生态环境监测总站提出了应急监测支援的请求。接到该事件发生信息后，自治区生态环境监测总站高度重视，立即启动应急监测预案，连夜调度相关科室技术人员，积极准备应急监测仪器设备、试剂药品等并选派 2 名技术人员于 10 日早乘坐（仪器设备运输）监测车辆赶赴新源县；同时，由自治区生态环境厅副厅长田丰带队，时任自治区生态环境监测总站站长李新琪及相关专业技术人员随行乘坐第一趟航班到达伊宁市后即乘车赶赴事发现场，及时了解事故详情及污染态势，并根据监测工作要求，立即调整应急监测工作组人员，并按中国环境监测总站专家意见调整了应急监测方案、连夜组织开展应急监测工作。应急监测响应十分迅速，应急监测响应初期对区域内监测力量的组织调动也十分顺畅高效。

回顾整个应急响应和监测过程，伊犁州环境监测系统的应急组织调度工作展现出应对充分、指挥有力、方案科学、统一高效等特点，具体体现在以下4个方面：一是考虑样品送到实验室路途遥远，在断面水站搭建2处临时实验室；二是自治区生态环境监测总站接报后，连夜调度相关科室技术人员，积极准备应急监测仪器设备、试剂药品等并选派2名技术人员于10日早乘坐（仪器设备运输）监测车辆赶赴新源县，可以看出指挥调度十分迅速果断；三是制定的应急监测方案充分考虑事故不同阶段对水环境的影响，同时紧密结合应急指挥部的决策需要，及时作出优化调整，确保了应急处置不同阶段应急监测方案的科学性；四是在事故处置期间，连续开展24小时不间断监测工作，对28家环境监测机构［包括4个省级监测站、5个地（州、市）监测站、11个县（市）监测站及7家第三方环境监测机构］208余名监测人员、96台应急车辆、20余台（套）应急设备和7个挥发酚监测实验室实施统一调度管理，并采取了严格的质控措施，有效保障了监测报告和数据发布的及时性和准确性。

二、技术采用

（一）监测项目及污染物确定

本次事件的监测项目明确，地表水监测因子就是挥发酚，环境空气监测因子为邻甲酚。第一时间利用分光光度计按照《水质 挥发酚的测定 4-氨基安替比林分光光度法》（HJ 503—2009）进行测定，环境空气中邻甲酚采用便携式 GC-MS 现场直接测定，监测项目目标明确、方法得当。

（二）监测点位、监测频次和监测结果评价及依据

1. 监测点位布设

应急监测过程中对点位布设的原则把握准确、目标清晰、针对性强，紧密围绕应急处置工作需要，在不同应急监测阶段对地表水断面作出补充和优化调整。

2. 监测频次确定

监测频次的确定兼顾了初期应急处置急迫形势的需要和后期可持续跟踪事态发展的需要。监测初期开展加密监测，此后逐阶段降低了监测频次，既满足了污染物动态变化趋势监测分析的需要，又保证了监测工作的有序和可持续开展。

3. 监测结果评价及依据

监测过程中，严格按照《地表水环境质量标准》（GB 3838—2002）对监测结果进行评价，环境空气参照苏联《居民区大气中有害物质的最大允许浓度》（CH 245—71）标准进行评价，评级标准及依据合理。

（三）监测结果确认

本次应急监测从监测方案制定、人员、分析方法、仪器设备、数据报出等方面进行质量控制，全过程均采取了严格的质量保证和质量控制措施。其中对于交通不便的重要监测点位，最多采用4组人员轮番接力采样，不疲劳作战，保障监测工作及时、安全地开展。保证样品在采集、运输过程中无沾污、无破损、无错码，并做好样品交接工作，每个断面采样时增加平行样；同时开展手工、在线设备监测数据比对检验：

手工方法与水质自动监测模块相互印证，确保多种检测方式的结果误差处在一定限度内；高浓度与低浓度样品分开，由专门的设备承担，避免相互干扰，确保监测数据准确，这些质量控制经验做法值得学习。

（四）报告报送及途径

案例在此方面的总结偏弱。

（五）提供决策与建议

案例针对应急监测过程提出了后期需要加强的方面建议，特别是针对自身薄弱环节提出了很好的建议。

（六）监测工作为处置过程提供的预警等方面

案例在此方面的总结偏弱。

三、综合评判意见，后续建议

（一）综合评判意见

案例主要内容涵盖初期应对阶段（第一阶段）、稳定达标阶段（第二阶段）、应急处置措施、所取得的经验和不足等方面。案例较为系统完整地回顾了应急监测全过程，尤其是针对应急监测不同阶段方案的具体调整过程和内容，对今后此类事故的应急监测响应具有较好的借鉴参考作用。本案例属于化学品运输泄漏导致地表水体污染事件。由于运输邻甲酚的车辆在行驶过程中发生罐体泄漏，泄漏导致 30 余千米的路面污染，事故车在最终停留地罐车内剩余泄漏至路边河流，并进入伊犁河主要支流巩乃斯河。如果事件处理不及时，不仅会威胁下游伊犁河水质安全，而且污染物出境浓度一旦超标，将造成跨国境污染。

由于邻甲酚的泄漏是在运输过程之中发生，造成的路面及水体污染带较长，增加了此次应急监测工作断面布设的难度。在应急监测的初期应对阶段，为捕捉污染团移动的位置、峰值和移动速率，工作组不断优化监测方案，动态调整点位及监测频次，同时根据泄漏物质的理化性质，加强了对事故点和拦截坝周边环境空气的监测；在应急监测的基本稳定阶段，又出现了多次断面水质超标现象。首先是由于涉事车辆在泄漏发生后的运输过程中的停留，通过再次加密布设监测断面，并结合环境空气的现场监测，成功找到了罐车第二停留地造成的残存污染源；其次是通过对监测数据结果的分析研判，印证了事故发生点下游部分断面出现局部超标是污染地下水流场导致。这些工作的成功开展，为应急监测的决策部署提供了坚实的技术支撑。

本案例的处置对化学品运输泄漏造成的水体污染应急监测工作具有较强指导性。

（二）建议

1. 建议在案例中增加应急监测和处置过程的图片资料。

2. 案例中对于应急监测报告的报送及途径方面还缺少总结回顾，建议补充。

3. 案例中对地表水和环境空气进行了重点监测，建议后期对事故点土壤进行调查监测。

案例 13

陕西商洛地表水锑浓度异常事件应急监测

类　　别：水质环境污染事件
关键词：水库　锑　电感耦合离子体质谱法

一、事件背景

南水北调工程是我国一项重大的民生工程和生态工程。南水北调工程分为东、中、西三大线路，东线起始地为扬州江都，中线起始地为丹江口水库，西线则是通天河、雅砻江以及大渡河上游流域，根据水利部南水北调工程管理司发布的数据，截至 2022 年 1 月初，工程累计供水量超过 500 亿 m³，惠及沿线 7 省（市）1.4 亿人口，为优化我国水资源格局，满足沿线群众生活用水，推动经济社会高质量发展提供了坚强的水资源支撑，产生了显著的经济、社会效益。丹江口水库是由 1973 年建成大坝蓄水后形成，其水域面积 1 000 km²，蓄水量达 290 亿 m³，是亚洲第一大人工淡水湖，被誉为"亚洲天池"。丹江口水库作为南水北调中线工程，其终点为首都北京，处在秦岭和南阳盆地的过渡地带，位于丹江和汉江水系交汇处，丹江口水库虽然位于湖北省丹江口市和河南省南阳市淅川县，水域横跨鄂豫两省，但它的水源分别由发源于陕西省汉中市宁强县的汉江、发源于陕西省商洛市的丹江和发源于河南省洛阳市栾川县的淅水组成，其中，汉江和丹江的入库水量占丹江口水库库容总量的 70%，不仅是南水北调的水源补给，还承担着引汉济渭的重要使命，为了确保一泓清水永续北上，陕西人民作出了巨大的贡献和牺牲。

2021 年 11 月 18 日，生态环境部在处置河南省锑污染事件时，监测到陕西省商洛市丹江出境荆紫关断面地表水锑浓度异常，且呈上升趋势，对下游河南省利用丹江水源稀释污染物造成较大压力，威胁丹江口水库用水安全。生态环境部立即通报陕西省生态环境厅要求开展商洛市丹江流域涉锑企业排查应急监测工作。

锑（Sb）是一种有金属光泽的类金属，在自然界中主要存在于辉锑矿中，其最主要用途是制造耐火材料和一些重要的合金材料。可以通过饮用水等多种途径引起人体急性锑中毒，急性锑中毒可以造成皮肤、黏膜、心脏、肝脏、肺及神经系统等多个组织器官的损害。我国锑的储量、产量、出口量在世界上均居第一位。

二、应急响应

11 月 19 日，陕西省环境监测中心站按陕西省生态环境厅党组要求第一时间抵达商洛市，立即启动《突发性环境污染事件应急监测预案》，同时调度全省力量成立技术监测组，全面开展应急监测工作，全力支撑应急处置工作。立即调度宝鸡站、西安站、渭南站、安康站、汉中站 5 家监测机构 105 名应急监测人员携带仪器设备赶到现场。商洛市环境监测站调集商州区、洛南县、丹凤县、商南县、山阳县、镇安县、柞水县 50 名技术人员参加应急监测工作。21 日，时任生态环境部应急中心主任赵群英带领中国环境监测总站和生态环境部华南环境科学研究所技术专家赴现场指导相关工作。申请中国环境监测总站调度湖南省环境监测站车载 ICP-MS 1 台、抽调汉中市环境监测站车载 ICP-MS 1 台作为移动实验室，强力构筑本次锑浓度异常事件应急监测体系。

三、应急监测工作开展

监测组到达现场后，依据陕西省环境监测中心站《突发性环境污染事件应急监测预案》的要求，合理构建应急监测组织体系，科学制定应急监测方案、对应急监测方案进行了 13 次优化调整，保证了应急监测工作的有序开展。

（一）构建应急监测组织体系

建立由监测指挥组、综合协调组、现场监测组、实验分析组、分析研判组、后勤保障组 6 个工作小组构成的应急监测工作组织体系，保证应急监测工作顺利开展。应急监测组织体系框架见图 1。

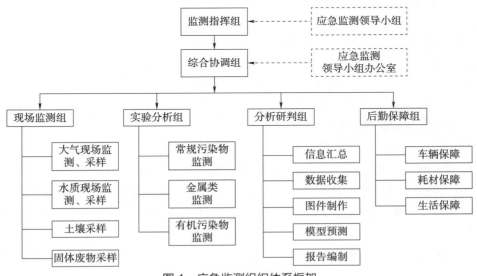

图 1　应急监测组织体系框架

（二）确定监测点位和频次

1. 应急监测初期

对商洛市各流域河流进行全面排查监测，全面掌握商洛市主要河流锑浓度情况，确定排查监测断面和监测频次。对商洛市境内 320 条河流，134 座尾矿库、327 座矿山设置监测断面，监测项目为锑，监测频次为 1 次 /d。

2. 应急监测第一阶段

11 月 20 日，应急监测组依据监测结果，初步制定监测方案。确定监测点位为商洛市 7 条主要河流出境断面（灵口断面、湘河断面、滔河出境断面、谢家河出境断面、漫川关出境断面、青铜关出境断面、旬河出境断面）和商洛市丹江流域主要支流断面。11 月 20 日共布设 21 个监测断面，其中丹江干流趋势研判断面 8 个，支流排查断面 11 个，监测项目为锑，监测频次为 1 次 /2 h，并根据监测结果随时调整监测方案，迅速锁定锑浓度异常点位。

3. 应急监测第二阶段

11 月 25 日共布设 23 个监测断面，其中丹江干流趋势研判断面 9 个、支流趋势研判断面 14 个。通过前期监测结果研判，确定了重点排查范围，增加断面李山村（70 km）、武关河入丹江下 2 km（110 km）、王山底河源头背景、王山底河入丹江上游 50 m、东河源头背景、西河源头背景、鱼岭水库库尾、鱼岭水库库中、鱼岭水库库首、老君河入丹江上游 50 m、莲花台水库库尾、莲花台水库库中、莲花台水库库首共 13 个断面。干流和支流趋势研判断面监测频次为 1 次 /2 h，鱼岭水库、莲花台水库监测频次为 1 次 /d，由于 7 个商洛出境锑浓度均在 1 mg/L 以下，因此不再关注。

4. 应急监测第三阶段

11 月 30 日共布设 31 个监测断面，其中干流趋势研判断面 8 个，支流趋势研判断面 15 个，增加东河（涌峪河）入丹江前 50 m；同时增加投药效果评估监测断面 8 个，监测频次为 1 次 /h，分别为王山底河入丹江上游 1.5 km 断面（加药前）、王山底河入丹江上游 1.5 km 断面（加药后）、王山底河入丹江上游 500 m 断面（加药前）、王山底河入丹江上游 500 m 断面（加药后）。干流和支流趋势研判断面监测频次为 1 次 /2 h，投药效果评估监测断面监测频次为 1 次 /h。

5. 应急监测第四阶段

12 月 4 日共布设 27 个监测断面，其中干流趋势研判断面 10 个，支流趋势研判断面 11 个，投药效果评估监测断面 6 个。鉴于王山底水库下泄完毕，重点关注王山底水库入库水质及水流量情况，鱼岭水库上游由原来辰州矿业矿洞溶水流入蔡凹河的投药点改为金月河和蔡凹河交汇点下游干流设置，在其投药点的上下游各设置 1 个投药效果评估监测断面。干流和支流趋势研判断面监测频次为 1 次 /2 h，投药效果评估监测断面监测频次为 1 次 /h。

6. 应急监测第五阶段

12 月 14 日共布设 22 个监测断面，其中干流趋势研判断面 6 个，支流趋势研判断面 6 个，投药效果评估监测断面 8 个，由于丹江干流重金属预警自动站的建设完成增加自动监测断面 2 个。干流和支流趋势研判断面监测频次为 1 次 /2 h，投药效果评估监测断面监测频次为 1 次 /h，自动监测断面监测频次为 1 次 /4 h。经监测组研究并报部应急中心同意，后续监测工作由商洛市生态环境局组织市、县监测力量开展。

（三）监测方法和评价

1. 监测方法

《地表水和污水监测技术规范》（HJ/T 91—2002）。

《水质　汞、砷、硒、铋和锑的测定　原子荧光法》（HJ 694—2014）。

《水质　65 种元素的测定　电感耦合等离子体质谱法》（HJ 700—2014）。

2. 评价标准

《地表水环境质量标准》（GB 3838—2002）表 3，标准限值 0.005 mg/L。

（四）实验室布设和分工

面对复杂的监测任务，监测组根据应急监测方案，按照重点监测区域和距离路线优化实验室资源配置，并根据现场情况不断优化调整，保证数据及时报送。

组建商洛市站应急实验室，设置在商洛市生态环境局，由商洛市监测站负责（负责丹江干流 1# 二龙山水库坝下、2# 张村、3# 李家塬桥下 3 个监测断面，并负责丹江支流王山底河流域监测、王山底水库和王山底河投药效果评估监测断面）；组建丹凤县站应急实验室，设置在丹凤县环境监测站，由省监测站负责（负责丹江干流 4# 丹凤下、12# 李山村、5# 雷家洞 3 个监测断面）；组建鱼岭水库应急实验室，设置在老君河鱼岭水库坝下，由西安、宝鸡监测站负责（负责丹江支流老君河流域监测、鱼岭水库和鱼岭水库坝下投药效果评估监测断面）；组建商南县站应急实验室，设置在商南县生态环境局，由渭南、安康监测站负责［负责丹江干流 13# 武关河入丹江下 2 km、36# 县河入丹江口下游 500 m、7# 荆紫关（省界）3 个监测断面和莲花台水库的监测工作］；组建两岭镇应急实验室，设置在山阳县洛峪河流域和合阳科技矿区河道，由商洛市监测站负责（负责山阳县洛峪河流域监测和合阳科技投药效果评估监测断面）。

（五）分析测试工作

本次应急监测工作，为确保应急监测数据准确可靠，监测组对应急实验室操作人员进行培训指导，要求各应急实验室全程严格执行相关技术规范，并按照"五统一"的要求严格落实，即统一采样标准，统一前处理方法，统一分析方法，统一数据和报告格式，统一数据研判模型。

监测组及时和中国环境监测总站和河南省环境监测中心站技术专家沟通协商，确定本次应急监测工作分析测试前处理方法为：取待测样品，经 0.45 μm+0.22 μm 孔径串联滤头过滤至 10 mL，加入少许盐酸摇匀后测定目标元素的含量。所用耗材均为一次性材质，首次使用 0.45 μm+0.22 μm 孔径串联滤头，避免了传统重复性抽滤方法出现的抽滤时间长、抽滤不干净容易堵塞仪器、交叉污染等问题，提高了现场工作效率和准确度。

商洛市站还承担现场摸排监测工作，由于样品来源较为复杂，浓度不一致，主要采取高低浓度分区检测方式。即先采用ICP-OES（检出限较高，不容易受污染）对所有样品进行初步检测，将样品进行高、中、低浓度筛选后再按照仪器检出限的要求进行分析测试，避免了样品之间的交叉污染。

（六）质量控制

应急监测的质量保证和质量控制参照《环境监测质量管理技术导则》（HJ 630—2011）的相关规定执行，覆盖突发环境事件应急监测全过程，重点关注方案中监测点位、监测项目、监测频次的设定，采样及现场监测、样品管理、实验室分析、数据处理和报告编制等关键环节。

1. 采样与现场监测的质量保证和质量控制

采样与现场监测人员应具备相关经验，掌握突发环境事件布点采样技术，熟知采样器具的使用和样品采集、保存、运输条件。若进入危险区域开展采样及现场监测，应经相关部门同意，在保证安全的前提下方可开展工作。采样和现场监测仪器应进行日常的维护、保养，确保仪器设备保持正常状态，仪器离开实验室前应进行必要的检查。应急监测时，允许使用便携式仪器和非标准监测分析方法，但应对其得出的结果或结论予以明确表达。可采用自校准或标准样品测定等方式进行质量控制，用试纸、快速检测管和便携式监测仪器进行定性时，若结果为未检出则可基本排除该污染物；若结果为检出则只能暂时判定为"疑似"，需再用不同原理的其他方法进行确认，若两种方法得出的结果较为一致，则结果可信，否则需继续核实或采样后送实验室分析确定。

2. 样品管理的质量保证和质量控制

保证样品从采集、保存、运输、分析、处置的全过程均有记录，确保样品处于受控状态。样品在采集和运输过程中应防止样品被污染及样品对环境的污染。运输工具应合适，运输中应采取必要的防震、防雨、防尘、防爆等措施，以保证人员和样品的安全。

3. 实验室分析的质量保证和质量控制

实验室分析人员应熟练掌握实验室相关分析仪器的操作使用和质量控制措施。实验室分析仪器应在检定周期或校准有效期内使用，日常的维护、保养正常，确保仪器设备始终保持良好的技术状态。实验室分析的质量保证措施可参照相关监测技术规范执行。

4. 应急监测报告的质量保证和质量控制

应急监测报告信息要完整，原则上应审核后报送。

四、应急监测开展

（一）应急监测初期

组织人员对商洛市境内 320 条二级以上河流（占全市 338 条二级以上河流的95%）、134 座尾矿库（占全市 134 座尾矿库的 100%）、327 座矿山（占全市 327 座矿山的 100%）开展了逐沟、逐河、逐尾矿库、逐矿山排查监测工作。

（二）应急监测第一阶段

11 月 20 日，监测组对商洛市出境断面进行监测，监测结果显示，商洛市境内7 个出境断面水质监测结果锑浓度均在环境标准限值以内。从监测结果分析来看，自20 时开始，丹江干流暂无超标断面，本次应急监测重点关注的李家塬、丹凤下断面监测结果较为稳定，浓度为 3.6～4.6 µg/L，河南省毗邻的湘河、丹江陕豫交界处、荆紫关水质自动站监测结果较为稳定并伴随波动，监测结果为 1.9～3.6 µg/L，支流排查断面中金月、大石沟口、鱼岭水库坝下监测结果较前期监测结果有所上升后趋于稳定，同李家塬、丹凤下断面监测结果稳定趋势一致。金钱河漫川关断面监测结果始终在2 µg/L 以下，因最终进入汉江，不会对汉江水质造成影响。商洛市地表水出境断面锑含量详见表 1。

表 1　商洛市地表水出境断面锑含量

河流名称	出境断面名称	锑含量 /（µg/L）
洛河	灵口断面	0.6
丹江	湘河断面	2.0
滔河	滔河出境断面	0.3
谢家河	谢家河出境断面	0.3
金钱河	漫川关断面	0.8
乾佑河	青铜关断面	0.2
旬河	旬河出境断面	0.2

（三）应急监测第二阶段

自 2021 年 11 月 23 日 2 时至 24 日 4 时，重点关注的李家塬断面监测结果为 1.0～2.0 µg/L，较上期结果明显下降，验证了处置效果较好。重点关注的丹凤下断面变化不大，23 日 2 时至 24 日 4 时监测结果保持在 3.6～4.6 µg/L。同河南省毗邻的湘河、荆紫关水质在 23 日 14 时、16 时出现较高值为 4.2 µg/L 和 3.9 µg/L，目前在 3.0 µg/L上下浮动，新增断面李山村位于丹凤下和雷家洞之间，7 次监测结果为 4.6～5.0 µg/L。23 日实验室排查样品 300 余个，其中超过参照标准的重点断面有 20 个，大多集中在老君河辰州矿业区域。在莲花台水库库尾、库中、坝下各布设监测断面1个，监测结果为3.2～4.2 μg/L，鱼岭水库库尾、库中、坝下各布设监测断面1个，监测结果为58～66 μg/L，王山底水库库尾、库中、坝下各布设监测断面1个，监测结果为116～157 μg/L。此外，对老君河上游西河进行了排查监测，监测结果显示，西河源头背景断面未检出，鱼岭水库上游河段水质较好。

（四）应急监测第三阶段

李家塬断面（控制王山底水库）峰值浓度5.0 μg/L出现在21日14时，经处置后浓度为0.6～1.6 μg/L，30日4时浓度为1.0 μg/L。丹凤下断面（控制鱼岭水库）峰值浓度5.0 μg/L出现在21日8时，经处置后浓度为1.4～2.2 μg/L，截至30日4时浓度为2.2 μg/L。李山村断面峰值浓度5.0 μg/L出现在24日4时，30日4时浓度为3.0 μg/L。雷家洞断面峰值浓度4.5 μg/L出现在22日10时，30日4时浓度为2.2 μg/L。荆紫关断面（省界）峰值浓度3.9 μg/L出现在23日14时，27日4时浓度为2.8 μg/L。24日中午时开始对王山底水库进行加药处置，25日10时对鱼岭水库开始加药处置。监测结果如图2所示。

莲花台水库位于商南县丹江干流上，设计库容9 985万 m³，现存库容8 254万 m³，有2台发电机组。距离丹江荆紫关断面（省界）仅25 km，随着3个重点区域投药处置力度的加大，丹江干流水质不断向好，对莲花台水库的专项监测已成为本次应急监测工作的重点。

监测组紧急联系当地应急部门，协调专业人员携带设备，在莲花台水库28 km的河道上每5 km分左、中、右布设梯度断面，开展监测工作，并及时送往商南县应急实验室开展分析。

按部应急中心要求，莲花台水库入库浓度须控制在1.5 μg/L以下，按照当前34 m³/s的入库流量核算，入库通量须控制在51 mg/s以内。监测组对莲花台水库库首至库尾开展水质梯度专项监测，沿库容每5 km分左、中、右一个梯度断面，全面掌握莲花台水库锑浓度水平，并运用通量模型、预判浓度趋势。经核算，当前库尾浓度2.0 μg/L，入库通量为68 m³/s，随着处置工作的不断推进，预计5天内可实现入库通量削减至控制目标。

监测组选定专业技术人员构建莲花台水库通量削减预测模型，并依据监测结果和人文参数计算出莲花台水库上游支流断面以及鱼岭水库和王山底水库放水通量，利用该预测模型推算出王山底水库和鱼岭水库应满足的下泄流量，指导现场应急处置。污染物通量模型见图3。

依据前期监测结果显示：商州区王山底河流王山底水库（库容约62万 m³），水库中锑浓度约为160 μg/L；丹凤县老君河流域鱼岭水库（库容约700万 m³），水库中锑浓度约为100 μg/L。现场指挥部要求，按照目前确定的5 μg/L限值，在保证丹江干流水质污染物浓度持续下降的基础上，重点做好王山底水库、鱼岭水库的监测和处置工作，监测组对丹江支流王山底河入丹江上游50 m进行监测；对王山底河所在的

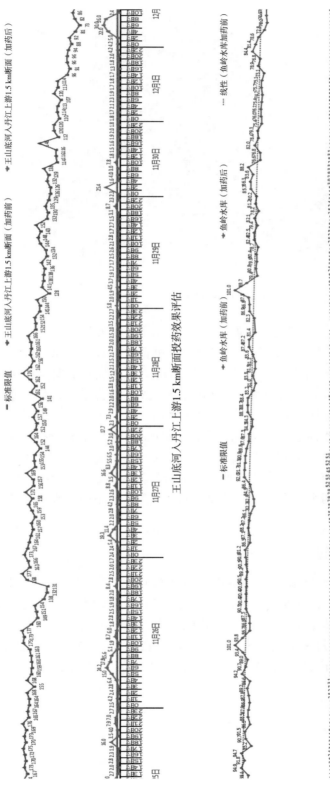

图 2 各投药点效果评估图

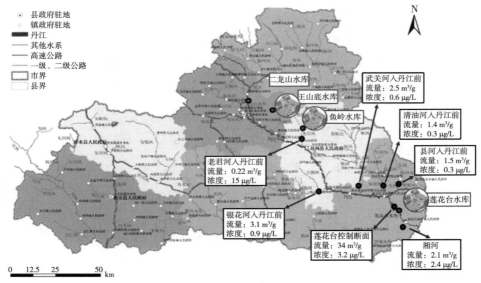

图 3　污染物通量模型

王山底水库库尾、库中、库首进行监测；对王山底河入丹江上游 1.5 km 断面（投药前），王山底河入丹江上游 1.5 km 断面（投药后）断面进行投药效果评估监测，监测频次为 1 次 /h。对丹江支流老君河入丹江上游 50 m 进行监测；对老君河所在的鱼岭水库水库库尾、库中、库首进行监测；对鱼岭水库坝下投药点前，鱼岭水库坝下投药点后断面进行投药效果评估监测，监测频次为 1 次 /h。

监测组利用莲花台水库通量削减预测模型，依据丹江干流上游所有支流流量和监测数据计算出各支流通量数据和两个水库下泄放水浓度，构建王山底水库和鱼岭水库通量削减预测模型，推算出王山底水库所需下泄流量为 1.15 m³/s，鱼岭水库所需下泄流量为 12.6 m³/s，指导两个重点水库下泄放水和处置工作。王山底水库及鱼岭水库污染物通量估算模型详见图 4。

（五）应急监测第四阶段

12 月 4 日王山底水库下泄完毕，3# 李家塬断面（控制王山底河）12 月 3 日以来锑浓度在 1.0 μg/L 以下，监测组重点关注支流老君河以及鱼岭水库，将辰州矿业矿洞溶水流入蔡凹河的投药点改为金月河和蔡凹河交汇点下游干流，在投药点的上下游设置了 2 个评估断面，4# 丹凤下断面（控制老君河）12 月 4 日 17 时锑浓度在 2.0 μg/L 以下，36# 县河入丹江下游 500 m 断面（莲花台入库断面）12 月 2 日以来锑浓度在 1.5 μg/L 以下。

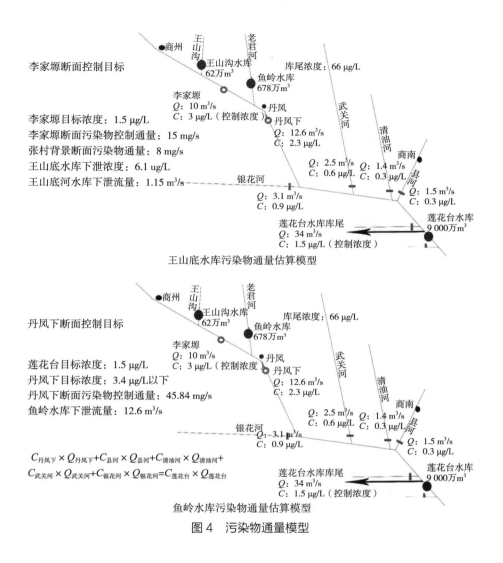

图 4　污染物通量模型

（六）应急监测第五阶段

12月2日17时，王山底水库闭库，12月14日，鱼岭水库下泄完毕，3#李家塬断面（控制王山底河）12月3日以来锑浓度在1.0 μg/L以下，4#丹凤下断面（控制老君河）12月4日17时锑浓度在2.0 μg/L以下，5#雷家洞断面（控制合阳科技）12月4日以来锑浓度在1.5 μg/L左右，36#县河入丹江下游500 m断面（莲花台入库断面）12月2日以来锑浓度在1.5 μg/L以下，7#荆紫关断面（省界）12月4日以来锑浓度在2.0 μg/L左右，丹江干流各断面呈低浓度水平，前期监测组同市政府会商后，确定尽快在丹江干流加装2套重金属自动在线监测设备，目前已安装完毕并开始数据报送工作，支援商洛的陕西各地市应急监测队伍陆续撤离，后续监测工作由商洛市生态环境局组织市、县监测力量开展。各断面锑浓度变化趋势详见图5。

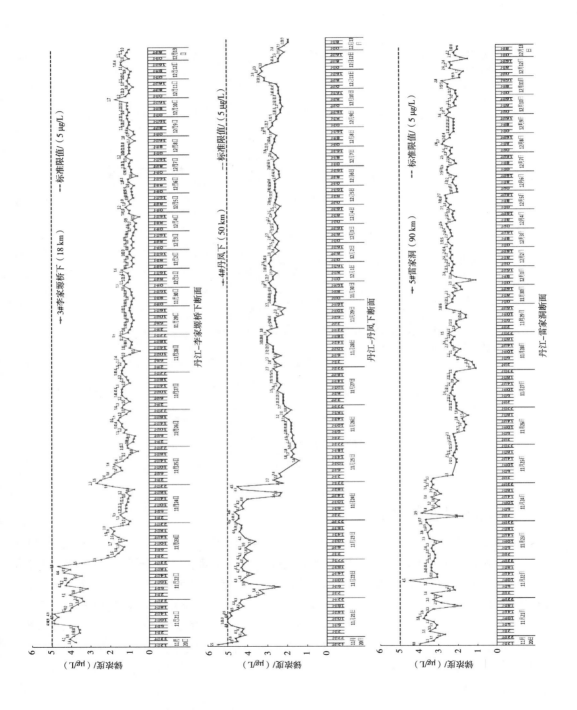

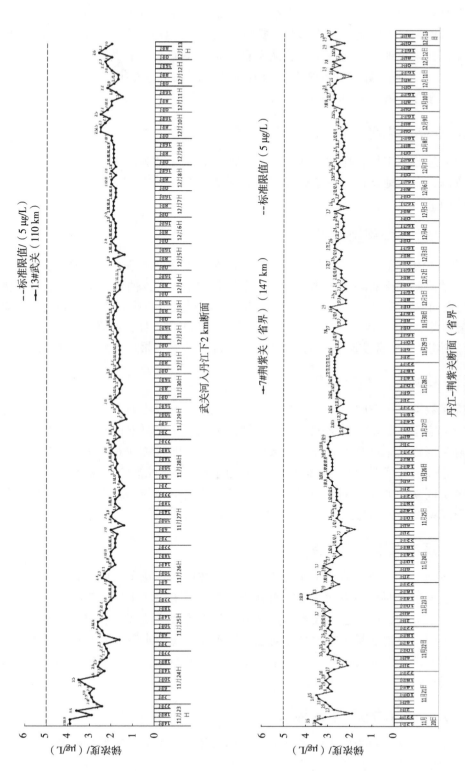

图 5　各断面锑浓度变化趋势

本次商洛锑浓度异常事件，陕西生态环境监测系统共有 5 家市级监测机构、7 家县级监测机构累计 500 余人全力参与，持续奋战 34 个日夜，前后发布 15 期应急监测工作方案，共采集地表水、污水、底泥矿石样品 10 000 余个，发放密码质控样品 221 支，获取有效监测数据 32 000 余个；编制各类监测快报、专报、简报等总计 500 余期，车辆行程合计超过 80 000 km。

五、总结与思考

本次应急监测工作，在省厅党组的坚强领导下，科学制定应急监测方案、统筹调度设备资源，有力地支撑了应急处置工作。现就应急监测过程中取得的经验及存在的不足总结如下。

（一）安排部署组织有力

20 日监测组抵达商洛市丹凤县后，依据前期排查结果调整监测方案，通过中国环境监测总站协调湖南省环境监测中心站重金属监测车 1 台，抽调汉中市重金属监测车 1 台，调集西安、宝鸡、渭南、安康 4 个市级监测站人员携带仪器设备赶赴商洛全力开展应急监测。商洛市政府制定专项工作方案，压实工作责任，明确控制目标，在此基础上，监测组不断优化实验室布局、细化监测方案，为数据报送及预警研判赢得时间。

（二）资源配置科学高效

为确保数据分析及时准确，对照本次应急处置重点关注单元，监测组沿丹江流域设置了 6 个应急实验室，科学配置检测区域，依据样品来源进行分区检测管理，最大限度地避免因样品浓度高低差异而导致的交叉污染。同时统一 6 个实验室前处理和分析方法，通过现场培训、分发密码样、实验室间比对等质控措施，确保数据准确无误。在上下游协同联动方面，每天同河南省生态环境监测中心共享监测数据、交流工作方法，以全局视野全力参与丹江口水库水质安全保卫战。

（三）技术支撑现场处置

预警研判是本次应急监测工作的重点内容，按照入莲花台水质不超过 1.5 μg 的控制目标，监测组及时组织市水文局、水利局等单位对王山底水库、鱼岭水库入库水质及流量进行了监测，同时组织技术力量排查入丹江主要支流及重点控制单元水质及水文状态，采用污染物通量估算模型，对王山底水库、鱼岭水库的下泄通量进行精准研判，在强力支撑应急处置的同时保证了下游入库水质目标，研判工作受到生态环境部应急中心领导的肯定。

（四）构建自动预警监测体系

丹江流域金属矿较为密集，商洛市生态环境部门对重金属污染的预警能力明显不足，仅依靠例行监测无法快速准确发现污染事件。在本次应急监测过程中，监测组向商洛市政府提出预警监测体系建设的建议，最终为商洛市站配置车载 ICP-MS 应急监测车 1 台，在丹江干流丹凤下国控水质自动站、湘河省控水质自动站加装重金属自动在线监测设备 2 套，在王山底河、老君河支流上新建重金属自动监测简易站房 2 座，目前已开展数据报送，初步建立了丹江流域重金属自动预警监测体系。

同时，通过大量的数据比对分析工作发现，由于丹江流域水质泥沙较多，特别是投药后水质混浊，传统的一些分光光度法在线重金属监测仪器在检测精度和准确度方面还存在不足，为今后陕西省重金属预警体系建设仪器选型工作提供了借鉴。

（五）建立应急状态下人员持证上岗新模式

本次应急监测工作战线长、断面多、频次高，商洛市县监测机构不具备开展锑应急监测工作的能力，影响了后续监测工作的开展。为确保科学有效地衔接后续监测工作，按照省厅党组要求，监测组组织力量突破常态开展应急状态下人员专项持证上岗考核，3 日内完成商洛市 27 人理论、现场操作培训和持证考核工作，为今后生态环境监测人员培训及人才培养进行了有益探索，建立了全新模式。

（六）省域之间协同应对能力不足

回顾 2021 年以来陕西省乃至全国发生的环境事件，区域协同、上下游联动已成为应急监测工作的主基调。陕西省从南到北依次为中央水塔环境高度敏感区、汾渭平原低环境容量高风险区、陕北能源化工产业生态脆弱区，毗邻四川、甘肃、重庆、湖北、河南、山西、宁夏、内蒙古等地，环境风险管理压力不断加大。然而，在区域协同、上下游联动工作上，2021 年仅在川陕甘三省嘉陵江流域进行了探索和谋划，其他区域诸如陕甘陕蒙交界石油类、陕豫交界重金属等仍没有纳入工作计划。随着社会经济的不断发展，原本积蓄的环境风险阈值会逐步升高，需要在今后的工作中重点思考。

六、下一步工作重点

（一）尽快建立陕西应急监测技术体系

本次事件反映出陕西省应急监测工作体系还存在一些短板，应以本次应急事件为契机，尽快建立适应于陕西省应急监测的新体系。一是结合陕西省地域现状及环境风险特点，有针对性地开展应急监测能力建设。二是陕西省环境监测中心站主持研发的"陕西省水环境应急监测辅助决策系统 App"在本次应急监测工作进行了首次验证，可实现全过程图上作业，总体应用效果较好，计划二期增加数据分析、水文参数、模型计算等模块，以提高其在应急监测工作中的综合分析能力。

（二）全面开展省内重点水库重金属排查监测

近期因河南持续强降雨导致锑遗留矿矿渣渗出致五里川河水质超标事件、排查出的商洛市丹江流域地表水锑浓度异常事件以及目前正在处置的广西刁江铊污染事件，显示出重金属开采导致的水环境应急事件集中爆发。陕西省重金属环境风险隐患凸显，建议尽快开展省内重点水库重金属排查监测工作，确保陕西省生态环境质量安全。

（三）加强人才培养和人员培训

总结本次应急监测工作，陕西省亟须建立由数据分析、地理信息、水文水利、模型计算等专业力量组成的技术人才体系，为应急处置综合分析及预警研判提供核心支持。同时将继续以复盘推演的形式在全省范围内开展培训，强化案例分析、提升应急监测工作水平，为保障陕西省生态环境质量安全提供核心智慧支持。

专家点评 //———————————————————

一、组织调度过程

本案例中陕西省生态环境监测部门响应及时，构建的应急监测组织体系合理，应急监测方案制定科学，部署组织有力，资源配置科学高效，圆满地完成了应急监测工作。

二、技术采用

（一）监测项目及污染物确定

本案例中由生态环境部通报邻近省份处置锑污染事件的关联污染事件而启动应急工作，污染物比较明确。陕西省生态环境厅随后开展商洛市丹江流域涉锑企业排查应急监测。

（二）监测点位、监测频次和监测结果评价及依据

1.监测点位布设

本案例中应急监测组在应急监测过程中对点位布设的原则把握准确、目标清晰、针对性强，紧密围绕应急处置工作需要，在不同应急监测阶段对各监测点位适时作出补充和优化调整。

2.监测频次确定

本案例中监测组到达现场后，依据陕西省环境监测中心站《突发性环境污染事件应急监测预案》的要求，合理构建应急监测组织体系，科学制定应急监测方案、对应急监测方案进行了 13 次优化调整，监测频次的确定兼顾了初期应急处置急迫形势的需要和后期可持续跟踪事态发展的需要，确保了应急工作的有序开展。

3.监测结果评价及依据

监测过程中，严格按照《水质　汞、砷、硒、铋和锑的测定　原子荧光法》（HJ 694—2014）、《水质　65 种元素的测定　电感耦合等离子体质谱法》（HJ 700—2014）执行。评价使用《地表水和污水监测技术规范》（HJ/T 91—2002）。

（三）监测结果确认

本次应急监测的质量保证和质量控制，参照《环境监测质量管理技术导则》（HJ

630—2011）的相关规定执行，覆盖突发环境事件应急监测全过程，重点关注方案中监测点位、监测项目、监测频次的设定，采样及现场监测、样品管理、实验室分析、数据处理和报告编制等关键环节。

（四）报告报送及途径

案例在此方面的总结偏弱，报告为内部报送。

（五）提供决策与建议

本案例中，应急监测组对鱼岭水库投药点前、后断面进行投药效果评估监测，支撑污染处置。

此外，监测组还利用莲花台水库通量削减预测模型，依据丹江干流上游所有支流流量和监测数据，计算出各支流通量数据和两个水库下泄放水浓度，构建王山底水库和鱼岭水库通量削减预测模型，推算出各水库所需下泄流量，指导两个重点水库下泄放水和处置工作投药点后断面进行投药效果评估监测。

（六）监测工作为处置过程提供的预警等方面

本案例中预警研判是本次应急监测工作的亮点，应急监测组及时组织水文、水利等单位对相关入库水质及流量进行了监测，同时组织技术力量排查入丹江主要支流及重点控制单元水质及水文状态，采用污染物通量估算模型，对相关水库的下泄通量进行精准研判，在强力支撑应急处置的同时保证了下游入库水质目标，研判工作受到生态环境部应急中心领导的肯定。

三、综合评判意见

案例主要内容涵盖了应急监测响应及污染物筛查阶段（第一阶段）、监测范围持续扩展阶段（第二阶段）、应急监测全覆盖阶段（第三阶段）、事故后期处置阶段（第四阶段）、应急监测期间质量控制与质量保证、本次事故应急监测特点、应急监测建议等多个方面。案例较为系统完整地回顾了应急监测全过程，尤其是预警研判监测、污染物通量估算模型及实行全省范围内监测力量的调度对今后此类事故的应急监测响应具有较好的借鉴参考作用。

本次事件的起因是2021年11月18日，生态环境部在处置河南省锑污染事件时，监测到陕西省商洛市丹江出境荆紫关断面地表水锑浓度异常，且呈上升趋势，对下游河南省利用丹江水源稀释污染物造成较大压力，威胁丹江口水库用水安全。生态环境部立即通报陕西省生态环境厅要求开展商洛市丹江流域涉锑企业排查应急监测工作。因此，这项工作一直是围绕着排查污染原因开展的。由于流域面积较大、涉及企业众多，排查工作量巨大。如何科学、高效地开展排查工作是本事件处理的难点与重点。11月19日，陕西省环境监测中心站按省厅党组要求第一时间抵达商洛市，立即启动《突发性环境污染事件应急监测预案》，按照预案要求，建立由监测指挥组、综合协调组、现场监测组、实验分析组、分析研判组、后勤保障组6个工作小组构成的本次应急监测组织体系。同时，科学制定应急监测方案、对应急监测方案进行了13次优化调整，保证了应急监测工作的有序开展。

本次应急事件，样品浓度整体处于较低浓度水平，高质量的监测数据是有效排查的坚实基础。监测指挥组及时与中国环境监测总站和河南省环境监测中心站技术专家沟通协商，确定了本次应急监测工作分析测试前处理方法，首次使用 0.45 μm+0.22 μm 孔径串联滤头，避免了传统抽滤方法的各种弊端，提高了现场工作效率，有效确保了测试数据质量。

在应急监测开展的各个阶段，整体安排部署组织有力，商洛市政府制定专项工作方案，监测方案不断优化、细化，为数据报送及预警研判赢得了时间。预警研判过程中，监测指挥组及时组织市水文局、水利局等单位对王山底水库、鱼岭水库入库水质及流量进行了监测，同时组织技术力量排查入丹江主要支流及重点控制单元水质及水文状态，采用污染物通量估算模型，对王山底水库、鱼岭水库的下泄通量进行精准研判，强力支撑应急处置的同时保证了下游入库水质目标。

案例 14

资江干流娄底至益阳段锑浓度异常应急监测

类　　别：水质环境污染事件

关键词：水质　资江　锑浓度　应急监测

摘　　要：2021 年 7—8 月，湖南省娄底市锡矿山矿区因出现强降雨，含锑雨水淋溶液总量显著增加，锑污染物经过涟溪河和青丰河流入资江，导致资江干流娄底至益阳段出现锑浓度异常，下游沿线 4 个饮用水水源地受到一定影响，但并未造成饮用水取水安全事故。经排查，此次事件是一起因自然灾害引起的，由面源污染导致的跨市级行政区域影响的较大突发环境事件。事件发生后，生态环境部和湖南省委、省政府领导高度重视，第一时间作出指示批示，安排工作组赴现场帮扶指导。2021 年 9 月 2 日，湖南省生态环境厅正式启动省级应急监测。此次锑浓度异常应急监测严格按照《突发环境事件应急监测技术规范》（HJ 589—2010）和《重特大突发水环境事件应急监测技术规程》（环办监测函〔2020〕543 号）的要求进行，分析方法依据《水质　汞、砷、硒、铋和锑的测定　原子荧光法》（HJ 694—2014）、《水质　65 种元素的测定　电感耦合等离子体质谱法》（HJ 700—2014）的规定；所使用的仪器为原子荧光分光光度计和电感耦合等离子体质谱仪，断面设置、采样人员配备、采样船只保障、实验室设置和实验室分析人员配备基本上遵循了"13353"的规定。通过各级、各部门共同努力，2021 年 12 月 2 日沿线饮用水水源地达标，12 月 7 日资江干流锑浓度全部恢复正常，事件得到了妥善处置。

一、初期应对阶段

（一）基本情况

1.事件概况

2021 年 7—8 月，湖南省娄底市锡矿山矿区出现强降雨，降水量最高达191.4 mm，较常年同期增加了 122%，矿区土壤受雨水冲刷，含锑雨水淋溶液总量显著增加。与此同时，资江干流处于枯水期，水量比往年同期少约 44.86%，水体自净能力降低。锑污染物经过涟溪河和青丰河流入资江，导致资江干流娄底至益阳段出现锑浓度异常，下游沿线 4 个饮用水水源地受到不同程度的影响。事件发生后，生态环境部和湖南省委、省政府领导高度重视，第一时间作出指示批示，安排工作组赴现场帮扶指导。通过各级、各部门的共同努力，2021年12月2日沿线饮用水水源地达标，12月7日资江干流锑浓度全部恢复正常，事件得到了妥善处置。

2. 娄底锡矿山基本情况

锡矿山是我国最大的锑采选冶产业聚集地，锑矿开采距今已有124年历史，号称"世界锑都"。2010年专项整治前，该区域共有涉锑企业97家。通过集中整治，现有涉锑企业11家，均为合法企业。锡矿山地区入资江的支流有2条，即涟溪河、青丰河，均属资江一级支流。

3. 环境影响情况

2021年8月30日以来，娄底市新化县水厂水源地锑浓度最高超标1.2倍［《地表水环境质量标准》（GB 3838—2002）表3中锑浓度的标准限值为0.005 mg/L］。位于资江干流益阳段的柘溪水库（设计库容35亿 m^3，当时蓄水21亿 m^3，不属于饮用水水源保护区，是益阳市3个饮用水水源地的主要来水）受此影响，锑平均浓度为0.007 mg/L左右，参照饮用水标准，柘溪水库锑浓度均值于12月7日开始稳定达标，位于其下游的益阳桃江县一水厂、益阳市四水厂和益阳市二水厂等饮用水水源地断面锑浓度超标0.1～0.6倍，至12月2日全部稳定达标。

（二）污染物的主要理化特性

锑不是动植物必需的营养元素，含锑化合物能使动物和人体产生多种疾病。进入水体的锑，对藻类产生毒害的浓度始于3.5 mg/L，对鱼类则为12 mg/L。锑的毒性和砷相似。三价锑化合物的毒性较五价锑化合物强，水溶性化合物的毒性较难溶性化合物强，锑元素粉尘的毒性较其他含锑化合物强。人体肺内的锑，是通过呼吸道进入的。大气中锑矿的开采和冶炼，矿物燃料的燃烧，使锑以蒸汽或粉尘的形式进入大气。水中含锑的岩石被流水侵蚀，工业废水排放，大气锑尘随雨雪降落或自然沉降，都会引起水中锑含量增加。土壤中的锑含量很低。含锑岩石的风化和大气中锑尘的降落，是土壤中锑的主要来源。每千克土壤锑含量为0.2～10 mg，平均值为1 mg。锑富集在土壤的表层，在土壤中会发生价态变化，被植物吸收。植物锑含量为0.000 1～0.2 ppm。

（三）现场情况

事件发生后，湖南省生态环境厅组织资江流域内涉锑事件的邵阳、娄底、益阳3市开展排查和处置措施，8月下旬对娄底市锡矿山区域5座较大的污水处理厂采取"实行锑浓度特别排放限值"管制措施；对15处锑浓度较高的地表水或地下水采取封堵、截流、引流等措施，以此截断污染源头。娄底市对锡矿山区域内涉锑企业实施全面停产，在青丰河、涟溪河修建拦污坝25道，设5个应急投药点，24小时投药；益阳市在资江支流沾溪两岸分别建设2套应急处理设施，最大限度地阻断超浓度水体进入资江。与此同时，湖南省政府统筹调度省生态环境厅、省住房和城乡建设厅、省卫生健康委等有关部门，督促沿线各市组织水厂启动应急预案，采取应急处置措施；做好除锑药剂等应急物资的储备；合理调整制水工艺，开启降锑系统；启用城市备用水源供水；加大出水水质检测频次等一系列措施保障供水安全。

（四）布点情况

为全面掌握资江干流娄底至益阳段锑浓度变化情况，根据《突发环境事件应急监测技术规范》要求，按照"13353"原则，在娄底市（冷水江市和新化县）和益阳市（桃江、安化）共布设 15 个点位。同时涟溪河和青丰河支流布设 2 个入资江河断面。

（五）监测频次

浪石滩水电站坝下、涟溪河入资江断面、青丰河入资江口、大洋江入资江口、油溪河入资江口、坪口、柘溪水库（第一道截流大坝）、株溪口（第二道截流大坝）和瓦石矶（资江入洞庭湖）9 个断面监测频次为 1 次 /4 h；新化水厂、晓云渡口（自动站点）、京华村（自动站点）、桃江县一水厂（县级饮用水水源地）、二水厂（市级饮用水水源地）和益阳市四水厂 6 个断面监测频次为 1 次 /2 h。根据处置情况和污染物浓度变化态势动态调整监测频次。

（六）应急预案启动

9 月 2 日，娄底市政府召集娄底市生态环境局、娄底市住房和城乡建设局、娄底市水利局，召开资江流域锑异常情况工作会议，启动环境应急预案。

（七）保障调度情况

1. 人员分工
（1）监测指挥组
负责应急监测工作的指挥、组织、决策和调度，协调各地市生态环境监测（中心）站进行人员和技术支援。负责组织应急监测相关工作会商，根据环境事件具体情况，组织应急监测工作小组、抽调相关专家对突发环境事件应急监测工作进行指导帮助。
（2）现场监测组
第一时间了解突发环境事件具体情况，以及当地环境监测部门应急监测方案（监测因子、点位布设、采样频次等内容）等相关信息，按照监测方案要求完成样品采集及交接工作。
（3）实验室分析组
负责应急监测现场送达样品的实验室分析工作，测定项目为锑，做到随到随做，并根据应急监测方案要求及时编报实验室分析数据；参与应急监测相关工作会商，对事故监测因子、测试分析方法的选择等内容，提出意见或建议。
（4）质量保证组
负责应急监测质量控制与质量保证。

（5）综合信息组

负责和指挥部联系，做好信息上报和下传，及时了解现场情况，并根据相应的情况及时进行监测方案制定、监测点位调整，并负责监测数据的统计、分析及报告的编制。

（6）后勤保障组

保障监测人员的生活要求，保障应急防护设备的性能，保证现场监测—分析—报告上报各环节畅通，相关物资的购买和调配。

2. 设备

现场应急工作需要的车、船、采样桶、样品瓶等设备。

（八）仪器设备准备

实验室分析有原子荧光仪、等离子体发射光谱质谱仪、流动监测车。

（九）人员防护情况

现场应急监测配备安全帽、手套、套鞋、救生衣、手电筒、口罩、雨衣等装备；实验室监测配备白大褂、口罩、手套。

二、基本稳定阶段

（一）监测布点与监测频次

本阶段自9月5日开始，至9月12日结束，监测布点主要从常规和专项两个角度考虑。最初设置了15个常规监测断面，其中1个对照断面，14个控制断面（其中2个县级交界断面、1个市级交界断面、4个饮用水断面、7个常规地表水断面）。常规断面的设置，基本上可以较好地掌握和判断污染物的浓度变化态势。因专项工作设置的断面，主要服务于专项工作目的，其间主要设置了投药效果评估监测断面、手工在线与自动比对断面、污染物排查监测断面等。监测频次刚开始除饮用水断面为1次/2 h外，其余断面频次均为1次/4 h。根据处置情况和污染物浓度变化态势动态调整了监测频次。

（二）监测手段、设备与人员

本阶段，监测手段以手工监测为主，以自动监测为辅。样品分析以市级和县级监测站为主，同时借助移动监测车开展分析。采用的分析设备主要为原子荧光光度计和电感耦合等离子体质谱仪。本阶段参与应急监测的人员主要包括采样人员、分析人员、质控人员和综合技术人员。其中采样人员约3 000人次、分析人员约700人次、质控人员约100人次、综合技术人员150人次。出动应急监测车辆1 000台次。

（三）监测方案变化与调整

本阶段，监测方案进行了10次调整。调整内容主要基于以下3个方面。一是为了评估应急处置效果、了解柘溪水库锑浓度的分布情况、了解资江主要支流锑污染情况等增加的专项监测内容。二是根据应急处置效果和锑浓度变化态势对监测频次从高到低进行多次调整，以达到"用最少的监测资源获取最有代表性的监测信息"的目的。三是根据锑浓度变化情况，对资江干流常规监测断面进行适当的增减。

（四）监测结果与趋势预判

1. 监测结果

（1）主要控制断面监测结果

截至 2021 年 9 月 4 日 18 时，监测数据表明，4 个饮用水断面中，新化水厂的锑浓度均高于 0.005 mg/L 的标准限值，且浓度稳定在 0.008 mg/L 上下小幅波动；桃江县一水厂、益阳市二水厂和益阳市四水厂 3 个饮用水断面锑浓度变化不大，总体上低于 0.005 mg/L 的标准限值，个别数据略高于 0.005 mg/L 的标准限值。娄底和益阳的交界断面坪口断面锑浓度在 0.008 mg/L 左右，总体稳定。

（2）专项监测结果

在基本稳定阶段，为了支撑"更精准弄清楚污染来源、更全面掌握污染物变化情况和更全面评估投药效果"等管理决策，开展了一系列专项监测，以下列举 4 项有代表性的专项监测：

9 月 5 日，开展了一次冷水江北矿、南矿污水处理厂排查专项监测，设置 4 个监测点位，获取 4 个监测数据。监测数据结果表明，冷水江北矿污水处理厂、南矿污水处理厂进水口锑浓度为 2.149 7～7.218 9 mg/L，出水口锑浓度为 0.066 0～0.081 1 mg/L，出水均达标。

9 月 8 日 18 时至 9 日 18 时，开展了一次涟溪河与青丰河投药效果评估专项监测，分别获得 3 组和 12 组监测数据。监测数据结果表明，投药效果良好。其中涟溪河锑浓度去除效率约为 95.0%，青丰河锑浓度去除效率约为 93.5%。

9 月 8—9 日，开展了一次青丰河入河口至新化水厂的专项监测，共设置 3 个监测断面，9 个点位（每个断面设左、中、右 3 个点位），获得 36 个监测数据。监测数据结果表明，3 个监测点位的锑浓度为 0.004 3～0.011 3 mg/L。其中，9 月 8 日 3 个监测点位锑浓度均超过参考标准（0.005 mg/L）；9 月 9 日，除新化水厂取水口上游 200 m 的中垂线锑浓度超过参考标准外，其余点位均低于参考标准。

9 月 9 日 10 时至 11 时 43 分，资江干流益阳段开展了一次专项监测，监测数据结果表明，资江干流益阳段 13 个监测断面浓度为 0.005 3～0.007 3 mg/L，均超过参考标准（0.005 mg/L）。

2. 趋势预测

监测数据表明，截至 9 月 12 日，资江干流 4 个地表水饮用水断面锑浓度基本稳定。其中，新化水厂锑浓度自 9 月 10 日开始降至 0.004 7 mg/L，至 9 月 12 日，已经连续 3 日锑浓度稳定在 0.005 mg/L 标准限值以内。桃江县一水厂锑浓度稳定为 0.005 4～0.006 4 mg/L，平均浓度为 0.006 0 mg/L；益阳市四水厂锑浓度为 0.005 4～

0.006 7 mg/L，平均浓度为 0.006 0 mg/L；益阳市二水厂锑浓度为 0.005 2～0.005 9 mg/L，平均浓度为 0.005 6 mg/L。

根据以上监测数据，结合资江干流水文数据及柘溪水库锑浓度立体分布情况，专家作出以下预测：资江干流锑浓度基本稳定，波动不大，不会对饮用水安全造成威胁；资江干流娄底至益阳段全线锑浓度降至 0.005 mg/L 的标准限值以内，预计需要 2～3 个月。

（五）质量保证与质量控制

为了保证应急监测数据质量，应急监测指挥部制定了锑浓度异常应急监测质量控制措施，确保采样、样品处置、实验室分析等各环节受到控制，不定期进行实验室质量检查。在应急监测过程中，监测指挥部多次组织实验室比对监测，例如，娄底中心与益阳中心实验室间比对监测，手工监测与自动站仪器比对监测，娄底中心与冷水江和新化县监测站比对监测以及监测系统与住建系统等多种形式的比对监测，确保了应急监测数据真、准、全。

三、稳定达标阶段

自 9 月 13 日开始，本次应急事件进入常态化监测阶段，至 12 月 20 日结束。根据上级要求，娄底和益阳继续对资江干流主要监测断面和资江支流涟溪河断面、青丰河断面开展监视性监测。监测数据表明，自 10 月 21 日开始，资江干流娄底境内晓云渡口、新化水厂、坪口断面锑浓度稳定低于 0.005 mg/L，表明资江干流娄底段锑浓度已基本恢复到正常状态；自 12 月 2 日开始，资江干流益阳境内京华村、桃江县一水厂、益阳市四水厂、益阳市二水厂断面锑浓度稳定低于 0.005 mg/L，表明柘溪水库存水已经更替，下泄水质锑浓度稳定低于 0.005 mg/L，资江干流益阳段锑浓度已基本恢复到正常状态。自 12 月 7 日开始，资江干流娄底至益阳段全线水质达标。

（一）监测方案调整

本阶段共计编制了 2 期监测方案，其中优化调整 1 期。方案调整的内容为监测频次的动态调整。其中，资江干流 7 个断面的监测频次由 1 次/d 调整为 1 次/7 d；资江支流 2 个断面由 3 次/d 调整为 2 次/7 d，其余内容均未变化。调整的依据为资江干流 7 个断面锑浓度的变化趋势。

（二）质量控制

本阶段应急监测严格按照相关监测技术要求，每批样品采集不少于 10% 的平行样、全程序空白样；实验室空白、标准样品等，数据实行三级审核；组织流域上下游娄底益阳实验室间比对，组织各市、区、县间实验室间比对，开展手工监测与在线监测数据比对，开展了移动实验室与固定实验室间比对，组织了与社会化检测机构实验室间比对。综合、系统、全面地把控监测数据，确保数据真、准、全。为指挥部科学指挥提供强有力的数据支撑，为及时调整监测方案和治理方案保驾护航。

（三）特色监测——柘溪水库深水分层监测

1. 事件简介

湖南安化柘溪水库是湖南省第三大水库，位于资水中游安化县城上游 12.5 km，延绵 56 km，水面达 85 km²，两岸山峰对峙，山水相映，峡谷间水深不一，控制流域面积 22 640 km²，总库容 35.65 亿 m³。

据分析，自 2021 年 7 月 18 日至 8 月上旬冷水江锡矿山区域一直持续强降雨；同时，锡矿区域因道路施工，裸露面积较大，涟溪河河道护岸工程施工扰动底泥加剧了锑的溶出；流域锑本底值偏高等多方面原因导致锡矿山到益阳境内资江流域锑浓度异常，下游 4 个饮用水断面锑浓度超标，危及群众饮水安全。9 月 3 日，生态环境部应急工作组赴娄底、益阳会同省生态环境厅组成部省联合工作组开展应急处置工作。

为全面掌握资江流域污染程度，接应急指挥部指令，益阳中心从 2021 年 9 月至 12 月立足现有装备解决技术难题，先后对柘溪水库进行了 10 次分层锑浓度水质监测，从平口到柘溪水库大坝每 5 km 设置 1 个点位共布设 11 个点位，根据点位左、中、右实时水深对表层、中层、底层水质进行了监测，为事件处置及方案调整提供了有力依据。

2. 立足现有装备解决技术难题

面对水深达 160 多米的柘溪水库，库体水流相对较快，要开展深水左、中、右断面分层锑深度监测益阳中心还是首次，中心选派技术骨干携带现有"不锈钢直立式"深水采样设备在城区的梓山湖水库、资江干流及来泥湖选择最深水处进行深水分层采样试验，由于采样设备重量不够加上水流较快无法采到底层水样，何况柘溪水库水深 160 多米，益阳中心加急采购卡盖式深水采样器，同时对现有直立式深水采样器进行改造，增加配重，经多次验证，方法可行并首次成功采集到 85 m 深水样。后经多次与卡盖式深水采样器比对，依然采用自行改造的方法且成功地完成了此次专项监测的 10 次分层水质监测，为应急指挥部及时调整方案提供了数据支撑。

3. 事件前期柘溪水库分层监测

从 9 月 2 日至 10 月 26 日 7 批次 11 个点位的锑浓度水质监测数据分析，库区各点位锑浓度均值起伏，但维持在 0.006 1～0.008 3 mg/L 高位区间，参考《地表水环境质量标准》（GB 3838—2002）"表 3　集中式生活饮用水地表水源地特定项目"标准限值 0.005 mg/L，均超标 0.22～0.66 倍。数据显示，整个柘溪水库水质受锑污染，随着上游的治理和时间的推移水质呈向好趋势（图 1）。

4. 事件后期柘溪水库分层监测

11 月 7 日至 12 月 7 日，一个月内益阳中心开展了 3 次柘溪水库锑浓度分层水质监测，3 次监测均值分别是 0.005 7 mg/L、0.005 3 mg/L、0.004 9 mg/L，数据显示柘溪水库总体水质锑浓度在持续好转，可见应急指挥有力，处置得当，持续打好了下游益阳境内饮用水安全保卫战（图 2）。

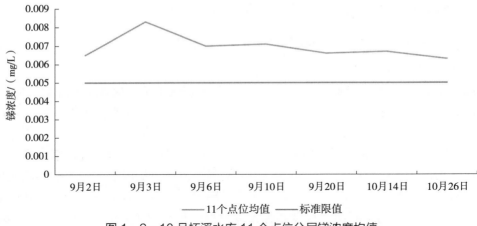

图 1　9—10 月柘溪水库 11 个点位分层锑浓度均值

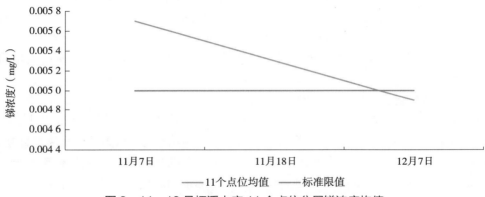

图 2　11—12 月柘溪水库 11 个点位分层锑浓度均值

历时 95 天，11 次柘溪水库水质分层监测的数据，确保了指挥部制定 13 期监测方案的科学性，随着柘溪水库及下游益阳境内水质逐渐好转，益阳境内监测点位从柘溪水库（第一道截流大坝）的 1 次 /4 h，株溪口（第二道截流大坝）的 1 次 /4 h，京华村（安化，桃江交界断面）的 1 次 /2 h（自动站点），桃江县一水厂（县级饮用水水源地）的 1 次 /2 h，益阳市四水厂的 1 次 /2 h，二水厂（市级饮用水水源地）的 1 次 /2 h，瓦石矶（资江入洞庭湖）的 1 次 /4 h，到仅保留京华村国控断面及饮用水水源地桃江县一水厂、益阳市四水厂、二水厂段面的 1 次 /d，再到京华村国控断面及饮用水水源地桃江县一水厂、益阳市四水厂、二水厂段面的 1 次 /d 直至全线稳定达标。

四、案件经验总结

本次应急监测共出动现场采样人员 5 442 人次，实验室分析、综合和后勤保障人员 3 280 余人次，质控人员 169 人次，车船 1 342 台次，出具监测数据 3 670 个。

（一）经验体会

1. 领导重视，指挥有力

事件发生后，生态环境部，湖南省委、省政府，娄底市委、市政府等各级领导高度重视，这是做好此次应急监测的前提。省委书记、省长分别作出指示批示，强调要采取有力有效措施，查明原因、找准源头，对资江流域相关水厂供水情况进行全面排查，确保饮水安全，维护社会稳定；分管副省长赴现场调度督导；生态环境部及中国环境监测总站领导、专家赴现场帮扶指导；娄底市委书记每日电话调度，对应急指挥部提出明确工作要求并督促推进；娄底市委副书记先后主持召开1次市委常委会、4次指挥部会议，3次部、省联合工作组对接会议，研究部署应急处置工作，并现场指挥督导检查。

2. 专业指导，科学监测

让专业的人做专业的事是做好此次应急监测的基础。接到应急指令后，湖南省生态环境监测中心第一时间成立了监测指挥部，综合信息组、现场监测组、实验室分析组、质量控制组和后勤保障组5个应急监测组相应成立，并实行24小时值班制，保证及时落实应急指挥部安排的应急监测任务及相关工作；应急综合信息组根据应急指挥部部署要求编制《"8·30"资江干流娄底至益阳段锑浓度异常应急监测方案》并下发到各级现场应急监测组，要求各组按方案落实现场采样、送样和分析等任务，并严格按照《突发环境事件应急监测技术规范》（HJ 589—2010）要求，根据处置工作进展和污染物浓度变化情况，以及应急监测不同阶段的工作重点，适时调整应急监测方案、科学布设采样点位、合理安排采样频次，及时分析、整理监测数据，为应急处置科学决策提供了强有力的数据支撑。

3. 整合资源，统筹安排

科学调度、合理配置监测力量是做好此次应急监测的保障。省中心充分发挥监测垂直管理优势，全盘统筹，合理调动娄底、益阳市县两级监测力量，科学调配第三方监测力量，确保应急监测工作有序、高效地开展。从娄底和益阳中心以及娄底各县市生态环境监测站抽调人员组成应急监测综合技术组；为缩减路程及时完成任务，要求冷水江和新化生态环境监测站按照地域原则承担了娄底区域内的主要应急监测工作，并抽调涟源和双峰生态环境监测站监测人员进行支援；调配力合科技（湖南）股份有限公司出动3个流动实验室（6台分析仪器）驰援娄底市和益阳市，就近接纳排查水样，为排查监测提供便利。

4. 成立临时党支部，发挥战斗堡垒作用

本次应急监测过程中，由湖南省生态环境中心、益阳中心、娄底中心、娄底市生态环境局冷水江分局、新化分局及涟源分局抽调人员组成的综合信息组，党员人数超过3人，为确保党组织始终战斗在应急监测第一线，充分发挥出党组织的"主心骨"作用，选举成立了临时党支部。在应急监测过程中，党员带头解决应急综合工作中遇到的重点难点问题，充分发扬艰苦奋斗、苦中作乐、协同作战精神，做表率，树榜样，带动综合信息组其他人员积极开展工作，圆满完成应急综合任务，党组织的战斗堡垒和党员的先锋模范作用尽显。这是把党旗插在应急监测一线上，把支部建在应急任务上的一次有益探索。

5. 重视质量管理，确保数据真、准、全、快、新

为保证应急监测数据质量，应急监测指挥部制定了锑浓度异常应急监测质控措施，确保采样、样品处置、实验室分析等各环节受到控制，并不定期地进行质量检查。应急监测过程中，监测指挥部多次组织开展实验室间比对监测，如娄底中心与益阳中心实验室间比对监测、手工监测与自动站仪器比对监测、娄底中心与冷水江和新化县监测站比对监测以及监测系统与住建系统比对监测，确保了应急监测数据的真、准、全、快、新。

6. 不同管理模式锤炼监测队伍，取得不同效果

通过本次应急监测，娄底和益阳两地环境监察队伍中现场监测人员得到实训，环境监测队伍得到极大锻炼，但因垂改模式不同，取得的效果也不一样。娄底中心主任不分管市局监测工作，应急监测工作由市局监测科技科统筹安排，娄底中心提供技术指导和进行质量监督，县级监测站作为主要监测力量，监测采样、分析和综合技术得到全面提升。益阳中心主任分管市局监测工作，主要监测分析任务由益阳中心承担，该中心电感耦合等离子体质谱仪的使用操作人员，由原来只有2人增长到8人；通过开展大一级水库库体水质监测，增加了益阳中心深层采样技能。

（二）问题与建议

1. 应急监测设备和队伍等能力建设有待进一步加强

事件处置过程暴露出娄底和益阳两地应急监测能力薄弱的问题。娄底冷水江市和益阳桃江县监测设备老化，无法满足高负荷的应急工作，运行一段时间后出现故障，导致应急监测数据滞后1天；同时，各县市监测应急人员储备不足，现场采样人员和实验室分析人员短缺，在高频次应急监测条件下，无法满足应急监测"三班倒"的要求。

建议：加强实验室硬件建设，区域重点因子监测设备做到"一用一备"，配备一些操作简单、实用性和可操作强的便携式仪器，减少实验室分析压力。加强监测人员培训，采用"学业务"和"重演练"的方式，一方面请专家对应急监测人员进行培训指导；另一方面组织开展应急演练，增加应急监测临场经验，通过双管齐下，提高人员思想认识和业务水平，提升监测队伍的应急监测能力。

2. 应急监测人员激励机制有待建立

本次应急监测任务十分繁重，全体一线监测人员发扬环保铁军精神，在困难与压力面前，不退缩、不推诿，不找借口、不谈条件，很多同志都是"白＋黑""5＋2"连续奋战，付出了大量艰辛与汗水。但由于政策不明朗，这些奋战在一线的同志并没有得到精神和物质方面应有的鼓励。

建议：加强政策研究，制定"应急监测人员加班补助办法"，给予加班人员适

当的加班补助；明确慰问制度，对一线应急监测人员进行现场慰问，给他们送去组织的关怀与温暖；实行表扬通报，根据应急事件的级别，由相应的生态环境管理部门以"表扬信""通报表扬"等方式对在应急监测工作中作出贡献的同志进行表彰。

3. 应急监测信息（报告、报表、快报、简报等）的推送时间、渠道与范围有待进一步明确

本次应急监测，对采样和分析的具体时间与频次规定得很明确，有力保障了采样和分析工作的有序、高效完成，但在应急监测信息推送方面仍有欠缺。例如，没有将信息报送的时间明确到几时几分，导致信息还处在三级审核阶段就有上级领导来催，容易造成越催越急、越急越乱、越乱越出错的后果。信息报送的人员和渠道在应急监测初期也不清晰，具体由综合信息组谁负责收集、报送，报送给谁也不明晰，导致初期信息报送不畅。

建议：在应急监测方案中明确信息报送的具体时间和信息报送人、接收人，在综合信息组内部明确信息报送渠道，确保信息报送及时、规范、准确。

4. 应急监测中、监测频次和监测点位调整有待进一步研究

在本次应急监测中，随着事件的处置和时间的推移，污染物浓度逐渐降低，环境影响逐渐消除，为避免造成监测公共资源浪费，适时将"采样高频次、断面高密集"的应急监测调整为"采样低频次、断面低密集"的应急监测显得十分必要，但在《突发环境事件应急监测技术规范》（HJ 589—2021）中只明确了应急监测终止的 3 条建议，没有给出监测频次和监测断面调整方面的标准和依据。因此，应急监测人员对"何时调""频次怎么降""监测点位（断面）怎么减"等都存在困惑，只能依靠中国环境监测总站和省中心的专家通过研讨的方式来确定。结果导致调整一方面带有一定的主观色彩和随意性，科学性和规范性有所欠缺；另一方面不利于在今后的应急监测中给大家提供具体的帮助和参考。

建议：加强应急监测中、监测频次和监测点位调整方面的研究工作，并将研究成果融入现有的规范中，为应急监测工作及时、规范、科学调整监测方案提供指导，力争用有限的监测资源获取最有效的监测信息。

5. 流域上下游突发水污染事件联防联控机制有待进一步完善

本次应急事件发生后，娄底市指导开展境内的应急处置工作，未及时向邵阳市、益阳市通报应急监测相关数据，邵阳市也未及时将境内污染源排查和应急监测情况通报下游娄底市，导致水源调度不及时。邵阳、娄底、益阳三地生态环境管理部门应急联动演练不足，联动不畅，需进一步完善快速有效的沟通渠道。

建议：签订跨区域联防联控合作协议，制定全流域突发环境事件应急预案，构建跨市的多部门、上下游协同作战的环境应急联动机制。

专家点评

一、组织调度过程

2021 年 7—8 月，湖南省娄底市锡矿山矿区因出现强降雨，含锑雨水淋溶液总量显著增加，锑污染物经过涟溪河和青丰河流入资江，导致资江干流娄底至益阳段出现锑浓度异常，下游沿线 4 个饮用水水源地受到一定影响，但并未造成饮用水取水安全事故。经排查，此次事件是一起因自然灾害引起的，由面源污染导致的跨市级行政区域影响的较大突发环境事件。事件发生后，生态环境部和湖南省委、省政府领导高度重视，第一时间作出指示批示，安排部省工作组赴现场帮扶指导。2021 年 9 月 2 日，湖南省生态环境厅正式启动省级应急监测。此次锑浓度异常应急监测严格按照《突发环境事件应急监测技术规范》（HJ 589—2010）和《重特大突发水环境事件应急监测技术规程》的要求进行，分析方法依据《水质　汞、砷、硒、铋和锑的测定　原子荧光法》（HJ 694—2014）、《水质　65 种元素的测定　电感耦合等离子体质谱法》（HJ 700—2014）的规定；所使用的仪器为原子荧光分光光度计和电感耦合等离子体质谱仪，断面设置、采样人员配备、采样船只保障、实验室设置和实验室分析人员配备基本上遵循了"13353"的原则。通过各级、各部门的共同努力，2021 年 12 月 2 日沿线饮用水水源地达标，12 月 7 日资江干流锑浓度全部恢复正常，事件得到了妥善处置。

回顾整个应急响应和监测过程，湖南省环境监测系统的应急组织调度工作展现出应对充分、指挥有力、方案科学、统一高效等特点，具体体现在以下 4 个方面：一是湖南省生态环境厅首先启动省级应急预案，省生态环境厅直接参与应急指挥调度，同日娄底市政府召集娄底市生态环境局、娄底市住房和城乡建设局、娄底市水利局，召开资江流域锑异常情况工作会议，启动环境应急预案，多部门协同应对；二是整个应急过程严格按照《突发环境事件应急监测技术规范》（HJ 589—2010）的要求，按照"13353"原则开展；三是制定的应急监测方案充分考虑了不同时段事故对断面水质的影响，同时紧密结合应急指挥部的决策需要，及时作出优化调整，确保了应急处置不同阶段应急监测方案的科学性；四是在对湖南安化柘溪水库应急监测过程中，立足现有装备解决技术难题，先后对柘溪水库进行了 10 次分层锑浓度水质监测，从平口到柘溪水库大坝每 5 km 设置 1 个点位共布设 11 个点位，根据点位左、中、右实时水深对表层、中层、底层水质进行了监测，为事件处置及方案调整提供了有力依据。

二、技术采用

（一）监测项目及污染物确定

该案例中监测项目明确，就是锑。

（二）监测点位、监测频次和监测结果评价及依据

1. 监测点位布设

应急监测过程中对点位布设的原则把握准确、目标清晰、针对性强，紧密围绕应急处置工作需要，在不同应急监测阶段对地表水点位和水库分层次采样适时作出补充和优化调整。

2. 监测频次确定

监测频次的确定兼顾了初期应急处置急迫形势的需要和后期可持续跟踪事态发展的需要。监测初期开展加密监测，此后逐阶段优化降低了监测频次，既满足了污染物动态变化趋势监测分析的需要，又保证了监测工作的有序和可持续开展。

3. 监测结果评价及依据

监测过程中，严格按照《地表水环境质量标准》（GB 3838—2002）对监测结果进行评价。

（三）监测结果确认

案例中，不同阶段在应急监测方案制定、人员、分析方法、仪器设备、数据报出等方面均进行了质量控制，全过程均采取了严格的质量保证和质量控制措施。样品分析过程严格采用空白样品分析、平行样分析、标样测试、加标回收等方式进行质量控制等经验做法值得学习。

（四）报告报送及途径

案例在问题及建议部分对报告的报送及途径方面提出了很好的建议。

（五）提供决策与建议

案例在此方面的总结偏弱。

（六）监测工作为处置过程提供的预警等方面

案例在流域上下游突发水污染事件联防联控机制方面提出了很好的建议：完善签订跨区域联防联控合作协议，制定全流域突发环境事件应急预案，构建跨市、多部门、上下游协同作战的环境应急联动机制。

三、综合评判意见，后续建议

（一）综合评判意见

案例主要内容涵盖了初期应对阶段、基本稳定阶段、稳定达标阶段、案件经验总结4个方面，较为系统完整地回顾了应急监测全过程，尤其是针对应急监测不同阶段方案的具体调整过程和内容，此次事件是由于矿区出现强降雨，矿区土壤受雨水冲刷，含锑雨水淋溶液形成面源污染，导致的跨市河流断面锑浓度异常，影响下游沿线4个饮用水水源地。

在事件的初期应对阶段，当地生态环境部门迅速对娄底市锡矿山区域5座较大的污水处理厂采取"实行锑浓度特别排放限值"管制措施；对15处锑浓度较高的地表水或地下水采取封堵、截流、引流等措施，以此截断污染源头。娄底市对锡矿山区域内涉锑企业实施全面停产，在支流修建拦污坝和应急处理设施，最大限度地阻断超浓度水体进入资江。按照"13353"原则，在资江干流布设15个监测断面，并布设2个支流入资江断面，迅速掌握了流域水体污染整体情况；在基本稳定阶段，不断优化断面布设，加强专项监测，根据处置情况和污染物浓度变化趋势动态调整了监测频次，较好地掌握了污染物的浓度变化趋势和污染处理效果情况；在稳定达标阶段，对干流和支流关键断面进行监测，重点关注下游4个水厂取水口水质，确保饮用水安全；其间，针对安化柘溪水库库容量较大，改装了现有深水采样设备，先后开展10次分层水质监测，为应急指挥部及时调整方案提供了数据支撑。

本案例对处理流域水体重金属面源污染事件具有很好的参考意义。

（二）建议

1. 案例中增加点位布设图。

2. 增加应急工作的场景照片等。

案例 15

湖南洞口县平溪河锑异常事件应急监测

类　　别：水质环境污染事件

关键词：水环境　锑污染　饮用水水源地　应急监测

摘　　要：2021 年 1 月 19 日，洪江市辖区企业超标排放废水导致平溪河邵阳段 50.1 km 的干流受到不同程度的锑污染，直接威胁洞口县二水厂饮用水安全。洪江市启动突发环境事件Ⅳ级响应，邵阳市启动突发环境事件Ⅲ级响应。省、市、县三级生态环境监测机构和委托的社会化检测机构共同开展应急监测活动。本次应急监测历时 14 天，制定应急监测方案 9 期，出动监测人员 3 360 人次，布设监测断面（点位）120 个，采用原子荧光法、电感耦合等离子体质谱法、分光光度法，获取监测数据 2 697 个，出具各类监测报告 138 期。较好地实现了快速及时、准确可靠、数据说话、支撑决策的应急监测目的。

一、初期应对阶段

（一）锑元素

锑是一种带有银色光泽的灰色金属，对人体及环境生物具有毒性作用，被怀疑为致癌物，锑及其化合物已经被许多国家列为重点污染物。锑及其化合物的毒性取决于其存在形式，不同锑化合物的毒性差异很大。锑及其化合物可以通过呼吸道、消化道或皮肤等途径进入人体，从而引起锑中毒。

（二）流域简况

事件涉及的地表水主要是资江流域的赧水、平溪河和响溪。赧水是资江一级支流，平均水流量为 100 m³/s；发源于邵阳市城步县青界山主峰，由西南向东北流经武冈、洞口、隆回县境，至邵阳县双江口与资江南源夫夷水汇合，长 188.7 km，流域面积 6 884 km²，平均坡降为 0.96‰；平溪河是赧水一级支流，资江二级支流，发源于怀化市洪江市洗马乡龙溪坳，干流全长 100 余千米，流域面积 2 300 km²，河口处年均流量 76 m³/s；响溪是平溪河一级支流，自北向南在洪江市塘湾镇汇入平溪河，响溪入平溪河口的水流量为 1.25 m³/s。本事件主要污染源排放企业的污水处理站位于响溪入河口上游 4.8 km 处。

受事件影响的平溪河流经洞口县、隆回县约 77.2 km 的河段范围内，水流量不大，补给水源少，水电站（坝）多，共 21 座，其中位于饮用水水源上游的有 15 座（图 1）。建设在平溪河的洞口县二水厂，位于洪江市与洞口县交界断面下游约 41.9 km 处，于 2018 年划定为饮用水水源保护区。

扫码查看
高清彩图

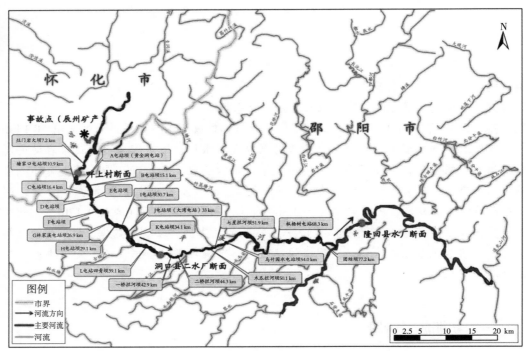

图 1　事发地水系示意图

（三）应急监测启动

2021 年 1 月 19 日，邵阳生态环境监测中心报告称，在洪江市塘湾镇与邵阳市洞口县江口镇的交界断面开展例行监测过程中，发现交界断面畔上村锑浓度值为 0.037 mg/L，下游 41.9 km 处的洞口县二水厂取水口锑浓度值为 0.006 5 mg/L，超过《地表水环境质量标准》（GB 3838—2002）表 3 限值（0.005 mg/L）0.3 倍，威胁洞口县城居民用水安全。邵阳市政府启动了突发环境事件Ⅲ级响应，洪江市启动了突发环境事件Ⅳ级响应。事件上报湖南省生态环境厅后，省生态环境厅派驻专家组于 20 日下午到达洞口县指导应急处置，提出保障饮用水水源安全、降低污染物浓度、查找污染源 3 项工作目标。

湖南省生态环境监测中心、怀化和邵阳驻市生态环境监测中心接到指示后，立即按照应急监测程序联合成立了 6 个工作小组，紧紧围绕应急处置工作目标启动应急监测工作。监测指挥组负责应急监测工作的指挥、组织、决策、调度和协调，组织调度各地市生态环境监测（中心）站进行人员和技术支援。负责组织应急监测相关工作会商，根据环境事件具体情况，组织应急监测工作小组、抽调相关专家对突发环境事件应急监测工作进行指导帮助；现场监测组负责第一时间了解突发环境事件具体情况，以及当地环境监测部门应急监测方案（监测因子、点位布设、监测频次等内容）等相关信息，按照监测方案要求完成样品采集及交接工作；实验室分析组负责应急监测现场送达样品的实验室分析工作，做到随到随做，并根据应急监测方案要求及时编报实验室分析数据；参与应急监测相关工作会商，对监测因子、测试分析方法的选择等内容提出意见或建议；质量保证组负责数据的审核，并报至综合信息组；综合信息组负责监测数据的统计、分析及报告的编制；后勤保障组负责应急监测的车辆调度及相关物资的购买调配。

（四）应急监测方案

根据应急指挥部确定的查找污染源的工作目标，在监测初期，应急监测工作重点就是迅速确定污染来源，查清污染程度，锁定污染范围。第 1 期《监测方案》以事发地洪江市响溪入平溪河交汇处为起点，至邵阳市洞口县木瓜桥为终点，总长约 50.1 km 的河段，设置各类监测断面 7 个（图 2），监测因子为锑。监测频次为背景断面为

扫码查看
高清彩图

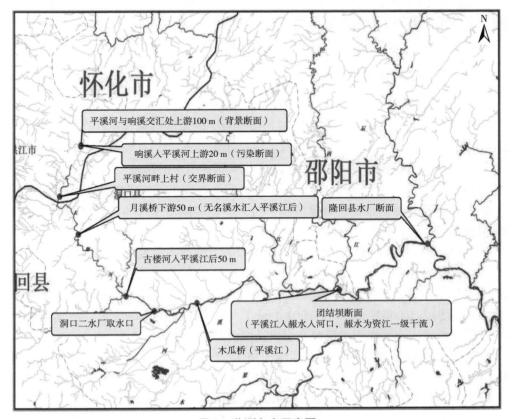

图 2　监测布点示意图

1 次 /d, 支流断面为 1 次 /6 h, 干流断面为 1 次 /2 h。监测方法为《水质 汞、砷、硒、铋和锑的测定 原子荧光法》(HJ 694—2014)和《水质 65 种元素的测定 电感耦合等离子体质谱法》(HJ 700—2014),使用的监测仪器为原子荧光分光光度计和电感耦合等离子体质谱仪。污染源排查的点位和断面由排查单位自行另设方案,不受本方案限制。地表水评价标准参考《地表水环境质量标准》(GB 3838—2002)表 3 标准限值 0.005 mg/L;废水评价标准采用《锡、锑、汞工业污染物排放标准》(GB 30770—2014)表 2 标准限值 0.3 mg/L。样品采集要求地表水中锑元素分析溶解态含量,样品现场过滤后加固定剂,实验室分析前不消解;废水中锑元素分析总量,样品现场不过滤,实验室分析需消解;每批次样品均采集全程序空白样品,现场平行样品不少于 10%;方案同时要求现场监测采样人员根据工作场所情况做好相关防护工作,如救生衣、防护服、面罩等。具体分工:根据属地原则,怀化监测中心除负责排查辖区内污染源外,同时承担 3 个断面的监测任务;邵阳生态环境监测中心除负责排查辖区内污染源外,还负责平溪河干流污染程度及污染范围的确定;交界断面畔上村由怀化监测中心和邵阳监测中心共同负责同步采样监测。

1 月 21 日,生态环境部应急中心工作组抵达洞口县指导应急处置工作。根据前期实时监测数据,结合《重特大突发水环境事件应急监测工作规程》先后调整优化了 3 期(第 2~4 期)应急监测方案。将平溪河干流监测断面从 7 个逐步增加到 13 个,并在第 3 期监测方案中确定排查监测断面(点位)20 个,涵盖了地表水、地下水和废水,分别由怀化片区承担 14 个,邵阳片区承担 6 个。

(五)应急监测结果

1. 排查监测结果

1 月 19—20 日,怀化片区在污染源初步排查中的监测结果显示:在平溪河与响溪交汇处以上的干流及支流中均未检出锑;洪江市辰州矿产品有限责任公司废水处理站总排放口出水锑浓度值高达 4.31 mg/L;尾砂库涵管出水的锑浓度值高达 0.223 mg/L;厂区渠道水中的锑浓度值为 0.072 5 mg/L;上述含锑废水经响溪汇入平溪河后,随着流经距离的延伸,锑浓度值呈逐渐衰减趋势。根据监测结果判断:平溪河干流锑污染主要来自洪江市辰州矿产品有限责任公司的废水排放。

1 月 19—20 日,邵阳片区在平溪江干流及其支流排查的监测结果显示:平溪河邵阳市境内除江口镇上小溪的锑浓度值为 0.080 5 mg/L 外,其他各支流水体锑浓度值均低于参考标准限值,浓度为 0.000 15 L~0.001 5 mg/L;江口锰矿矿井涌水和矿区水池锑浓度值分别为 0.000 8 mg/L 和 0.001 4 mg/L,均低于排放标准限值。根据监测结果判断:邵阳市境内也存在对平溪河锑异常造成贡献值的地表水支流。

1 月 21—22 日,邵阳片区对平溪河干流 17 个水电站坝前断面水质排查结果显示(图 3):仅有 3 座电站断面锑浓度值达到参考标准限值,其余 14 座电站断面锑浓度值均超过参考标准限值,浓度为 0.005 6~0.043 0 mg/L,超标 0.1~7.6 倍。其中 10 个锑浓度值超标的断面位于洞口县二水厂上游,锑浓度值超标 5 倍以上的断面有 6 个。

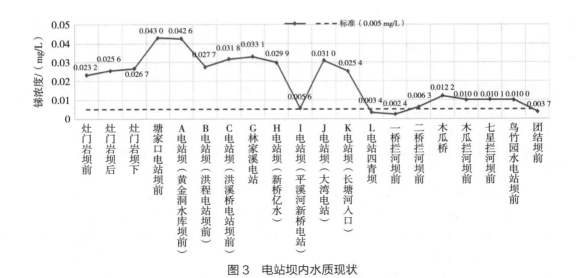

图3　电站坝内水质现状

2. 干流监测结果

截至 1 月 23 日 18 时，平溪河干流所有监测断面锑浓度值均不同程度超标。其中 4 个重点监测断面的态势如下。交界断面畔上村锑浓度为 0.011 2~0.048 2 mg/L，全时段超标 1.2~8.6 倍；木瓜桥断面，锑浓度值为 0.006 0~0.010 1 mg/L，全时段超标 0.2~1.0 倍；古楼河入平溪江 100 m 断面，锑浓度值在参考标准限值上下波动，有 1 个监测时段超标 0.12 倍；团结坝断面，锑浓度值为 0.001 5~0.005 8 mg/L，有 1 个监测时段超标 0.16 倍。平溪河干流锑浓度值整体呈下降趋势（图 4）。

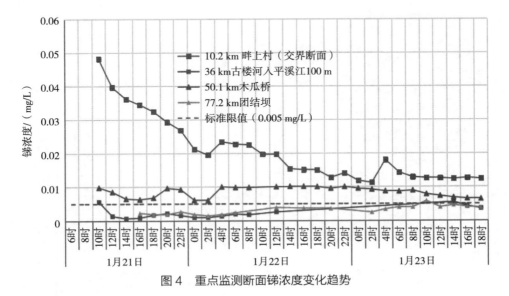

图4　重点监测断面锑浓度变化趋势

3. 监测数据应用

依据怀化片区的监测数据，怀化应急指挥部采取了以下控制污染排放的应对措施：

一是将排污企业矿洞进行彻底封闭，杜绝井下矿洞水外排；二是将尾矿库渗水、涵洞排水全部收集进入废水处理站进行处理；三是在废水处理设施恢复正常之前将未处理达标的废水泵回尾矿库暂存不外排；废水处理设施恢复正常后，严格按省生态环境厅指导组确定的锑临时排放限值 0.07 mg/L 排放；四是在企业废水处理站总排口下游汇入响溪前筑起 3 道活性炭拦水坝，对溪水进行净化处理；五是指导督促企业迅速改造和完善污水处理设施，聘请专业环保公司专家现场调试和指导，争取污水处理设施尽快恢复正常运行；六是对企业不正常运行污染防治设施和超标排放污染物的违法行为依法立案查处。

依据邵阳片区的监测数据，邵阳应急指挥部采取污染截流与清水补充的应对措施，利用平溪河干流有多级电站的特点，洞口县水利局要求交界断面畔上村下游的 9 座电站全部停止发电，关闸蓄水，只保留生态下泄流量，以减少含锑来水对下游洞口县二水厂取水口水质的影响。同时制定《洞口县平溪河水污染突发事件应急处置调水方案》，要求平溪河干流交界断面畔上村下游各支流上的电站停止发电，开闸放水，加大平溪河干流水流量，增强稀释作用，以保证洞口县二水厂取水口水质达标。

二、基本稳定阶段

（一）监测方案调整

随着控制污染排放措施和调水方案的实施，应急监测工作的重点转变为对污染排放治理效果的评价和对水体污染净化程度及变化趋势的跟踪。1 月 24 日第 5 期应急监

扫码查看
高清彩图

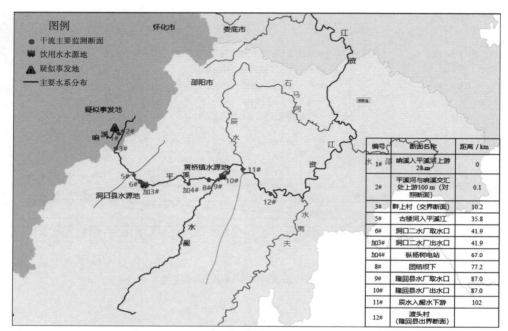

图 5　监测断面示意图

测方案将平溪河干流监测断面由 13 个优化调整为 12 个（图 5）；调用 2 台应急监测车分别在畔上村和洞口县设置应急监测实验室，分别采用电感耦合等离子体质谱法、分光光度法就近监测水质样品，分析人员由社会化检测机构力合公司承担。怀化片区除负责监测排污企业污染源控制及污染治理情况外，继续排查响溪流域可能遗漏的其他污染源；邵阳片区除负责监测干流水体污染净化程度及变化趋势外，继续负责跟踪水电站坝前断面水质变化情况。

（二）结果趋势分析

根据怀化片区监测数据得出以下判断：一是活性炭坝净化溪水中的锑效果不佳。活性炭坝前水体锑浓度值为 0.570 0 mg/L，坝后水体锑浓度值仍然为 0.579 7 mg/L。二是排污企业改造完善后的污水处理设施在专业环保公司专家指导运行下处理效果明显。总排放口废水锑浓度值由 1 月 19 日的 4.31 mg/L 降至 1 月 26 日的 0.075 6 mg/L，接近锑临时排放标准限值 0.07 mg/L 的要求。三是响溪流域为锑金矿脉带，水体环境中锑的本底值较高。布设在响溪不同监测点位的锑浓度值为 0.20～0.44 mg/L。四是农户在自家住房内非法选金，废水排入响溪污染水体。生产现场废水收集池锑浓度值为 2.486 mg/L，溢流口废水锑浓度值为 0.177 5 mg/L。五是控制污染排放的整体措施达到了预期的效果。污染监控断面（响溪入平溪河上游 20 m 处）的锑浓度值由 1 月 19 日的 0.830 mg/L 降至 1 月 26 日的 0.151 6 mg/L。

根据邵阳片区监测数据得出以下判断：一是平溪河干流锑浓度值整体呈下降趋势。交界断面（畔上村）锑浓度值由 1 月 24 日的平均 0.028 2 mg/L 降至 1 月 26 日的平均 0.007 6 mg/L（图 6）。二是平溪河干流电站坝内水体受锑污染的水量较多，处理难度较大。1 月 25 日监测 17 座电站坝前断面，仅有 4 个断面的锑浓度值符合参考标准限值，其余 13 个断面锑浓度值为 0.005 7～0.031 8 mg/L，是参考标准限值的 1.14～6.36 倍，预计总水量达 300 万 m³（图 7）。三是平溪河干流锑浓度值受调水影响显著，

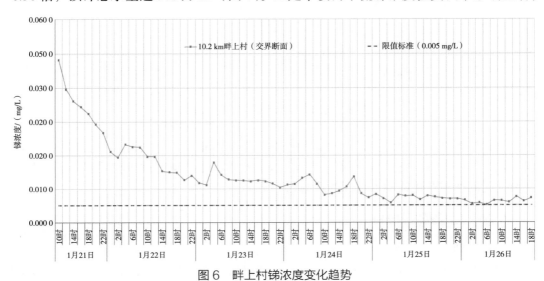

图 6　畔上村锑浓度变化趋势

稀释是实现水体净化目标的有效途径。1月23日16时，平溪河干流实施有序调水方案期间，洞口县二水厂取水口锑浓度值出现较大幅度波动，1月24日起锑浓度值在超标0.64～8.67倍波动，至1月27日6时锑浓度值降至0.001 1 mg/L，符合参考标准限值（图8）。

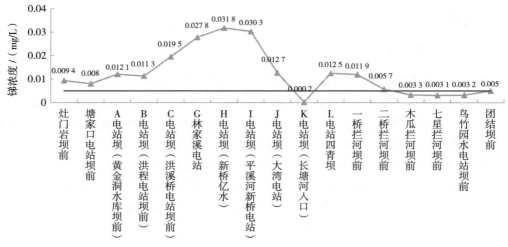

图7　电站坝内水质状况

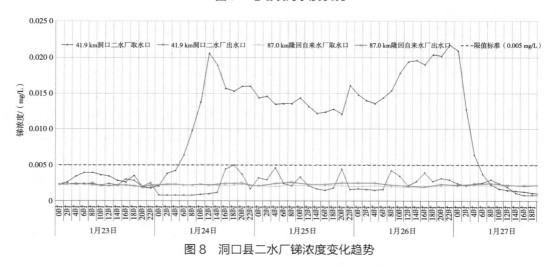

图8　洞口县二水厂锑浓度变化趋势

应急指挥部依据上述判断，一方面及时督促排污企业污染完善治理设施和优化治理工艺，另一方面科学调度平溪河干流各级电站下泄水流量，逐步实现了降低企业污染物排放浓度和净化饮用水水源的目的。

（三）质量保证措施

1. 基本要求

应急监测的全过程严格按照《突发环境事件应急监测技术规范》（HJ 589—2010）

实施。参与应急监测的监测机构、监测人员、监测仪器与设备设施等按照《检验检测机构资质认定能力评价　检验检测机构通用要求》（RB/T 214—2017）、《环境监测质量管理技术导则》（HJ 630—2011）、《固定污染源监测质量保证与质量控制技术规范》（HJ/T 373—2007）的相关内容执行。

2. 现场采样质量控制

地表水采样按照《地表水和污水监测技术规范》（HJ/T 91—2002）的相关规定执行；废水采样按照《污水监测技术规范》（HJ 91.1—2019）的相关规定执行；采样前，对保存剂进行空白试验，检验其纯度和等级是否达到分析方法的要求；对采样器具和样品容器质量应进行抽检，合格后方可使用；每批次水样至少采集 1 个全程序空白样品；每批次水样采集不少于 10% 的现场平行样品。

3. 实验室分析质量控制

采用原子荧光法测定水样时，每批样品测定 2 个实验室空白样，每测定 20 个样品增加测定实验室空白样 1 个；确保全程空白样品的测试结果小于方法检出限 2 μg/L；每次样品分析均绘制校准曲线，做到校准曲线的相关系数≥0.995；每测完 20 个样品进行 1 次校准曲线零点和中间点浓度的核查，确保测试结果的相对偏差不大于 20%；确保平行双样测定结果的相对偏差不大于 20%；每批样品至少测定 1 个有证标准样品，确保结果在允许范围内。

实验室采用电感耦合等离子体质谱法测定水样时，每次均绘制校准曲线，使相关系数达到 0.999 及以上；每次分析时监测内标的强度，确保试样中内标的响应值介于校准曲线响应的 70%～130%；每批样品至少做 1 个全程序空白及实验室空白，确保空白值低于方法检出限 0.152 μg/L 或低于最低测定值的 10%；每分析 10 个样品分析 1 次校准曲线中间浓度点，确保测定结果与实际浓度值相对偏差＜10%；每批样品分析完毕后进行 1 次曲线最低点分析，确保测定结果与实际浓度值相对偏差＜30%；确保平行双样的测定结果的相对偏差＜20%；在每批样品测定中使用有证标准样品，确保测定值在允许范围内。

交界断面（畔上村）由怀化片区和邵阳片区同步采样监测，实时比对分析数据结果，均符合质控要求。对临时车载实验室的分析工作实施质量监督，由怀化监测中心对每批畔上村交界断面的水样与畔上村车载实验室进行平行比对分析，结果符合质控要求。

4. 监测报告质量控制

监测报告严格实行三级审核。

（四）困难解决途径

本次应急监测在开展初期就面临严重的困难，导致监测数据无法及时快速出具。一是事件发生地洪江市和洞口县的环境监测站应急监测能力严重缺失，不具备样品检测能力；二是怀化监测中心和邵阳监测中心距事发地的空间距离较远，采样、送样往返一次需要四五小时，严重影响监测工作效率；三是市、县监测机构的专业技术人员普遍不足，无法满足高负荷的采样、送样和样品分析工作。为了克服监测数据延迟造成应急指挥部对事件态势研判和处置决策的影响，怀化片区和邵阳片区分别抽调、整合属地县级监测的骨干力量参与监测工作，缓解人员不足的压力；省监测中心调用 2 台应急监测车并委托社会化检测机构力合公司负责样品分析，分别在畔上村和洞口县设置了临时应急监测实验室，保证了重点监控断面监测数据的及时出具。以上措施虽然在一定程度上缓解了监测工作的压力，但仍然无法全面落实《重特大突发水环境事件应急监测工作规程》中提出的"13353"原则要求（1 个监测点位配备 3 辆采样车、3 组采样人员；每 50 km 布设 1 个实验室；每个实验室配备 3 组检测人员）。

三、稳定达标阶段

（一）监测方案调整

自 1 月 27 日 6 时起，洞口县二水厂取水口断面锑浓度值大幅降至参考标准限值以下，标志着应急指挥部确定的保障饮用水水源安全的应急处置工作目标最终得以实现（图 8）。应急监测工作重点也随之转变为跟踪监测污染源控制成效的持续性和流域水体净化效果的稳定性。1 月 28 日 10 时起，应急指挥部根据已经取得的应急处置工作成效和实时监测数据的应用效果，为缓解应急监测工作压力，节约应急资源，开始调整后续监测方案：1 月 28 日 10 时实施的第 6 期监测方案将监测断面数由前期的13 个调整为 9 个；1 月 30 日 8 时实施的第 7 期监测方案将前期方案中的 9 个监测断面中监测频次为 1 次 /2 h 的全部调整为 1 次 /8 h；2 月 1 日 12 时实施的第 8 期监测方案再次降低监测频次为 1 次 /24 h；2 月 4 日 12 时实施第 9 期方案，保留前期的 9 个监测断面，监测频次为 1 次 /3 d。

以上监测方案的调整不涵盖怀化监测中心和邵阳监测中心在各自分工范围内自主开展的排查监测任务。

（二）结果趋势分析

根据怀化片区监测数据得出以下结论：一是排污企业改造完善后的污水处理设施，在正常运行状态下完全具备污染物达标排放的能力。废水总排放口锑浓度值由1 月 26 日的 0.075 6 mg/L 降至 1 月 31 日的 0.017 0 mg/L，之后的 2 月 1—4 日总排放口锑浓度值为 0.005 0～0.012 7 mg/L，全部符合锑临时排放限值 0.07 mg/L 的要求。二是响溪水体中锑的天然本底值较高。污染监控断面（响溪入平溪河上游 20 m处）的锑浓度值，随着前期废水总排放口锑浓度值的降低变化显著，由 1 月 26 日的 0.151 6 mg/L 降至 2 月 1 日的 0.056 9 mg/L。当 2 月 1—4 日总排放口锑浓度值为0.005 0～0.012 7 mg/L 时，监控断面锑浓度值稳定在 0.051 7～0.080 7 mg/L 不再下降。三是排污企业废水达标排放后，响溪较高的锑本底值对平溪河水质不造成实质性影响。2 月 4 日 12 时监测数据显示，当企业总排放口锑浓度值为 0.005 0 mg/L、监控断面锑浓度值为 0.080 7 mg/L 时，平溪河交界断面畔上村的锑浓度值为 0.002 9 mg/L，符合参考标准限值 0.005 mg/L 的要求。

根据邵阳片区监测数据得出以下结论：一是平溪河干流水体水质恢复正常。交界断面（畔上村）锑浓度值由 1 月 24 日的平均 0.028 2 mg/L 降至 1 月 30 日 22 时的 0.002 9 mg/L；重点保护断面（洞口县二水厂取水口）自 1 月 27 日 6 时起至 2 月 1 日 0 时的锑浓度值稳定在 0.000 5～0.003 7 mg/L，全部优于参考标准限值；二是邵阳市启动的突发环境事件Ⅲ级响应已经具备终止条件。1 月 30 日 22 时交界断面（畔上村）的锑浓度值降至 0.002 9 mg/L，宣告了平溪河干流水体所有断面锑浓度值均符合参考标准限值。至 2 月 1 日 16 时交界断面（畔上村）连续 4 次锑浓度值为 0.002 6～0.004 4 mg/L，符合《重特大突发水环境事件应急监测工作规程》规定的应急监测终止条件，即"最近一次监测方案中全部监测点位的连续 3 次监测结果达到评价标准"。

（三）监测数据应用

邵阳市人民政府于 2021 年 2 月 1 日 16 时终止突发环境事件应急响应。应急指挥部于 2 月 4 日 12 时实施第 9 期方案，保留前期的 9 个监测断面，调整监测频次为 1 次 /3 d。洪江市人民政府于 2021 年 2 月 9 日 24 时终止突发环境事件应急响应。至此，本事件的应急监测工作全部终止。后续监测工作按照职责分工转入常态化监测，即对排污企业实施日常监视性监测，对地表水恢复例行监测，随机对排污企业和地表水开展巡查性监测。

四、案件经验总结

（一）经验与体会

一是领导重视、响应迅速，为应急处置确立了指导思想。生态环境部高度重视，时任副部长翟青作出批示，生态环境部工作组（生态环境部华南所、中国环境监测总站专家）于 1 月 21 日赶赴现场；省委、省政府高度重视，陈文浩副省长 1 月 21 日就此次事件做了批示；省生态环境厅高度重视，时任厅长邓立佳 1 月 20 日要求迅速查源，保障饮水安全，黄宇副厅长亲赴现场调度指挥；怀化、邵阳两地各级政府高度重视，怀化市、邵阳市市长、生态环境局局长均在事发第一时间赶赴现场进行指导部署。

二是多方联动、形成合力，为应急处置提供了有生力量。国家环境监测总站应急监测专家组赴现场实施权威技术指导；省生态环境厅现场工作组指导协调地方政府开展应急处置工作；地方各级人民政府相关部门在应急处置工作中各司其职；省监测中心统筹调度驻市监测中心及县级监测站为应急处置提供数据支撑；社会化检测机构及时弥补应急监测技术力量的不足。

三是科学监测、精准治污，为污染控制与治理提供了数据支撑。应急监测各阶段目标明确，重点突出，分工合理，既有统一行动，又充分发挥主观能动性；应急监测始终以服务污染控制和治理为中心，科学制定应急监测方案并根据污染情况的变化，不断优化、调整，及时、准确地提供监测数据，为应急处置的精准治污提供可靠的数据支撑。

四是整合资源、取长补短，是及时、有效落实应急处置措施和顺利完成监测任务的关键。参与本次应急处置的部、省、市、县生态环境监测机构和社会化检测机构达16家；社会化检测机构和治理机构的人员及技术优势在本次应急处置工作中起到了重要的作用。

（二）问题与建议

一是应急监测程序有待规范，这是明确职责分工，提高处置效率的保证。要严格落实应急监测分级响应责任。《国家突发环境事件应急预案》规定："初判发生较大突发环境事件，启动Ⅲ级应急响应，由事发地设区的市级人民政府负责应对工作；初判发生一般突发环境事件，启动Ⅳ级应急响应，由事发地县级人民政府负责应对工作。""当事件条件已经排除、污染物质已降至规定限值以内、所造成的危害基本消除时，由启动响应的人民政府终止应急响应"；要及时修订和完善应急监测预案。根据属地环境风险因素变化，及时修订和完善应急监测预案，不断提高预案的指导性、针对性和可操作性。

二是应急监测保障亟待加强，这是未雨绸缪、万无一失的需要。应急监测能力建设亟待加强。市、县环境监测机构的现有人员、装备、技术能力完全不能适应当前应急处置工作的需要；应急监测工作经费必须保障，地方各级政府没有在财政预算中保障足够的应急工作经费；应急监测物资储备要全面充足，各级政府相关应急部门没有事先掌握应急处置需要的各类物资的分布和储备情况，需要临时查找和采购；要充分体现应急监测预案的作用，现有应急监测预案在实际应急处置工作中的指导性、针对性、可操作性均不强。

三是监测手段急需更新，这是胜任当前应急监测工作的迫切需要。要与时俱进地配备和应用先进监测装备。市、县环境监测机构的现场自动监测仪器、无人机、无人船、应急监测车、水质自动监测车、应急监测指挥车等先进监测装备的配备和使用严重不足；要加快完善监测方法、排放、评价标准的步伐。现有应急监测方法、排放、评价标准不能满足当前应急监测和处置工作的需要。

四是应急监测的辅助工作有待加强，这是总结和提升应急监测工作的基础。要规范应急监测工作的过程记录，关注应急监测工作的敏感性，采用文字、录音、录像、拍照等手段，多视角、多场景、全过程真实记录应急监测工作过程，为事后总结和提升应急监测工作积累基础资料；要重视应急监测工作的宣传和舆情引导，在开展应急监测的同时，要严格按照规定程序及时公开监测数据，正确引导舆论导向，保证公众知情权，确保社会稳定和监测工作的正常开展。

专家点评

一、组织调度过程

案例事件是邵阳生态环境监测中心 2021 年 1 月 19 日在洪江市塘湾镇与邵阳市洞口县江口镇的交界断面开展例行监测过程中发现的。事件通报给邵阳市政府和洪江市政府后，两地分别启动了突发环境事件Ⅲ级响应和Ⅳ级响应。事件上报湖南省生态环境厅后，省生态环境厅派驻专家组于 20 日下午到达洞口指导应急处置，提出保障饮用水水源安全、降低污染物浓度、查找污染源 3 项工作目标。

回顾整个应急响应和监测过程，湖南省环境监测系统的应急组织调度工作展现出应对充分、指挥有力、方案科学、统一高效等特点，具体体现在以下 4 个方面：一是省生态环境厅首批派驻应急队伍中除了应急人员还加入了相关专家，省监测中心调用 2 台应急监测车并委托社会化检测机构力合公司负责样品分析，分别在畔上村和洞口县设置了临时应急监测实验室，保证了重点监控断面监测数据的及时出具。二是领导重视、响应迅速，为应急处置确立了指导思想。生态环境部高度重视，时任副部长翟青作出批示，生态环境部工作组（生态环境部华南所、中国环境监测总站专家）于 1 月 21 日赶赴现场；省委、省政府高度重视，陈文浩副省长 1 月 21 日就此次事件做了批示；省生态环境厅高度重视，时任厅长邓立佳 1 月 20 日要求迅速查源，保障饮水安全，黄宇副厅长亲赴现场调度指挥；怀化、邵阳两地各级政府高度重视，怀化市、邵阳市市长、生态环境局局长都在事发第一时间赶赴现场进行指导部署。三是制定的应急监测方案充分考虑了不同时段事故对水环境的影响，同时紧密结合应急指挥部的决策需要，及时作出优化调整，确保了应急处置不同阶段应急监测方案的科学性。四是省、市、县三级生态环境监测机构和委托的社会化检测机构共同开展应急监测活动。本次应急监测历时 14 天，制定应急监测方案 9 期，出动监测人员 3 360 人次，布设监测断面（点位）120 个，获取监测数据 2 697 个，出具各类监测报告 138 期，并采取了严格的质控措施，有效保障了监测报告和数据发布的及时性和准确性。

二、技术采用

（一）监测项目及污染物确定

本案例中监测项目明确，就是锑。

（二）监测点位、监测频次和监测结果评价及依据

1. 监测点位布设

应急监测过程中对点位布设的原则把握准确、目标清晰、针对性强，紧密围绕应急处置工作需要，在不同应急监测阶段对地表水点位和水库分层次采样适时作出补充和优化调整。

2. 监测频次确定

监测频次的确定兼顾了初期应急处置急迫形势的需要和后期可持续跟踪事态发展的需要。事故发生初期开展加密监测，此后逐阶段优化降低了监测频次，既满足了污染物动态变化趋势监测分析的需要，又保证了监测工作的有序和可持续开展。

3. 监测结果评价及依据

监测过程中，严格按照《地表水环境质量标准》（GB 3838—2002）对监测结果进行评价。

（三）监测结果确认

案例在不同阶段在应急监测从监测方案制定、人员、分析方法、仪器设备、数据报出等方面均进行了质量控制，全过程均采取了严格的质量保证和质量控制措施。样品分析过程严格采用空白样品分析、平行样分析、标样测试、加标回收等方式进行质量控制等经验做法值得学习。

（四）报告报送及途径

案例中存在问题及建议部分对报告的报送及途径方面提出了很好的建议。

（五）提供决策与建议

案例在应急监测程序、应急监测保障、手段和辅助工作等方面提出了很好的建议，有助于今后应急监测工作的开展。

（六）监测工作为处置过程提供的预警等方面

案例在此方面的总结偏弱。

三、综合评判意见，后续建议

（一）综合评判意见

案例涵盖了初期应对阶段、基本稳定阶段、稳定达标阶段、案件经验总结 4 个大的方面。案例较为系统完整地回顾了应急监测全过程，尤其是针对应急监测不同阶段方案的具体调整过程和内容。事件起源是由交界断面开展例行监测过程中发现，交界断面至下游取水口库锑浓度超标，威胁下游洞口县城居民用水安全。

在初期应对阶段，怀化片区迅速找出超标排污企业，查明了平溪河干流的锑污染原因；邵阳片区根据在平溪江干流及其支流排查的监测结果，判断出境内对平溪河锑异常造成贡献的支流水体。根据监测结果，两个片区采取了不同的污染治理方案；在基本稳定阶段，调整了监测断面，监测数据有力地支撑了污染治理措施效果和水体污染净化程度及变化趋势的评价；在稳定达标阶段，进一步优化监测方案，重在评价排污企业改造完善后的达标排放的能力和响溪水体中锑的天然本底值水平，为应急监测终止提供技术支撑。

本案例对处理流域水体重金属污染事件具有很好的参考意义。

（二）建议

1. 增加应急工作的场景照片等。

2. 该事件是由例行监测工作发现的，时效性存疑，需在建议中增加对属地风险源特征污染物的监测频次，或在重要断面增加自动监测设施。

案例 16

嘉陵江甘陕川交界断面铊浓度异常事件四川段环境应急监测

类　别： 水质环境污染事件

关键词： 水质环境污染事件　跨省界　铊污染　市级饮用水源地　ICP-MS。

摘　要： 2021 年 1 月 20 日 4 时开始，嘉陵江入川断面自动监测站重金属铊在线监测数据出现持续异常升高，广元市生态环境局立即组织监测力量赶赴现场手工采样比对核实。20 日 21 时 30 分，经广元市生态环境监测中心站两次现场多点位采样比对核实和在线监测仪器校核，确认嘉陵江四川段出现跨省输入性的铊污染事件。随即广元市政府启动突发环境事件应急预案响应，生态环境厅接报后主要负责人立即带队组织省级应急处置力量赶赴广元，在现场建立省市联合应急指挥部，统筹开展应急处置。为保障广元市饮水安全，应急处置组采取了在西湾水厂投加活性炭、絮凝剂等应急除铊工艺净化水质，启动广元市供水应急预案，启用多处应急水源等应急措施，确保广元市城区供水不受影响；采取了调水稀释措施，确保下游饮用水源地水质不受超标影响。截至 2 月 2 日 21 时嘉陵江四川段水质全线稳定达标，此次铊污染事件共持续 13 天 19 小时。

此次应急监测四川省共组织 10 支应急监测队伍、投入监测人员 174 余人，出动车辆 20 余台、ICP-MS 仪器设备 5 台，在嘉陵江干流四川段布设监控断面 15 个，实验室 3 个（广元、南充、广安各 1 个），出具应急监测数据 12 440 个，编制上报应急监测快报 164 期、应急监测数据报表 60 余期、应急监测研判信息 40 余条，绘制各类趋势分析图 160 余幅，为应急处置和决策提供了及时、科学、全面的技术支撑。

金属元素铊（Tl）是一种质软的灰色贫金属，铊是最毒的稀有金属元素之一，毒性次于甲基汞，其毒性为氧化砷的 3 倍多，因此含铊固体废物是世卫组织重点限制清单中列出的主要危险废物之一，也被我国列入优先控制的污染物名单。我国饮用水源地中铊的标准值为 0.1 ppb，属于偏严的标准值。铊在地壳中是典型的分散元素（指在自然界呈分散状态存在的元素。他们极少存在自己的独立矿物，对他们的工业获取主要靠其他矿产品选冶时回收）。

一、初期应对阶段

本阶段主要涵盖发现入川断面铊浓度超标至下游广元市级饮用水源地断面水质出

现超标这一时间段，也是广元市生态环境监测中心站（以下简称广元市站）开展属地为主的应急监测响应的阶段。1 月 20 日 4 时—24 时，持续约 20 小时。

（一）预警监测响应

1 月 20 日 4 时，嘉陵江入川断面水质自动监测站铊在线监测数据出现异常升高。广元市站发现水质自动站铊监测数据超标且保持上升趋势后，立即联系运维公司核查自动监测仪器质控状态，并同步派员前往现场采集水样送回实验室开展比对分析。经质控核查自动监测仪器运行正常，两次实验室比对分析结果均显示铊超标，由此确定嘉陵江发生跨省输入性重金属铊污染事件。据此，广元市站立即启动市级应急监测响应。高效的预警监测第一时间发现了入川断面铊浓度异常，较月度手工例行监测（每月 5 日左右开展）提前近 20 天，有效做到了早发现、早应对、早处置，为广元市饮用水安全起到了关键性预警作用。同时为甘陕川三省应急监测与应急处置节省了大量人力、物力和财力。

（二）应急监测响应

广元市站启动市级应急监测响应，调度市站和辖区内县（区）站监测力量，沿嘉陵江入川断面至西湾水厂取水点 55 km 长的河段中布设了 5 个监控断面开展监测。第一时间构建了应急监测首道防线，充分体现了广元市、县两级监测站应急监测经验丰富、应急监测技术能力扎实、应急监测作风优良的特点。

1. 断面设置

本阶段设置监测断面为 5 个，详见表 1。

表 1　应急监测断面信息表

序号	监测断面	断面属性及作用	距川陕界距离
1	川陕界	入川断面（监视入川污染团）	0 km
2	八庙沟	朝天镇控制断面（跟踪污染团推移）	17 km
3	清风峡	朝天镇控制断面（跟踪污染团推移）	28 km
4	沙河镇	广元饮用水源预警（跟踪污染团推移）	41 km
5	西湾水厂取水点上游 200 m	广元市饮用水源（监控污染物对主城区饮用水源影响，为水源地应急处置提供技术支撑）	55 km

2. 监测项目、设备、方法及频次

依据预警监测结果判断，确定应急监测项目为铊。监测分析方法为电感耦合等离子体质谱法，主要依托广元市站实验室两台 ICP-MS 开展实验分析。监测分析方法见表 2。

本阶段监测频次整体确定为 1 次 /2 h，其中西湾水厂取水点上游 200 m 断面为 1 次 /0.5 h（从 2021 年 1 月 21 日 0 时起 1 次 /0.5 h）。

表2 监测分析方法及来源

监测项目	监测方法	方法来源	检出限 /（mg/L）
铊	电感耦合等离子体质谱法	HJ 700—2014	0.000 02

3. 任务分工

朝天区生态环境监测站负责川陕界、八庙沟、清风峡的采样送样工作。

广元市站负责沙河镇、西湾水厂取水点上游 200 m 采样和所有样品分析、应急快报编制与上报工作。

本阶段应急监测由四川省广元市站总体组织实施，负责技术指导、物资调配和全市监测力量征调等协调工作。省厅调度的四川省生态环境监测总站（以下简称四川省站）、绵阳市站等 6 个支援市站均还在赶赴广元路上。下游的南充、广安市站尚在做预警监测准备。

4. 分析测试技术、质控要求

水质样品采集按照《地表水和污水监测技术规范》（HJ 91—2002）执行。

每个断面每次均采集平行样，每个样品采样量 500 mL 以上，用聚乙烯瓶保存。

每批样品进行包括前处理在内的全程序空白实验。

每批样品分析 20% 以上平行样，超标异常样品分析 100% 平行样。

每班分析人员均须进行准确度控制分析，绘制标准曲线。每批样品均需分析有证标准样品。

所有采集样品均留样备查。

（三）信息通报

四川省发现入川断面铊浓度超标后，第一时间向陕西省进行了通报，并协助上游省份开展污染溯源。甘肃、陕西两省根据入川断面铊浓度水质自动监测数据，及时、科学开展溯源排查、截污控污，为事件应急处置充分争取了时间，有效遏制了污染事态进一步扩大。

（四）监测结果及评价

本阶段入川断面铊浓度处于持续升高的过程中，尚未达到浓度峰值。入川断面超标 20 小时后，受污染团持续运动下移影响，距入川断面 55 km 的广元市市级饮用水水源地断面首次出现超标。

因应急监测样品采集时限性要求，水质样品未采取现场过滤，而是回实验室后采用 0.45 μm 滤膜过滤上机分析。四川省站及支援市站携带至现场的便携式重金属分析仪（阳极溶出伏安法），实操发现因其仪器检出限为 2 ppb，远高于饮用水源地铊的标准值（0.1 ppb），因此该仪器无法应用于地表水铊监测，仅应用在污染源查源监测。

二、基本稳定阶段

本阶段主要涵盖广元市市级饮用水水源地超标至稳定达标这一时间段，也是省级统筹调度开展应急监测响应的阶段。1月20日24时—30日16时，持续约9天16小时。

（一）应急监测实施

1. 断面设置

本阶段设置监测断面为最多时增加至15个，期间视污染团运动情况有所调整。详见表3。

表3　应急监测断面信息表

序号	监测断面名称	断面属性及作用	距川陕界距离	监测频次
1	川陕界	入川断面（监视入川污染团）	0 km	0.5小时
2	八庙沟	朝天镇控制断面（跟踪污染团推移）	17 km	2小时
3	清风峡	朝天镇控制断面（跟踪污染团推移）	28 km	2小时
4	沙河镇	广元饮用水源预警（跟踪污染团推移）	41 km	2小时
5	西湾水厂取水点上游200 m	广元市饮用水源（监控污染物对主城区饮用水源影响，为水源地应急提供技术支撑）	55 km	0.5小时
6	上石盘	白龙江汇合前（研判其他主要支流汇合前污染物浓度和总量）	81 km	2小时
7	昭化古镇	白龙江汇入后（监控主要支流对污染团稀释、消纳情况）	84 km	2小时
8	灯盏湾大桥	亭子口库尾（监控主要亭子口库区对污染团稀释、消纳情况）	107 km	2小时
9	虎跳镇	乡镇饮用水源（亭子口库中、虎跳镇集中供水水源保护、污染物对水质影响情况研判）	147 km	8小时
10	沙溪	南充入境断面（嘉陵江广元段出境水质监控）	234 km	24小时
11	阆中市饮用水源地	预警断面（阆中市城市饮用水源地取水口）	244 km	8~24小时不等
12	石盘村	预警断面（南充市主城区城市饮用水源取水口）	447 km	
13	烈面	预警断面（南充广安交界断面）	516 km	
14	武胜县级饮用水源地	预警断面（县级饮用水断面）	574 km	
15	清平	预警断面（川渝交界断面）	598 km	
注：11~15# 监测断面全部为下游南充、广安境内的预警断面				

2. 监测项目、设备、方法及频次

应急监测项目为铊。监测分析方法为电感耦合等离子体质谱法，主要依托广元市站、南充市站、广安市站实验室 ICP-MS 开展实验分析。监测分析方法见表 2。

本阶段监测频次整体确定为 1 次 /2 h，其中西湾水厂取水点上游 200 m 断面为 1 次 /0.5 h、入川断面为 1 次 /0.5 h。

3. 任务分工

四川省站负责统筹调度指挥、应急监测数据审核、研判信息编制、对接国家总站与陕西甘肃省站等工作，并参与现场采样与实验分析。

绵阳、德阳、巴中、资阳、达州、内江等 6 个市站主要任务为开展支援监测，其抵达现场的技术人员主要以实验分析人员为主，现场监测人员为辅，因此编入到应急监测实验分析组和现场采样组开展轮值（两班倒、三班倒或四班三倒）。

广元市站负责应急监测具体组织实施、物资调配及后勤保障、全市监测力量征调、应急方案及快报编制、样品采集与分析等工作。

朝天区、昭化区、利州区、苍溪县、青川县和旺苍县生态环境监测站负责部分断面采样送样工作。

南充、广安市生态环境监测站负责辖境内预警断面的监测工作。

本阶段监测按"盯入川、守西湾、跟污染"原则，结合生态环境部下发的《重特大突发水环境事件应急监测工作规程》要求，本次应急监测沿嘉陵江入川断面 10～20 km 布设监控点，并根据污染团下移情况、嘉陵江段水库分布、汇入支流等水利、水文情况实时增设下游污染团追踪监控断面。并根据事件进程，适时调整监测点位，有效监控了嘉陵江河段污染物浓度现状、变化趋势和污染水团的运动状况。

（二）信息编报

围绕应急处置的核心需求，本次应急监测在及时报送数据、精准研判信息两方面狠下功夫，主要体现在：

①建立了多点位、多线程实施更新应急监测数据机制。本次四川省应急监测工作组组建了由实验室分析人员、信息室报告编制人员和四川省站应急监测工作组人员组成的数据交流微信群，并以"金山文档多人在线编辑"模式可实现了多点、多线程监测数据实时更新与调阅功能。确保应急监测数据能第一时间传送至应急处置组、应急监测快报编制人员与研判信息报送人员手中。

②优化了应急监测信息报送方式。采用三种方式编制和报送应急监测信息，分别是应急监测数据报表、应急监测快报、应急监测研判信息，保证了应急监测技术支撑的及时、规范、全面。

③科学、精准地开展信息研判。在及时收集全河段应急监测数据、多渠道全面收集上下游污染河段的水文水利现状、截污处置情况基础上，实时开展信息研判，形成研判信息，及时报送至省、市两级应急处置组及推送给主要领导，为应急处置决策提供精准、全面的技术支撑。

（三）监测结果

此次事件造成嘉陵江四川段约 147 km 河段（入川断面至广元市虎跳镇断面）水体受到不同程度污染，综合广元、南充、广安三地应急监测结果分析：嘉陵江广元段水体受到铊污染影响不低于 329 个小时（1 月 20 日 4 时—2 月 2 日 21 时），2 月 2 日 21 时以后各监测断面监测数据均稳定达标。其中，超标影响河段为嘉陵江入川断面至广元昭化古镇断面（约 83 km），影响时间约 320 小时（1 月 20 日 4 时—2 月 2 日 12 时）。

嘉陵江入川断面水质受到铊污染明显影响约 248 小时（1 月 20 日 4 时–1 月 30 日 8 时），最高超标 1.8 倍。1 月 30 日 8 时后，入川断面监测数据铊浓度稳定达标。广元市市级饮用水水源地水质受到铊污染明显影响约 235 小时（1 月 20 日 20 时 55 分—1 月 30 日 16 时），取水口最高超标 1 倍，1 月 30 日 16 时以后，取水口监测数据铊浓度稳定达标。受白龙江和亭子口水电站拦截稀释作用，嘉陵江广元昭化古镇断面至虎跳镇断面（约 64 km）铊污染影响较轻，未出现超标现象，影响时间不低于 300 小时（1 月 21 日 8 时—2 月 2 日 21 时）。亭子口水电站将铊污染水团有效稀释消纳在水库中，嘉陵江广元虎跳镇断面以下河段铊浓度始终未检出。

（四）趋势研判

应急处置期间，四川省站根据应急监测数据，结合水文、气象数据以及水利工程位置，科学研判污染团变化趋势，有效支撑应急处置措施。

1. 入川浓度变化趋势研判

1 月 22 日四川省站根据陕西省站共享的应急监测数据进行了污染物输入趋势及时间研判。截至 22 日 10 点，嘉陵江川陕交界以上约 100 km 河段铊全面超标，超标 1～2 倍；嘉陵江上游支流青泥河（自甘肃流入陕西）约 30 km 河段铊超标，超标 8～17 倍（青泥河流量较小，汇入嘉陵江后超标倍数降到 2 倍左右）。陕西境内巨亭水库（距川陕交界约 40 km，库容约 2 900 万 m^3）超标 2 倍左右，是上游河段主要的污染物存蓄区。根据生态环境部应急工作组反馈信息，嘉陵江上游两个污染源已基本切断。根据上游嘉陵江、青泥河铊污染物浓度梯度状况、水库分布和流速等情况分析，未来 1 周左右，铊污染物仍将向四川持续输入，入川断面铊浓度会维持在超标 1～2 倍之间，但出现突发性升高的几率较低。该研判与实际入川断面铊浓度水平（最高超标 1.8 倍）和后续超标时间（8 天）基本吻合。

2. 西湾水厂取水安全预警与研判

西湾水厂取水口位于嘉陵江干流广元市地表水饮用水水源地，距川陕交界约 55 km。应急处置初期，对入川断面与西湾水厂铊浓度开展加密监测，同时在入川断面和西湾水厂之间增设 3 个控制断面跟踪污染团铊浓度变化情况，为西湾水厂取水安全开展预警。结合甘肃、陕西污染源截断情况、污染物处置情况和四川上游嘉陵江监测数据综合分析，研判西湾水厂取水口铊浓度总体可控，不会超过水厂处理能力。应急监测期间监测结果表明，嘉陵江入川断面铊浓度于 21 日 2 时最高升至超标 1.8 倍，随后呈现波动下降趋势，于 30 日 8 时低于标准限值。西湾水厂断面铊浓度于 21 日 15 时最高升至超标 1 倍，随后呈现波动下降趋势，30 日 16 时铊浓度低于标准限值。实际监测结果与研判结果相符，为保障西湾水厂取水安全提供了可靠技术支撑。

3. 下游河段研判

嘉陵江西湾水厂断面下游及一级支流白龙江上共有水电站 6 座，有调水稀释和污染物拦截稀释功能。其中，嘉陵江干流上石盘水电站、亭子口水电站分别距西湾水厂断面（位于上石盘水电站库尾）约 15.3 km、162 km，库容分别为 6 860 万 m^3、40.67 亿 m^3。白龙江昭化水电站距嘉陵江干流汇入口（西湾水厂下游约 26 km）约 3 km，库容 3 200 万 m^3。西湾水厂下游上石盘电站库容较大，对污染团具有一定拦截和稀释作用，根据库区出水铊浓度调节下泄流量 70～100 m^3/s。同时调节白龙江昭化水电站下泄流量使白龙江汇入流量维持在 260 m^3/s 左右，对汇入后干流水质中污染物可形成 3 倍左右的稀释效果。结合上游监测数据、污染源截断情况与污染物处置情况研判：白龙江汇入后，嘉陵江干流将再无异常可能，嘉陵江四川段仅须通过调节上石盘电站与白龙江昭化水电站下泄流量即可确保汇入口下游饮用水源地安全，并且下游亭子口水电站库容巨大，污染团最终将被稀释消纳于亭子口水库中，无需再额外采取其他处置措施，可节省大量的应急处置成本。应急监测期间监测结果表明，上石盘水电站出水断面（距入川断面约 70 km）1 月 29 日 0 时铊浓度最高升至超标 0.7 倍，白龙江汇入后昭化古镇断面（白龙江汇入下游约 2 km，距入川断面约 83 km）铊浓度于 1 月 29 日 8 时达到最高值 0.000 06 mg/L，至应急响应终止均未高于标准限值。位于亭子口水库库中的虎跳镇监测断面及其下游监测断面至应急响应终止铊均未检出。实际监测结果与研判结果相符。

三、稳定达标阶段

本阶段主要涵盖广元市市级饮用水水源地稳定达标至嘉陵江四川段全线稳定达标这一时间段，主要是跟踪上石盘水库蓄积的污染团下移稀释消纳的阶段。1 月 30 日 16 时—2 月 2 日 21 时，持续约 3 天 5 小时。

据甘肃、陕西两省反馈信息，1 月 30 日 24 点开始，两省境内河段铊浓度稳定达标，该达标时间节点与嘉陵江入川断面稳定达标时间节点基本吻合。受沿河支流稀释影响，广元市市级饮用水源地稳定达标时间节点约早于入川断面，为 1 月 30 日 16 时。在该时间节点以后，广元市市级饮用水源地及以上监测断面，对监测频次及断面进行了优化。前期研判，在白龙江来水的稀释和亭子口水库自身的消纳双重作用下，污染团最终将被稀释消纳于亭子口水库中，无需再额外采取其他处置措施。故应急监测维持原有点位，验证整个稀释消纳过程。

2 月 2 日开始，省市联合应急指挥部确定终止应急监测，转入跟踪监测阶段。

四、案件经验总结

（一）高效的预警监测为饮用水安全保障发挥了关键作用

受上游省份涉矿及冶炼企业分布影响，嘉陵江四川段为涉重金属输入性污染高发河段，2015 年、2017 年分别发生跨甘陕川锑污染事件和跨陕川铊污染事件。为有效开展对上游重金属输入性污染物预警监控，四川省在国家水质自动监测站八庙沟站点（川陕交界断面）安装重金属在线 ICP-MS 监测仪器，该重金属预警监测系统于 2019 年初投入运行，可预警检测锑、铊、铅、铬等 12 类重金属。并建立了嘉陵江水质预警机制，组建"四川省站在线 ICP-MS"QQ 工作群，四川省站、广元市站和第三方运维公司派专人负责实时对接水站运行基本保障、仪器运行质控、重金属超标预警等工作情况，并定期开展预警监测数据趋势研判。预警监测系统第一时间发现了入川断面铊浓度异常，较月度例行监测（每月 5 日左右开展）提前近 20 天，有效做到了早发现、早应对、早处置，为广元市饮用水安全起到了关键性预警作用。同时为甘陕川三省事件应急监测与应急处置节省了大量人力、物力和财力。

（二）科学组织和合理调度是应急监测成功的保障

省级应急监测响应启动后，省厅监测处、四川省站负责人带领省级应急监测工作组携带两套便携式重金属测定仪连夜赶赴广元。同时省应急监测工作组果断调度绵阳、德阳、巴中、资阳、达州、内江等 6 个市站共 30 余人的监测队伍携带应急监测仪器赶赴广元开展应急支援监测；并实时通知嘉陵江下游南充、广安监测站立即对交界断面及饮用水水源地启动预警监测。实践证明，科学合理的组织调度，为全面打赢本次应急监测攻坚战奠定了坚实的基础，既打好了关键时期的突击战，又保障好了后续的持久战。

广元市站启动市级应急监测响应后，调度市站和辖区内县（区）站监测力量，沿嘉陵江入川断面至西湾水厂取水点 55 km 长的河段中布设了 5 个监控断面开展监测。第一时间构建了应急监测首道防线，充分体现了广元市、县两级监测站应急监测经验丰富、应急监测技术能力扎实、应急监测作风优良的特点。

在启动应急响应的 10 小时内，全省监测系统共调度出动近 100 人抵达广元，出动车辆近 20 台，携带便携式重金属测定仪共计 14 套，动用 4 台实验室 ICP-MS 设备。本次嘉陵江铊污染事件四川省构建了省、市、县三级联动监测与支援监测体系，同时还构建了嘉陵江四川段全流域监测体系。

（三）全面的跨省联动为全流域科学处置夯实了基础

本次嘉陵江铊污染为跨三省的污染事件，中国环境监测总站及时指挥组建了"1·20 铊污染监测群"，统一了三省应急监测数据汇总表格报送模板。并组织三省及时在该群中共享应急监测数据和信息，打通了跨省应急监测数据和信息共享渠道。为本次嘉陵江铊污染事件涉事三省应急监测全盘统筹和事件的全流域科学处置打下了坚实的基础。本次应急监测结束后，中国环境监测总站组织四川、陕西、甘肃三省监测站共同制定了《甘陕川嘉陵江流域联合应急监测工作方案》，建立了甘陕川三省应急监测联动机制，确定了三省日常信息交流共享、预警信息共享以及应急信息共享的内容和流程，有效提高三省应对嘉陵江跨省突发生态环境事件的应急联动监测能力和水平。

（四）全流域预警监测能力有待全面提升

本次铊污染事件发生时，嘉陵江全流域仅四川省在川陕交界断面处建设了一套重金属预警监测系统，在甘陕川嘉陵江段位于下游位置，虽也能起到预警作用，但对嘉陵江全流域而言，可以说该预警为末端预警，预警的效果大打折扣。以本次事件为例，川陕交界断面重金属预警监测系统发出预警警告时，上游主要污染源涉铊异常排污已发生至少9天，未能为该事件全流域应急处置留足空间和时间。基于此，事件结束后，中国环境监测总站组织甘陕川三省监测站共同开展了嘉陵江流域预警监测体系建设研讨，并确定了嘉陵江干流及重点支流涉重金属自动监测站"2+3+1"建设思路（即甘肃建设2个，陕西建设3个，四川依托已建的川陕界自动监测站），以涉矿重金属项目为主要特征预警指标，以真正实现嘉陵江全流域的涉重金属污染早预警、早监测、早处置。

（五）应急监测硬件能力有待进一步提高

本次应急监测反映出三省监测系统普遍缺少移动式ICP-MS监测设备，阳极溶出伏安法为主的便携式重金属分析仪铊指标2 ppb的检出限无法满足地表水中铊等部分重金属指标的分析要求，因此无法应用于建立前沿实验室，增大了采样组工作量，一定程度上制约了数据响应的及时性。移动式ICP-MS监测设备定量分析能力等同于实验室ICP-MS，可满足除汞之外几乎其他所有重金属的定量检测，合理配置可满足涉重水质事件应急监测需要。事件结束后，四川省站购置了1台车载式ICP-MS监测设备，计划全省分区域购置3~4台车载式ICP-MS监测设备，以形成有效的水质涉重移动应急监测能力。

专家点评 ////

一、组织调度过程

2021年1月20日4时起，通过嘉陵江入川断面自动监测站在线监测数据发现铊浓度异常，当日21时30分经属地监测机构现场采样比对核实确认发生跨省铊污染事件，随即属地广元市政府启动了应急预案响应，省生态环境厅接报后立即带队并组织省级应急力量赶赴现场，现场组建省市联合应急指挥部开展应急处置。在启动应急响应的10小时内，全省监测系统共调度出动近100人抵达广元，出动车辆近20台，携带便携式重金属测定仪共计 14 套，动用 4 台实验室 ICP-MS 设备。本次嘉陵江铊污染事件四川省构建了省、市、县三级联动监测与支援监测体系，同时还构建了嘉陵江四川段全流域监测体系。充分体现出四川省应急监测响应体系的系统、科学、高效。

二、技术采用

（一）监测项目及污染物确定

案例中通过自动监测站在线数据预警、现场采样比对核实和在线监测仪器校核迅速锁定了污染物为重金属铊，并将铊确定为此次应急监测主要监测项目。此次污染事件中监测项目及污染物的确定过程，充分体现出科学完善的自动监测体系在突发水环境污染事件应急预警工作中的重要性。

（二）监测点位、频次和监测结果评价及依据

1. 监测点位布设

应急监测过程中对布点的原则把握准确、目标清晰、针对性强。应急响应初期属地广元市站第一时间构建了首道防线，在嘉陵江入川断面至西湾水厂取水点 55km 长的河段中布设了 5 个监控断面，有针对性的对入川污染团推移情况开展了跟踪监测，并对下游饮用水源地水质进行了监控预警；基本稳定阶段，为了更加科学精准监视污染团运动情况，对监测断面进行了优化补充，最多时增加至 15 个；在稳定达标阶段，及时根据各断面污染物变化趋势对断面进行了优化调整，直至污染团最终消释，断面布设充分体现出了科学、合理、精准原则。

2. 监测频次确定

监测频次的确定兼顾了初期应急处置急迫形势的需要和后期可持续跟踪事态发展的需要，总体监测频次结合采样工作实际和实验室分析能力确定为 1 次 /2 h，对水源地取水点和上游预警断面进行了加密监测，1 次 /0.5 h。监测频次基本满足污染团扩散推移分析研判工作需要。

3. 监测结果评价及依据

案例未对监测结果评价依据作出具体表述。

（三）监测结果确认

本次应急监测水质样品采集按照《地表水和污水监测技术规范》（HJ 91—2002）执行，每个断面每次均采集平行样。在样品分析过程严格采取了各项质控措施，一是每批样品进行包括前处理在内的全程序空白实验；二是每批样品分析 20% 以上平行样，超标异常样品分析 100% 平行样；三是每班分析人员均须进行准确度控制分析，绘制标准曲线。每批样品均需分析有证标准样品；四是所有采集样品均留样备查。监测过程采取的质控措施科学、有效，富有针对性。

（四）报告报送及途径

案例中对信息报告编制经验进行了总结，其中"建立多点位、多线程实施更新应急监测数据机制"以及"采用多种方式编制和报送应急监测信息"这两种做法非常值得学习。具体做法一是应急监测工作组组建了由实验室分析人员、信息室报告编制人员和四川省站应急监测工作组人员组成的数据交流微信群，并以"金山文档多人在线

编辑"模式可实现了多点、多线程监测数据实时更新与调阅功能。确保应急监测数据能第一时间传送至应急处置组、应急监测快报编制人员与研判信息报送人员手中；二是采用应急监测数据报表、应急监测快报、应急监测研判信息三种方式编制和报送应急监测信息，保证了应急监测技术支撑的及时、规范、全面。

（五）提供决策与建议

应急监测过程中，非常科学、精准地开展了信息研判。在及时收集全河段应急监测数据、多渠道全面收集上下游污染河段的水文水利现状、截污处置情况基础上，实时开展信息研判，形成研判信息，及时报送至省、市两级应急处置组及推送给主要领导，为应急处置决策提供精准、全面的技术支撑。

（六）监测工作为处置过程提供的预警等方面

案例中非常详实的回顾了各阶段对应急监测数据的趋势研判过程，这一系列的研判结果为应急处置提供了及时、科学的预警信息和决策依据。

三、综合评判意见，后续建议

案例主要内容涵盖了：初期应对阶段、基本稳定阶段、稳定达标阶段和案件经验总结等四个方面。案例较为系统完整的回顾了应急监测全过程，对各阶段应急监测力量统筹调度和任务分工的经验介绍非常具体，对污染物跟踪研判分析过程也描述得十分详实，尤其是对跨省应急联动体系的建立以及流域预警监测能力的提升提出了具体建议，对今后此类事故的应急监测响应具有较好的借鉴参考作用。

建议：补充对监测结果的评价依据。

案例 17

嘉陵江甘陕川段铊浓度异常事件陕西段环境应急监测

类　别： 水质环境污染事件

关键词： 水质环境污染事件　跨省　铊　电感耦合等离子体质谱仪

摘　要： 2021 年 1 月 20 日，嘉陵江四川省广元段自动监测站检测铊浓度超标，四川省生态环境厅随即向陕西省生态环境厅电话通报。汉中市立即启动突发环境事件 II 级应急响应并于当天开展应急监测工作。21 日，由中国环境监测总站和陕西省生态环境监测站组成的专家组抵达略阳。经过共同努力，嘉陵江干流川陕交界断面水质 30 日 0 时起持续稳定达标，汉中市应急指挥部于 31 日 23 时 43 分决定终止市级突发环境事件应急响应状态。

一、基本情况

（一）基本案情

2021 年 1 月 20 日，嘉陵江四川省广元段自动监测站检测铊浓度超标，且有上升趋势，四川省生态环境厅随即向陕西省生态环境厅电话通报。汉中市立即启动突发环境事件 II 级应急响应并于当天开展应急监测工作。对宁强县境内嘉陵江干流巨亭水库、略阳县境内嘉陵江流域支流青泥河、东渡河地表水断面进行水质检测，发现铊浓度异常，并于当日 17 时 40 分上报检测情况。21 日由中国环境监测总站和陕西省生态环境监测站组成的专家组抵达略阳，全面接手本次应急监测协调指挥工作。经过共同努力，嘉陵江干流川陕交界断面水质 30 日 0 时起持续稳定达标，汉中市应急指挥部于 31 日 23 时 43 分决定终止市级突发环境事件应急响应状态。依据甘肃来水水质及陕西省断面达标情况，2 月 4 日 0 时起，汉中市生态环境监测站将应急监测转为后续跟踪监测。

（二）区域基本情况

1. 略阳县域概况

本次突发环境事件发生地位于汉中市略阳县，位于陕西省西南部，秦岭南麓，汉中盆地西缘，地处陕甘川三省交界地带。略阳东南与勉县、宁强县接壤，西北与甘肃康县、成县、徽县相连，宝成铁路纵贯南北，309 省道和即将建成的十天高速公路横穿东西，是汉中的西大门和陕甘川三省重要的物资集散地。

2. 企业简介

略钢公司位于陕西省汉中市略阳县城东大沟口附近，厂区沿东渡河的狭长地带布置，东渡河北侧主要为炼钢区，南侧为炼铁区，厂部距略阳县城约 2 km。

陕西略阳钢铁厂始建于 1958 年。陕西略阳钢铁有限公司是 2003 年 11 月在原省属国有企业陕西略阳钢铁厂的基础上，改制为由陕西东岭集团控股的钢铁联合企业。略钢公司厂区现有烧结、炼铁、炼钢、连铸、轧钢装置，主营生铁、钢锭、钢坯、钢材、水渣及冶炼副产品生产销售，白灰制造等。

3. 水文资料

此次突发环境事件主要影响河流水系为陕西省境内嘉陵江干流及青泥河与东渡河两条支流。

（1）嘉陵江

长江上游支流，主要支流有八渡河、西汉水、白龙江、渠江、涪江等。全长 1 345 km，干流流域面积为 3.92 万 km²，流域面积为 16 万 km²。陕西省境内，嘉陵江流经凤县，入甘肃再回陕西，经略阳县和宁强县出陕。它在陕西境内属于河流上游段，长 244 km，约占总河长的 30%；在陕西境内的流域面积为 9 930 km²，多年平均径流量为 56.6 亿 m³。在略阳县境内，嘉陵江由甘肃省徽县鱼关石土地庙进入县境，河床宽 60 余米，由北向南，过白水江、徐家坪、略阳县城、乐素河等区镇。在县境内流程 86.75 km，集水面积 2 014.6 km²，占全县总面积 2 831 km² 的 71%。

（2）青泥河

长江支流嘉陵江的上游支流，位于陕甘交界，源于甘肃徽县薴麻沿河八条沟，经红石门合白水，流经成县，于成县史家坪村进入略阳县境，流经琵琶寺，在封家坝石门山注入嘉陵江。全长 138.9 km，流域面积为 1 799 km²，平均流量 12.26 m³/s。主要支流有麻沿河、晒经河、苏成河、南河等。

（3）东渡河

东渡河一名玉带河，又名夹渠河，其源有二，一是自县东煎茶岭南麓发源，向西北流 20 余千米过何家岩及木瓜岭至接官亭；二是自县东南飞仙岭发源，向北流 1.5 余千米至接官亭，二水相合。东源流长 26 km 有余，东南源流长 16.5 km，现通常以煎茶岭南麓之源为正源。二水在接官亭相合，河宽 10 m 左右；向西北流，过石马洞、阁老岭、七里店、大石岩、玉佛岩汇大沟水，过翠屏山、新城南门外，西流至三河坝汇八渡河入嘉陵江。流程总长 26.3 km，流域面积 127.08 km²，年平均流量 1.49 m³/s，年径流量 0.47 亿 m³。

4. 周围环境敏感点

本次汉中市略阳县突发环境事件环境敏感点涉及嘉陵江干流及一级支流青泥河、二级支流东渡河所有饮用水水源地和各类保护区。

（1）嘉陵江干流

①饮用水水源地

汉中市嘉陵江支流流域现有饮用水水源地 16 个，均取自嘉陵江支流地表水，本次突发事件可能造成影响的水源地有 3 个，分别是宁强县阳平关水源地、宁强县燕子砭镇沈家坝村艾蒿坪水源地、宁强县燕子砭镇沈家坝村堰沟河水源地。此外，略阳县嘉陵江河道内现有取水井均位于嘉陵江略阳段，主要作用为农业灌溉、人畜饮用，属于县水利局保障性供水工程，均为农村级分散式供水工程，涉及白水江镇、马蹄湾镇、徐家坪镇、横现河街道办等。

另外，宝成铁路陕西段嘉陵江沿线各火车站（略阳县境内 9 座、宁强县境内 3 座）饮用水水源主要为嘉陵江傍河井，在 2015 年甘肃陇南锑污染事件发生后均已停用，其中略阳站替代使用了县自来水作为车站饮用水水源，其余车站主要替代使用区域山涧水作为车站饮用水水源。水源地基本情况如表 1 所示。

表 1　汉中市嘉陵江流域水源地基本情况

序号	水源地类型	地理位置	水源类型	所在镇办
1	宁强县阳平关水源地	韩家河	地表水	阳平关镇
2	宁强县燕子砭镇沈家坝村艾蒿坪水源地	沈家坝村艾蒿坪	地表水	燕子砭镇
3	宁强县燕子砭镇沈家坝村堰沟河水源地	沈家坝村堰沟河	地表水	燕子砭镇
4	略阳县嘉陵江干流 7 个保障性供水工程	嘉陵江	地表水	白水江镇、马蹄湾镇、徐家坪镇、横现河街道办
5	宝成铁路西安铁路局沿线火车站饮用水水源（已停用）	嘉陵江	傍河井	略阳、宁强

②各类保护区

汉中市嘉陵江流域现有各类保护区 4 个，其中受此次事件影响可能存在环境风险的保护区为陕西嘉陵江湿地，范围从凤县马头滩到宁强县燕子砭镇，包括嘉陵江河道、河滩、泛洪区及河道两岸 1 km 范围内的人工湿地，2008 年 8 月 6 日被陕西省人民政府列入《陕西省重要湿地名录》。

（2）东渡河和青泥河

①嘉陵江二级支流东渡河全段位于略阳县境内，铊浓度异常河段为略阳县城大沟口（陕西略阳钢铁有限责任公司段）至县城三河口段。该河段不涉及饮用水水源保护区和自然保护区等环境敏感目标。河段沿岸企事业单位及居民的生活用水均不来源于该河段。因此，东渡河事发段不涉及环境敏感目标。

②嘉陵江一级支流青泥河全长 138.9 km，略阳县境内流程 24.5 km，铊浓度异常河段为青泥河入境断面至入嘉陵江口。该河段不涉及饮用水水源保护区和自然保护区等环境敏感目标。

（三）污染物特性

铊是一种质软的灰色贫金属，铊及其化合物有剧毒，与较常见的"五毒"元素

（汞、镉、铅、铬、砷）相比，铊的危险性和毒性更大，微量摄入即可致死。因此，铊化合物是世界卫生组织重点限制清单中列出的主要危险废物之一，也被我国列入优先控制的污染物名单。

二、应急响应

2021 年 1 月 20 日，汉中市生态环境局宁强分局在对嘉陵江水质例行抽检中发现，嘉陵江干流巨亭水库下游水质监测中铊浓度异常，并于当日 17 时 40 分上报有关情况。汉中市立即组织宁强县、略阳县对嘉陵江干支流及工矿企业进行全面排查，并对水质进行取样监测。经全面排查和取样监测，第一时间锁定超标河流为嘉陵江支流青泥河、东渡河。在甘陕两地相关部门的彻底排查下，迅速锁定污染源由在嘉陵江支流青泥河甘肃成县成州锌冶炼厂和东渡河陕西略阳钢铁有限责任公司污染造成。在锁定污染物及污染源后，迅速在青泥河略阳县境内修筑 3 道围堰，在东渡河修筑 20 道围堰，精准投放药物治理污染。

2021 年 1 月 21 日 7 时，陕西省生态环境监测站接陕西省生态环境厅应急监测通知，立即组织 6 名技术专家携带 7 台应急设备于当日 13 时到达汉中略阳，在听取汉中站前期应急监测工作汇报后，专家组召开专题会议对应急监测方案进行了调整，到 21 日 22 时，应急监测各环节重点工作开始顺畅运行，并向陕西省生态环境厅领导提交了第一期应急监测分析专报，在随后的工作中专家组根据应急处置及污染变化趋势对应急监测方案进行优化调整。

三、应急监测工作开展

本次应急监测工作汉中市生态环境监测站响应较快，于 20 日 9 时在嘉陵江出省燕子砭断面采集第一组水质样品，制定第一套监测方案并于当晚 20 时开始执行。同时按照《突发性环境污染事件应急监测预案》要求，合理构建应急监测组织体系，科学制定应急监测方案，并对应急监测方案进行了 9 次优化调整，保证了应急监测工作的有序开展。

（一）构建应急监测组织体系

根据《关于印发略阳县嘉陵江水质铊污染超标应急处置工作方案的通知》和《关于嘉陵江流域铊污染应急处置情况的汇报》，监测人员在略阳县成立现场应急指挥部，下设指挥部办公室及污染控制、环境监测、医疗救治、监控调查、信息发布、后期保障 6 个工作组，主要采取应急监测、筑堰拦污、投加药剂、截流引流及全面排查等措施，确保污染状况得到有效控制。

（二）确定监测点位和监测频次

1. 应急监测初期

对嘉陵江甘陕交界断面至川陕交界断面的河道干支流铊浓度情况进行全面排查监

测，确定排查监测断面和监测频次。在嘉陵江青泥河上游至川陕交界断面 180 km 的河道干支流上设置监测断面，涵盖背景、监控、调查、预警等主要监测类别。监测项目为铊；监测频次为 1 次 /2 h。

2. 应急监测第一阶段

1 月 21 日，根据前两期监测方案结果，应急指挥部决定对未检出铊的支流不再进行监测，此阶段共布设监测断面 12 个，其中嘉陵江干流趋势研判断面 6 个、嘉陵江干流背景断面 1 个、支流趋势研判断面 5 个。通过前期监测结果研判，确定了重点排查范围，干流和支流趋势研判断面监测频次为 1 次 /2 h，背景断面 1 次 /d，并在嘉陵江甘陕交界处、川陕交界处开展 1 次重金属全分析监测。由于小河、西汉水等 6 个支流未检出铊，因此不再关注。

3. 应急监测第二阶段

1 月 22 日 8 时至 25 日 18 时，本次突发环境应急事件开始执行第 4、5 期应急监测方案，共布设监测断面 21 个，其中干流趋势研判断面 16 个、干流背景断面 1 个、支流趋势研判断面 4 个。与第一阶段相比，此阶段增加干流趋势研判断面 10 个。干流和支流趋势研判断面监测频次为 1 次 /2 h，背景断面监测频次为 1 次 /d。

4. 应急监测第三阶段

1 月 25 日 20 时至 28 日 18 时，本次突发环境应急事件开始执行第 6 期应急监测方案，共布设监测断面 19 个，其中干流趋势研判断面 16 个、干流背景断面 1 个、支流趋势研判断面 2 个；取消巨亭水电站下游的嘉陵江阳平关毛龙坝、燕子砭嘉陵江大桥处 2 个断面。监测频次：嘉陵江甘陕交界处（对照断面）1 次 /d，6 个断面（青泥河 2 个断面、嘉陵江干流巨亭水库电站下游 4 个断面）1 次 /2 h，12 个断面（东渡河和八渡河 2 个支流、嘉陵江干流 10 个断面）1 次 /4 h。

5. 应急监测第四阶段

1 月 28 日，根据最新监测结果，青泥河甘陕交界处自 26 日 20 时开始持续达标，巨亭水库以上 10 个嘉陵江干流断面自 24 日 16 时起持续达标，应急指挥部研究决定对部分断面进行适当优化调整，从 28 日 20 时开始，本次突发环境应急事件开始执行第 7 期应急监测方案，共布设监测断面 13 个，其中干流趋势研判断面 10 个、干流背景断面 1 个、支流趋势研判断面 2 个。监测频次：嘉陵江甘陕交界处（对照断面）1 次 /d；青泥河甘陕交界处、青泥河入嘉陵江口、巨亭水电站下游 500 m、嘉陵江唐渡渡口、燕子砭枣林坝渡口、川陕交界处断面 1 次 /2 h；嘉陵江巨亭水库上游 7 个断面 1 次 /4 h。

2 月 1 日，根据最新监测结果，汉中市境内嘉陵江流域 8 个断面全部达标，其中川陕交界处（出境断面，嘉陵江干流）自 30 日 0 时起持续达标 54 h，市人民政府已解除 II 级应急响应。应急指挥部研究决定对部分断面进行适当优化调整，共布设监测断面 5 个，其中干流趋势研判断面 3 个、干流背景断面 1 个、支流趋势研判断面 1 个。监测频次为 2 次 /d，于 8 时、18 时进行监测。应急监测转入后续跟踪监测。

（三）监测方法和评价

1. 监测方法

《地表水和污水监测技术规范》（HJ/T 91—2002）；

《水质　65 种元素的测定　电感耦合离子体质谱法》（HJ 700—2014），铊检出限值为 0.000 02 mg/L。

2. 评价标准

执行《地表水环境质量标准》（GB 3838—2002）表 3 集中式生活饮用水地表水源地特定项目，铊标准限值为 0.000 1 mg/L。

（四）实验室布设和分工

面对复杂的监测任务，监测组根据应急监测方案，按照重点监测区域和距离路线优化实验室资源配置，并根据现场情况不断优化调整，保证数据及时报送。先后组建了略阳县白水江镇、市生态环境局略阳分局、宁强县巨亭水电站、燕子砭镇政府 4 个现场实验室（含台式 ICP-MS 5 台、车载移动 ICP-MS 3 台、X 射线能谱仪 1 台、手持式 X 射线光谱仪 2 台），将汉中市监测站列为备用实验室。组织协调确保监测断面最少配备 3 组采样人员和 3 台车辆，每个实验室配备 3 组分析人员，并严格落实三班倒制度，加强应急监测工作。

（五）分析测试工作

事件发生后，中国环境监测总站迅速协调四川、陕西、甘肃三省生态环境监测部门，按照统一采样标准、统一前处理方法、统一分析方法、统一数据和报告格式、统一研判模型的"五统一"原则开展应急监测。

监测组及时和中国环境监测总站和甘肃省生态环境监测中心站、四川省生态环境监测总站技术专家沟通协商，确定本次应急监测工作分析测试前处理方法为：地表水等可溶性元素样品采集后立即用 0.45 μm 滤膜过滤，弃去初始的滤液 50 mL，用少量滤液清洗采样瓶，收集所需体积的滤液于采样瓶中，加入适量硝酸将酸度调节至 pH<2。

污水等总量样品的保存参照《水质　样品的保存和管理技术规定》（HJ 493—2009）的规定进行，样品采集后，加入适量硝酸将酸度调节至 pH<2。

所用耗材均为一次性材质，使用一次性注射器、0.45 μm 过滤头，避免了传统重复性抽滤方法出现的抽滤时间长、抽滤不干净、容易堵塞仪器、交叉污染等问题，提高了现场工作效率和准确度。

（六）质量控制

本次应急监测的质量保证和质量控制，参照《环境监测质量管理技术导则》（HJ 630—2011）的相关规定执行，覆盖突发环境事件应急监测全过程，重点关注方案中监测点位、监测项目、监测频次的设定，采样及现场监测，样品管理，实验室分析，数据处理和报告编制等关键环节。

1. 采样与现场监测的质量保证和质量控制

采样和现场监测人员应具备相关经验，掌握突发环境事件布点采样技术，熟知采样器具的使用和样品采集、保存、运输条件。能够保证采样和现场监测仪器正常状态，仪器离开实验室应进行必要的检查。

2. 样品管理的质量保证和质量控制

保证样品采集、保存、运输、分析、处置的全过程均有记录，确保样品处于可控状态。在采集和运输过程中防止样品被污染及样品对环境的污染。运输工具采用必要的防震、防雨、防尘、防爆等措施，保证人员和样品的安全。

3. 实验室分析的质量保证和质量控制

实验室分析人员熟练掌握实验室相关分析仪器的操作和质量控制措施。实验室分析仪器应在检定周期或校准有效期内使用，进行日常的维护、保养，确保仪器设备始终保持良好的技术状态。本次应急共发放密码质控样 89 支，合格率为 100%。

4. 应急监测报告的质量保证和质量控制

应急监测报告编写完成审核后报送。

四、应急监测开展

（一）应急监测初期

组织人员对嘉陵江甘陕交界断面至川陕交界断面的河道干支流铊浓度情况进行全面排查监测，在嘉陵江青泥河上游至川陕交界断面 180 km 的河道干支流设置监测断面。在甘陕两地相关部门的彻底排查下，锁定污染源由在嘉陵江支流青泥河甘肃成县成州锌冶炼厂和东渡河陕西略阳钢铁有限责任公司污染造成。在锁定污染物及污染源后，迅速在青泥河略阳县境内修筑 3 道围堰，在东渡河修筑 20 道围堰，精准投放药物治理污染。青泥河投药点分布详见图 1，东渡河投药点分布详见图 2。

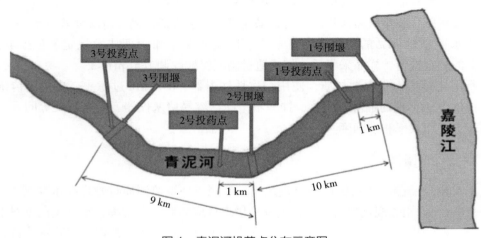

图 1　青泥河投药点分布示意图

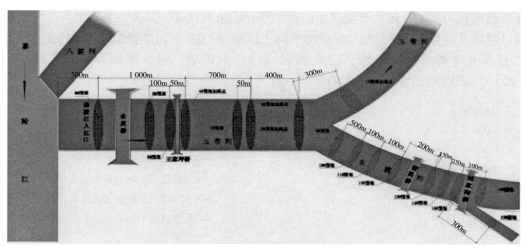

图 2　东渡河投药点分布示意图

（二）应急监测第一阶段

截至 1 月 22 日 4 时，由于东渡河污染拦截处置有力，青泥河至巨亭水库之间污染物浓度持续降低，但青泥河陕西段（嘉陵江支流）全段铊浓度较高，超标 7～16 倍，导致嘉陵江干流（巨亭水库上游）铊浓度维持在超标 0.2～1.1 倍，但巨亭水库蓄水量较大（2 900 万 m³），上游来水稀释置换作用缓慢，导致嘉陵江干流（巨亭水库—川陕界）铊浓度超标 1.5～2 倍，其中出境断面超标 1.3～1.9 倍，考虑目前 256 m³/s 的下泄流量及上游来水情况，超标情况将会持续一定时间，预测在 48 h 后浓度会下降。此外，我们在 21 日 16 时对嘉陵江出境断面水质开展了重金属分析，监测结果显示，除铊外其他 16 项指标均满足水质环境管理要求。嘉陵江段各断面铊浓度变化趋势详见图 3。

（三）应急监测第二阶段

22 日 11 时，中国环境监测总站协同陕西省生态环境监测中心站专家组对略阳钢铁厂污水站主要处理环节及东渡河干流等断面进行了污染排查监测，监测结果显示：略阳钢铁厂污水站进水口铊浓度为 0.011 3 mg/L、略阳钢铁厂污水站沉淀池出水口铊浓度为 0.010 83 mg/L、略阳钢铁厂污水站出水口铊浓度 0.010 16 mg/L、略阳钢铁厂污水站暖气尾水铊浓度为 ND，以上点位铊浓度均满足《钢铁工业水污染物排放标准》（GB 13456—2012）修改单标准限值（0.05 mg/L）。此外，东渡河原钢渣场尾矿库上游 20 m 铊浓度为 0.000 03 mg/L、东渡河原钢渣场尾矿库下游 20 m 铊浓度为 0.000 02 mg/L、略阳钢铁厂刘家沟尾矿库下游 500 m 处铊浓度为 0.000 04 mg/L、八渡河铊浓度为 0.000 02 mg/L，以上点位铊浓度均满足《地表水环境质量标准》（GB 3838—2002）表 3 标准限值。略阳钢铁厂断面铊浓度趋势详见图 4。

22 日下午，甘肃省在青泥河上的拦截坝出现溃坝，18 时青泥河入嘉陵江口断面开始监测到污染团，随之下游断面监测结果开始出现反弹，从监测结果来看，污染团通过时间大约为 4 小时，按照嘉陵江平均 1.5 m/s 的流速，污染带大约长 20 km，预计 23 日早 8 时到达巨亭水库。污染团到达巨亭水库后，因水库库容较大（目前为 2 900 万 m³），对出境断面水质的影响不大。

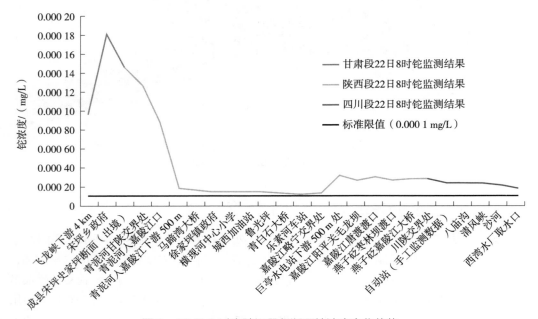

图 3　22 日 8 时嘉陵江段各断面铊浓度变化趋势

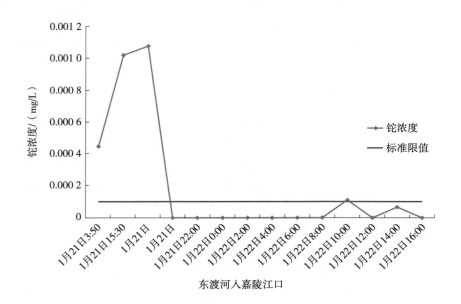

东渡河入嘉陵江口

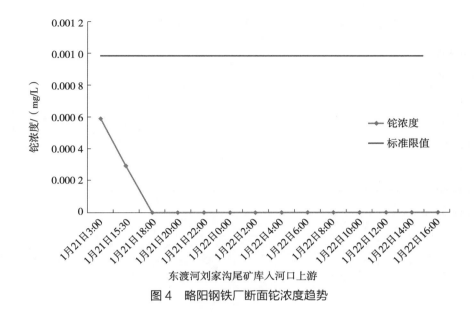

图 4　略阳钢铁厂断面铊浓度趋势

23 日 10 时，由中国环境监测总站协调的装备 2 台车载式 ICP-MS 的应急监测车抵达略阳，专家组立即安排建设现场实验室，已开始在略阳县生态环境局建立一套实验室体系，另外一套仪器放置在青泥河甘陕交界处，并于 24 日前形成监测能力。因当时嘉陵江流域环境质量监测断面较多，执法人员需排查检测采集样品的数量较大，专家组已调集渭南市环境监测站 3 名技术人员赶赴略阳支援，同时通知安康市、宝鸡市应急监测队伍做好应急准备。

24 日，专家组根据污染物浓度变化趋势，在略阳县白水江镇、巨亭水库建设 2 座流动实验室，经过安装调试，实验室于 24 日 18 时正式具备样品测试能力，为分析研判赢得了时间。专家组将根据水质监测结果情况，适时调整监测方案。

25 日 4 时，陕西省嘉陵江流域所测 21 个断面中，有 8 个断面超标，其中干流 6 个（全部在巨亭水电站下游）、支流 2 个（全部在青泥河），青泥河甘陕交界断面铊浓度超标 1.6 倍，青泥河入嘉陵江口断面超标 1.8 倍。巨亭水电站上游 9 个干流断面全部达标。巨亭水电站至出境断面超标 1.0～1.2 倍，出境断面超标 1.0 倍。其余 2 个对照断面、2 个支流断面均达标。鉴于入境断面上游来水铊浓度仍超标，且有波动，后续巨亭水电站上游 9 个干流断面有可能出现部分断面数据小幅反弹情况，后续监测将会持续关注。嘉陵江段各断面铊浓度变化趋势详见图 5。

（四）应急监测第三阶段

自 25 日 20 时开始，本次突发环境应急事件执行第 6 期应急监测方案，本轮应急监测方案的监测断面调整至 19 个，取消巨亭水电站下游的嘉陵江阳平关毛龙坝、燕子砭嘉陵江大桥处 2 个断面。其中持续超标的 6 个断面（青泥河 2 个断面、嘉陵江干流巨亭水电站下游 4 个断面）监测频次为 1 次 /2 h，稳定达标的 9 个断面（东渡河和八渡河 2 个支流、嘉陵江干流 7 个断面）监测频次为 1 次 /4 h。

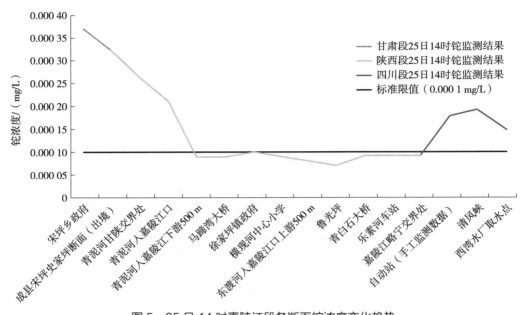

图 5　25 日 14 时嘉陵江段各断面铊浓度变化趋势

26 日 4 时，陕西省嘉陵江流域所测 19 个断面中，3 个断面暂时无数据（在巨亭水电站下游至出境断面前），3 个断面铊浓度超标（青泥河 2 个、出境断面 1 个），青泥河甘陕交界超标 2.3 倍，青泥河入嘉陵江口断面超标 1.3 倍，川陕交界断面超标 0.5 倍。巨亭水电站上游 9 个干流断面全部达标。其余 2 个对照断面、2 个支流断面均达标。

27 日 2 时，陕西省嘉陵江流域所测 6 个断面中，巨亭水电站下游 500 m 至川陕交界处 4 个断面超标，超标 0.2～0.7 倍，川陕交界断面超标 0.7 倍。入境断面（青泥河甘陕交界处马家河大桥）铊浓度达标（自 26 日 20 时至 27 日 2 时铊连续 4 次持续达标），青泥河入嘉陵江口首次达标。

28 日 16 时，陕西省嘉陵江流域所测 19 个断面中，巨亭水电站下游 500 m 至川陕交界处 4 个断面铊浓度超标，超标 0.4～0.5 倍，川陕交界断面超标 0.5 倍，其余断面均稳定达标。嘉陵江段各断面铊浓度变化趋势详见图 6。

（五）应急监测第四阶段

2 月 1 日 16 时，陕西省嘉陵江流域监测断面全部达标，其中，青泥河甘陕交界断面自 26 日 20 时起持续达标 138 小时且铊浓度保持稳定；嘉陵江干流巨亭水库上游 3 个断面自 24 日 16 时起持续达标 192 小时；嘉陵江干流巨亭水库下游 3 个断面中，巨亭水电站下游 500 m 断面自 29 日 14 时起持续达标 74 小时，燕子砭枣林坝渡口断面自 29 日 22 时起持续达标 66 小时，川陕交界处断面自 30 日 0 时起持续达标 64 小时。嘉陵江段各断面铊浓度变化趋势详见图 7。

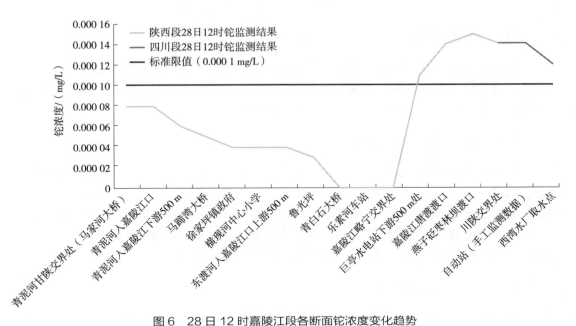

图 6　28 日 12 时嘉陵江段各断面铊浓度变化趋势

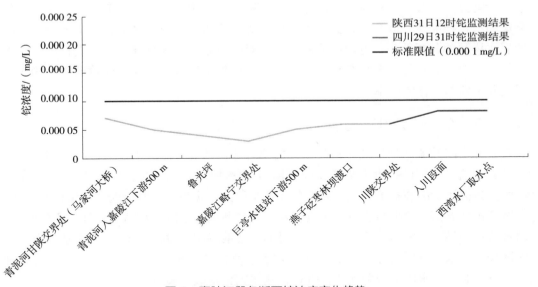

图 7　嘉陵江段各断面铊浓度变化趋势

本次应急监测工作共投入工作人员 300 余人，其中采样 172 人、样品分析 120 人，数据分析 28 人，出动车辆 100 余台，行程合计 30 000 余千米。采集地表水样品 4 500 个、污水样品 2 500 个、矿石底泥样品 80 个，共获得有效监测数据 31 595 个，组织编制了各类监测快报、专报、简报总计 350 余期。此外，本次应急监测工作共发放密码质控样 89 支，合格率为 100%。

五、总结与思考

在本次应急监测工作中，陕西省、市、县三级生态环境监测机构在科学制定应急预案、统筹调度设备资源、准确开展预警研判等方面做了大量卓有成效的工作，现就应急监测过程中取得的经验及存在的不足总结如下。

（一）任务安排组织有序

事件发生后，省、市生态环境部门协调各方资源，按照"13353"原则科学制定应急监测方案，组织严密、执行有力，各专项工作组按照监测方案分工严格落实工作任务，确保了各重点环节衔接顺畅有序。面对监测断面多、监测频次高的应急任务，样品采集是应急监测工作及时进行的保证，本次监测工作中，所有样品采集人员、车辆均由当地政府保障，为数据报送和事件处置赢得了宝贵的时间。

（二）资源配置科学高效

面对复杂的应急监测任务，专家组沿嘉陵江流域设置了 4 个监测实验室，按距离路线接收采集的水质样品。此外，本次应急监测还兼顾污染调查的技术支出，有地表水、污染源、矿石、泥渣等样品，随着事件调查的不断深入，到 24 日当天，执法人员采集的污水样品达 500 余个，面对可能出现的交叉污染等不利影响，为不降低低浓度地表水样品的分析效率，专家组果断决策，对略阳县生态环境局实验室进行了分区检测管理，对地表水样品单独接样、单独检测、单独报送数据，在保证数据质量的前提下提升了监测工作的效率。

（三）分析研判准确无误

对污染团的流向把握及对污染趋势的预警分析是应急监测工作的核心内容。参与本次应急监测工作的技术人员涵盖分析化学、软件分析、地理信息系统等专业，在保证监测数据质量的前提下，充分发挥各专业学科人才优势，为环境处置提供核心支持。在污染预警方面，数据拟合时发现巨亭水库上游断面铊浓度平均值一直处于高值状态，同水体稀释结果不一致，专家组及时对水库上游断面进行调查，随后发现是因为水库库尾较长，水体几乎处于静止状态而导致浓度值升高。此外，还成功对东渡河污染进行排查，对巨亭水库上游断面达标进行预测研判，均取得满意效果。

（四）质量保证支撑有力

本次应急监测工作严格各项质量控制措施，确保监测数据真实准确。专家组协调四川、甘肃、陕西三省实验室统一监测方法，确保样品处理方式一致。实验室采取全程序空白样、平行双样、发放密码质控样等方式确保监测数据准确无误。此外，针对甘肃省对省界断面数据质疑事宜，专家组对省界断面（马家河大桥）开展两省对比监测工作。采取联合采样、"一桶水"分样及添加密码质控样等方式，在 3 个实验室间开展比对，比对结果满意率为100%，并将结果报部应急中心，最后确认甘肃省仪器出现故障导致数据不一致。

（五）自动监测预警缺失

汉江市汉江、嘉陵江流域是陕西省重金属工业较为密集的区域，当地水环境安全管理压力较大，回顾2015年发生在嘉陵江支流西汉水河的甘肃锑污染事件及2017年发生在嘉陵江干流川陕交界汉中锌业铊污染事件，汉中市生态环境部门对重金属污染的预警明显不足，本次突发环境事件最早由四川省川陕交界水质自动站报出超标警示，且因下游为广元市饮用水水源地，致使本次突发环境事件响应级别较高。

（六）人员配置略显不足

本次应急监测工作战线长、断面多、频次高，工勤岗位人员略显不足。事发时正值1月严寒天气，因通往断面的道路崎岖且结冰，加之司机连日工作，休息不足，导致现场勘查过程中发生一起车辆侧翻的交通事故，汉中市生态环境监测中心站1名副站长脚踝骨折受伤，为我们今后的应急监测工作敲响了警钟。

六、下一步工作重点

（一）理顺应急监测工作流程

回顾近期陕西省发生的环境应急事件，各地应急监测工作机制不完善、流程松散是应急监测数据延报的主要原因。2020年生态环境部印发的《重特大突发水环境事件应急监测规程》在本次铊污染应急监测工作中得到了很好的验证，从监测频次、点位布设、实验室布局、采样及分析人员分组等方面进行了明确要求，成为成功组织此次应急监测工作的行动指南。此外，2020年生态环境部还印发了《生态环境应急监测能力建设指南》（环办监测函〔2020〕597号），下一步将完善、修订应急监测预案，制定适合当地实际的应急监测工作流程。

（二）强化应急监测能力建设

本次应急监测工作仪器设备资源中，陕西省仅有2台ICP-MS可提供现场支持，其中1台固定在嘉陵江出省燕子砭断面，另外1台为全省唯一的车载式ICP-MS，应急监测设备资源严重不足。最终，中国环境监测总站调集杭州谱育公司4台车载式ICP-MS才确保本次应急监测任务圆满完成。此外，本次应急监测工作中我们还发现，相关便携式仪器设备资源明显不足，汉中市目前还不具备重金属预警监测能力。

（三）拓展应急监测人才培养新思路

本次应急监测工作为全体参与此项工作的人员提供了一个充分锻炼的平台，从方案制定到制图、从样品采集到分析、从数据分析到预警，我们探索了一条人才培养的新思路，将积极总结此次应急监测工作的成绩和不足，在全省监测系统开展应急监测事件的复盘推演，以案例分析带动技术水平的提升，同时充分开展车载技术、便携技术在应急监测中的应用培训，为陕西省生态环境质量安全提供核心的智慧支撑。

专家点评 //

一、组织调度过程

（1）应急监测响应及时。本案例中地方、省、国家三级响应迅速，20 日下午汉中市接到通知后立即启动应急响应，21 日由中国环境监测总站和陕西省生态环境监测站组成的专家组即抵达现场，全面接手本次应急监测协调指挥工作。

（2）溯源监测及时准确。本案例中汉中市迅速响应，立即组织宁强县、略阳县对嘉陵江干支流及工矿企业进行全面排查，并对水质进行取样监测。第一时间锁定超标河流为嘉陵江支流青泥河、东渡河。在甘陕两地相关部门的彻底排查下，迅速锁定污染源。

（3）方案制定科学、可行。本次应急监测工作汉中市环境监测站响应较快，于20 日 9 时在嘉陵江出省燕子砭断面采集第一组水质样品，制定第一期监测方案并于当晚 20 时开始执行。同时按照《突发性环境污染事件应急监测预案》的要求，合理构建应急监测组织体系，科学制定应急监测方案，对应急监测方案进行了 9 次优化调整，保证了应急监测工作的有序开展。

二、技术采用

（一）监测项目及污染物确定

本案例中的污染物是由嘉陵江四川省广元段自动预警监测站的铊浓度异常而被发现，随后生态环境部通报嘉陵江入川水质铊浓度出现异常情况。接到事件通报后汉中市立即启动突发环境事件Ⅱ级应急响应并于当天开展应急监测工作。对宁强县境内嘉陵江干流巨亭水库、略阳县境内嘉陵江流域支流青泥河、东渡河地表水断面进行水质检测，发现铊浓度异常，并于当日 17 时 40 分上报监测情况。

（二）监测点位、监测频次和监测结果评价及依据

1. 监测点位布设

本案例中监测人员对嘉陵江甘陕交界断面至川陕交界断面的河道干支流铊浓度情况进行全面排查监测，确定监测断面和监测频次。在嘉陵江青泥河上游至川陕交界断面 180 km 的河道干支流上设置监测断面，涵盖背景、监控、调查、预警等主要监测类别。

2. 监测频次确定

监测频次的确定兼顾了初期应急处置急迫形势的需要和后期可持续跟踪事态发展的需要。

3. 监测结果评价及依据

本案例应急监测过程中，严格按照有关污染物排放标准和环境质量标准对监测结

果进行评价。按照《地表水环境质量标准》（GB 3838—2002）评价。本次应急监测工作严格各项质量控制措施。专家组协调四川、甘肃、陕西三省实验室统一监测方法，确保样品处理方式一致。实验室采取全程序空白样、平行双样、发放密码质控样等方式确保监测数据准确无误。此外，针对甘肃省对省界断面数据质疑事宜，专家组对省界断面（马家河大桥）开展两省对比监测工作。

（三）监测结果确认

本次应急监测的质量保证和质量控制，参照《环境监测质量管理技术导则》（HJ 630—2011）的相关规定执行，覆盖突发环境事件应急监测全过程，重点关注方案中监测点位、监测项目、监测频次的设定、采样及现场监测、样品管理、实验室分析、数据处理和报告编制等关键环节。

（四）报告报送及途径

案例在此方面的总结偏弱。

（五）提供决策与建议

对污染团的流向把握以及对污染趋势的预警分析是应急监测工作的核心内容。参与本次应急监测工作的技术人员涵盖分析化学、软件分析、地理信息系统等专业，在保证监测数据质量的前提下，充分发挥各专业学科人才优势，为环境处置提供核心支持。在污染预警方面，数据拟合时发现巨亭水库上游断面平均值一直处于高值状态，同水体稀释结果不一致，专家组及时对巨亭水库上游断面进行调查，随后发现是因为水库库尾较长，水体几乎处于静止状态而导致浓度值升高。此外，还成功对东渡河污染进行排查，对巨亭水库上游断面达标进行预测研判，均取得满意效果。

（六）监测工作为处置过程提供的预警等方面

本案例中应急监测工作指挥部对污染团的流向把握以及对污染趋势的预警分析作出了重要支撑。在污染预警方面，对巨亭水库上游断面的数据拟合和断面达标进行预测研判，对东渡河污染进行排查，均取得了满意效果。

三、综合评判意见，后续建议

（一）综合评判意见

案例主要内容涵盖了应急监测响应及污染物筛查阶段（第一阶段）、监测范围持续扩展阶段（第二阶段）、应急监测全覆盖阶段（第三阶段）、事故后期处置阶段（第四阶段）、应急监测结束后续工作、应急监测期间质量控制与质量保证、本次事故应急监测特点、应急监测建议等方面。此次"1·20"嘉陵江甘陕川段铊浓度异常事件，陕西省境内涉及的流域包括宁强县境内嘉陵江干流巨亭水库、略阳县境内嘉陵江流域支流青泥河、东渡河。监测初期，陕西省立即组织人员对嘉陵江甘陕交界断面至川陕交界断面的河道干支流铊浓度情况进行全面排查监测，在嘉陵江青泥河上游至川陕交界断面180 km的河道干支流上设置监测断面。在甘陕两地相关部门的彻底排查下，及时锁定了本次事件的污染源。随后，迅速在青泥河略阳县境内修筑3道围堰，在东渡河修筑20道围堰，精准投放药物治理污染，对整个事件的快速处理起到了关键作用。

在跟踪监测阶段，由于污染拦截处置有力，各监测断面污染物浓度持续降低，此阶段把控数据质量、研判污染走势至关重要。在保证监测数据质量的前提下，对污染团的流向把握以及对污染趋势的预警分析成为此阶段应急监测工作的核心内容。应急监测团队注重发挥分析化学、软件分析、地理信息系统等各专业学科人才优势，为环境处置提供核心支持，成功参与巨亭水库上游断面的高值和达标预测及东渡河污染排查等方面的研判。

此次事件，虽经甘、陕、川三省联合奋战，快速查明污染企业，将污染事件影响降至最低，但也凸显饮用水水源地保护工作不应受地域限制，上游跨省断面建立自动监测系统，整个流域建立风险管控系统，上下游之间建立应急联动机制均十分重要。

案例较为系统完整地回顾了应急监测全过程，尤其是国家、省、市三地统筹调度设备资源、准确开展预警研判；针对涉及三省跨界监测，三省实验室统一监测方法，确保样品处理方式一致对今后此类事故的应急监测响应具有较好的借鉴参考作用。

（二）建议

1. 案例中缺少应急监测期间监测人员安全措施保障介绍。

2. 案例中对于应急监测报告的报送及途径方面还缺少总结回顾。

案例 18

嘉陵江甘陕川段铊浓度异常事件甘肃段环境应急监测

类　别：水质环境污染事件

关键词：水质环境污染事件　跨省　铊　电感耦合等离子体质谱仪

摘　要：2021 年 1 月 20 日 23 时 30 分，生态环境部通报嘉陵江入川水质铊浓度出现异常。甘肃省第一时间启动应急响应，省生态环境厅迅速派出由生态环境应急、监测、调查人员及专家组成的工作组紧急赶赴现场，会同生态环境部工作组指导陇南市、成县组建现场应急指挥部，调动各方力量协同开展应对处置工作。

20 日 23 时 48 分，陇南生态环境监测中心接到省生态环境厅通知，立即组织成县、徽县、康县、两当县生态环境监测部门开展排查监测，在 10 小时内确定污染源。21 日，甘肃省生态环境监测中心站及兰州、天水、金昌、平凉生态环境监测中心技术骨干紧急驰援，共设立 4 个应急监测实验室。省、市、县生态环境监测部门共投入监测人员 45 人，仪器设备 4 台套，出动车辆 30 余台，出具监测数据 7 000 余个，编制发布应急监测快报 168 期。26 日 18 时出境断面水质铊浓度持续低于标准限值。2 月 7 日 18 时，陇南市人民政府终止Ⅲ级应急响应，2 月 10 日 12 时，成县人民政府终止Ⅳ级应急响应。

一、初期应对阶段

（一）事件基本情况

1. 事件发生及污染经过

2021 年 1 月 20 日 4 时，嘉陵江陕西入四川断面铊浓度首次出现异常，铊浓度超过《地表水环境质量标准》（GB 3838—2002）表 3 中铊标准限值（0.000 1 mg/L，以下简称水源地标准限值）0.12 倍，21 日 0 时，西湾水厂取水口铊浓度超过水源地标准限值 0.1 倍，21 日 23 时达到峰值（超标 1 倍）。通过甘陕川三省应急处置，甘肃入陕西断面 1 月 26 日 18 时起持续稳定达到水源地标准限值；陕西入四川断面 1 月 30 日 0 时起稳定达到水源地标准限值；西湾水厂取水口断面 1 月 30 日 16 时起稳定达到水源地标准限值；西湾水厂取水口下游昭化古镇断面铊浓度一直未超过水源地标准限值。

经专家核算，此次事件铊浓度异常的河道约 248 km，其中嘉陵江干流约 187 km，一级支流青泥河约 52 km、东渡河约 1 km，二级支流南河约 8 km。

2. 涉事企业情况

此次事件的肇事企业为甘肃省陇南市的甘肃厂坝有色金属有限责任公司成州锌冶炼厂（以下简称成州锌冶炼厂）和陕西省汉中市的略阳钢铁有限责任公司（以下简称略阳钢铁厂）。

成州锌冶炼厂位于陇南市成县抛沙镇姜家坪村，设计年产锌锭 10 万 t、副产品硫酸 17 万 t，2011 年 8 月，由白银有色集团股份有限公司控股 70%，并更名为甘肃厂坝有色金属有限责任公司成州锌冶炼厂。2017 年取得排污许可证。企业因故自 2019 年 5 月起停产，于 2020 年 3 月恢复生产。

略阳钢铁厂位于汉中市略阳县兴洲街道大沟口社区，1969 年 10 月建成投产，经 2003 年、2016 年两次资产改制，现为陕西东岭集团股份有限公司控股的混合所有制企业，有员工 2 000 余人，年产钢 150 万 t。2012 年 8 月陕西省环境保护厅组织的竣工环保验收（陕环批复〔2012〕514 号）文件显示，企业生产废水零排放。2017 年取得排污许可证。2017 年 5 月正常生产至今，其中 2020 年 2 月至 4 月停产 3 个月。

3. 受影响水源情况

四川省广元市西湾水厂取水口位于嘉陵江干流，距陕西入四川断面约 55 km。西湾水厂于 2014 年 7 月建成投运，设计供水 10 万 t/d，承担广元市城区 70% 的供水任务。此次事件造成该水源地铊浓度超标约 235 小时（1 月 20 日 21 时至 30 日 16 时），西湾水厂低压供水时间约 442 小时（1 月 21 日 0 时至 2 月 8 日 10 时），受低压供水影响居民约 4.5 万人。

此次事件污染沿线甘肃省境内无集中式地表饮用水水源地。陕西省有 6 个村设有河道取水井，涉及人口 931 人，但未出现铊超标情况。

（二）污染物的主要理化特性

铊化学元素原子序数为 81，是自然界中含量很低，主要富集在某些硫化物和硅酸盐矿中的一种稀有重金属。铊与湿空气或含氧的水迅速反应生成氢氧化铊。室温下铊易与卤素作用，而升高温度时可与硫、磷起反应，但不与氢、氮、氨或干燥的二氧化碳起反应。铊能缓慢地溶于硫酸，在盐酸和氢氟酸中因表面生成难溶盐而几乎不溶解。铊不溶于碱溶液，而易与硝酸形成易溶于水的硝酸铊。铊在开采冶炼的过程中通过粉尘及矿石淋滤、湿法选矿等工序扩散进入空气、土壤、水体。铊对人体的毒性超过了铅、汞，微量摄入即可致死，因此铊被世界卫生组织列为重点限制清单中主要危险废物之一，也被我国列入优先控制的污染物名录。

（三）现场情况

嘉陵江四川省广元段自动预警监测站铊浓度异常且有上升趋势，四川省生态环境监测总站和广元市生态环境监测站立即上报行政主管部门，并同时分别启动省级、市级应急响应。2021 年 1 月 20 日 18 时，四川省生态环境厅向陕西省生态环境厅电话通报情况。陕西省生态环境厅第一时间启动应急响应，开展排查监测。1月20日23时30分，生态环境部向甘肃省生态环境厅通报嘉陵江入川水质铊浓度异常情况。甘肃省生态环境厅第一时间启动应急响应，开展排查监测。

（四）应急预案启动

1月20日23时30分，接到生态环境部关于四川境内嘉陵江铊浓度超标情况通报后，甘肃省生态环境厅立即向省委、省政府报告，要求陇南市生态环境部门开展污染源排查和水质监测，落实生态环境部要求。1月20日23时48分陇南市生态环境部门安排成县、徽县、两当县、康县、西和县开展全面排查监测工作，采集水样送至陇南生态环境监测中心监测，1月21日5时8分初步判断污染源为成州锌冶炼厂。

1月21日8时，省生态环境厅启动厅系统内部应急响应，厅主要负责同志召开紧急会议，安排分管负责同志带领生态环境应急、调查、监测等人员及专家赶赴现场，协调、指导陇南市做好应急处置工作。成县政府1月21日11时启动Ⅳ级应急响应，成立由县委副书记、县长任组长，常务副县长、分管副县长任副组长，各有关乡镇、部门为成员的应急处置工作领导小组。陇南市委、市政府1月21日16时启动Ⅲ级应急响应，20时结合成县应急处置工作领导小组成立了由市委副书记、市长任总指挥，市委常务副市长、成县县长等任副总指挥，各有关部门为成员的应急处置指挥部，开展处置工作。

1月21日17时，生态环境部工作组抵达成县指导事件处置。生态环境部工作组、省生态环境厅工作组、陇南市政府有关负责同志在成县立即召开会议，传达甘肃省委、省政府领导；生态环境部副部长批示要求，分析研判形势，制定处置方案。应急期间，指挥部及时向省委、省政府、生态环境部报告进展，与陕西、四川两省加强沟通联系，共享监测数据等信息。

（五）应急监测方案

甘肃省陇南生态环境监测中心于2021年1月20日23时48分接到甘肃省生态环境厅通知后，立即与当地生态环境部门组织开展排查工作，围绕嘉陵江干支流相邻县域，在成县、徽县、康县和两当县4个县开展排查，重点关注嘉陵江出入境和污染源所在支流并制定监测方案，1月20日24时执行第1期监测方案，排查10条河流，共设置19个监测断面，排查河流主要有嘉陵江干支流两当县—徽县段、青泥河、洛河、燕子河、杜坝河、王坝河、柯家河、梅园河、红崖河等。具体见表1～表4。

表1　成县监测断面布设情况

序号	河流名称	监测断面名称	监测项目
1	青泥河	（支流）抛沙河水泥厂后门大桥（对照）	铊
2		（支流）南河大桥	铊
3		飞龙峡断面	铊
4		史家坪断面（出境）	铊
5		成县镡河大桥断面	铊

表 2 徽县监测断面

序号	河流名称	监测断面名称	监测项目
1	洛河	大石碑	铊
2	嘉陵江	虞关大桥	铊

表 3 康县监测断面

序号	河流名称	监测断面名称	监测项目
1	杜坝河	杜坝河入口	铊
2	杜坝河	杜坝河断面	铊
3	柯家河	柯家河出境	铊
4	梅园河	梅园河出境	铊
5	燕子河	托河	铊
6	窑坪河	大南峪郑湾村	铊
7	王坝河	团结桥上游 500 m	铊

表 4 两当县监测断面

序号	河流名称	监测断面名称	监测项目
1	嘉陵江	凤县草店子	铊
2	嘉陵江	两河口	铊
3	红崖河	石马坪	铊
4	温江寺河	温江寺河入两当境	铊
5	嘉陵江	站儿巷	铊

本次监测项目采样及分析方法见表 5。

表 5 监测项目采样及分析方法

序号	监测项目	分析方法及标准号	仪器设备及型号	检出限
1	铊	《水质　65 种元素的测定　电感耦合等离子体质谱法》（HJ 700—2014）	XSERIES2/SN01711C	0.02 μg/L

污水按照《铅、锌工业污染物排放标准》（GB 25466—2010）评价；地表水参照《地表水环境质量标准》（GB 3838—2002）进行评价。具体评价标准见表 6。

表6　监测项目标准限值

监测项目	污水		地表水
铊	直接排放 0.017 mg/L	间接排放 0.005 mg/L	0.000 1 mg/L
执行标准	《铅、锌工业污染物排放标准》（GB 25466—2010）修改单（修改单发布之日前环境影响评价文件已通过审批的相关工业企业或生产设施，自 2022 年 1 月 1 日起实施修改单的要求）		《地表水环境质量标准》（GB 3838—2002）"表 3　集中式生活饮用水地表水源地特定项目标准限值"

（六）监测结果

1 月 20 日 23 时 30 分，生态环境部通报甘肃省嘉陵江入川水质铊浓度异常。经陇南市生态环境部门污染源排查和溯源监测，1 月 21 日 1 时至 4 时的水质监测结果表明，南河（嘉陵江二级支流）、青泥河（嘉陵江一级支流）主要断面以及青泥河出境断面铊浓度分别超标 63.9 倍、34.6 倍、12.9 倍；成州锌冶炼厂废水排放口总铊浓度超标 14.7 倍［参照《铅、锌工业污染物排放标准》（GB 25466—2010）总铊标准限值］，初步确定该厂为造成青泥河甘肃段铊浓度异常的污染源。

（七）保障调度

甘肃省生态环境监测中心站接到省生态环境厅通知后，立即与甘肃省陇南生态环境监测中心沟通，了解现场情况，指导编制监测方案，并安排人员开展准备工作。初期由陇南市生态环境监测中心和成县生态环境监测站的实验分析人员负责样品分析，当晚投入监测人员 37 人，出动监测车辆 11 辆，共采集 10 条河流 19 个断面的样品。

1 月 21 日甘肃省生态环境监测中心站第一批技术人员携带相关监测设备赶赴现场，并根据监测结果指导甘肃省陇南生态环境监测中心及时调整监测方案，调集现场监测物资，组织省内相关分析人员全面做好应急监测准备。为确保后续工作正常开展，提前按 10 000 个样品分析的需求量，调运高纯氩气 100 瓶，实验室所需标准品、质控样、调谐液、滤膜等试剂耗材 2 批，及时协调仪器厂家工程师现场进行设备运行保障，确保仪器设备稳定运行。

二、基本稳定阶段

（一）现场处置措施

1. 排查断源

接到事件通报后，陇南市仅用了 5 小时即初步锁定污染源、10 小时内确定污染源。1 月 21 日 5 时，锁定污染源后，陇南市生态环境局成县分局立即要求成州锌冶炼厂污水处理站停止外排污水，并提请政府紧急责令该企业停止生产。1 月 21 日 10 时，成州锌冶炼厂启动停产预案，17 时全系统安全平稳停产，生产废水不再进入污水处理站。应急处置期间，为举一反三，甘肃省生态环境厅下发文件在全省范围内全面开展涉重企业排查。

2. 筑坝拦截

1月21日连夜在成县南河构筑1座拦截坝，到1月22日7时共筑5道拦截坝，青泥河3座，南河2座，在南河拦截坝下游间隔20 m、120 m、200 m，继续筑坝，坝上留溢流口。根据水位和坝体情况，及时对拦截坝调整加固。1月22日，设置4.5 km导流渠，导流企业排污口上游清洁来水，阻断底泥、地下水与地表水混流，降低上游清洁水对南河段铊沉积物冲刷下泄影响。1月27日3时30分，长约11.5 km的上游水引流管（渠）全线贯通，将南河上游生态水成功引流至青泥河，消除南河段污染带对青泥河水质影响。按照专家指导，应急处置期间先后共构筑拦截坝10座（南河7座、青泥河3座）、涝池4个，确定投加药剂方案，明确投药指导专家、责任领导、责任单位，坝上24小时派成县副县级领导值守、24小时人员巡逻，通过一系列措施，将污染物控制消除在陇南境内。

3. 投药降污

专家组根据污染带铊浓度演变特点，制定水体除铊工程技术方案，确定了高锰酸钾、硫化钠、氢氧化钠配比加药降解方法，先后共投放高锰酸钾3.95 t、硫化钠105.60 t、次氯酸钠1.5 t、聚合硫酸铁1.5 t、氢氧化钠5.07 t，在南河、青泥河分别设4个加药点，采用连续喷淋式投药实施精准治污，降污效果明显。

（二）应急监测方案

21日12时至26日为环境应急加密监测阶段。自21日12时起，在青泥河及其支流南河上共设置8个监测断面，监测频次为1次/（2～6 h）。为准确把握青泥河污染物迁移情况，自22日0时起，增设4个青泥河监测断面。之后，根据现场实际情况，多次对监测方案进行动态调整，出境断面的监测频次加密为1次/h。监测项目为铊。监测方案调整情况见表7。

表7　监测方案调整情况

方案期数	执行时间	断面数/个	监测断面名称	频次
2	1月21日12时	8	（支流）抛沙河水泥厂后门大桥（对照）	1次/6 h
			（支流）成县南河大桥断面	1次/2 h
			成县飞龙峡断面	1次/2 h
			飞龙峡下游4 km	1次/2 h
			成县东河（水泉）断面	1次/6 h
			成县东河（江武路）大桥	1次/2 h
			宋坪乡政府	1次/2 h
			成县宋坪史家坪断面（出境）	1次/2 h

续表

方案期数	执行时间	断面数 / 个	监测断面名称	频次
3	1 月 22 日 0 时	12	（支流）抛沙河水泥厂后门大桥（对照）	1 次 /6 h
			（支流）成县南河大桥断面	1 次 /2 h
			南河华昌桥	1 次 /2 h
			成县飞龙峡断面	1 次 /2 h
			飞龙峡下游 4 km	1 次 /2 h
			成县东河（水泉）断面	1 次 /6 h
			成县东河（江武路）大桥	1 次 /2 h
			鸡凤镇长河村	1 次 /4 h
			宋坪乡房河坝村	1 次 /4 h
			宋坪乡河口	1 次 /4 h
			宋坪乡政府	1 次 /2 h
			成县宋坪史家坪断面（出境）	1 次 /2 h
4	1 月 23 日 0 时	10	（支流）抛沙河水泥厂后门大桥（对照）	1 次 /6 h
			（支流）成县南河大桥断面	1 次 /2 h
			南河华昌桥	1 次 /2 h
			成县飞龙峡断面	1 次 /2 h
			飞龙峡下游 4 km	1 次 /2 h
			宋坪乡政府	1 次 /2 h
			鸡凤镇长河村	1 次 /4 h
			宋坪乡河口	1 次 /4 h
			宋坪乡房河坝村	1 次 /4 h
			成县宋坪史家坪断面（出境）	1 次 /2 h
5	1 月 23 日 12 时	8	（支流）抛沙河水泥厂后门大桥（对照）	1 次 /6 h
			（支流）成县南河大桥断面	1 次 /2 h
			南河华昌桥	1 次 /2 h
			成县飞龙峡断面	1 次 /2 h
			宋坪乡房河坝村	1 次 /4 h
			宋坪乡河口	1 次 /4 h
			宋坪乡政府	1 次 /h
			成县宋坪史家坪断面（出境）	1 次 /h

续表

方案期数	执行时间	断面数/个	监测断面名称	频次
6	1月24日 12时	8	（支流）抛沙河水泥厂后门大桥（对照）	1次/6 h
			南河华昌桥	1次/2 h
			南河汇入青泥河前50 m处	1次/2 h
			成县飞龙峡断面	1次/2 h
			宋坪乡房河坝村	1次/4 h
			宋坪乡河口	1次/4 h
			宋坪乡政府	1次/h
			成县宋坪史家坪断面（出境）	1次/h
7	1月24日 18时	5	（支流）抛沙河水泥厂后门大桥（对照）	1次/6 h
			南河汇入青泥河前	1次/2 h
			成县飞龙峡断面	1次/2 h
			宋坪乡政府	1次/h
			成县宋坪史家坪断面（出境）	1次/h
8	1月27日 8时	3	南河入青泥河口	1次/2 h
			宋坪乡政府	1次/2 h
			成县宋坪史家坪断面（出境）	1次/2 h
9	1月29日 16时	4	（支流）抛沙河水泥厂后门大桥（对照）	1次/d
			南河入青泥河口	1次/4 h
			宋坪乡政府	1次/4 h
			成县宋坪史家坪断面（出境）	1次/4 h
10	1月31日 10时	4	（支流）抛沙河水泥厂后门大桥（对照）	1次/d
			南河入青泥河口	1次/6 h
			宋坪乡政府	1次/6 h
			成县宋坪史家坪断面（出境）	1次/6 h
11	2月2日 14时	4	（支流）抛沙河水泥厂后门大桥（对照）	1次/d
			南河入青泥河口	1次/8 h
			宋坪乡政府	1次/8 h
			成县宋坪史家坪断面（出境）	1次/8 h

（三）质量保证

1. 严格落实"五统一"的监测要求

严格按照中国环境监测总站"五统一"要求开展应急监测工作。一是统一采样标准。采样位置用实物做好标识，采样现场用经纬度相机拍照。二是统一前处理方法。水样在检测前统一采用 0.45 μm 滤膜过滤。三是统一分析方法。三省统一采用车载 ICP-MS 或实验室 ICP-MS 进行定量分析。四是统一数据和报告格式。监测数据统一计量单位、有效数字和小数点位数。采用数据表格、快报和应急监测报告方式报送监测数据，报告实行三级审核制度。五是统一数据分析研判预测模型。三省统一采用"时间滚动—数据耦合"模型研判污染情况。

2. 严格执行实验室质控措施

严格执行实验室质控措施，要求每个实验室派出质控员对样品采集、样品交接、样品转码、样品前处理、上机测试、全程序空白、平行双样、发放密码质控样等环节进行全面质控审核，对异常数据及时进行复核，并定期对每个实验室进行质控分析比对工作，同时不定期开展实验室随机质控抽查，保证数据真实、可靠。样品分析过程中通过质控样测试发现仪器 RF 值波动较大，检查仪器确定为仪器 RF 发生故障，立即更换仪器配件，确保了仪器正常运行。实验室间比对监测结果统计见表 8。

表 8　实验室间比对监测结果统计

样品编号	铊监测结果 /（mg/L）			偏差 /%
	成县实验室	宋坪乡实验室	均值	
南河华昌桥 1 月 22 日 20：06	0.001 32	0.001 26	0.001 29	2.3
宁寨拦截坝 1 月 22 日 19：50	0.000 22	0.000 23	0.000 23	-2.2
成县宋坪乡政府 1 月 22 日 22：04	0.002 35	0.002 03	0.002 19	7.3
宁寨拦截坝后出口 1 月 22 日 20：00	0.000 02	0.000 02	0.000 02	0.0
成县宋坪乡政府 1 月 23 日 8：10	0.000 21	0.000 18	0.000 20	7.7
成县宋坪史家坪断面 1 月 23 日 7：54	0.000 44	0.000 39	0.000 42	6.0
成县宋坪乡政府 1 月 23 日 10：18	0.000 49	0.000 55	0.000 52	-5.8
成县宋坪史家坪断面 1 月 23 日 10：00	0.000 04	0.000 03	0.000 04	14.3
成县宋坪乡政府 1 月 23 日 12：22	0.000 59	0.000 52	0.000 56	6.3
成县宋坪史家坪断面 1 月 23 日 12：05	0.000 35	0.000 39	0.000 37	-5.4
甘陕交界马家河大桥断面 1 月 24 日 9：30	0.000 43	0.000 44	0.000 44	-1.1
甘陕交界马家河大桥断面 1 月 24 日 11：00	0.000 38	0.000 39	0.000 39	-1.3
甘陕交界马家河大桥断面 1 月 26 日 14：00	0.000 16	0.000 13	0.000 15	10.3

3. 开展比对实验确保数据准确可靠

按照中国环境监测总站统一安排，对甘陕两省跨界断面数据不匹配问题，监测组迅速组织开展甘陕两省比对实验。要求监测人员在同一时间、同一断面（马家河大桥）进行联合采样分析，并采取"一桶水"分样及添加空白样、密码质控样等方式，与陕西省汉中市进行了现场比对监测 14 次，出具比对监测报告 14 期，确保了监测数据准确、可靠、有效。甘陕交界马家河大桥断面比对监测结果见表 9。

表 9 甘陕交界马家河大桥断面比对监测结果

采样时间	铊监测结果 /（mg/L）
1 月 24 日 9：30	0.000 44
1 月 24 日 11：00	0.000 39
1 月 25 日 10：25	0.000 25
1 月 25 日 14：20	0.000 36
1 月 25 日 18：06	0.000 18
1 月 26 日 10：00	0.000 42
1 月 26 日 14：00	0.000 16
1 月 26 日 18：00	0.000 19
1 月 26 日 22：00	0.000 04
1 月 27 日 2：00	0.000 05
1 月 27 日 6：00	0.000 06
1 月 27 日 10：00	0.000 20
1 月 27 日 14：00	0.000 08
1 月 27 日 18：00	0.000 06

（四）保障调度

根据应急监测实际，21 日，甘肃省生态环境监测中心站及兰州、天水、金昌、平凉生态环境监测中心技术骨干紧急驰援，共设立成县环境监测站、陇南生态环境监测中心、天水生态环境监测中心和宋坪乡临时实验室（车载 ICP-MS）4 个实验室，甘肃省生态环境监测中心站、甘肃省兰州生态环境监测中心、甘肃省金昌生态环境监测中心、甘肃省天水生态环境监测中心、甘肃省陇南生态环境监测中心、甘肃省平凉生态环境监测中心、成县环境监测站 21 名人员承担实验室分析工作，甘肃省陇南生态环境监测中心、成县生态环境监测站、徽县生态环境监测站、西和生态环境分局和两当县生态环境监测站共 27 人承担现场采样工作，保证每个实验室配备 3 组分析人员；及时协调安捷伦、热电等仪器厂家工程师现场进行设备运行保障，确保仪器设备稳定运行；省、市、县环境监测部门共投入监测人员 45 人，仪器设备 4 台套，出动车辆 30 余辆，保证每个监测断面 2 台采样车。

（五）监测结果

经监测分析，主要断面监测结果情况如下：

1.（支流）抛沙河水泥厂后门大桥（对照）断面

抛沙河水泥厂后门大桥断面为对照断面，1 月 21 日至 2 月 7 日监测结果范围为未检出～0.000 06 mg/L，浓度水平基本保持稳定，说明青泥河上游水质未受到污染（时间变化趋势见图 1）。

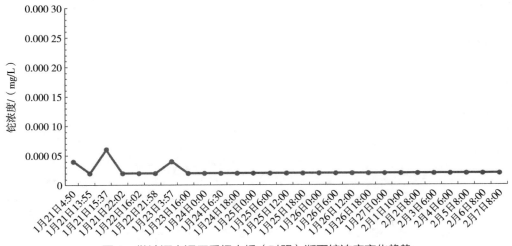

图 1　抛沙河水泥厂后门大桥（对照）断面铊浓度变化趋势

2.（支流）成县南河大桥断面

成县南河大桥断面监测频次为 1 次 /2 h。1 月 21 日至 24 日监测结果为 0.000 33～0.008 36 mg/L。自 1 月 22 日 0 时起，监测浓度明显降低，1 月 22 日至 24 日监测浓度为 0.000 33～0.001 59 mg/L，1 月 24 日 14 时，监测数据为 0.001 13 mg/L。由于方案调整，该断面自 1 月 24 日 18 时起不再监测。该断面监测浓度时间变化趋势见图 2。

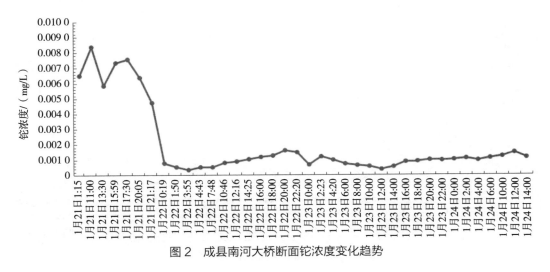

图 2　成县南河大桥断面铊浓度变化趋势

3. 南河入青泥河口断面

根据监测方案调整，自 1 月 24 日 12 时起增加南河入青泥河口断面，1 月 24 日 12 时至 26 日 16 时监测浓度为 0.000 03～0.000 12 mg/L。由于上游引流管（渠）施工，河道无水，1 月 26 日 18 时至 27 日 16 时未开展监测，自 1 月 27 日 18 时开始监测。该断面监测浓度时间变化趋势见图 3。

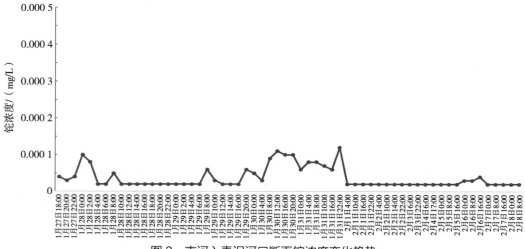

图 3 南河入青泥河口断面铊浓度变化趋势

4. 成县飞龙峡断面

自 1 月 21 日 1 时起，成县飞龙峡断面铊浓度呈波动下降趋势。1 月 23 日 0 时至 26 日 6 时，监测结果基本稳定，监测浓度为 0.000 1～0.000 34 mg/L，1 月 27 日 4 时监测浓度为 0.000 02 mg/L，该断面监测浓度时间变化趋势见图 4。由于监测方案调整，该断面从 1 月 27 日 8 时起不再监测。

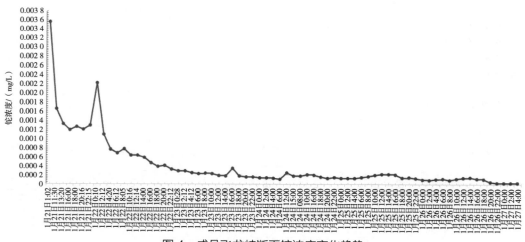

图 4 成县飞龙峡断面铊浓度变化趋势

5. 宋坪乡政府断面

1 月 21 日 18 时至 26 日 20 时，宋坪乡政府断面监测浓度波动下降，1 月 22 日 12 时 8 分浓度达到峰值，为 0.003 60 mg/L。自 1 月 26 日 21 时起，监测浓度波动下降，

2 月 8 日 8 时浓度为 0.000 05 mg/L（图 5）。

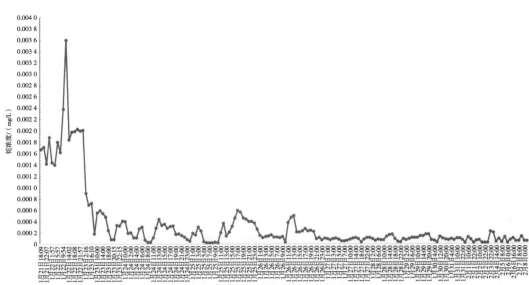

图 5　宋坪乡政府断面铊浓度变化趋势

6. 成县宋坪史家坪断面（出境）

1 月 21 日 2 时至 23 日 6 时，成县宋坪史家坪断面铊浓度处于较高水平，浓度为 0.000 74～0.002 33 mg/L。自 1 月 24 日 5 时开始持续低于 0.000 50 mg/L，自 1 月 26 日 14 时开始持续低于 0.000 10 mg/L（图 6）。

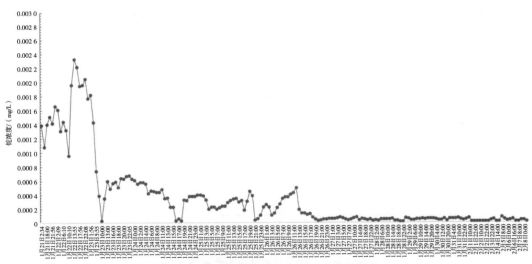

图 6　成县宋坪史家坪断面铊浓度变化趋势

（六）相关处置建议

根据应急监测结果及趋势分析，应急监测组在做好监测工作的同时及时向指挥部提出合理建议，为指挥部科学决策提供技术支撑。主要建议如下：

1. 加强分析，高效支持应急处置

根据流域特征及河床特点，对南河及青泥河加密监测。通过对南河底泥、水滩及死水区等区域排查监测，及时发现南河抛沙高速公路桥下、宁寨过水路面涵管处、华昌大桥3个断面水中铊浓度较高，建议处置组在这3处河段设置拦截坝，进行降解处置。

通过对青泥河增设断面监测发现，河流交汇处，水中构筑物附近铊浓度较高，通过分层采样，上下对照等手段发现汇入口处形成深潭，底泥中铊的不断释放是该段河流水中铊持续处于较高浓度的主要原因，建议处置组对飞龙峡下游4 km断面进行河道整治，减少深滩中底泥溶出释放，对宋坪乡河口断面进行降解处置，对青泥河水中铊浓度全线降低发挥了技术指导作用。

应急处置期间先后共构筑拦截坝10座，投药点6个。本次应急监测实时对拦截坝出水、投药点上下游水质进行监测，高效支撑应急处置。同时根据监测数据情况，优化调整投药降解方案，科学调整投放药剂点位、剂量和时间（图7）。

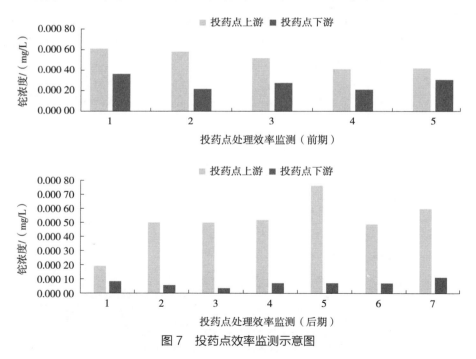

图7 投药点效率监测示意图

2. 认真研判，指导引水导流

应急处置指挥部根据监测结果，决定将南河抛沙大桥上游未受铊污染的河水引流进入青泥河，实现清污分离。初期采用开挖渠道，铺设彩条布加塑料膜的办法引水导流。经监测人员勘查并分段加密采样，自抛沙大桥下游 900 m 开始，水中铊浓度呈递增态势，检查发现搭接处彩条布被冲起，导致大量底泥进入水体，造成铊的不断释放（图 8）。建议指挥部调整引水方式，采用导流管引水。27 日 3 时 30 分导流管铺设完成，彻底解决了清污分流问题，全面消除南河段污染带对青泥河水质的影响，为下游水质持续好转奠定了基础。

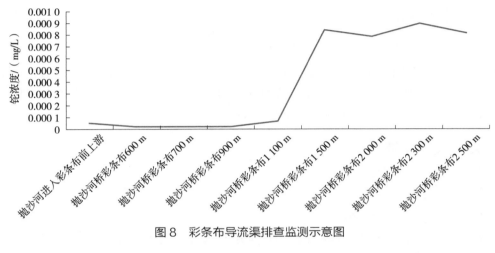

图 8　彩条布导流渠排查监测示意图

三、稳定达标阶段

1 月 26 日 18 时，成县宋坪史家坪（出境）断面水质铊浓度持续低于标准限值，甘肃省影响嘉陵江水质环境风险消除。

根据水质稳定低于标准限值情况，1 月 27 日 8 时，监测断面调整为 3 个，监测频次为 1 次 /2 h。1 月 31 日 10 时，监测频次调整为 1 次 /6 h。2 月 2 日 14 时，监测频次调整为 1 次 /8 h。监测项目为铊。监测方案调整情况见表 10。

表 10　监测方案调整情况

方案期数	执行时间	断面数 / 个	监测断面名称	频次
8	1 月 27 日 8 时	3	南河入青泥河口	1 次 /2 h
			宋坪乡政府	1 次 /2 h
			成县宋坪史家坪断面（出境）	1 次 /2 h
9	1 月 29 日 16 时	3	南河入青泥河口	1 次 /4 h
			宋坪乡政府	1 次 /4 h
			成县宋坪史家坪断面（出境）	1 次 /4 h

续表

方案期数	执行时间	断面数 / 个	监测断面名称	频次
10	1 月 31 日 10 时	3	南河入青泥河口	1 次 /6 h
			宋坪乡政府	1 次 /6 h
			成县宋坪史家坪断面（出境）	1 次 /6 h
11	2 月 2 日 14 时	3	南河入青泥河口	1 次 /8 h
			宋坪乡政府	1 次 /8 h
			成县宋坪史家坪断面（出境）	1 次 /8 h

通过后续跟踪监测，陇南市、成县根据污染物治理效果和水量变化情况，调整优化治理方案，继续精准投药降污。2 月 7 日 18 时，陇南市政府终止 Ⅲ 级应急响应；2 月 10 日 12 时，成县人民政府终止 Ⅳ 级应急响应。

四、案件总结

（一）经验

1. 精准监测，快速锁源

在成县、徽县、康县和两当县 4 个县开展排查，共设置 19 个监测断面，排查 10 条河流，快速锁定污染来源为成州锌冶炼厂，为污染的快速处置争取到时间。

2. 全省统筹，统一指挥

前期甘肃省陇南生态环境监测中心会同成县生态环境监测站、徽县生态环境监测站、西和生态环境分局和两当县生态环境监测站开展现场排查工作。甘肃省生态环境监测中心站人员到达现场后，与当地监测人员联合设立 4 个实验室：成县生态环境监测站、陇南生态环境监测中心、天水生态环境监测中心和宋坪乡临时实验室（生态环境部协调车载 ICP-MS），并从甘肃省生态环境监测中心站、甘肃省兰州生态环境监测中心、甘肃省金昌生态环境监测中心、甘肃省天水生态环境监测中心、甘肃省陇南生态环境监测中心、甘肃省平凉生态环境监测中心、成县生态环境监测站抽调实验室分析人员 21 名。同时为确保应急监测工作正常开展，提前谋划，积极协调高纯氩气、标准品、质控样、调谐液、滤膜等试剂耗材 2 批；及时协调仪器厂家工程师现场进行设备运行保障，确保仪器设备稳定运行。

3. 协调联动，信息共享

本次应急监测在中国环境监测总站的指导和协调下，三省统一监测方法、统一前处理，加强沟通，信息共享为应急处置提供了有力的技术保障。

4. 规范监测，高效保障

在中国环境监测总站的有力指导下，应急监测工作组严格按照《重特大突发水环境事件应急监测工作规程》提出的 "13353" 原则开展应急监测工作，即 1 个监测点位配备 3 台采样车，3 组采样人员；每 50 km 布设 1 个实验室；每个实验室配备 3 组检测人员。合理制定应急监测方案并根据情况不断优化调整，布点科学、监测精准，既保证了关键断面的延续性，又兼顾了应急处置工作的需求，为分析污染带迁移、研判污染趋势及应急处置工作提供及时可靠的数据支撑。

（二）存在的不足

1. 自动预警监测能力不足

四川省嘉陵江八庙沟水质重金属自动站在本次事件中发挥了前哨作用，相比月度例行水质监测，发现本次铊浓度异常情况提前近 20 天，降低了事件对饮水安全和生态环境的影响，也为甘陕川三省联合应对争取了时间。本次事件暴露出甘肃省在自动预警监测能力方面的不足，与"早监测、早预警、早报告"的应急监测要求仍有较大差距。为提升甘肃省自动监测预警能力，多方筹集资金建设水质自动预警站，预计 2022 年在嘉陵江主要支流建设 5 个水质预警监测站。

2. 应急监测能力相对薄弱

重金属污染为陇南市重点风险源，加之山大沟深，交通不便，采样、送样时间成为限制数据及时性的重要因素。本次事件暴露出甘肃省移动式应急监测设备尤其是重金属监测设备不足，应急监测机动能力薄弱，难以有效支撑跨省突发环境事件的应急监测工作需求。

专家点评 //

一、组织调度过程

应急响应及时。本案例中甘肃省在得到生态环境部关于嘉陵江入川水质铊浓度出现异常的通报后第一时间启动应急响应，甘肃省生态环境厅迅速派出由生态环境应急、监测、调查人员及专家组成的工作组紧急赶赴现场，会同生态环境部工作组指导陇南市、成县组建现场应急指挥部，调动各方力量协同开展应急处置工作。

溯源监测及时准确。甘肃省陇南生态环境监测中心于 2021 年 1 月 20 日 23 时48 分接到甘肃省生态环境厅通知后，立即与当地生态环境部门组织开展排查溯源监测工作，陇南生态环境监测中心接到省生态环境厅通知后，立即组织成县、徽县、康县、两当县环境监测部门开展排查监测，在 10 小时内确定污染源。

方案制定科学、可行。围绕嘉陵江干支流相邻县域，从成县、徽县、康县和两当县 4 个县开展排查，重点关注嘉陵江出入境和污染源所在支流并制定监测方案。

回顾整个应急响应和监测过程，甘肃省环境监测系统的应急组织调度工作展现出反应及时、应对充分、溯源准确、方案科学、统一高效等特点。

二、技术采用

（一）监测项目及污染物确定

本案例中的污染物是由嘉陵江四川省广元段自动预警监测站的铊浓度异常而被发现，随后生态环境部通报嘉陵江入川水质铊浓度出现异常情况。接到事件通报后，甘肃省启动应急响应，经陇南市污染源排查和溯源监测，仅用了 5 小时即初步锁定污染源、10 小时内确定污染源及污染物质。

（二）监测点位、监测频次和监测结果评价及依据

1. 监测点位布设

应急监测过程中对点位布设的原则把握准确、目标清晰、针对性强，紧密围绕应急处置工作需要，在不同应急监测阶段根据现场实际情况，多次对监测方案进行动态补充和优化调整。

2. 监测频次确定

监测频次的确定兼顾了初期应急处置急迫形势的需要和后期可持续跟踪事态发展的需要。事故发生初期开展加密监测，此后逐阶段优化降低了监测频次，既满足了污染物动态变化趋势监测分析的需要，又保证了监测工作的有序和可持续开展。

3. 监测结果评价及依据

在监测过程中，严格按照有关污染物排放标准和环境质量标准对监测结果进行评价。评价使用的标准：污水按照《铅、锌工业污染物排放标准》（GB 25466—2010）评价，地表水参照《地表水环境质量标准》（GB 3838—2002）进行评价。

（三）监测结果确认（包括质量保证及质量控制）

本次应急监测采取了一系列的质量保证措施，包括严格按照总站"五统一"要求开展应急监测工作、严格执行实验室质量控制措施、开展比对实验等手段确保结果准确。

（四）报告报送及途径

案例在此方面的总结偏弱。

（五）提供决策与建议

本案例中，应急监测人员在做好监测工作的同时及时向指挥部提出合理建议，为指挥部科学决策提供技术支撑。根据应急监测结果及趋势分析，加强分析，高效支持应急处置。

根据流域特征及河床特点，通过对重点断面加密监测，得出污染浓度高值区，提出在发现的高值河段设置拦截坝，进行降解处置的建议。

通过分层采样、上下对照等手段发现汇入口处底泥中铊的不断释放是重点河流断面水中铊持续处于较高浓度的主要原因，提出对飞龙峡下游 4 km 断面进行河道整治以及对宋坪乡河口断面进行降解处置的建议，对青泥河水中铊浓度全线降低发挥了技术指导作用。

（六）监测工作为处置过程提供的预警等方面

本案例中应急监测实时对拦截坝出水、投药点上下游水质进行监测，高效支撑应急处置。同时根据监测数据情况，优化调整投药降解方案，科学调整投放药剂点位、

剂量和时间，为精准投药降污提供数据支撑。

三、综合评判意见，后续建议

（一）综合评判意见

案例主要内容涵盖了应急监测响应及污染物筛查阶段（第一阶段）、监测范围持续扩展阶段（第二阶段）、应急监测全覆盖阶段（第三阶段）、事故后期处置阶段（第四阶段）、应急监测结束后续工作、应急监测期间质量控制与质量保证、应急监测期间监测人员安全措施、本次事故应急监测特点、应急监测建议9个方面。甘肃省在接到生态环境部通报后，立即启动应急响应，省生态环境厅迅速派出由生态环境应急、监测、调查人员及专家组成的工作组紧急赶赴现场，会同生态环境部工作组指导陇南市、成县组建现场应急指挥部。陇南生态环境监测中心接到省生态环境厅通知后，立即组织成县、徽县、康县、两当县环境监测部门开展排查监测，在10小时内确定污染源。整个事件组织调度过程十分迅速，污染排查过程十分精准。

《地表水环境质量标准》（GB 3838—2002）"表3 集中式生活饮用水地表水源地特定项目标准限值"中铊的标准限值为0.0001 mg/L。而在《水质 65种元素的测定 电感耦合等离子体质谱法》（HJ 700—2014）测试标准中，铊的方法检出限为0.02 μg/L、测定下限为0.08 μg/L，与标准限值十分接近。在整个应急监测过程中，各监测断面浓度变化不一，但整体测试数据基本处于较低浓度水平。为把握各监测断面浓度变化趋势，势必需要高质量的测试数据。质量控制与质量保证工作应贯穿整个监测过程。

此次"1·20"嘉陵江甘陕川段铊浓度异常事件，受影响水质断面涉及甘肃、陕西和四川3个省，肇事企业又包括甘肃和陕西两地，影响的饮用水水源仅为嘉陵江下游四川省广元市西湾水厂一地。铊在线监测数据出现异常升高是由嘉陵江入川断面水质自动监测站最初报出，由此也显现了自动监测在饮用水水源地水质保护方面具有重要意义。此次事件，虽经甘、陕、川三省联合奋战，快速查明污染企业，将污染事件影响降至最低，但也凸显饮用水水源地保护工作不应受地域限制，上游跨省断面建立自动监测系统，整个流域建立风险管控系统，上下游之间建立应急联动机制均十分重要。在应急事件发生的初始，相关省份可第一时间联合迅速响应，将风险最小化，切实保护好饮用水水源地水质。

案例较为系统完整地回顾了应急监测全过程，尤其是针对应急监测不同阶段方案的具体调整过程和内容及应急保障以及针对涉及三省跨界监测，三省实验室统一监测方法，确保样品处理方式一致，对今后此类事故的应急监测响应具有较好的借鉴参考作用。

（二）建议

1.本案例中对于应急监测报告的报送及途径方面还缺少总结回顾；

2.本案例中污染溯源及时，但缺少污染物详细溯源过程及数据；

3.本案例应急监测过程涉及三省跨界，应在案例中补充有关对外部统筹协调经验、数据共享等总结内容。

案例 19

邵阳市隆回县西洋江铊浓度异常事件应急监测

类　　别：水质环境污染事件

关键词：铊　水质环境污染事件　电感耦合等离子体质谱仪（ICP-MS）

摘　　要：2021 年 4 月 16 日晚，湖南省邵阳生态环境监测中心（以下简称邵阳中心）在进行饮用水常规监控断面监测过程中发现西洋江南岳庙断面铊浓度异常，超过《地表水环境质量标准》（GB 3838—2002）中"表 3　集中式生活饮用水地表水源地特定项目标准限值"（0.000 1 mg/L）19 倍，隆回二水厂饮用水水源地铊浓度超过 0.29 倍，下游各断面均检出铊（未超标）。为核实情况，邵阳中心立即对 5 个断面进行复核。4 月 17 日 2 时 30 分进一步确定南岳庙断面仍超标 16 倍，辰水入资江（赧水）口超标 2.6 倍，隆回二水厂的取水口铊浓度达标，检测结果为 0.080 μg/L。4 月 17 日 3 时，邵阳市人民政府启动突发环境事件Ⅳ级应急响应，隆回县人民政府立即响应，市、县两级迅速开展应急工作专班，全力以赴开展溯源排查、保障饮水安全、污染源善后处置等一系列应急处置工作。邵阳市生态环境局授权邵阳中心启动突发环境事件应急监测，并发布《4·17 隆回铊异常应急监测方案》，隆回县生态环境局严格按照邵阳中心发布的《4·17 隆回铊异常应急监测方案》和制订的溯源排查计划进行采样。经应急溯源排查和专家会商，迅速锁定污染源为隆回县西洋江金鑫化工厂和隆回县潇江化工厂非法排污。

　　本次应急持续时长 33 天，共计出台了 10 期应急监测方案，监测简报 24 期，出动采样人员 996 人次，出动车辆 491 台次，采集样品 1 926 个。

一、初期应对阶段

　　4 月 17 日凌晨，邵阳市委、市政府成立了邵阳市隆回县西洋江铊浓度异常清理排查整治应急指挥领导小组，下设综合协调、应急监测、溯源排查、供水安全保障、现场善后处置、专案行动、舆情防控维稳、后勤保障 8 个工作组，制定了应急处置工作方案，安排专项经费，明确各组职能职责，层层压实责任。隆回县委、县政府成立了领导小组，细化工作方案和具体措施，充分压实相关乡镇（街道）和县职能部门责任。省专家指导组赶赴现场后，建立健全了省、市、县三级合力推进应急处置的工作机制和指挥体系。湖南邵阳生态环境监测中心（以下简称邵阳中心）制定了应急监测方案，成立了应急监测工作组，建立了应急监测技术体系，对采样方法、分析方法、评价标准、质量控制进行了明确要求。

第 1 期监测方案设置 17 个监测断面，监测频次 1 次 /2 h，其中畔上村 1 次 /d。邵阳中心负责采样及分析工作。监测第一天由邵阳中心实验室承担样品分析工作，而后省生态环境监测中心调用 2 台应急监测车和 4 套应急监测设备建立隆回实验室和南岳庙实验室。隆回监测站严格按照邵阳中心发布的《4·17 隆回铊异常应急监测方案》进行采样、送样。考虑到隆回监测站人员少，无法承担这么多断面的采样、送样工作，于 2021 年 4 月 17 日 12 时委托第三方监测机构对南岳庙断面、乔家村渡口、隆回二水厂水源地和辰河入资江口等 6 个断面进行监测，每 2 小时进行 1 次采样、送样工作（图 1）。

扫码查看
高清彩图

图 1　"4·17"隆回铊异常应急监测断面点位布设方案

本次事件涉及河流小水电站多，水流速度慢，没有新鲜水源稀释，污染物沉积，导致污染时间长。为尽快查清铊浓度异常的污染源，有效控制环境污染影响，4月17日0时，立即启动溯源排查工作，共采集84个排查样品送往邵阳中心分析，经过一系列的溯源排查，迅速锁定污染源为隆回县西洋江金鑫化工厂和隆回县潇江化工厂非法排污（图2）。

图2　金鑫化工厂废水排放路径现场和潇江化工厂废水排放路径现场

4月17日20时左右，隆回县公安局和生态环境部门第一时间责令金鑫化工厂、潇江化工厂停产整治并封存现场、固定证据，切断了污染源，对两个厂的环境违法行为立案查处，依法将两厂法人代表、生产厂长等5人移送至公安机关刑事拘留。2021年4月18日，隆回县西洋江铊浓度异常应急处置领导小组召开调度会，按照各自职责进行分工部署。县应急局邀请3名化工专家到现场勘查并提供技术指导，防止二次环境污染事故发生。

二、基本稳定阶段

根据前期的监测数据变化趋势以及监测初期多个断面污水浓度高、迁移速度快、应急时间紧、点位布设过多等情况及时调整监测方案。自4月19日18时起，第2期监测方案出台，邵阳中心承担市区、邵阳县、新邵县境内电站坝前排查断面的分析，省生态环境监测中心派驻的应急监测车承担洞口、隆回县域内电站坝前排查断面的分析。由原17个监测断面调整为10个监测断面，监测频次由1次/2 h调整为1次/4 h。设置了16个电站坝前排查断面（图3）。

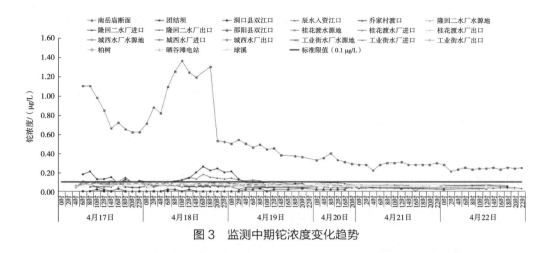

图 3　监测中期铊浓度变化趋势

4 月 20 日，化工专家尹志伟对厂区内的化学物质进行清点登记，提出临时对厂内化学物质进行应急处置的方案。4 月 21 日，西洋江流域铊浓度异常现场应急处置领导小组对金鑫化工厂厂区内实施停水、断电措施，厂区划为管控区域。4 月 22 日，西洋江流域铊浓度异常现场应急处置领导小组对金鑫化工厂采取雨水分流措施，对厂区内原料等物品进行防潮防雨处理、有序堆放等安全措施；对溶洞进行了保护性开挖；对某市产的 5 包氯化钾（每包 1 t）和危险废物贮存间由西洋江镇人民政府进行封存；对露天污水池、污水桶采用防雨布遮盖。

三、稳定达标阶段

4 月 23 日，赧水河流域断面全部稳定达标，4 月 24 日，辰河流域所有断面达标。由于涉事河流小水电站多，水流量小，污染团稀释缓慢，4 月 26 日，西洋江流域水西电站至南岳庙断面铊浓度为 0.19～0.29 μg/L，南岳庙断面截至 5 月 15 日一直趋于异常。

4 月 23—28 日，县应急处置领导小组请示省市有关专家，一方面控制源头，另一方面由市水利局牵头，统一调度隆回县和洞口县西洋江流域所有电站开闸放水，以及上游木瓜山水库电站发电放水，保证上游有足够的新鲜水用来稀释污染物，效果比较明显。4 月 30 日至 5 月 4 日电站蓄水后，铊浓度又有所上升，5 月 4 日县应急处置领导小组立即召开会议，决定自 5 月 5 日起，通过测算超标的污染团及污水量，以及流域可调用的清洁水量和稀释能力，重新制定合理的水利调度方案。5 月 6—17 日，西洋江流域所有电站进行放水，上游不断补充新鲜水，一直持续到 5 月 17 日 23 时，西洋江流域沿线铊浓度达标（图 4）。

金鑫化工厂位于隆回县西洋江镇张家庙居委会，潇江化工厂位于隆回县六都寨镇新建村。两家企业为同一生产规模的高氯酸钾生产企业，主要以氯酸钠、氯化钾为原料，生产高氯酸钾，设计生产能力均为 5 000 t/a，实际产量都在 2 000 t/a 左右。铊浓度异常的河道约 122.9 km，其中资江干流约 45 km，一级支流平溪河约 4.3 km、辰水河约 40.6 km，二级支流西洋江约 33 km。受影响河段沿线水厂取水口铊浓度异常。

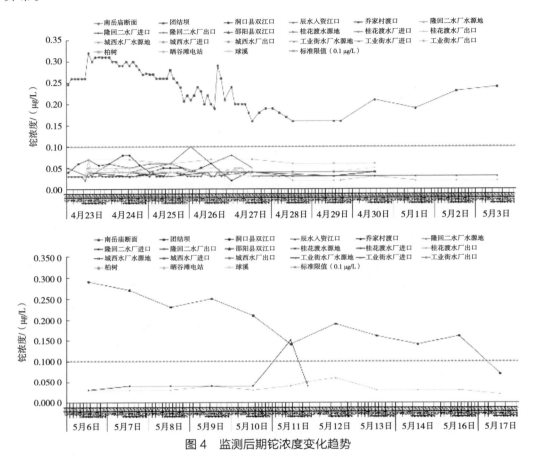

图 4 监测后期铊浓度变化趋势

因金鑫化工厂、潇江化工厂使用含铊氯化钾原料，企业在非法排放含铊氯化钠高盐废液（母液）过程中，造成下游纳污水体西洋江、辰水、平溪河、赧水污染，导致下游相关河流饮用水水源取水口超过《地表水环境质量标准》（GB 3838—2002）中"表3 集中式生活饮用水地表水源地特定项目标准限值"（0.000 1 mg/L），从而造成本次铊污染事件。

本次事件对隆回县、洞口县居民用水安全有潜在威胁，其中饮用水水源地最高超标 7.6 倍。但事件应急处置及时有效，没有对居民用水安全产生实际影响。经量化评估，本次事件无人身损害，且不涉及事务性费用，事件损害费用主要为应急处置费用（直接经济损失），共计 297 余万元。当地政府和生态环境部门及鉴定评估组在涉事河流中未发现鱼类和植物死亡。受污染地表水体经应急处置后，水体污染在应急响应终止时已经消除，不需要进行人工生态修复。

四、案件经验总结

（一）领导高度重视，省市县统一调度，集中指挥，提升了应急监测工作效率

事件发生后，各级部门高度重视，市、县两级党委和政府及相关部门高度重视，市委书记第一时间批示，要求市县党委、政府和相关部门迅速查清污染真正原因，坚决整治污染源头。市委、市政府，隆回县委、县政府当日成立了由市长任组长、分管副市长任常务副组长的应急指挥领导小组，下设 8 个专业组，分管副市长率市政府副秘书长带领市生态环境局工作人员会同省生态环境厅、省住建厅等有关领导和专家，迅速赶赴现场指导开展应急处置工作。市局授权监测中心启动应急监测工作，由监测中心主任全权调度应急监测工作，在最短的时间内做好了应急监测各项准备工作，成立了监测指挥组、现场监测组、实验室分析组、质量保证组、综合信息组和后勤保障组。制定了《4·17 隆回铊浓度异常应急监测方案》。整个应急监测过程有条不紊地顺利推进，充分体现了全省监测工作"一张网""一盘棋"、监测队伍"一条龙"，为应急监测的有序开展打下了坚实基础。

（二）《重特大突发水环境事件应急监测工作规程》具有指导性（"13353"原则）

前期由于应急时间紧、任务重，第 1 期监测方案的点位布置过多、频次密，与技术规范不符。而后根据"13353"原则合理制定应急监测方案并根据情况不断优化调整，做到布点科学、监测精准，既保证了关键断面的延续性，又兼顾了应急处置工作的需求，为牢牢抓住污染团，分析污染带迁移，研判污染趋势，开展应急处置工作提供了及时可靠的数据支撑。

（三）尝试新方法、新思路，利用第三方服务优化整合提效率

①本次应急首次利用在线监测设备对铊进行了在线监测。

②对涉铊原料分析探索了新方法，对原料中高浓度的铊进行了分析，并取得了成果，之后按此方法对全省 30 余家此类涉铊企业进行排查。

③考虑到应急时间紧、任务重、风险大及环保督察期间各项工作较多，为了提升应急监测工作的效率，尝试使用了第三方服务，使用前对第三方机构进行严格筛选，过程中进行质控把关。

（四）监测部门快速响应，对小水电站多的断面进行电站坝前排查，及时掌握污染团情况

事件发生后，邵阳中心、隆回分局充分认识到该事件的重要性，立即启动应急监测预案，第一时间到达事故现场，开展溯源排查采样及测试分析。在最短的时间内做

好了应急监测各项准备工作，并设置了 16 个电站坝前排查断面，方便迅速找到污染团，为之后的监测指挥决策提供参考。

专家点评 //

一、组织调度过程

该事件是邵阳中心 2021 年 4 月 16 日晚在进行饮用水常规监控断面监测过程中发现的，西洋江南岳庙断面铊浓度异常，超过《地表水环境质量标准》（GB 3838—2002）中"表 3　集中式生活饮用水地表水源地特定项目标准限值"19 倍，隆回二水厂饮用水水源地铊浓度超标 0.29 倍，下游各断面铊浓度均未超标。为核实情况，邵阳中心立即连夜对 5 个断面进行了复核。4 月 17 日 2 时 30 分进一步确定南岳庙断面铊浓度仍超标 16 倍，辰水入资江（赧水）断面超标 2.6 倍，隆回二水厂的取水口铊浓度达标，检测结果为 0.080 μg/L。4 月 17 日 3 时，邵阳市人民政府启动突发环境事件Ⅳ级应急响应，隆回县人民政府立即响应，市、县两级迅速组织应急工作专班，全力以赴开展溯源排查、保障饮用水安全、污染源善后处置等一系列应急处置工作。邵阳市生态环境局授权邵阳中心启动突发环境事件应急监测，并发布《4·17 隆回铊异常应急监测方案》，隆回县生态环境局严格按照邵阳中心发布的《4·17 隆回铊异常应急监测方案》和制订的溯源排查计划进行采样。经应急溯源排查和专家会商，迅速锁定污染源为金鑫化工厂和潇江化工厂非法排污。

回顾整个应急响应和监测过程，邵阳市环境监测系统的应急组织调度工作展现出应对充分、指挥有力、方案科学、统一高效等特点，具体体现在以下几个方面：一是事件发生后连夜复核，确认后连夜上报，应急响应十分迅速；二是应急监测和溯源监测同步开展，且排查溯源工作十分迅速，对涉事企业相关人员的处理十分果断，为后续切断污染源头打下坚实基础；三是应急队伍中除了应急人员还加入了相关专家，省生态环境监测中心调集 2 台移动监测车承担洞口、隆回县域内电站坝前排查断面的分析，根据现场工作需要对应急监测力量的指挥调度十分迅速果断；四是制定的应急监测方案充分考虑到不同时段事故对水环境的影响，同时紧密结合应急指挥部的决策需要，及时作出优化调整，确保了应急处置不同阶段应急监测方案的科学性；五是在事故处置期间，连续开展 24 小时不间断监测工作，共出动采样人员 996 人次，车辆 491 台次，采集样品 1 926 个，对区域内监测力量的组织调动十分统一和顺畅高效，并采取了严格的质控措施，有效保障了监测报告和数据发布的及时性和准确性。

二、技术采用

（一）监测项目及污染物确定

该案例中监测项目明确，就是铊。

（二）监测点位、监测频次和监测结果评价及依据

1. 监测点位布设

应急监测过程中对点位布设的原则把握准确、目标清晰、针对性强，紧密围绕应急处置工作需要，在不同应急监测阶段对地表水点位和水库分层次采样适时作出补充和优化调整。

2. 监测频次确定

监测频次的确定兼顾了初期应急处置急迫形势的需要和后期可持续跟踪事态发展的需要。事故发生初期开展加密监测，此后逐阶段优化降低监测频次，既满足了污染物动态变化趋势监测分析的需要，又保证了监测工作的有序和可持续开展。

3. 监测结果评价及依据

监测过程中，严格按照《地表水环境质量标准》（GB 3838—2002）对监测结果进行评价。

（三）监测结果确认

案例中在不同阶段从监测方案制定、人员、分析方法、仪器设备、数据报出等方面均进行了质量控制，全过程采取了严格的质量保证和质量控制措施。样品分析过程严格采用空白样品分析、平行样分析、标样测试、加标回收等方式进行质量控制等经验做法值得学习。

（四）报告报送及途径

案例在此方面的总结偏弱。

（五）提供决策与建议

案例在此方面的总结偏弱。

（六）监测工作为处置过程提供的预警等方面

案例在此方面的总结偏弱。

三、综合评判意见，后续建议

（一）综合评判意见

案例主要内容涵盖了初期应对阶段、基本稳定阶段、稳定达标阶段、案件经验总结四个方面。本案例是由于企业超标排污导致地表水体重金属污染事件。事件是饮用水常规监控断面监测过程中发现，迅速查明污染原因、切断污染来源是此次应急工作的难点与重点。交界断面至下游取水口铊浓度超标，威胁到隆回县、洞口县居民用水安全。

在事件的初期应对阶段，布设了17个水体监测断面和16个电站坝前排查断面，迅速锁定了污染企业；在基本稳定阶段，调整了监测断面，监测数据有力地支撑了污染治理措施效果和水体污染净化程度及变化趋势的评价；在稳定达标阶段，进一步优化监测方案，为合理制定水利调度方案提供技术支撑。本次应急事件，样品浓度整体处于较低水平，全程高质量的监测数据是有效排查污染来源及处理措施有效评价的坚实基础。

本案例对处理流域水体重金属污染事件具有很好的参考意义。

案例较为系统完整地回顾了应急监测全过程，尤其是针对应急监测不同阶段方案的具体调整过程和内容，对今后此类事故的应急监测响应具有较好的借鉴参考作用。

（二）建议

1. 增加应急工作的场景照片等；

2. 该事件是由例行监测工作发现的，时效性存疑，需在建议中增加对属地风险源特征污染物的监测频次，或在重要断面增加特征污染物自动监测设施。

案例 20

湘江衡阳段铊浓度异常应急监测

类　　别：水质环境污染事件

关键词：水质环境污染事件　一般环境突发事件　铊浓度　应急监测　电感耦合等离子体质谱仪

摘　　要：2020 年 11 月 10 日，湖南省衡阳生态环境监测中心（以下简称衡阳中心）在地表水例行监测中，发现湘江衡阳段云集大桥断面铊浓度超过参考标准，随即开展加密监测和初步排查，11 日的监测结果显示松柏至松木经开区之间的湘江河段加密监测中有 6 个断面出现不同程度超标。衡阳中心立即将铊浓度异常情况按程序上报，随后依据衡阳市生态环境保护委员会《关于成立湘江衡阳段铊异常处置工作领导小组（指挥部）的通知》要求，参照黄色（Ⅲ级）预警，启动铊浓度异常应急监测。至 12 月 8 日，湘江衡阳段铊浓度全线稳定达标，铊污染非法排放案件侦破，衡阳市生态环境保护委员会发文解除应急响应，应急监测终止。整个应急监测共历时 27 天，制定及调整监测方案 32 期，布设地表水监测断面 42 个，监测河段长达 181 km，对 6 个县级以上水厂进出水口进行取样监测，出动 4 148 人次，采用 NexION350X 型电感耦合等离子体质谱仪（ICP-MS）及电感耦合等离子体质谱法，获取监测数据 5 383 个，出具应急快报 456 期、分析报告 30 期、专报 30 期，为应急指挥部实时分析研判污染带迁移及变化趋势提供有力支撑。通过现场勘查、资料核查、人员询问及专家论证，调查组认定此次事件是一起因犯罪嫌疑人非法人为倾倒含高浓度铊废液导致的一般环境突发事件，造成直接经济损失约 400.12 万元。

一、初期应对阶段

（一）铊元素介绍

此次环境突发事件的污染元素是铊，铊是一种稀散金属元素，主要用于军工航天、电子通信、冶金化工等领域。国外部分应用于农药。铊对人体的危害属高毒类，为强烈的神经毒物，铊的毒性强于铅和汞，近似于砷，微量摄入即可致死，被我国列入优先控制的污染物名单。铊主要通过食物、饮用水及空气进入人体并富集，对人体的健康产生巨大的威胁。

（二）现场情况介绍

此次环境突发事件发生时正值湘江流域处于枯水期，水流缓慢，水体自净能力下降，且湘江衡阳段沿线从上至下还建有近尾州、土谷塘及大源渡三座水利枢纽，给河流流速、水体自净等方面也带来了一定的不利影响。湘江作为衡阳的"母亲河"，沿线建有云集、江东、城南、城北、演武坪、衡山等多个自来水厂，为衡阳市约 150 万人口提供生活用水，是衡阳市的主要水源地。事件发生后，各级人民政府及相关部门高度重视，积极响应。衡阳市生态环境局迅速成立环境应急指挥中心，组织开展应急监测与应急排查等；衡阳市人民政府第一时间作出批示指示，调度相关县（市）及职能部门召开联席会议，开展应急处置工作；生态环境部应急中心、湖南省生态环境厅及时派出专家组对衡阳应急处置工作进行指导，湖南省人民政府工作组也在第一时间到达现场指导工作。应急处置工作主要从水资源调度稀释和水厂应急除铊两个方面保障水源供水安全（图 1）。

（三）应急监测开展情况

2020 年 11 月 10 日下午，衡阳中心在地表水例行监测中发现云集大桥断面铊浓度超标 1.7 倍，将异常情况汇报市生态环境管理部门后，按照要求迅速在云集大桥断面上下游开展加密监测和初步排查。根据 11 日的监测结果，常宁松柏至松木经开区之间的湘江段共有 6 个断面出现不同程度超标，其中常宁松柏断面超标 6 倍，其他断面超标 0.2～1.7 倍。当日，衡阳市生态环境保护委员会发布《关于成立湘江衡阳段铊异常处置工作领导小组（指挥部）的通知》（以下简称通知），设立了 6 个工作小组，并根据《衡阳市突发环境事件应急预案》要求，经市人民政府同意，启动黄色（Ⅲ级）预警，并启动相应应急响应。在市生态环境局、省生态环境监测中心安排下，11 日 23 时衡阳中心启动了铊浓度异常应急监测，成立由领导班子及技术骨干组成的应急监测指挥中心，设立包含现场调查监测组、实验室分析组织、后勤保障组、综合技术组、质量控制组及技术专家组的应急监测组织机构，各司其职，全方面保障应急监测工作的有序开展，并依据"13353"原则，安排人员执行 24 小时值（轮）班制度，快速形成监测能力。同时，衡阳中心将湘江衡阳段铊浓度异常情况告知了下游的株洲、湘潭中心。11 日 23 时 40 分，经应急监测指挥部讨论研究，参照 11 日加密监测布设断面位置及监测结果，及时制定出第 1 期监测方案，布设 13 个监测断面，范围从上游松柏大桥上游 5 km 断面至下游江东水厂断面，监测频次为 1 次 /4 h，11 月 12 日凌晨，第 1 期方案的监测结果显示松柏下游 5 km、10 km，新塘铺及其下游 5 km、10 km 共 5 个断面出现超标，超标 0.4～2.7 倍，因此，初步判断有两个污染团，第一个污染团位置大概在新塘铺至新塘铺下游 10 km 之间，第二个污染团位置大概在松柏下游 5 km 至土谷塘之间（图 2）。

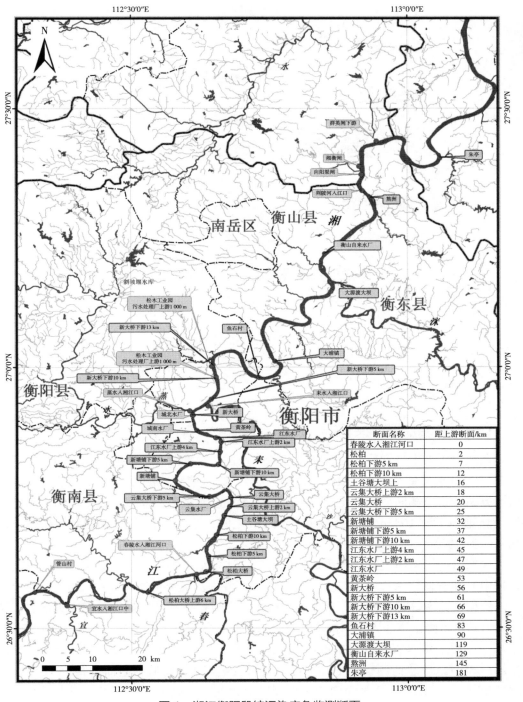

扫码查看
高清彩图

断面名称	距上游断面/km
春陵水入湘江河口	0
松柏	2
松柏下游5 km	7
松柏下游10 km	12
土谷塘大坝上	16
云集大桥上游2 km	18
云集大桥	20
云集大桥下游5 km	25
新塘铺	32
新塘铺下游5 km	37
新塘铺下游10 km	42
江东水厂上游4 km	45
江东水厂上游2 km	47
江东水厂	49
黄茶岭	53
新大桥	56
新大桥下游5 km	61
新大桥下游10 km	66
新大桥下游13 km	69
鱼石村	83
大浦镇	90
大源渡大坝	119
衡山自来水厂	129
敖洲	145
朱亭	181

图 1 湘江衡阳段铊污染应急监测断面

图 2　第 1 期监测方案

二、基本稳定阶段

（一）应急监测开展情况

在锁定污染带位置后，为科学布设监测点位，精准跟踪污染源，应急监测指挥中心参考当时水文资料及前期出具的监测数据，适时调整监测方案，15 日制定第 4 期监测方案，将监测断面调整至 18 个，根据 15 日监测结果，捕捉到第一个污染团已迁移至新塘铺下游 10 km 至新大桥下游 10 km 之间，第二个污染团已迁移至松柏下游 10 km 至新塘铺上游 5 km 之间（图 3）。

预判出的污染团位置已经覆盖云集水厂、江东水厂等多个水厂进水口，应急监测指挥中心加密调整水厂进水口上下游监测断面并提高监测频次至 1 次 /2 h，及时上报监测数据，并做好趋势研判，管理部门根据监测数据研判结果进行精准决策部署，及时从电站调水降浓度、人工降雨增水量、水厂除铊保水质，多措并举，全面控团削峰，保障了饮用水供水安全，对精准治污起到了监测先行、监测灵敏、监测精准的导向作用。20 日，应急监测指挥中心制定第 9 期监测方案，将监测断面调整至 17 个，监测结果显示，自 20 日 8 时起两个污染团已经相连，形成了从江东水厂至大浦镇下游 10 km 的超长污染带，污染带的铊浓度峰值较前几日有所下降，但仍超标，水厂按要求继续进行应急除铊（图 4）。

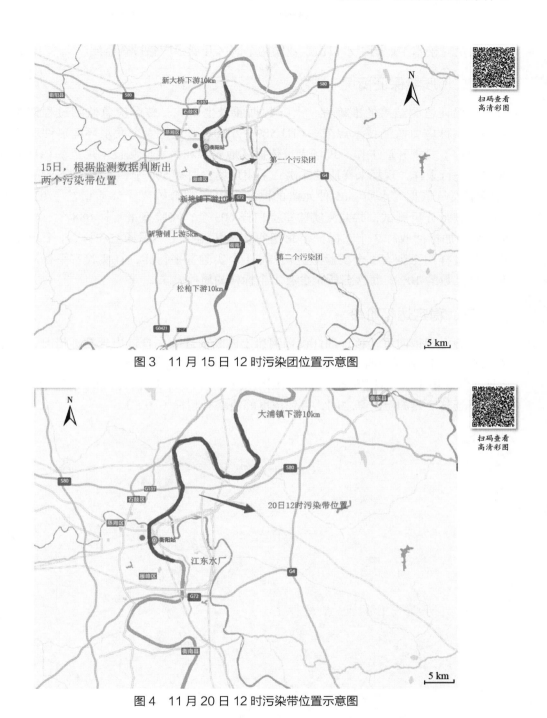

图3 11月15日12时污染团位置示意图

图4 11月20日12时污染带位置示意图

　　25日，制定出第13期监测方案，将监测断面调整至19个，监测结果显示，超长污染带有所分离，下游污染带出现在洣水入湘江口下游河段，上游污染带在鱼石村上游10 km至大源渡坝上之间。自启动应急监测以来，衡阳中心在开展湘江干流断面应急监测的同时，持续对松柏下游县级以上城镇水厂进水口、出水口开展监测，此外还配合人员对松木工业园、水口山工业园两个园区开展了应急排查监测。

（二）质量保证情况

为保证监测结果的准确性，严守数据质量生命线。整个应急监测过程按照《突发环境事件应急监测技术规范》（HJ 589—2010）、《重特大突发水环境事件应急监测工作规程》要求开展工作。现场人员依据《地表水和污水监测技术规范》（HJ/T 91—2002）进行采样，现场采样质控 4 次，采集现场空白样 506 个、现场平行样品 550 个；实验室人员依据《水质　65 种元素的测定　电感耦合等离子体质谱法》（HJ 700—2014）进行分析测试，共监测实验室空白样 603 个、实验室平行样 688 个、标准样品 802 个、加标回收样 3 个。保证了每组每次采集至少 1 个现场空白样、1 个现场平行样，每批样品至少有 1 个实验室空白样、1 个实验室平行样，且实验室平行样不少于测试样品数的 10%，每次分析至少有 1 个标样的质控要求。

三、稳定达标阶段

随着污染带向下迁移，湘江衡阳河段上游断面连续多日未出现超标情况，应急监测指挥中心科学调配监测力量，适当减少上游河段监测断面数量及监测频次，12月2日，制定第 18 期监测方案，将断面调整至 8 个。12月2日的监测结果显示，污染带已向下迁移至熬洲至朱亭之间，且铊浓度峰值略有超标（图 5）。

扫码查看
高清彩图

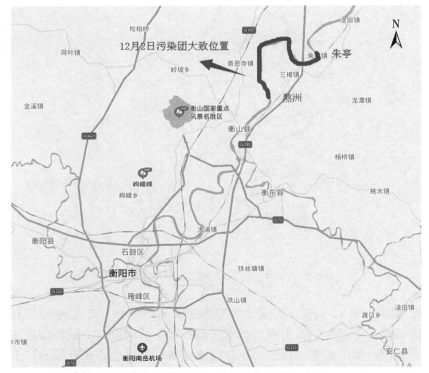

图 5　12 月 2 日 12 时污染带位置示意图

12 月 8 日，制定第 21 期方案，调整监测断面至 6 个，当日数据显示所有断面铊浓度全部稳定达标，下游株洲、湘潭段铊浓度也已达标，市生态环境保护委员会发文解除Ⅲ级应急响应，应急监测终止。衡阳中心继续开展监视性监测及例行性监测。

四、案件经验总结

（一）经验与体会

在本次历时 27 天的监测工作当中，衡阳中心全体工作人员充分展现了监测铁军该有的担当，克服缺船只、车辆，人员不足，江面起雾、下雨、天冷和夜间可见度低等恶劣环境及仪器长时间工作不稳定易发故障等困难，保质保量地完成应急监测工作任务，坚决做到了监测先行、监测灵敏、监测精准，有力支撑了决策部署。在应急监测结束后，衡阳中心进行了工作总结，提炼出了一些经验与体会，具体如下：

首先领导重视，指挥得当，应急监测工作开展有动力。应急监测作为应急处置的重要部分，受到了领导的高度重视，事件发生后，湖南省厅、省监测中心第一时间派出专家组、工作组赶赴衡阳中心进行业务指导，使衡阳中心应急监测的部署更加及时得当；衡阳市人民政府高度重视，市长朱健主持召开 10 次联席会议研究铊应急处置工作，并协调市水上应急救援中心协助城区应急采样，破解了采样无船等难题。时任生态环境部应急中心副主任冯晓波也亲临衡阳中心指导工作，时任湖南省人民政府副省长陈文浩高度重视，亲临一线指导应急处置工作，使各部门之间的协作更顺畅。

其次铁军协作，多方配合，应急监测工作开展有合力。本次应急监测河段长达 181 km，布设监测断面多达 42 个，省监测中心、相关驻市州生态环境监测中心及衡阳市各县（市）监测力量均参与进来。湖南省生态环境监测中心在得知衡阳中心 1 台测铊仪器（ICP-MS）难以胜任分析任务后，立即调集 1 台新购的应急监测车和力合科技（湖南）股份有限公司的 1 台铊在线分析仪驰援衡阳中心铊应急监测分析工作，并积极协调一艘应急船协助衡阳中心铊应急监测现场采样。长沙、株洲、湘潭、郴州 4 个驻地市生态环境监测中心也积极协助衡阳中心铊应急监测，并在辖区内开展铊加密监测。衡阳中心主要负责城区河段的采样及所有实验室样品的分析工作，衡阳市各县（市）主要负责区域内断面的采样及送样工作，第三方机构力量则根据需要实时调整，进行支援。

最后科学布点，合理安排，应急监测工作开展有效力。应急监测过程中，体现出应急监测的 5 个科学性。一是监测方案设置科学。整个过程共制定调整方案 32 期，共设置监测断面 42 个，为了能准确捕捉污染团的位置，在出现超标的河段断面加密开展监测，优先出数据，下游河段逐步增设断面，上游河段适当减少点位，通过抓河段的铊数据峰值比较准确地研判出污染团的位置及移动规律。二是实验室布设科学。依据"13353"原则，共设置 2 个实验室（衡阳中心固定实验室和车载 ICP-MS 移动实验室），污染团处于衡阳城区上游时，车载 IPC-MS 即安排在上游衡南云集段，污染团下移至城区下游后，车载 IPC-MS 即移至下游衡东大浦段，实现了就近应急、快速出数。

三是监测流程科学。规定固定实验室 ICP-MS 主要负责地表水监测，车载 ICP-MS 主要负责排查样品检测，避免样品污染仪器造成数据延误。四是质量控制手段科学。人员要求、样品采集、分析测试、质量保证等各环节严格按照《突发环境事件应急监测技术规范》（HJ 589—2010）、《重特大突发水环境事件应急监测工作规程》要求进行把控。五是使用的工具科学。除了大型实验室仪器、车载仪器，衡阳中心还借助实验室信息化系统（LIMS）快速出具监测数据和监测报告。

（二）问题与建议

应急监测过程中也出现了一些问题。一是监测部门在监测方案的制定上没有太多话语权，导致点位布设不合理，出现断面布设过密等现象，一定程度上造成监测人员疲惫和浪费应急资源。二是应急监测设备的短缺与老化。首先，目前衡阳中心只有 1 台 ICP-MS 可用，没有备用机，长时间或者高强度运行导致设备出现故障后，就无法继续工作，延误监测时效。其次，衡阳中心没有无人机、应急监测船等满足新形势监测需要的先进设备。三是应急监测人才储备不足，尤其是熟练掌握大型分析仪器的人员不足，监测人员数量配置也满足不了《重特大突发水环境事件应急监测工作规程》的相关要求。为切实提升应急监测能力，首先需要提升人员素质，加强人员培训，常抓不懈，充实应急队伍，提升软实力，同时加快更新、新增仪器设备硬实力，并熟练掌握、使用，做到软硬兼施。

专家点评 //

一、组织调度过程

该事件是衡阳中心 2020 年 11 月 10 日在地表水例行监测中发现的，主要是湘江衡阳段云集大桥断面铊浓度超标，随即开展了加密监测和初步排查，根据 11 日的监测结果，松柏至松木经开区之间的湘江河段加密监测中有 6 个断面出现不同程度超标。衡阳中心立即将铊浓度异常情况按程序上报，随后依据衡阳市生态环境保护委员会《关于成立湘江衡阳段铊异常处置工作领导小组（指挥部）的通知》要求，参照黄色（Ⅲ级）预警，启动铊浓度异常应急监测。

回顾整个应急响应和监测过程，湖南省环境监测系统的应急组织调度工作展现出应对充分、指挥有力、方案科学、统一高效等特点，具体体现在以下几个方面：一是发现断面铊浓度异常后，进行加密布点监测复核，确认后立即上报，应急响应十分迅速。二是湖南省厅、湖南省生态环境监测中心第一时间派出专家组和工作组赶赴衡阳中心进行业务指导，使得衡阳中心应急监测的部署更加及时得当；衡阳市人民政府高度重视，市长朱健主持召开 10 次联席会议研究铊应急处置工作，并协调市水上应急救援中心协助城区应急采样，破解了采样无船等难题。时任生态环境部应急中心副主任冯晓波也亲临衡阳中心指导工作，时任湖南省人民政府副省长陈文浩高度重视，亲临一线指导应急处置工作，使各部门之间协作更顺畅。三是制定的应急监测方案充分考虑到不同时段事故对水环境的影响，同时紧密结合应急指挥部的决策需要，及时作出优化调整，确保了应急处置不同阶段应急监测方案的科学性。四是整个应急监测历时27天，共制定及调整监测方案32期，布设地表水监测断面42个，监测河段长达181 km，对6个县级以上水厂进出水口进行取样监测，出动4 148人次，采用NexION350X型电感耦合等离子体质谱仪（ICP-MS）及电感耦合等离子体质谱法获取监测数据5 383个，出具应急快报456期、分析报告30期、专报30期，为应急指挥部实时分析研判污染带迁移及变化趋势提供了有力支撑。

二、技术采用

（一）监测项目及污染物确定

该案例中监测项目明确，就是铊。

（二）监测点位、监测频次和监测结果评价及依据

1. 监测点位布设

应急监测过程中对点位布设的原则把握准确、目标清晰、针对性强，紧密围绕应急处置工作需要，在不同应急监测阶段对地表水点位和水库分层次采样适时作出补充和优化调整。

2. 监测频次确定

监测频次的确定兼顾了初期应急处置急迫形势的需要和后期可持续跟踪事态发展的需要。监测初期开展加密监测，此后逐阶段降低了监测频次，既满足了污染物动态变化趋势监测分析的需要，又保证了监测工作的有序和可持续开展。

3. 监测结果评价及依据

监测过程中，严格按照《地表水环境质量标准》（GB 3838—2002）对监测结果进行评价。

（三）监测结果确认

案例中在不同阶段从监测方案制定、人员、分析方法、仪器设备、数据报出等方面均进行了质量控制，全过程采取了严格的质量保证和质量控制措施。样品分析过程严格采用空白样品分析、平行样分析、标样测试、加标回收等方式进行质量控制等经验做法值得学习。

（四）报告报送及途径

案例在此方面的总结偏弱。

（五）提供决策与建议

案例在此方面的总结偏弱。

（六）监测工作为处置过程提供的预警等方面

案例在此方面的总结偏弱。

三、综合评判意见，后续建议

（一）综合评判意见

案例主要内容涵盖了初期应对阶段、基本稳定阶段、稳定达标阶段、案件经验总

结四个方面。本案例是由于非法倾倒含高浓度铊废液导致的地表水体重金属污染事件。事件起源是开展地表水例行监测过程中发现铊浓度超标断面,威胁到湘江衡阳段居民用水安全。

在事件的初期应对阶段,共沿江布设 13 个断面,捕捉到两个污染团;在基本稳定阶段,调整监测断面,预判出的污染团位置已覆盖多个水厂进水口,有力地支撑了管理部门及时采取各项措施,全面控制污染团削弱污染峰值;在稳定达标阶段,进一步优化监测方案,为应急监测终止提供技术支撑。整个应急监测工作对决策部门精准治污、化解饮用水安全风险,起到了监测先行、监测灵敏、监测精准的导向作用。

本案例对处理流域水体非法倾倒导致的重金属污染事件具有很好的参考意义。

案例较为系统完整地回顾了应急监测全过程,尤其是针对应急监测不同阶段方案的具体调整过程和内容,对今后此类事故的应急监测响应具有较好的借鉴参考作用。

(二)建议

1. 增加溯源工作总结及对涉事人员的调查处理总结;

2. 增加应急工作的场景照片等;

3. 该事件是由例行监测工作发现的,时效性存疑,需在建议中增加对属地风险源特征污染物的监测频次,或在重要断面增加特征污染物自动监测设施。

案例 21

龙江镉污染事件应急监测

类　　别：水质环境污染事件

关键词：龙江　镉污染　便携式重金属分析仪　水质自动监测车

摘　要：2012 年 1 月发生的龙江镉污染事件是国内一次规模较大、影响范围较广、持续时间较长的突发环境事件，对龙江、柳江流域的生态环境造成了一定的破坏，给沿岸群众的生产、生活带来了一定的影响，并直接威胁到下游工业重镇柳州市 300 多万人口的饮用水安全。

　　事件发生后，广西壮族自治区环境保护厅迅速行动，第一时间启动突发环境应急预案。广西壮族自治区环境监测中心站在中国环境监测总站指导下，迅速组织原广西北海海洋环境监测中心站、全区 14 个地市级和 8 个县级监测部门力量，调集 500 多名环境监测人员和近 200 台套应急监测设备，在龙江至柳江共 200 多千米河段上，布设了 20 个定点监测断面，此外还布设了 70 个巡测点位，总监控河段达到 350 多千米，同时还对 39 家涉重金属企业进行了排查监测，共出具 17 053 个监测数据，为应急指挥部研判趋势、重大决策部署和应急处置工作提供了科学、及时、准确的依据，圆满完成了应急指挥部交予的各项任务，得到了环境保护部和自治区党委和政府的充分肯定。

一、初期应对阶段

　　2012 年 1 月 15 日，龙江河宜州市怀远镇河段水质出现异常。河池市环境保护局接报后，组织环境监察人员和环境监测人员，对龙江沿岸企业开展排查，同时对龙江水质开展采样分析。排查监测项目包括 pH、溶解氧、化学需氧量、五日生化需氧量、高锰酸盐指数、氨氮、铜、锌、铅、镉、砷、汞、石油类等。监测结果显示，龙江水质重金属镉超标约 80 倍。

　　1 月 17 日 12 时 40 分，广西壮族自治区环境监测中心站（以下简称区监测中心）接到应急指令后，立即启动应急监测预案，迅速部署，应急监测队伍进入备战状态。区监测中心一方面了解事件情况，收集与分析相关资料，另一方面准备应急监测仪器设备和自动监测车，应急人员于当日 22 时到达龙江上游污染河段拉浪电站，第一时间开展监测并报出第一组监测数据。监测结果显示，拉浪水电站坝首处的镉浓度为 0.140 mg/L，超标 27 倍，急性毒性监测结果为中毒。随后，根据应急指挥部要求，应急监测队伍立即赶往下游约 100 km 的洛东水电站，于次日 4 时起对洛东水电站断面开展连续监测，并及时上报数据（图 1、图 2）。

图 1　应急监测人员雨夜中查看现场情况

图 2　监测人员连夜对点位开展采样监测

1 月 18 日，区监测中心根据初步应急监测结果编制应急监测方案，在河池境内的龙江流域布设 7 个监测断面，组织河池市和柳州市环境监测部门，利用便携式分析仪和实验室仪器监测水温、pH、溶解氧、急性毒性和重金属等水质参数（图 3）。

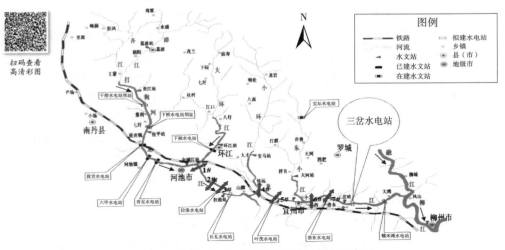

图 3　1 月 18 日应急监测点位示意图

1 月 20 日，应急监测组进一步对监测点位进行优化，在龙江流域及柳江流域布设 20 个监测断面，关键断面的监测频次为 1 次 /4 h，重点关注断面的监测频次为 1 次 /（1～2 h），满足应急监测和处置需求；紧急调集全区各地市监测力量，充实应急监测一线，确保监测数据及时报出；组织制定质控方案，通过平行样检查、标样核查、实际水样加标回收、实验室间比对等方式开展质控工作，确保数据准确、真实。

随着应急监测工作的深入，为了更精准地摸清污染团的迁移扩散规律，应急指挥部制定工作方案，在河池市大环江下湘水电站至下游柳州市露塘共布设 23 个监测断面。因人力和设备不足，多数点位监测频次为 1～3 次 /d；洛东水电站水库和三岔水电站坝首 2 个断面配备了水质自动监测车和便携式重金属分析仪，按照 1 次 /2 h 的监测频次密切监控。同时，对龙江流域可能受影响的饮用水水源和涉重企业废水开展监测，主要监测因子为 pH 和镉。

1 月 30 日，在环境保护部协调下，湖南、四川两省环境监测部门应急监测队伍赶赴广西，给予有力支援。

在环保、水利有关专家的现场指导下，指挥部安排人员在镉浓度较高的龙江河段（尤其是在洛东水电站库区至糯米滩水电站之间）采取絮凝沉淀等措施。同时，利用河段上已建成的水利枢纽，科学合理地对龙江及融江流域的水量进行调度规划，以减缓污染团向下游迁移扩散速度，稀释污染团。通过投药削峰以及水量调节等措施，污染河段镉浓度呈整体下降趋势（图 4）。

河池市局和市环境监测站成立专门的后勤小组，为应急监测人员解决食宿、用车等问题。在偏远的监测点位，通过协调乡镇政府、村委会提供支援，切实保障监测人员吃上热饭、洗上热水澡，解决应急人员后顾之忧；在应急指挥部，落实专用会议室，结合酒店房间，灵活设置办公场所（图 5）。

图 4　投药处置现场　　　　　　图 5　利用当地会议室作临时办公室

二、基本稳定阶段

2 月 9 日中午，根据应急指挥部的工作部署，污染河段停止投药。

2 月 10 日，湖南、四川两省环境应急监测队伍撤离，自治区各市环境监测部门采取轮换方式继续参与应急监测。

20 多天连续高强度的应急监测，为掌握污染团位置、污染带前锋及沿江浓度变化趋势打下了良好基础，为事件处置提供了科学及时的数据支持。区监测中心根据事态发展，按照应急指挥部要求，对应急监测方案进行及时调整，制定后续监测方案。本阶段监测任务以下游柳江饮用水水源地水质保护为重点，设置 13 个地表水监控断面，其中河池境内 6 个、柳州境内 6 个、来宾境内 1 个，监测因子以 pH 和镉为主；在柳江 4 个自来水厂取水口断面开展 2 次饮用水 109 项全分析，掌握饮用水水质变化情况。

由于应急监测工作安排已经基本固定化，本阶段主要工作重心是对监测过程实施更全面严格的质量管理措施，为指挥部的趋势研判和精准施策提供更准确可靠的数据。

质量控制组对应急监测过程实行全程质量控制。在中国环境监测总站指导下，区监测中心组织河池、柳州、来宾三市环境监测部门制定质控方案。三市监测部门负责对属地范围内所有断面的监测实施质控措施，由中国环境监测总站及区监测中心组成的检查小组负责巡查指导。

鉴于本次事件污染物浓度已趋于稳定，应急指挥部提前部署，谋划应急结束后流域的常态化监控工作，并确定了"自动监测为主、手工采样监测为辅"原则，由河池、柳州、来宾三市落实资金，建设 5 个地表水重金属自动监测站，作为龙江和柳江流域水质预警监控的基础站，为常态下的实时预警监控奠定基础。自动站建设完成前，敏感断面暂以水质自动监测车开展连续监测。

三、稳定达标阶段

自 2 月 18 日起，龙江、柳江流域水质镉浓度最高的断面超标在 1 倍以内。自 2 月 21 日 14 时起，龙江、柳江各监测断面镉浓度已全线达到《地表水环境质量标准》（GB 3838—2002）Ⅲ类标准。经应急指挥部批准，龙江突发环境事件应急监测终止，监测工作转为常态化监测。

本阶段面对的主要问题在于，事件处置阶段向龙江流域投入了大量药剂进行絮凝沉淀处理，污染物被絮凝沉淀在河床里，若外部条件发生变化，絮凝沉淀的污染物仍有可能释放出来。因此，应急状态结束后仍需要对重点断面及敏感河段进行监控。为此，广西制定了在应急监测结束后开展常态化监测和后评估监测工作的规划。

常态化监测以龙江、柳江流域水质预警监控，保障柳州饮用水安全为目标，以重点断面及敏感区域监控为主要方向，共设置 10 个地表水监控断面。其中，河池境内设置 4 个断面，柳州境内设置 5 个断面，来宾境内设置 1 个断面，监测因子主要为 pH 和镉。同时，柳州市 4 个自来水厂对其自来水进水开展自行监控。

为科学评估本次突发环境事件的污染以及应急处置措施对水生态环境产生的影响、沉降在河床上的镉对生态环境是否具有长期危害等，自治区政府组织力量开展了生态环境影响后评估工作。后评估工作的监测内容涵盖河水、底泥、浮游生物、生物、生物毒性理化指标监测和陆上污染源排查监测。后评估监测持续到 2014 年 2 月。

四、案件经验总结

在本次应急监测过程中，广西环境监测人员认真履行职责，全力以赴、攻坚克难、协同作战，第一时间赶赴现场，布点监测，报告数据，请求支援，邀请专家现场指导，通过快速、及时、准确、科学的监测和数据分析，为自治区应急指挥部应对和处理污染事件提供了有力技术支持。

（一）工作经验

1. 快速响应，积极应对

1 月 17 日中午，区监测中心接到应急指令后，第一时间启动了应急监测预案，并以最快速度组建好一支由精兵强将组成的监测队伍奔赴现场。在连夜赶到拉浪水电站后，应急监测队伍第一时间会同当地监测部门共同开展应急监测，并即时向应急指挥部上报数据。在指挥部下达调整点位监测指令后，应急监测队伍又马不停蹄地赶到指定点位开展连续监测。应急监测队伍在最短的时间里迅速进入工作状态，向应急指挥部报送最新监测数据，为应急指挥部第一时间掌握龙江河段污染

图 6　应急监测人员连夜赶到事件发生地点开展监测

状况、有针对性地采取应急处置措施提供了坚实可靠的技术支撑（图 6）。

2. 周密部署，严密监测

由于污染河段长，水库多，水情复杂，应急监测组充分考虑地理环境状况、交通因素，严格按照应急监测技术规范，根据环境保护部应急专家的意见，制定周密的应急监测方案，合理设置监测断面，确定监测项目和监测频次，明确样品采集分析、数据处理、质量控制、信息发布等工作小组职责分工。根据当天的监测结果及事态的发展，通过专家论证，及时调整、优化和确定次日的应急监测方案，共编制应急监测方案 20 期。

为严密监控污染带前锋、高浓度污染团的位置及沿江污染物浓度的分布情况，使污染趋势分析部门能准确核算污染物通量，对拉浪、叶茂、洛东和三岔水库以及龙江、融江汇合口下游 16 km 以内的河段进行了加密监测，摸清了污染物浓度的空间分布情况（图 7）。

图 7　监测人员利用水质自动监测车开展点位监测

为摸清饮用水水源地水质变化情况，在河西水厂、城中水厂、柳南水厂和柳东水厂取水口及时开展城市集中式饮用水水源地水质 109 项全分析。

3. 科学分析，及时报告

数据快报小组每天及时对大量的现场监测数据进行审核、汇总和统计分析，采用图表和可视化等手段，通过污染带的前锋、高浓度污染团的峰值、污染范围、超标范围等关键技术参数的确定，摸清污染团和污染带随时间的空间分布特征和迁移情况，分别以电话、短信、电子邮件、应急监测快报等形式，第一时间将应急监测结果准确报送给应急指挥部相关成员单位及领导，使应急指挥部及时了解龙江、柳江水质和趋

势变化情况，为投药地点、投加量、投药方式、投药持续时间等的确定和水利部门及时科学合理调水等相关综合决策提供了及时、准确、有力的技术支撑。

此次应急监测期间，共获取监测数据 17 053 个，编制应急快报 40 期，同时 24 小时不间断地将监测结果以短信的形式第一时间上报应急指挥部及相关成员单位的领导、专家组人员共 96 人，发送信息多达 103 350 条。

4. 严格质控，保证质量

为确保监测过程科学规范，监测数据准确可信，专门成立了质量控制工作小组，并在中国环境监测总站的指导和支持下，制定了具体的质控方案，开展监测全过程质控，采取了较为全面的质控措施，主要包括：①仪器设备使用前后校准，确保仪器处在良好的技术状态，自动监测车设定每 6 个小时自动校准 1 次。现场便携仪器通过标准溶液核查准确度，重复测定进行稳定性核查。②抽查采样与测试原始记录，检查填写是否规范，是否真实反映现场或抽样情况。③重点加强采样分析质控，采取了检查采样、样品运输过程，分析采用平行样分析、随机抽样复测、标准样品核查、实际样加标回收、实验室比对、方法验证、仪器比对等形式。④加强原始记录的规范性。⑤动态调整质控措施，重点开展现场与多家实验室方法比对，加大敏感断面实验室分析力度。

质控小组每天到监测点进行巡查，确保现场监测、分析人员严格按照质控方案开展监测。质控结果显示监测数据准确可信，共测定平行样品 525 组，合格率为 99.7%；全程序空白样品 150 个，合格率为 100%；加标回收样品 23 个，合格率为 91.3%；实验室间比对共测定 358 组样品，合格率为 99.4%；质控样测定次数 40 次，合格率为 100%，留样复测 2 组，合格率为 100%。

5. 组织有力，协同作战

本次应急监测工作监控河段长，监测断面多，监测量大，需要投入大量的人力、物力和财力，仅仅依靠区监测中心和当地环境监测部门的监测力量难以有效完成。为此，自治区环境保护厅发文要求全区监测部门齐动员，做好随时赶赴现场应急监测的准备。在应急指挥部的统一部署下，区监测中心先后组织广西北海海洋环境监测中心站、全区 14 个地市级环境监测站、河池和柳州辖区的 7 个县级监测站开展应急监测。这充分体现了广西环境监测"上下一条心，全区一盘棋"的团结协作精神。

根据事态的发展，应应急指挥部的请求，环境保护部第一时间派出专家赶赴现场指导工作，并在资金和物质上给予大力支持。中国环境监测总站先后率领 9 名技术骨干，携带 12 台仪器设备和价值 90 多万元的监测急需的分析试剂深入一线，全力指导龙江河突发环境事件应急监测工作。同时，在中国环境监测总站的协调下，四川省和湖南省分别派出 21 名和 11 名业务精湛的监测技术人员，分别携带 15 台和 10 台应急监测仪器设备日夜兼程赶赴应急现场，及时开展监测。

在充分发挥监测系统监测能力的同时，积极争取社会监测力量的支持。湖南力合科技发展有限公司先后派出 6 台自动监测车和 25 名技术人员大力支持此次应急监测。

此次应急监测共投入 515 名监测人员、77 台车（包括 6 台自动监测车）、182 台

（套）总价值达 5 370 万元的监测设备。

6. 后勤保障，监测顺畅

此次应急监测断面多，点位偏僻，交通不便，生活艰苦。后勤保障组考虑细致，主动服务，在食品、物品保障上全力确保技术人员在生活上无后顾之忧。

由于手工采样断面多，关键断面 24 小时采样，监测频次高，实验室与监测点距离较远，后勤保障组尽心尽责，合理调配车辆进行样品接送，为采样分析的顺利进行和数据的及时报送提供了重要保障。

此次应急监测工作持续时间长，监测量大，所需仪器设备多，分析样品多，需从全区调配大量的仪器和试剂，且中国环境监测总站、四川省和湖南省携带了大批仪器设备和分析试剂，后勤保障组及时抽调车辆，确保仪器、试剂顺利到达监测现场，保证了监测的顺利开展。

（二）存在的问题

1. 重金属预警体系尚未建立

2012 年，广西地表水监测网络以常规项目监测为主，主要河流重金属项目的监测每个月仅进行一次，还没有建设在线自动监测站对地表水和饮用水水源地的重金属污染物进行实时监控，不能及时发现重金属污染物的浓度变化，往往等到污染严重了才发现。由于地理位置、资源及工业产业结构的特点，广西重金属污染的潜在风险较大，迫切需要建立完善的重金属预警体系，加强水质监测，真正实现"让人民喝上干净水"。

广西毗邻云南和贵州，且处于下游，云南、贵州两省的采矿和有色金属冶炼行业比较发达，上游污染风险大，近年来发生过上游锑等重金属污染的事件。云南曲靖铬污染事件影响大的原因之一是没有及时发现，这是重金属预警体系缺位的结果。另外，广西是全国重金属污染防治的 14 个重点省区之一，以河池市南丹县、金城江区为核心的桂西北区域有色金属矿产资源丰富，有色金属矿采选、冶炼企业密集，也存在极大的重金属污染隐患。近年来，刁江等流域重金属污染事件屡有发生。例如，柳江作为龙江的下游，是柳州市和来宾市的主要饮用水水源地，而河池市区下游至河池与柳州两市交界处约 120 km 的河段尚无水质自动监测站，不能实现污染事件的及时有效预警，无法保障下游人民群众的饮用水安全。

2. 应急监测仪器装备紧缺，监测能力有待提升

2012 年，广西的生态环境监测能力未达到国家标准化建设要求，与其他省份也有很大差距，同时不能满足为广西经济社会发展保驾护航和保障人民健康的需要。本次应急监测断面多、频率高、强度高，而沿江市县监测站重金属应急监测仪器设备紧缺，在紧急调用全区的便携式重金属应急监测仪器的情况下仍不能满足监测需要，最后还要请求区外监测部门的支援。

此次应急监测工作也充分暴露出沿江市县监测站以及全区环境监测部门常规监测设备紧缺的问题。此次环境事件的属地河池、柳州和来宾三市监测站用于重金属分析

的原子吸收分光光度仪各只有 1 台，缺乏 ICP-MS 等高效分析仪器。属地县级监测站仪器装备能力更加缺乏。此外，由于监测断面偏僻，路况差，现有的监测车辆的数量及性能也不能满足要求。同时，此次应急监测也凸显了自动监测车严重不足的问题。应急监测要求 24 小时连续高频次采样监测，而龙江镉污染应急时全区只有区监测中心配备 1 辆刚改造完成的自动监测车，不能完全满足应急监测工作的需要。

3. 编制限制，监测队伍力量不足

广西区、市、县三级监测部门的人员编制严重不足，远未达到监测站标准化能力建设的要求。人员不足与繁重监测任务的矛盾异常突出。2011 年 12 月，全区 14 个市监测站和 2 个自治区级监测站的人员编制仅有 820 个（区监测中心人员编制仅有 53 个），龙江河污染事件应急监测共投入监测人员 515 人，几乎调用了全区监测部门的精干力量。假如广西境内同时发生两起突发环境事件，以当时的监测力量将无法有效应对。

4. 后勤保障能力不足

首先，本次污染事件发生在寒冷季节，天气阴冷，监控河段长，监测断面多而且偏僻，路况差，环境恶劣，24 小时连续监测工作异常艰苦。监测前期后勤保障不到位，没有帐篷及防寒保暖物资，现场监测人员不能吃上热饭菜，只能吃方便食品，个别偏僻点位的监测人员吃了 1 个月的方便面。其次，应急监测强度大，人员、物资和监测仪器等调配的频次高，由于龙江河沿岸的路况差，普通车辆难以通行，越野型车辆的缺乏直接影响了后勤的补给和人员、仪器的调度。

（三）后续发展

龙江镉污染事件后，广西采取了有针对性地提升应急监测能力的措施。经过 10 年的快速发展，目前全区已建成 35 个重金属自动监测站，其中河池和柳州分别建设 7 个和 3 个，有效地提升了广西对重金属突发环境事件发生的预警能力；全面加强各级生态环境监测部门的能力建设，16 家自治区本级监测机构均配备便携式重金属测定仪，实验室均配备 ICP 和 ICP-MS，全区共配备 8 台水质应急监测车（含 1 台车载 ICP-MS），具备同时应对两起较大及以上级别突发环境事件应急监测的能力；积极申请人员编制，如仅河池市环境监测站就增编 12 个，一定程度上缓解了应急监测人员不足的压力。

在取得成绩的同时，广西应急监测工作依然面临较大的压力和挑战，为做好自治区能力建设后半篇文章，将重点做好以下几个方面的工作。

1. 加强应急监测能力建设，落实基本仪器配置

加强自治区本级监测中心现场应急监测及实验室分析能力建设。要求各驻市中心根据自治区本级监测部门应急监测装备基本配置清单，结合驻地环境风险特征，制订计划，逐年配齐必要的应急监测装备，确保能有效开展应急监测。加强应急监测设备日常维护，做到随时可用。推行应急监测标准化体系建设，统一应急监测现场场地布置、组织管理、安全防护、后勤保障等工作模式，统一通过应急监测平台报送数据。建设全区应急监测物资储备库，实现应急监测物资统筹调配。

2.加强预警能力建设

强化水质自动监测站应急监测预警作用，进一步完善水质自动监测信息管理平台功能，对异常监测数据及时响应。建立通用的水污染流动模型，自动分析污染趋势。重点监测重金属污染，探索开展生物毒性自动监测。加强对常规监测可疑数据的研判分析，对潜在的环境风险进行有效预警。

3.加强应急监测技术培训

区监测中心每年至少组织2次全区应急监测技术培训。一是"以案为镜"，对全区各类突发环境事件应急监测进行总结，汇成案例库，开展案例教学。二是通过经验分享、技术探讨等方式，探讨应急监测难点和解决思路，培养应急监测技术骨干。三是通过跟班培训等方式，强化应急监测人员熟练操作便携式重金属测定仪、便携式GC-MS、便携式生物毒性分析仪等重要应急监测仪器的能力。四是要求各驻市中心制订和落实年度培训计划，加强本单位技术人员应急监测业务和技能培训。

4.加强应急监测实战演练

全面检验应急监测预案的适用性。每年组织开展1~2次全区应急监测实战演练。一是加强针对性，尽可能组织针对当地可能发生或已经发生的突发环境事件开展演练，将演练内容落到实处。二是保证实用性，从实战角度出发组织演练，注重形式创新和实战操作，淡化演练过程表演成分。三是做好演练结果的总结评估，及时修正发现的问题和不足。四是鼓励各机构互相邀请应急演练观摩，促进应急监测工作经验和监测技术的交流，有效提高环境应急监测综合能力。

5.加强应急监测质量管理

根据应急监测特点，要求各机构制定便携式、搭载式应急监测装备的日常维护制度，对配套的试剂耗材、标准物资建立清单制，规范并落实应急监测装备的日常维护制度。区监测中心结合应急监测能力动态评估工作，组织对各机构开展质量检查。

6.加强应急监测协同联动机制

建设1个全区技术支撑中心（区监测中心）、1个海洋应急监测中心（海洋站）、7个区域应急监测分中心（南宁、柳州、桂林、梧州、河池、百色、北海），重点加强柳州中心水质和大气、梧州中心水质和固体废物（危险废物）、钦州中心水质和大气等环境要素的能力建设，区域应急监测分中心基本具备应对重大突发环境事件的监测能力。全区应急监测系统能同时应对两场重大突发环境事件应急监测，打造2小时应急监测圈，确保接到突发环境事件应急监测指令后，应急监测人员在2小时内到达现场，到达现场后，能现场监测的项目在2小时内出具现场监测结果，不能现场分析的项目，在样品到达实验室2小时内出具分析数据结果。

加强与社会监测机构、救援机构协作，掌握行政区域内社会化检测机构、救援机构分布和基本能力，必要时引入社会资源参与应急监测工作。

7.加强落实保障措施

保障应急监测经费，确保应急监测工作有序开展。一是将每年的应急监测仪器设备日常维修维护、消耗品、标准品、培训、演练等费用纳入财政预算。二是根据应急监测工作急、难、险、重的工作性质，在物质和精神等方面建立激励机制，充分调动应急监测人员的积极性，促进应急监测队伍稳定、可持续发展。

专家点评 ∥

一、组织调度过程

2012年1月发生的龙江镉污染事件是国内一次规模较大、影响范围较广、持续时间较长的突发环境事件，对龙江、柳江流域的生态环境造成了一定的破坏，给沿岸群众的生产生活带来了一定的影响，并直接威胁到下游工业重镇柳州市的300多万人口饮用水安全。

事件发生后，自治区环境保护厅迅速行动，第一时间启动突发环境应急预案。区监测中心在中国环境监测总站指挥下，迅速组织广西北海海洋环境监测中心站、全区14个地市级和8个县级监测部门力量，调集515名环境监测人员和182台（套）应急监测设备，在龙江至柳江共200多千米河段上，布设了20个定点监测断面，此外还布设了70个巡测点位，总监控河段达到350多千米，同时对39家涉重金属企业进行了排查监测，共出具17 053个监测数据，为应急指挥部研判趋势、重大决策部署和应急处置工作提供了科学、及时、准确的依据，圆满完成了应急指挥部交予的各项任务，得到了环境保护部和自治区党委和政府的充分肯定。

二、技术采用

（一）监测项目及污染物确定

该案例中监测项目：重金属镉。

（二）监测点位、监测频次和监测结果评价及依据

1. 监测点位布设

应急监测过程中对点位布设的原则把握准确、目标清晰、针对性强，紧密围绕应急处置工作需要，在不同应急监测阶段对地表水洛东水电站点位采样适时作出补充和优化调整。

2. 监测频次确定

监测频次的确定兼顾了初期应急处置急迫形势的需要和后期可持续跟踪事态发展的需要。事故发生初期开展加密监测，此后逐阶段优化降低了监测频次，既满足了污染物动态变化趋势监测分析的需要，又保证了监测工作的有序和可持续开展。

3. 监测结果评价及依据

在监测过程中，严格按照《地表水环境质量标准》（GB 3838—2002）对监测结果进行评价。

（三）监测结果确认

案例中在不同阶段从监测方案制定、人员、分析方法、仪器设备、数据报出等方面均进行了质量控制，全过程采取了严格的质量保证和质量控制措施。样品分析过程

严格采用空白样品分析、平行样分析、标样测试、加标回收等方式进行质量控制等经验做法值得学习。

（四）报告报送及途径

案例在此方面的总结偏弱。

（五）提供决策与建议

案例为涉及两省交界处镉污染处置提供了经验。

（六）监测工作为处置过程提供的预警等方面

案例在此方面的总结偏弱。

三、综合评判意见

案例主要内容涵盖了初期应对阶段、基本稳定阶段、稳定达标阶段、案件经验总结四个方面。本案例应急监测断面多、频率高、强度高，而沿江市、县监测站重金属应急监测仪器设备紧缺。应加强与社会监测机构、救援机构协作，掌握行政区域内社会监测机构、救援机构分布和基本能力，必要时引入社会化检测机构参与应急监测工作。

案例较为系统完整地回顾了应急监测全过程，尤其是针对应急监测不同阶段方案的具体调整过程和内容，对今后此类事故的应急监测响应具有较好的借鉴参考作用。

沱江泸州入境断面三氯甲烷浓度异常事件应急监测

类　别：水质环境污染事件

关键词：水质环境污染事件　便携式 GC-MS　实验室 GC-MS　生产安全事故　三氯甲烷

摘　要：2021 年 2 月 18 日 0—4 时，沱江大磨子（四川省自贡市入泸州市境）水质自动监测站自动监测数据显示三氯甲烷浓度异常升高。四川省泸州生态环境监测中心站启动预警响应，派出监测人员前往大磨子站点现场开展手工采样实验室比对分析，在排除水质自动监测设备故障的基础上，依据自动监测和手工监测结果，初步判断发生跨市境输入型三氯甲烷水污染事件。泸州市生态环境局将有关情况及时通报了自贡市生态环境局。自贡市生态环境局接到泸州市生态环境局通报信息后，立即启动应急响应，组织力量展开沿河污染源排查，对市域范围内可能涉及三氯甲烷的 54 家企事业单位进行拉网式摸排及采样分析，开展污染溯源，对沱江自贡段开展应急监测。经查，此次事件是因自贡市中昊晨光化工研究院有限公司在生产作业过程中，生产装置三氯甲烷泄漏造成沱江三氯甲烷浓度异常。自贡市站、泸州市站开展属地应急监测，省站、宜宾市站开展现场支援监测，内江市站开展实验分析支援，以便携式 GC-MS 和实验室 GC-MS 为主要监测设备，持续应急监测 12 天，编制应急数据快报 55 期、应急监测快报 5 期。应急监测期间省生态环境厅启动了突发环境事件调查程序，联合自贡、泸州两市政府依法组成调查组，同步对涉事企业开展事件调查。

一、初期应对阶段

（一）水质预警

2021 年 2 月 14 日，中昊晨光化工研究院有限公司 F22 装置精馏塔再沸器管路损坏，导致三氯甲烷泄漏进入冷凝水，经企业清净下水 2 号渠、总排口进入沱江。2021 年 2 月 18 日 0—4 时，沱江大磨子（四川省自贡市入泸州市境）水质自动监测站自动监测数据显示三氯甲烷浓度异常升高。泸州市生态环境监测中心站（以下简称泸州市站）立即按照《四川省环境保护厅环境质量"测管协同"快速响应管理暂行办法》规定启动响应，监测人员随即前往采取手工采样后进行实验室比对分析，实验室比对分析印证了三氯甲烷自动监测数据异常升高趋势的存在，泸州市站持续关注水质变化情况。按照《四川省沱江流域突发环境事件联防联控框架协议》的规定，泸州市生态环境局于 2 月 18 日将有关情况通报自贡市生态环境局。自贡市生态环境局接到泸州市生态环境局通报信息后，立即组织力量赶赴现场展开调查，第一时间对市域范围内可能涉及三氯甲烷的企事业单位进行拉网式摸排，开展事件溯源，对沱江自贡段开展应急监测，并将相关情况及时上报市委、市政府领导同意后启动突发环境事件Ⅲ级预案。

（二）污染物理化特性

三氯甲烷是一种有机物，又称氯仿，化学式为 $CHCl_3$，是一种无色透明重质液体，极易挥发，有特殊气味，不溶于水，溶于乙醇、乙醚和苯，是有机化学中常用的溶剂。三氯甲烷不易燃烧。三氯甲烷在光照下遇空气逐渐被氧化生成剧毒的光气，故需保存在密封的棕色瓶中，常加入少量乙醇以破坏可能生成的光气。在氯甲烷中最易水解成甲酸和 HCl，稳定性差，在较高温度下发生热分解，能进一步氯化为 CCl_4。2019 年 7 月 23 日，三氯甲烷被列入有毒有害水污染物名录（第一批）。在《地表水环境质量标准》（GB 3838—2002）中所列标准限值为 0.06 mg/L。

（三）涉事河段水文水利

沱江自贡、泸州段由自贡大安区入境，在泸州市江阳区汇入长江，全长约 170 km，平均河宽约 180 m，平均水深约 9.4 m，年均流量约 450 m^3/s，事发期间流量约 180 m^3/s，流速约 0.2 m/s，为Ⅲ类水功能区。事发地上下游有水电站 3 座，均有污染物拦截稀释功能，上游自贡黄泥滩水电站距事发地约 15 km，下游自贡黄葛灏水电站、泸州流滩坝水电站分别距事发地约 20 km、70 km。

（四）应急监测启动

2 月 18 日，四川省自贡生态环境监测中心站（以下简称自贡市站）接到自贡市生态环境局应急监测指令后，迅速响应，启动应急预案，组织开展应急监测工作。泸州市生态环境局于 2 月 19 日 11 时启动应急预案，响应级别为一般，泸州市站随即启动应急监测，携带便携式 GC-MS 等分析设备赶赴现场，正式开展应急监测。此次应急监测成立了环境应急监测工作组，分设现场监测组、实验室分析组（自贡市站实验室、泸州市站实验室就近在大磨子自动站搭建临时实验室）和数据报送组。现场监测组负责现场监测采样工作，实验室分析组负责分析工作，数据报送组负责数据收集、快报编制及结果报送等工作。在应急监测正式启动后，生态环境监测部门第一时间制定应急监测方案，在密切关注自动站监测数据的同时，全面启动加密手工监测。

（五）应急监测方案编制

监测点位选取：根据涉事河流沱江的流速、流量、流距和现场地形地貌等实际情况，在自贡境内布设 8 个监测断面和 2 个污染源排放口共 10 个监测点位，在泸州境内布设 4 个监测点位。

应急监测方法见表 1。

表 1　应急监测方法

项目	监测方法及方法来源	使用仪器
三氯甲烷	《水质　挥发性有机物的测定　吹扫捕集 / 气相色谱－质谱法》（HJ 639—2012）	实验室 GC-MS
	《水质　挥发性有机物的应急测定　便携式顶空 / 气相色谱－质谱法》（HJ 1227—2021）	便携式 GC-MS（气相色谱－质谱联用仪）

监测频次设定：自贡境内点位按照 1 次 /2 h 的频次开展监测，泸州境内点位按照 1 次 /h 的频次开展监测。

实验室设置：泸州市站组织监测队伍，携带便携式 GC-MS（气相色谱－质谱联用仪）、水质采样工具，前往大磨子自动站搭建应急监测临时实验室。在不到 4 h 的时间里，临时实验室便开始进行样品分析。沱江李家湾断面、安溪镇断面、怀德渡口断面、大磨子断面、流滩坝水电站库头断面手工监测点位的样品送大磨子自动站应急监测临时实验室；沱江二桥断面、北郊水厂（石堡湾）断面手工监测点位的样品送泸州市站实验室分析；釜溪河宋渡大桥断面、晨光大桥断面、晨光总排口断面、晨光总排口下游 1 000 m 断面、釜沱口前断面手工监测点位的样品送自贡市站实验室分析。

监测任务分工：自贡市站、泸州市站分别负责属地内应急监测的采样工作，其中自贡市站协调辖区内区、县监测站力量参与采样工作。

（六）结果及评价

2 月 19 日 7 时 30 分，综合监测结果数据和现场勘查情况，指挥部基本判定涉事企业 2 号渠为三氯甲烷排放至外环境的主通道，责令涉事企业停止通过 2 号渠排放含三氯甲烷物料的清下水。2 月 19 日 10 时 25 分至 21 日 11 时 30 分，监测数据显示，沱江大磨子断面三氯甲烷浓度在 19 日 21 时 30 分达到最高值 0.048 2 mg/L 后呈波动下降趋势，高峰污染团开始从大磨子断面向下游流滩坝水电站库头断面迁移；流滩坝水电站库头断面三氯甲烷浓度从 21 日 3 时 30 分开始检出并呈逐渐上升趋势。沱江二桥和北郊水厂（石堡湾）断面三氯甲烷未检出。

二、基本稳定阶段

（一）应急监测方案调整

监测点位调整：为掌握流滩坝水电站库区水体三氯甲烷的分布情况，泸州市站于 2 月 19 日 16 时 30 起，从沱江控制断面（流滩坝水电站库头）往上游，每 3 km 布设

1 个应急监测点位开展加密监测，共设置回沱湾、通滩、松林圫、海潮沱江大桥、大磨子和大磨子上游 1 km 等 6 个手工监测断面；2 月 23 日，对其中的回沱湾和太平观 2 个断面分别采集了上层、中层、下层 3 个深度的样品进行分层分布监测。

监测频次调整：在实时获知自贡市站提供的上游监测数据后，泸州境内点位监测方案的监测频次调整为 1 次 /2 h；根据技术专家的研判和应急指挥部的指示，结合事发企业污染源处置情况，应急监测工作组于 21 日 7 时对自贡境内点位监测方案进行了第一次调整，将原有的地表水断面监测频次由 1 次 /2 h 调整为 1 次 /4 h；21 日晚涉事企业排口三氯甲烷降至 10 ppb 左右，趋于稳定，于 22 日 0 时对监测方案进行了第二次调整，地表水断面仅保留釜沱口前断面，污染源点位保持不变，监测频次调整为 1 次 /4 h；22 日的监测数据趋于地表水本底值，结合技术专家的意见，于 23 日 0 时进行第三次监测方案调整，地表水断面及污染源点位监测频次调整为 1 次 /8 h。

监测任务分工：四川省生态环境监测总站协调宜宾市站（支援监测力量）组织监测队伍，均携带便携式 GC-MS、水质采样工具，前往大磨子自动站应急监测临时实验室开展支援监测。

实验室设置：大磨子自动站应急监测临时实验室由省总站、泸州市站和宜宾市站共同承担分析任务。

（二）结果及趋势预判

从事发到 2 月 23 日 8 时，涉事河段自贡境内 8 个监测断面三氯甲烷浓度连续 104 小时未超过 17.3 ppb（最高值为怀德渡口 20 日 8 时）。釜沱口前断面三氯甲烷浓度持续下降（最高值为 21 日 12 时的 7.24 ppb），自 22 日 3 时 50 分起未再检出。涉事企业总排口浓度为 1.17～760 ppb（最高值为 20 日 0 时）。2 月 23 日 17 时至 24 日 14 时 30 分，监测数据显示，泸州境内沱江大磨子断面三氯甲烷浓度已降低至 0.001 6 mg/L；流滩坝水电站库头断面三氯甲烷浓度呈明显下降趋势，已降低至 0.011 1 mg/L；沱江二桥断面三氯甲烷浓度有所波动，但总体持平；北郊水厂（石堡湾）断面未检出三氯甲烷。

三、恢复常态阶段

（一）应急监测方案调整

监测频次调整：2 月 23 日 12 时，按照应急指挥部统一指令，全部点位降低频次为 1 次 /d。

监测人员调整：四川省生态环境监测总站、宜宾市站撤离现场，应急监测工作由自贡市站、泸州市站承担。

（二）结果评价

应急监测数据显示，沱江大磨子断面三氯甲烷浓度从 24 日开始已未检出，流滩坝水电站、沱江二桥断面三氯甲烷浓度逐渐降低至未检出，北郊水厂（石堡湾）断面三氯甲烷未检出。

（三）应急监测终止

2月24日12时，自贡市生态环境事件指挥部终止应急响应；24日18时，泸州市生态环境事件指挥部终止应急响应，至此，此次应急监测正式终止。鉴于流滩坝水电站断面有三氯甲烷污染团存蓄，故泸州市站继续开展跟踪监测至3月2日10时流滩坝水电站库区各断面水质监测结果全部恢复正常，稳定达标。

四、案件经验总结

（一）挥发性有机物预警监测的作用

沱江流域是四川省工业集中之地，泸州市作为沱江进入长江的最后一道关口，为防范化解各类环境风险，坚决守住生态环境安全底线，通过认真分析沱江沿线风险源特点，泸州市站提前谋划，于2018年由泸州市自主出资在沱江大磨子断面增设了挥发性有机物连续自动监测设备，成为四川省唯一自主安装的挥发性有机物预警监测的国控站点，对及时发现沱江入境断面三氯甲烷浓度异常起到了不可替代的作用，为此次环境应急事件的成功处置奠定了坚实基础。

（二）全面开展排查监测的重要性

在本次事件处置中，自贡市生态环境局按照应急预案启动响应，调派环境应急、监测、执法队伍开展溯源排查和监测，对市域范围内可能涉及三氯甲烷使用的54家企事业单位进行拉网式摸排及采样分析，通过排查监测发现涉事企业总排口三氯甲烷数据异常，存在冷凝水带料排放的情形，并立即组织企业关闭排口闸门，将含三氯甲烷冷凝水引至应急池临时储存。排查监测对此次环境应急事件的成功处置起到了重要作用。

（三）应急监测和涉企调查监测的方法选取

在本次应急监测中，为迅速查明突发性环境化学污染事故污染物的种类、污染程度和范围以及污染发展趋势，在已有调查资料的基础上，需要充分利用现场快速监测方法和便携式监测设备开展应急监测工作，更快地出具应急监测数据，支撑应急处置决策。本次应急监测采用《水质 挥发性有机物的应急测定 便携式顶空／气相色谱－质谱法》（HJ 1227—2021）开展现场快速检测，说清了水质状况和变化趋势，实现了快速查源。

在涉企调查监测时则须采用实验室现有的分析方法进行鉴别、确认，出具计量部门认可的监测数据，并以此支撑对涉事企业的执法处罚。本次涉企调查监测采用的《水质 挥发性有机物的测定 吹扫捕集／气相色谱－质谱法》（HJ 639—2012），是常规实验室分析方法，参与监测的监测站均通过了计量认证，具备出具盖 CMA 章的监测报告的资质和能力，为对涉事企业的处罚打下了坚实基础。

专家点评

一、组织调度过程

2021 年 2 月 18 日 0—4 时，沱江大磨子水质自动监测站自动监测数据显示三氯甲烷浓度异常升高。泸州市站启动预警响应，派出监测人员前往大磨子站点现场开展手工采样实验室比对分析，在排除水质自动监测设备故障的基础上，依据自动监测和手工监测结果，初步判断发生跨市境输入型三氯甲烷水污染事件。而事故最终调查结果是由于 2021 年 2 月 14 日中昊晨光化工研究院有限公司 F22 装置精馏塔再沸器管路损坏，导致三氯甲烷泄漏进入冷凝水，经企业清净下水 2 号渠、总排口进入沱江。从事发三氯甲烷泄漏至被发现已过去近 4 天，时效性严重滞后，但事件被发现启动应急预案后，应急监测响应十分迅速。2 月 18 日，自贡市站启动应急预案，组织开展应急监测工作；泸州市生态环境局于 2 月 19 日 11 时启动应急预案，启动应急监测，携带便携式 GC-MS 等分析设备赶赴现场，正式开展应急监测。

回顾整个应急响应和监测过程，自贡市和泸州市环境监测系统的应急组织调度工作展现出应对充分、指挥有力、方案科学、统一高效等特点，具体体现在以下几个方面：一是泸州市生态环境局于 2 月 18 日将有关情况通报自贡市生态环境局后，后者立即组织力量赶赴现场展开调查，第一时间对市域范围内可能涉及三氯甲烷的企事业单位进行拉网式摸排，开展事件溯源；对沱江自贡段开展应急监测，并将相关情况及时上报市委、市政府领导同意后启动突发环境事件Ⅲ级预案，迅速查清并切断污染源头。二是四川省生态环境监测总站协调宜宾市站开展现场支援监测，根据现场工作需要对应急监测力量的指挥调度十分迅速果断。三是制定的应急监测方案充分考虑到不同时段事故对地表水环境的影响，同时紧密结合应急指挥部的决策需要，及时作出优化调整，确保了应急处置不同阶段应急监测方案的科学性。四是在事故处置期间，以便携式 GC-MS 和实验室 GC-MS 为主要监测设备，持续应急监测 12 天，编制应急数据快报 55 期、应急监测快报 5 期。同时应急监测期间生态环境厅启动了突发环境事件调查程序，联合自贡、泸州两市政府依法组成调查组，同步对涉事企业开展事件调查。

二、技术采用

（一）监测项目及污染物确定

该案例中监测项目明确，就是三氯甲烷。

（二）监测点位、监测频次和监测结果评价及依据

1. 监测点位布设

应急监测过程中对点位布设的原则把握准确、目标清晰、针对性强，紧密围绕应急处置工作需要，在不同应急监测阶段对地表水监测点位适时作出补充和优化调整。

2. 监测频次确定

监测频次的确定兼顾了初期应急处置急迫形势的需要和后期可持续跟踪事态发展的需要。事故发生初期开展加密监测，此后逐阶段降低了监测频次，既满足了污染物动态变化趋势监测分析的需要，又保证了监测工作的有序和可持续开展。

3. 监测结果评价及依据

案例在不同阶段均有监测结果的评价，但缺少评价依据。

（三）监测结果确认

案例在此方面的总结偏弱。

（四）报告报送及途径

案例在此方面的总结偏弱。

（五）提供决策与建议

案例在此方面的总结偏弱。

（六）监测工作为处置过程提供的预警等方面

案例在此方面的总结偏弱。

三、存在的问题

案例涉及的污染物是三氯甲烷，属挥发性有机物，虽然地表水有监测数据表明被污染，但涉事企业及河流沿线空气质量的监测缺少监测数据的支撑。

四、综合评判意见，后续建议

（一）综合评判意见

案例主要内容涵盖了初期应对阶段、基本稳定阶段、恢复常态阶段、案件经验总结四个方面。本案例起因是由跨市水质自动监测站自动监测系统发现三氯甲烷浓度异常升高，随后下游（泸州市）、上游（自贡市）环境监测站分别启动预警响应。自贡市生态环境局随后立即启动应急响应，组织力量展开沿河污染源排查，对市域范围内可能涉及三氯甲烷的 54 家企事业单位进行拉网式摸排及采样分析，开展污染溯源，对沱江自贡段开展应急监测，查明涉事企业和污染原因。

在整个应急事件处理过程中，注重方法选择。现场监测中，采用便携式监测设备快速出具应急监测数据，为迅速查明污染程度和范围、判断污染发展趋势，支撑应急处置决策服务；在涉企调查监测时，采用通过计量认证的《水质　挥发性有机物的测定　吹扫捕集／气相色谱－质谱法》（HJ 639—2012）的常规实验室分析方法，出具计量部门认可的监测数据，以支撑对涉事企业的执法处罚。

此案例为处理企业非正常排放造成的水体污染事件提供了很好的范例。

案例较为系统完整地回顾了应急监测全过程，尤其是针对应急监测不同阶段方案的具体调整过程和内容，对今后此类事故的应急监测响应具有较好的借鉴参考作用。

（二）建议

1. 增加溯源工作总结及对涉事人员的调查处理总结；

2. 增加应急工作的场景照片等；

3. 该事件由过境断面的自动监控设施发现，虽然泸州市站提前谋划，于 2018 年由泸州市自主出资在沱江大磨子断面增设了挥发性有机物连续自动监测设备，成为四川省唯一自主安装的挥发性有机物预警监测的国控站点，对及时发现沱江入境断面三氯甲烷浓度异常起到了不可替代的作用，但是此次事故发生后 4 天才被发现，已严重滞后，故建议在重要断面增加特征污染物自动监测设施。

案例 23

吉林永吉洪水冲毁化工厂原料仓库事件应急监测

类　别：水质环境污染事件

关键词：水质环境污染　松花江　三甲基氯硅烷　六甲基二硅氮烷　pH　便携式 pH 测定仪　气相色谱-质谱联用仪

摘　要：2010 年 7 月 28 日 7 时许，第二松花江支流温德河流域发生特大洪水，将位于吉林市永吉县经开区温德河沿岸的新亚强生物化工有限公司、吉林众鑫集团两家化工企业的原料仓库冲毁，导致库房中装有三甲基氯硅烷和六甲基二硅氮烷的原料桶冲入温德河，进而流入松花江。事件发生后，党中央、国务院和吉林省委、省政府高度重视，时任国务院总理温家宝亲临现场，在环境保护部及省委、省政府领导下，全力打捞原料桶，吉林省环境保护厅组织省环境监测中心站及松花江沿岸市、县环境监测站积极开展应急监测工作，共布设了 13 个监测断面，连续监测了 9 昼夜，报送了 7 845 个监测数据，为精准研判污染态势及科学处置污染事件提供了及时可靠的技术支撑。经过连续 9 天应急处置与监测，此次水环境污染事件得到有效控制，达到了省领导提出的"确保原料桶不出吉林省"的要求。此次水污染事件的主要污染物为三甲基氯硅烷水解产生的盐酸，影响水质 pH 指标，应急监测主要的测试仪器为便携式 pH 测定仪，检测方法为便携式 pH 计法，三甲基氯硅烷、六甲基二硅氮烷及其水解有机物。应急监测主要的测试仪器为气相色谱-质谱联用仪，检测方法为吹扫捕集-气相色谱/质谱法。

一、初期应对阶段

（一）应急监测背景

1. 事件概况

2010 年 7 月 27—28 日，受西太平洋副热带高压后切变暖湿气流及高空冷涡的共同影响，第二松花江左岸支流温德河流域普降特大暴雨。受高强度降雨影响，温德河干流发生 350 年一遇的特大洪水，28 日 7 时许，洪水将位于永吉县经开区温德河左岸的新亚强生物化工有限公司、吉林众鑫集团两家化工企业的原料仓库冲毁，库房中装有三甲基氯硅烷和六甲基二硅氮烷的 7 138 个原料桶［其中空桶约 4 000 个，装有原料的桶约 3 000 个（装有三甲基氯硅烷的约 2 500 个，装有六甲基二硅氮烷的约 500 个），每只原料桶重约 170 kg〕被冲入温德河，进而流入松花江（图 1）。党中央、国务院高度重视，温家宝总理等国务院领导及时作出批示，对拦截打捞和确保松花江水质安全提出了明确要求，接到信息后，吉林省委、省政府高度重视，第一时间启动了突发事件应急预案，组织环保、安监、消防、公安、交通、卫生等相关单位和部门，调集千余人部队和地方抢险人员，在具备条件的松花江沿岸设置多个打捞点，对

图 1　原料桶冲入松花江现场

原料桶全力进行拦截，同时，吉林省环境保护厅组织吉林省环境监测中心站及松花江沿岸吉林市、长春市、德惠市、榆树市、松原市、扶余市环境监测站积极开展应急监测工作。29 日晨，根据《中国环境保护部和俄罗斯自然资源与生态部关于建立跨界突发环境事件信息通报和应急联络机制的备忘录》的相关规定，中国环境保护部向俄罗斯方面通报了相关情况。当天，时任环境保护部副部长吴晓青就原料桶流入松花江一事，进一步致电时任俄罗斯自然资源与生态部副部长迈达诺夫，向他进一步介绍了此事件的情况、中国采取的措施和此事可能带来的影响。与此同时，吉林省布设了 13 个监测断面，在原料桶随洪峰流过前后时间段加密监测，密切监控江水污染态势，共监测并报送了 7 845 个监测数据，为精准研判污染态势及科学处置污染事件提供了及时可靠的技术支撑。经过连续 9 天应急处置与监测，全部原料桶在吉林省境内被打捞上岸并安全处置，达到了省领导提出的"确保原料桶不出吉林省"的要求。水质总体监测结果正常，此次水环境污染事件得到圆满解决。

2. 流域概况

松花江是我国七大江河之一，发源于吉林省长白山天池，流经吉林省的安图、敦化、吉林、长春、松原等 26 个市（县），于松原市拉林河口流入黑龙江省。吉林省境内称第二松花江，流域面积 131 700 km²，河长 960.5 km，被誉为吉林省的"母亲河"。主要支流有辉发河、漂河、蛟河、牤牛河、温德河、团山河、鳌龙河、沐石河、饮马河等，多年平均地表水资源量 114.89 亿 m³。

温德河上游又称五里河，发源于永吉县南端的肇大鸡山西侧，为松花江左岸一级支流，在吉林市郊区温德河村北注入第二松花江。流域面积 1 179 km²，河长 64.5 km，河道平均坡度 2.9‰。温德河流域水系见图 2。

3. 污染物的主要理化特性

（1）三甲基氯硅烷为无色至淡黄色透明液体，易挥发且易燃。分子式为 C_3H_9ClSi，熔点为 40℃，沸点为 57.6℃，密度为 0.854 g/cm³（25℃）。溶于苯、甲醇。对呼吸道、眼睛、皮肤黏膜有强烈刺激性。三甲基氯硅烷在水溶液中极不稳定，遇水后发生水解

反应，生成三甲基硅醇及氯化氢，Si—OH 键不稳定，在酸碱作用或受热情况下进一步缩和脱水，生成六甲基二硅氧烷。化学反应方程式见式（1）和式（2）。

$$CH_3—Si—Cl + H_2O \longrightarrow CH_3—Si—OH + HCl \tag{1}$$

$$CH_3—Si—OH + CH_3—Si—OH \longrightarrow CH_3—Si—O—Si—CH_3 + H_2O \tag{2}$$

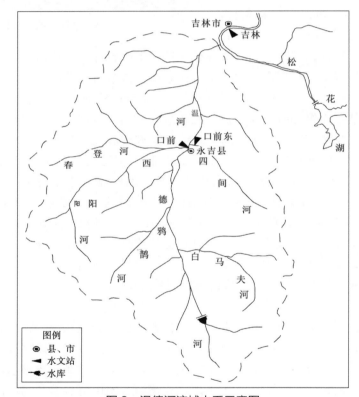

图 2　温德河流域水系示意图

（2）三甲基硅醇为无色、高度易燃液体。分子式为 $C_3H_{10}OSi$，熔点为 4℃，沸点为 100℃。密度为 0.81 g/cm³，正辛醇 / 水分配系数对数值（log K_{ow}）为 5.06。吸入、吞咽有害，对水生生物有害并具有长期持续影响。

（3）盐酸为透明无色或稍带黄色的强腐蚀性液体，浓盐酸（质量分数约为 38%）具有极强的挥发性，有刺激性气味。分子式为 HCl，熔点为 -27.3℃，沸点为 48℃，密度为 1.19 g/cm³，可与水混溶。对眼和呼吸道黏膜有强烈的刺激作用，接触皮肤可致灼伤。

（4）六甲基二硅氮烷为无色透明易流动液体，略带胺味。分子式为 $C_6H_{19}NSi_2$，沸点为 126℃，密度为 0.77 g/cm^3。溶于多数有机溶剂。与空气接触会分解生成三甲基羟基硅烷和六甲基二硅氧烷。吸入、摄入或经皮肤吸收后对身体有害。其液体及蒸汽对眼、皮肤和呼吸系统有刺激作用。吸入后可引起喉、支气管的炎症、水肿、痉挛，化学性肺炎、肺水肿等。六甲基二硅氮烷与三甲基氯硅烷性质类似，遇明火、高温、氧化剂易燃，在水溶液中极不稳定，遇水后发生水解反应，生成三甲基硅醇和氨，Si—OH 键不稳定，在酸碱作用或受热情况下进一步缩和脱水，生成六甲基二硅氧烷。化学反应方程式见式（3）和式（4）。

$$CH_3-\underset{\underset{CH_3}{|}}{\overset{\overset{CH_3}{|}}{Si}}-\underset{}{\overset{\overset{H}{|}}{N}}-\underset{\underset{CH_3}{|}}{\overset{\overset{CH_3}{|}}{Si}}-CH_3 + 2H_2O \longrightarrow 2CH_3-\underset{\underset{CH_3}{|}}{\overset{\overset{CH_3}{|}}{Si}}-OH + NH_3 \qquad (3)$$

$$CH_3-\underset{\underset{CH_3}{|}}{\overset{\overset{CH_3}{|}}{Si}}-OH + CH_3-\underset{\underset{CH_3}{|}}{\overset{\overset{CH_3}{|}}{Si}}-OH \longrightarrow CH_3-\underset{\underset{CH_3}{|}}{\overset{\overset{CH_3}{|}}{Si}}-O-\underset{\underset{CH_3}{|}}{\overset{\overset{CH_3}{|}}{Si}}-CH_3 + H_2O \qquad (4)$$

（5）六甲基二硅氧烷为无色高度易燃液体和蒸汽。分子式为 $C_6H_{18}OSi_2$，熔点为 -59℃，沸点为 99.5℃，密度为 0.76 g/cm^3。溶于有机溶剂，不溶于水。吸入、口服或经皮肤吸收后对身体有害。对皮肤有刺激性。其蒸汽或雾对眼睛、黏膜和上呼吸道有刺激性。

（二）应急监测响应

1. 管理需求

虽然原料桶均为密封包装，但考虑到在随江水下泄过程中剧烈翻滚、频繁碰撞及尖锐异物划伤等状况，可能导致桶盖松动脱落或桶身破裂，造成原料泄漏污染江水风险，所以在全部原料桶打捞出水之前需要及时监控掌握江水水质状况。

2. 应急监测启动

2010 年 7 月 28 日 8 时许，吉林市环境监测站接到吉林市环境保护局应急监测任务，要求立即开展松花江应急监测。该站立即制订了初步检测计划，在温德河及松花江布设了 7 个监测断面并开展应急监测，9 时 32 分出具了第一个 pH 监测数据。

2010 年 7 月 28 日 15 时，吉林省环境监测中心站接到吉林省环境保护厅应急监测任务，要求立即组织开展松花江应急监测。站领导立即要求站分析室检测人员组成 2 个现场采样监测组及 1 个实验室分析组，各组人员马上开始应急监测各项准备工作，2 个现场采样监测组及相关后勤保障人员即刻带着应急监测设备从长春火速赶赴吉林市松花江沿岸原料桶打捞现场，同时站内实验室分析组人员进行样品分析准备工作。

28 日 20 时左右，吉林省环境监测中心站的 2 个现场采样监测组到达吉林市抗洪抢险前线，省站领导在听取了吉林市环境保护部门领导的情况介绍后立即研究制定了下一步应急监测方案，报省生态环境厅现场指挥组批准后连夜组织开展应急监测工作。

3. 监测断面

根据江水洪峰流动情况及沿江地势地貌，结合省政府原料桶打捞工作部署，决定沿江布设 13 个监测断面，其中吉林市境内 7 个监测断面、长春市境内 2 个监测断面、松原市境内 4 个监测断面，详见表 1 及图 3。

表 1 应急监测断面

序号	区域河段	断面名称	点位	现场采样、监测单位
1	吉林市	兰旗大桥	中	省站、吉林市站
2		温德河桥	中	
3		临江门大桥	中	
4		江湾大桥	中	
5		九站	中	
6		哨口	右	
7		白旗	右	
8	长春市	半拉山大桥	左、中、右	长春市站、德惠市站、榆树市站
9		五棵树	中	
10	松原市	乌金屯大桥	左、中、右	省站、松原市站、扶余市站
11		哈达山	左、偏左、中、偏右、右	
12		自来水厂	中	
13		松林	左、中、右	

4. 监测因子

通过查阅资料，三甲基氯硅烷及六甲基二硅氮烷极易水解，考虑装有三甲基氯硅烷的原料桶数量较多，其水解产生的氯化氢易溶于水，监测典型代表性指标 pH 相对简单快速，加之监测断面较多，监测频次较高，工作量极大，结合当时拟选各监测单位的实际监测能力情况，决定选择 pH 作为应急监测项目进行现场监测，六甲基二硅氮烷原料桶数量较少，其水解产生的氨监测相对复杂耗时，当时未考虑监测。水解产物三甲基硅醇与六甲基二硅氧烷等特征污染物无监测方法及标准物质，故临时选择进行实验室定性分析，后期采用中国环境监测总站提供方法进行定量分析。

5. 监测频次

兰旗大桥作为上游对照断面，监测频次为 1 次 /d。

根据本次环境污染事故的特点，考虑到江水洪峰与原料桶漂移及泄漏污染物的关系，现场 pH 监测频次选择在原料桶随洪峰流经监测断面时间段监测频次为 1 次 /15 min，其他时间段 1 次 /4 h，后期洪峰到达松原市境内时监测频次为原料桶流经监测断面（预估时间）前 2 小时至原料桶全部流过后 1 小时时间段为 1 次 /15 min，其他时间段为 1 次 /4 h。

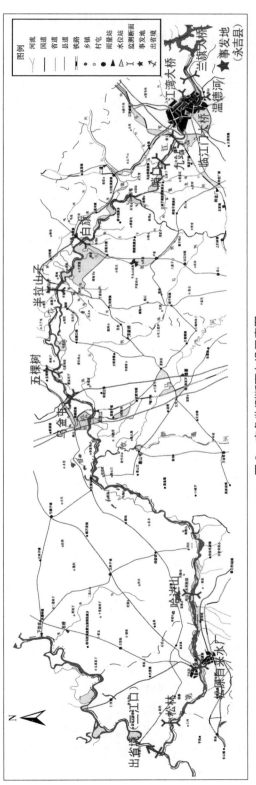

扫码查看
高清彩图

图 3　应急监测断面布设示意图

实验室分析项目前期不具备定量分析条件，吉林市监测站及省站仅进行定性分析，30 日后得到中国环境监测总站提供的监测方法及标准物质，由省站对松原市的 4 个断面样品开展实验室定量分析，监测频次为 1 次 /2 h，由省站承担实验室分析任务。

6. 监测方法、仪器设备

现场 pH 监测方法采用便携式 pH 计法，仪器设备为哈希 HQd 便携式 pH 分析仪、德图酸度计和雷磁 pH 计。实验室监测项目的测定采用吹扫捕集－气相色谱／质谱法（中国环境监测总站提供的实验室分析方法），使用的仪器设备为岛津 GC-MSQP2010 气相色谱－质谱联用仪及 OI4660 吹扫捕集仪，详见表 2。

表 2　应急监测检测方法及仪器设备

项目	方法	仪器设备	监测单位
pH	便携式 pH 计法《水和废水监测分析方法》（第四版）中国环境科学出版社 2002 年	哈希 HQd 便携式 pH 分析仪	吉林省站
		德图酸度计，testo206	吉林市站
		雷磁 pH 计，PHS-3C	长春市站
		哈希 HQd 便携式 pH 分析仪	松原市站
三甲基硅醇	吹扫捕集－气相色谱／质谱法	岛津 GC-MSQP2010 气相色谱－质谱联用仪 OI4660 吹扫捕集仪	吉林省站
六甲基二硅氧烷			

二、稳定达标阶段

（一）应急监测情况

28 日 9 时 30 分左右，吉林市环境监测站的监测人员到达事发地点下游约 10 km 温德河桥开始应急监测，项目为水质 pH，并渐次监测松花江各断面，监测频次为 1 次 /h；随着江水中原料桶的大量出现，12 时开始调整监测频次，在原料桶密集经过各断面时为 1 次 /15 min。

事件中通过查阅资料，原料桶中三甲基氯硅烷及六甲基二硅氮烷这两种原料极易水解，水解产物为三甲基硅醇与六甲基二硅氧烷，经查当时国内外尚没有关于三甲基氯硅烷、六甲基二硅氮烷及其水解产物的相关分析方法标准，事故初期吉林市环境监测站采集水质样品送实验室采用气质联机定性分析特征污染物，结果多有检出，随即向中国环境监测总站请求技术支持。

28 日 20 时，省站监测人员到达吉林，立即加入应急监测第一线，在听取了吉林市环境保护部门领导的情况介绍后研究制定了下一步应急监测方案，报省厅现场指挥组，沿温德河、松花江布设了 13 个监测断面，吉林市环境监测站继续负责对吉林市辖区内 7 个水质监测断面展开应急监测，调集长春市环境监测站对长春市辖区内 2 个水质监测断面展开应急监测，调集松原市环境监测站对松原市辖区内 4 个水质监测断面展开应急监测，在得到现场指挥组批准后省站立即传达指示长春、松原市环境监测站做好人员、设备、车辆等准备工作。

1. 第一阶段：松花江吉林江段监测

兰旗大桥作为上游对照断面，监测频次为1次/d；温德河大桥、临江门大桥、江湾大桥断面（7月28日9—24时原料桶漂过期间），pH监测频次为1次/（10~15 min），35项项目［《地表水环境质量标准》（GB 3838—2002）表1及表2 29项加上苯系物、总硬度、悬浮物、亚硝酸盐氮、总有机碳、细菌总数共计35项］，监测频次为1次/h，自7月29日开始改为1次/（4~6 h）；九站、哨口、白旗断面为1次/（4~6 h）。

截至29日9时，原料桶随洪峰开始流出吉林市辖区进入长春市境内，松花江吉林江段的断面监测频次为1次/（4~6 h），监测工作持续至8月5日应急监测结束。

2. 第二阶段：松花江长春江段监测

29日0时，长春市环境监测站组织松花江流经地德惠市环境监测站提前对长春江段半拉山大桥断面进行监测，pH和COD监测频次为1次/h，29日9时原料桶开始流出吉林市辖区进入长春市境内，29日15时原料桶到达半拉山断面，由长春市环境监测站和德惠市环境监测站持续监测，自29日19时起监测频次调整为1次/4 h，监测工作持续至8月5日应急监测结束。

29日14时，长春市环境监测站组织松花江流经地榆树市环境监测站提前对长春江段五棵树断面进行监测，监测频次为1次/h，30日1时原料桶到达五棵树断面，由长春市环境监测站和榆树市环境监测站持续监测。30日4时，原料桶随洪峰开始流出长春市辖区，松花江长春江段的断面监测频次自8月2日18时起调整为1次/（4~6 h），监测工作持续至8月5日应急监测结束。

3. 第三阶段：松花江松原江段监测

29日0时，松原市环境监测站组织松花江流经地扶余市环境监测站提前对松原江段乌金屯断面进行监测，pH监测频次为1次/2 h，自29日15时开始调整为1次/30 min，自31日19时开始调整为1次/2 h，自8月1日17时开始调整为1次/（4~6 h），监测工作持续至8月5日应急监测结束。

29日9时，省环境监测中心站和松原市环境监测站提前对松原江段哈达山断面进行监测，pH监测频次为1次/2 h，自29日14时开始调整为1次/30 min，自30日8时开始调整为1次/（15~20 min），自30日11时开始调整为1次/30 min，自31日18时开始调整为1次/2 h，自8月1日12时开始调整为1次/（4~6 h），自8月2日16时开始调整为1次/h，自8月3日20时开始调整为1次/（4~6 h），监测工作持续至8月5日应急监测结束。

29日9时，省环境监测中心站和松原市环境监测站提前对松原江段自来水断面进行监测，pH监测频次为1次/2 h，自29日13时开始调整为1次/h，自29日19时开始调整为1次/2 h，自30日13时开始调整为1次/30 min，自31日17时开始调整为1次/2 h，自8月1日12时开始调整为1次/（4~6 h），自8月2日15时开始调整为1次/h，自8月3日20时开始调整为1次/（4~6 h），监测工作持续至8月5日应急监测结束。

29日10时，省环境监测中心站和松原市环境监测站提前对松原江段松林断面进行监测，pH 监测频次为 1 次 /2 h，自 30 日 13 时开始调整为 1 次 /30 min，自 31 日 18 时开始调整为 1 次 /2 h，自 8 月 1 日 12 时开始调整为 1 次 /4 h，自 8 月 2 日 12 时开始调整为 1 次 /2 h，自 8 月 2 日 16 时开始调整为 1 次 /h，自 8 月 3 日 20 时开始调整为 1 次 /（4～6 h），监测工作持续至 8 月 5 日应急监测结束。

30 日，中国环境监测总站技术人员将紧急研制出的三甲基氯硅烷、六甲基二硅氮烷及其水解产物的相关分析方法标准及标准物质提供给吉林省环境监测中心站，调整监测计划，对松原市乌金屯、哈达山、自来水、松林断面开展特征有机污染物定量分析。

根据环境保护部领导要求，7 月 31 日、8 月 1 日、8 月 2 日松原市环境监测站对松林断面（出境断面）分别采集 3 次样品送省环境监测中心站进行了地表水 109 项全项目分析，监测结果未见异常。

2010 年 8 月 1 日 16 时，松花江中最后一只原料桶于松原境内打捞上岸，至此全部原料桶均在吉林省境内打捞完毕，没有一只原料桶流入黑龙江境内，2010 年 8 月 2 日，洪峰流出吉林省辖区进入黑龙江省境内，为确保松花江水质安全，对江水的应急监测持续至 8 月 5 日，经应急指挥部决定停止应急监测，至此本次应急监测工作圆满结束（图 4）。

2010 年 8 月 4 日，在吉林市临江门大桥水质监测点，省监测中心站和吉林市监测站监测

图 4　原料桶打捞现场

人员有幸受到时任国务院总理温家宝和吉林省委书记及省长的亲切接见。监测人员从江心取来水样，温家宝总理蹲下身来，亲自操作便携式 pH 计测量了江水样品的 pH，仪器显示为 7.29，属于正常范围，由此产生了中国第一个总理亲自测量的应急监测数据。温家宝总理还登上停在大桥上的环境应急监测车，向监测人员详细询问使用什么仪器进行监测，主要监测什么物质，监测工作流程及监测结果等，监测人员告诉总理，从最近几天的监测结果来看，水质总体正常。温家宝总理听后说，前一阶段工作科学部署，组织有力，拦截成功。下一步要全面监测，信息公开，安定人心，消除疑虑。

（二）监测结果评估

本次应急监测，pH 和水质全分析采用《地表水环境质量标准》（GB 3838—2002）Ⅲ类标准进行评价，当时国内外没有三甲基氯硅烷、六甲基二硅氮烷及其水解产物的水环境质量标准，监测结果未予评价。

1. 第一阶段：松花江吉林江段监测

特征污染物：pH，各断面监测结果 pH 为 6～8，无异常，满足《地表水环境质量标准》（GB 3838—2002）Ⅲ类标准要求。

其他污染物：与松花江历年丰水期监测结果比较，无异常变化。

有机物定性：原料桶漂过期间定性检出微量三甲基羟基硅烷、六甲基二硅氧烷，未检出其他特征有机污染物，原料桶漂过后该两项有机物未检出。

2. 第二阶段：松花江长春江段监测

特征污染物：pH，各断面监测结果 pH 为 6～8，无异常，满足《地表水环境质量标准》（GB 3838—2002）Ⅲ类标准要求。

COD：与松花江历年丰水期监测结果比较，无异常变化。

3. 第三阶段：松花江松原江段监测

特征污染物：pH，各断面监测结果 pH 为 6～8，无异常，满足《地表水环境质量标准》（GB 3838—2002）Ⅲ类标准要求。

7 月 31 日、8 月 1 日、8 月 2 日松林断面地表水 109 项全项目分析监测结果未见异常。

7 月 29 日至 8 月 4 日，乌金屯大桥、哈达山、自来水厂、松林（吉林省出境）断面陆续检出三甲基羟基硅烷和六甲基二硅氧烷，8 月 5 日全部未检出。

7 月 28 日 9 时 30 分至 8 月 5 日，省环境监测中心站协同吉林市环境监测站、长春市环境监测站、松原市环境监测站连续 9 天对吉林省境内的 13 个监测断面进行了应急监测，水质指标 pH 监测结果为 6.31～7.80，与事故前在同一水平，无明显异常，且均符合《地表水环境质量标准》（GB 3838—2002）Ⅲ类标准。

总体监测结果表明，本次事故未对松花江水造成超标影响，为政府科学应对、正确决策及公开舆情安定社会提供了有力的技术支撑。

三、案件总结与思考

经过 2005 年吉化双苯厂"11·13"爆炸事件后，吉林省对突发环境污染事故应急监测产生关注并初具机制雏形，首先作为突发性环境污染事故最先响应、获取第一手现状数据的环境监测系统，初步掌握了环境污染事故的基本特点与应对措施（特别是水污染事故），积累了一些经验；其次是各级监测站应急监测装备水平有了一定提升，特别是现场测定的便携设备，本次应急监测所用现场 pH 测定仪各站基本都有配备。

当然，本次事件也暴露出吉林省应急监测的一些不足：一是急需加强应急监测机构建设，省站当时没有成立专门的应急监测科室，应急监测管理缺少职能部门，主要应急监测工作都集中在分析室，而分析室主要承担全站所有要素采样、监测分析任务，管理职责不明，分工不清，全省也未建立联合机制。二是需要进一步完善应急监测工作制度，确保应急监测工作有章可循。全省尚未形成一套涉及省、市、区县环境监测部门三级联动处置环境污染事故的行之有效的工作制度，对应急监测工作及时启动、有序推进、科学支撑和服务决策产生了一定影响。三是确保应急监测人员技术储备，特别是针对新的特征污染物的分析方法研究，本次事件中三甲基氯硅烷和六甲基二硅氮烷及其水解产物的分析方法是中国环境监测总站提供的。四是需要进一步完善应急监测设备配备。五是现场监测未采取质量控制措施，与当时部分管理人员质量意识淡薄及应急准备不足等多种因素有关。

本次事件的特点及相关思考：

（1）事件中据采样人员反映原料桶屡有泄漏（看到水雾及听到桶盖分离声），但由于洪水水量极大，在巨大的稀释作用下江水 pH 未见明显变化，监测结果表明，江水一直在正常达标范围内波动，故选择的该项应急监测指标仅能反映江水质量状况，对原料桶的泄漏情况难以评估。

（2）本次污染事故污染物为已知化学成分物质，化学性质明确清晰，不用耗费大量人力、物力及时间成本进行定性确定，使工作组得以第一时间确定监测因子并及时组织监测。

（3）本次污染事故污染源为原料桶可能泄漏的情况，一旦发生原料桶泄漏，产生的污染带会和原料桶一并随水流向下游移动。本次污染事故不用设置密集的监测断面和较高的监测频次来确认可能的污染带，漂浮在水面并随水流移动的原料桶即为天然的污染带指示标志。监测频次即可按原料桶到达断面时间（根据水文参数推断）前后精准安排，节省较多的人力、物力及时间成本，限于当时的技术条件，采取固定断面予以监测。目前思考可采用现代化的无人自动走航船随漂浮的原料桶一并随水流向下游移动并实时监测，或采用无人机跟踪污染团（原料桶）。无人机采样及实施监测，可大幅减少工作量并极大提高监测效率，同时节约监测经费。

（4）本次污染事故中污染物三甲基氯硅烷和六甲基二硅氮烷及其水解产物均无现成的分析方法，事故发生期间由中国环境监测总站临时紧急研制完成并提供给吉林省使用。

（5）本次污染事故的应急处置方式主要为打捞原料桶，因属于河流泄洪具有较大的危险性，打捞地点选择相对安全的地点，为监测断面的设置也提供了参考依据，同时打捞船只还为应急监测提供了便利条件，应急监测和应急处置同时进行，紧密结合，相互支撑。

（6）本次应急监测诞生了第一个总理亲自测量的应急监测数据，使应急监测工作在突发事件处置中的作用得以凸显，得到了各级政府部门更高的重视，至此应急监测体系逐步建立完善，各种标准和技术规范陆续出台。

（7）受年代限制，当时应急监测正处于概念形成阶段，没有形成完整的应急监测体系，本次应急监测奠定了应急监测概念基础。

专家点评 //

本次应急监测启动十分迅速，监测断面设置合理，并且事发当天所有监测断面 pH 达标，由于事发于 7 月 27 日，正值丰水期，雨量丰富，河水径流量大，稀释效果明显。

除测定 pH 外，还加密监测了地表水 29 项控制指标，为了保证沿江居民饮用水的安全，对松原饮用水取水口断面做了 3 次 109 项全分析。

03

第三部分
土壤环境突发污染事件

案例 24

资阳机车厂原七、八分厂土壤及周边环境多氯联苯现状应急调查监测

类　别： 土壤环境污染事件

关键词： 土壤环境污染事件　多氯联苯　气相色谱　气相色谱－质谱　舆论关注

摘　要： 2016 年 4 月底，原四川资阳机车厂退休老职工在网上发布《昔日毒地上建起了万达广场》一文，质疑资阳机车厂原七、八分厂厂址所在地存在多氯联苯残留，事件引起民众和媒体高度关注，并迅速发酵蔓延。环境保护部、四川省委和省政府、资阳市委和市政府高度重视，四川省政府要求资阳市政府认真应对，严格控制，严防事态扩大，必须确保在资阳市内得到及时处置，有效控制。因资阳市环境监测中心站监测力量有限，5 月初，四川省环境监测总站应资阳市环保局请求对该案件开展应急调查监测。本次应急调查监测从 5 月持续至 10 月。其中，5 月主要开展应急调查监测方案编制相关工作，6 月至 7 月上旬主要开展应急调查监测现场采样等工作，7 月中旬至 8 月下旬主要开展样品制样及样品分析工作，9 月上中旬主要开展报告编制等工作，9 月下旬及 10 月上旬主要配合资阳市人民政府回复媒体和公众疑问等工作。本次资阳机车厂原七、八分厂土壤及周边环境多氯联苯现状应急调查监测，涉及土壤、底泥和地表水中多氯联苯含量现状调查监测。其中土壤、底泥中多氯联苯含量监测采用《全国土壤污染状况调查样品分析测试技术规定》中气相色谱法分析。地表水中多氯联苯浓度监测采用《水质　多氯联苯的测定　气相色谱－质谱法》（HJ 715—2014）中气相色谱－质谱法分析。

一、应急调查监测方案编制阶段

（一）前期调研及现场踏勘

2016 年 5 月 5 日，四川省环境监测总站（以下简称省总站）应资阳市政府、市环保局请求开展应急调查监测。省总站立即成立现状应急调查监测组。5 月 6 日，省总站派出技术人员参与了资阳市组织的各方现场座谈会，并会同资阳市环保局、资阳市城乡规划管理局、资阳市万达公司、原厂退休老职工代表和资阳市市民代表等相关各方人员进行了现场踏勘，与相关各方共同对调查监测点位进行初步确认。

原资阳机车厂已于 10 多年前停产，原厂区现已拆除，曾使用几百台含多氯联苯电

容器，在国家禁止使用含多氯联苯电容器后，企业对该部分电容器进行了弃用堆存，并于 2009 年将堆存的电容器和堆存地可能受污染的土壤运至天津市有资质的单位进行处置。企业停产前有两个独立车间使用过含多氯联苯电容器，有 2 处多氯联苯电容器堆存处。使用或堆存过含多氯联苯电容器的 4 处厂区有 3 处已经因地势较低用地变更时实施了市政工程回填，其中回填土最深达 10 余米。万达广场商住综合体距最近的一处含多氯联苯电容器堆存处约 50 m。一条小河（麻柳河）流经原涉事厂区。

（二）监测方案编制、评审及定稿确认

5 月 13 日，省总站技术人员会同相关各方再次进行了现场踏勘，广泛听取各方意见，对监测点位进行了复核和再次确认。5 月 16 日，省总站编制完成了调查监测初步方案。5 月 18 日，资阳市环保局邀请四川农业大学、四川农科院、中科院成都山地所的 3 位专家对初步方案进行了技术评审，并将评审情况在网上进行了公示。根据专家评审意见，省总站于 5 月 25 日编制形成了《资阳机车厂原七、八分厂土壤及周边环境多氯联苯现状应急调查监测方案》（以下简称《方案》）。并邀请退休老职工代表和资阳市市民代表对《方案》进行了签名确认。

（三）土壤现状调查监测地块的确定

经各方共同确认，本次土壤现状调查监测地块分为 4 类。①资阳市政府相关部门结合该厂历史资料筛选出企业堆存含多氯联苯废旧电容器仓库原址及使用含多氯联苯电容器原址监测地块 2 处（1#、2# 测点）。②退休老职工代表现场指认的曾经堆存、使用含多氯联苯电容器的原址监测地块 2 处（3#、4# 测点）。③市民关心的厂区原址周边土壤地块 2 处［万达 1 期工程（已建）和万达 2 期待建空地］。④对照监测地块 2 处。

（四）土壤现状调查监测点位布设的确定

在第①②类涉及堆存 / 使用多氯联苯的 4 处场地，在中心点 20 m×20 m 的网格内，按照梅花形布点原则，各场地分别布设 5 个监测点位。共计布设 20 个监测点位。

在第③类的 2 处场地：a. 万达 1 期工程（已建），在其地面绿化区域内按照 80 m×80 m 网格法划定 12 个网格，再结合资阳市市民代表关注点，筛选出 4 个监测点位（5#～8# 测点）；b. 万达 2 期待建空地，在该区域内按照 80 m×80 m 网格法划定 16 个网格，均匀选取 8 个网格，在网格中心点附近选取具备取样条件的监测点位，布设 8 个监测点位（9#～16# 测点）。共计布设 12 个监测点位。

资阳市环保局确定在临江镇斑竹村 9 社地块和资阳市老鹰水库地块设置 2 个对照监测点位（0#～1#、0#～2# 测点）。

以上共布设 34 个土壤现状调查监测点位。

（五）土壤现状调查监测取样深度（土壤现状调查监测取样样品数）的确定

因部分监测点已被埋没于市政工程回填土之下，为了保证所取土样能代表该厂原址土样，其各采样点取样深度由资阳市规划局通过分析各监测点位历史坐标高程后确定。

为了取得回填土的土壤现状，对于所有经过回填的监测点位，均分别监测对应表层回填土土壤样品（表层 0～20 cm）与深层未受扰动土层土壤样品（目标土层 0～20 cm、20～60 cm、60～120 cm）。

根据各监测布点回填情况，共布设土壤现状调查监测取样样品数 87 个。

（六）地表水水质及底泥现状调查监测布点的确定

在流经原涉事厂区附近的麻柳河上布设了地表水、底泥监测点位各 3 个。分别为麻柳河距原厂区上游 1 000 m 处（对照断面）、麻柳河距原厂区下游 300 m 处和麻柳河距原厂区下游 650 m 处。

（七）应急调查监测工作组织分工

本次应急调查监测工作需各相关单位或组织密切配合，各方工作组织分工见表 1。

表 1   本次应急调查监测工作各方组织分工

序号	部门、单位或组织名称	分工	备注
1	资阳市环保局	1. 组织专家对方案、报告进行评审； 2. 监测取样现场协调工作； 3. 核实市民代表所选取土壤现状监测点位； 4. 土壤及地表水样品需冷藏保存，联系一辆带冷藏保存功能的冷藏车以满足样品运输时的保存要求	
2	资阳市环境监测中心站	分组配合现场取样工作	
3	资阳市规划局	1. 监测期间确定各监测点位的坐标； 2. 对于已回填的监测点位，确定钻探至目标土层的深度； 3. 方案与报告中监测点位平面分布图的制作	
4	资阳市建设局	1. 钻探取样设备的调试与准备（需具体细化至如何确保准确地取得目标层的分层土壤样品）； 2. 组织施工队负责现场取样时的钻探取样工作； 3. 组织施工队负责现场取样时的建筑垃圾清理工作； 4. 组织施工队负责现场硬化层清除工作	
5	南车资阳机车有限公司	1. 提供老厂历史资料； 2. 配合监测工作	
6	资阳万达公司	1. 收集并上报资阳市环保局、资阳市市民代表选取的土壤现状监测点位； 2. 配合监测工作	

续表

序号	部门、单位或组织名称	分工	备注
7	省总站	1. 监测方案编制； 2. 土样采集、分装与保存； 3. 土壤样品的分析测试； 4. 报告编制	
8	退休老职工代表	参与监测点位确定与监测方案确认，观摩并确认样品采集等	
9	市民代表	参与监测点位确定与监测方案确认，观摩并确认样品采集等	

二、应急调查监测现场采样阶段

省总站于 2016 年 6 月 12—16 日、7 月 7 日对资阳市环保局委托的资阳机车厂原七、八分厂土壤及周边环境多氯联苯现状进行了监测。

（一）土壤现状调查监测样品采集方法

《方案》中 1#、2# 测点地块监测点因回填深度较深，采取钻探取样方式采集各点位土壤分层样品。

《方案》中 3#、4# 测点地块监测点因回填深度较浅，采取大开挖方式采集各点位土壤分层样品。

《方案》中 9#～16# 测点及 0#～1#、0#～2# 对照监测点，使用木铲、人工铲取 0～20 cm 表层土样样品。

以上所有监测点位的土壤样品均使用木铲在牛皮纸上混匀后采用四分法将土样分减至适量后分装于 250 mL 棕色玻璃瓶中避光冷藏保存。

（二）地表水及底泥现状调查监测样品采集方法

使用取水器采集麻柳河地表水水样，分装于 1 000 mL 棕色玻璃瓶中避光冷藏保存。

使用抓斗式底泥采样器采集麻柳河底泥样品，分装于 250 mL 棕色玻璃瓶中避光冷藏保存。

（三）现状调查监测样品实际采集情况及方案调整情况

根据监测现场情况，实际开展现场采样的点位为土壤现状调查监测点位 33 个，河道断面 3 个，样品采集数共 84 个。其中土壤样品 78 个，底泥样品 3 个，地表水水样 3 个。

依据《方案》结合监测期间现场实际情况，现场样品采集调整情况如下：

1# 测点中心点新增回填目标深度上方 0～30 cm、30～120 cm 土层土壤样品各 1 个。

2# 测点中心点经资阳市环保局现场复核后向西北方移动 6 m 左右。

2# 测点北侧监测点位于斜坡上，不具备钻探取样条件，取消北侧监测点所有深度样品。

3# 测点中心点高程差为 -0.28 m，未采集到原土层 0～20 cm 土壤样品。

3# 测点东侧监测点原土层 0～20 cm、20～60 cm 均为混凝土，无样。

3# 测点西侧监测点原土层 0～20 cm、20～60 cm 均为煤渣，无样。

4# 测点中心点为钢混结构，无法开挖，点位北移 4 m 左右，移动点位后原土层 0～20 cm 为混凝土，无样。

4# 测点南侧监测点原土层 0～20 cm 为混凝土，无样。

10# 测点位于万达 2 期待建空地内，因取样点位于路面，已被重车压实，无法取样，故将取样点位挪至附近土壤较为松软的区域。

三、样品制样及样品分析阶段

（一）分析方法

因《土壤和沉积物　多氯联苯的测定　气相色谱法》（HJ 922—2017）当时还未发布，故本次土壤及底泥中多氯联苯含量监测采用《全国土壤污染状况调查样品分析测试技术规定》中气相色谱法分析。

地表水中多氯联苯浓度监测采用《水质　多氯联苯的测定　气相色谱－质谱法》（HJ 715—2014）中气相色谱－质谱法分析。

（二）土壤及底泥样品分析流程

土壤及底泥样品分析流程见图 1。

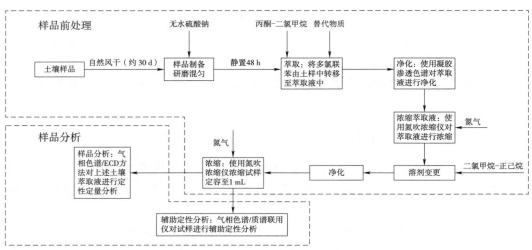

图 1　土壤及底泥样品分析流程

注：样品前处理时加入替代物以考察样品全程回收效率。

（三）质量控制措施

1. 土样 / 底泥的质控

每 20 个土壤 / 底泥样品分别设置 1 个空白样品、平行样品和加标样品，每个样品中均加入替代物作为方法的回收率指示物，质控样品的频率和回收率均满足分析方法要求。

2. 水样的质控

分别设置 1 个空白样品、1 个平行样品和 1 个加标样品，每个样品均加入替代物作为整个方法的回收率指示物，质控样品的频率和回收率均满足分析方法要求。

四、报告编制阶段

（一）评价标准

因当时国内尚未发布对应的土壤环境质量评价标准，本次应急调查监测土壤中多氯联苯的监测结果参照《展览会用地土壤环境质量评价标准（暂行）》（HJ 350—2007）表 1 中 A 级标准进行评价。符合 A 级标准的土壤可适用于各类土地利用类型。

本次调查监测地表水中多氯联苯浓度的监测结果执行《地表水环境质量标准》（GB 3838—2002）中的表 3 标准进行评价。

（二）监测结果及评价

本次应急调查监测所取土样均未检出多氯联苯，满足《展览会用地土壤环境质量评价标准（暂行）》（HJ 350—2007）表 1 中 A 级标准的要求。其土壤可适用于各类土地利用类型。

本次应急调查监测所测地表水水样均未检出多氯联苯，满足《地表水环境质量标准》（GB 3838—2002）中表 3 标准的要求。

本次应急调查监测所测底泥样品均未检出多氯联苯，因无相应评价标准，未作评价。

五、案例经验总结

资阳多氯联苯事件应急调查处置是一起典型的由政府为回应舆论重点关注事件，组织的一次主动全面面向社会公开的应急调查监测。案件主要涉及土壤应急监测目标地块的确定、点位布设和分层监测、地表水和底泥监测等监测要素。本次应急调查监测基本做到了及时科学、合理有效，取得了较好的效果。现将本案例经验总结如下。

（一）主动面向社会公开，邀请公众参与，消除公众疑虑

在本案例中，资阳市人民政府委托资阳市环保局牵头组织相关职能部门和单位，正式召开了 3 次公众、媒体见面会。分别是前期调查阶段（5 月 6 日）、方案形成阶段（5 月 18 日）和报告出具后回复公众疑问阶段（10 月 11 日）。现场踏勘及现场采样均

邀请了公众及媒体参加。监测方案及报告形成后均在环保网站上进行了公示。在本次事件处置过程中，充分考虑了公众、媒体的知情权，进行了翔实的信息公开、主动邀请公众参与。有效地降低了小道消息、片面或不实信息传播导致的不利影响，消除了公众疑虑。

（二）应急调查监测技术支撑得当

1. 省总站前期准备工作细致扎实。现场踏勘深入仔细、资料收集全面详尽。对调查地块确定、监测点位布设、采样深度、样品保存 / 运输、分析方法选用、评价标准确定、物资及后勤保障等方面进行了多次内部研讨并形成了实施细则。为编制应急调查监测方案和后续现场监测工作有序推进打下了坚实基础。方案编制完成后组织对方案和报告进行审查评审，广泛听取意见，并进行公示。

2. 注重技术细节，严格质量控制。除严格落实各项规定技术规范和质量控制措施外，还特别针对部分点位疑似多氯联苯检出的情况，采用了气质联用方法逐一进行数据核实，确认其为受其他物质干扰的假阳性检出，确保结果数据科学、真实、可靠。

3. 指派专门人员统一应对公众和媒体。监测技术的问题咨询由省总站确定一名专家专人负责，确保对外一个声音发声，避免片面或不实信息外传。全程参与资阳市政府和市环保局组织的公众、媒体见面会，做好技术支撑。

（三）科学确定分析方法

因《土壤和沉积物　多氯联苯的测定　气相色谱法》（HJ 922—2017）当时还未发布，故本次土壤及底泥中多氯联苯含量监测采用《全国土壤污染状况调查样品分析测试技术规定》中气相色谱法分析。该方法来源于美国 EPA8082，其所采用的标准为商品化的多组分多氯联苯混合物（亚老格尔 1016、亚老格尔 1221、亚老格尔 1232、亚老格尔 1242、亚老格尔 1248、亚老格尔 1254、亚老格尔 1260），是一种针对多氯联苯混合物总量的测定方法。

本案例中采用该方法的考虑如下：

1. 多氯联苯本身是一类含有 209 种同分异构体的混合物，因此在实际检测工作中多氯联苯总量数据比多氯联苯单体含量数据更具有参考价值，如《地表水环境质量标准》（GB 3838—2002）中多氯联苯总量的监测就采用了上述多组分多氯联苯混合物作为标准。

2. 在标准分析方法《土壤和沉积物　多氯联苯的测定　气相色谱 - 质谱法》（HJ 743—2015）中明确规定，该方法适用于土壤和沉积物中 7 种指示性多氯联苯和 12 种共平面多氯联苯的测定，不适用于土壤中多氯联苯总量的测定。如采用该方法对多氯联苯总量进行测定，则还需要对剩余 100 多种多氯联苯单体采用该方法进行方法验证，工作量极大，且短期内难以完成。

3. 本案件中涉及的原资阳机车厂多氯联苯的使用和封存距案发时已过去数十年，多氯联苯混合物在复杂环境条件下发生迁移转化和降解等变化无法预料和控制，因此使用气相色谱法测定多氯联苯总量更加具有实际意义。

综上所述，本案例经省总站研究决定采用《全国土壤污染状况调查样品分析测试技术规定》中气相色谱法作为定量监测分析方法，《土壤和沉积物　多氯联苯的测定　气相色谱－质谱法》（HJ 743—2015）中气相色谱－质谱联用法辅助定性的方式进行监测。

（四）干扰物质的科学排除

本次土壤及底泥中多氯联苯含量监测采用《全国土壤污染状况调查样品分析测试技术规定》中气相色谱法分析。该分析方法依据化合物在气相色谱上的保留时间对目标物进行定性分析，但这种定性方式较为单一，具有局限性，易产生假阳性的结果。

《土壤和沉积物　多氯联苯的测定　气相色谱－质谱法》（HJ 743—2015）中气相色谱－质谱联用法将原气相色谱中的 ECD 检测器换成了质谱检测器，二者最大的区别在于质谱检测器拥有很强大的目标物定性能力。在质谱检测器中，目标物被电离成各种不同质荷比的离子，这些不同质荷比的离子间又具有不同的丰度，这些在质谱中电离后产生的不同质荷比和不同丰度的离子就会形成一张只代表这种化合物的特殊图谱，即目标物质谱图。通过将目标物质谱图在已建立的标准物质质谱库（NIST 谱库）中进行检索，即可比对得到该目标化合物的定性结果。因此，在有质谱参与的条件下，即使不同的目标化合物具有相同的保留时间，也可通过比对质谱图对目标物进行准确定性，极大地增强了气相色谱的定性能力，显著降低了气相色谱分析中假阳性结果的出现概率。

在本次调查监测工作中，省总站首先采用了《全国土壤污染状况调查样品分析测试技术规定》中气相色谱法对样品进行分析，发现部分样品存在多氯联苯有检出的情况。因该方法仅使用保留时间定性，假阳性结果可能性较大，于是省总站又采用了气相色谱－质谱联用法对所有有检出的样品进行再次测定，生成存疑目标物质谱图，与 NIST 谱库对照后发现，原方法在 ECD 检测器有检出样品中的目标物并不是多氯联苯，而是具有相同保留时间的其他化合物。

综上所述，本次调查监测工作通过使用《全国土壤污染状况调查样品分析测试技术规定》中气相色谱法作为定量监测分析方法，《土壤和沉积物　多氯联苯的测定　气相色谱－质谱法》（HJ 743—2015）中气相色谱－质谱联用法辅助定性的方式进行监测，既保证了多氯联苯总量定量测定，又有效防范了多氯联苯假阳性结果的出现，确保了调查监测结果的准确可靠。

专家点评

一、组织调度过程

本案例有别于其他突发环境事件应急监测工作，始发于舆情发酵，应急处置工作偏重于调查监测，为妥善、科学应对，需对污染区域土壤、底泥和地表水污染状况进行全面系统评估。从事件接报到调查监测方案编制再到现场采样分析和报告编制等阶段，整体应急调查监测工作持续了近5个月，应急处置过程战线较长。各应急调查处置阶段涉及众多单位和组织，甚至还包括退休老职工代表和市民代表，组织工作难度较大，过程也十分复杂，案例分析中对各单位和组织的分工协作进行了较好的经验总结，很有参考借鉴意义。

二、技术采用

（一）监测项目及污染物确定

在应急调查监测过程中，通过对涉事工厂多氯联苯电容器的使用和处置情况进行综合分析研判，结合现场踏勘，确定了主要污染物和监测项目为多氯联苯。

（二）监测点位、监测频次和监测结果评价及依据

1. 监测点位布设

应急调查监测组首先会同资阳市环保局、资阳市城乡规划管理局、资阳市万达公司、原厂退休老职工代表和资阳市市民代表等相关各方人员进行了现场踏勘，与相关各方共同对调查监测点位进行初步确认。随后对监测点位进行复核和再次确认，并邀请四川农业大学、四川农科院、中国科学院成都山地所的3位专家对应急调查监测初步方案进行了技术评审，根据专家评审意见，确定了调查监测地块和具体的调查监测点位。监测点位布设充分体现出了科学、严谨的过程，并妥善做好了社会公开等事项。

2. 监测频次的确定

案例主要针对涉污场地土壤、地下水和地表水开展调查性监测，监测频次未作具体表述。

3. 监测结果评价及依据

因当时国内尚未发布对应的土壤环境质量评价标准，本次应急调查监测土壤中多氯联苯的监测结果参照《展览会用地土壤环境质量评价标准（暂行）》（HJ 350—2007）表1中A级标准进行评价。符合A级标准的土壤可适用于各类土地利用类型。本次调查监测地表水中多氯联苯浓度的监测结果执行《地表水环境质量标准》（GB 3838—2002）中表3标准进行评价。

（三）监测结果确认

监测过程严格执行有关分析质控措施，其中，对土壤及底泥的质控要求为每20个土壤及底泥样品设置1个空白样品、1个平行样品和1个加标样品，每个样品中均加入替代物作为方法的回收率指示物，质控样品的频率和回收率均满足分析方法要求；对水样的质控要求为设置1个空白样品、1个平行样品和1个加标样品，每个样品均加入替代物作为方法的回收率指示物，质控样品的频率和回收率均满足分析方法要求。除严格落实各项规定技术规范和质量控制措施外，还特别针对部分点位疑似多氯联苯检出的情况，采用了气相色谱－质联法逐一进行数据核实，确认其为受其他物质干扰的假阳性检出，确保结果数据科学、真实、可靠。

（四）报告报送及途径

应急调查监测组指派专门人员统一应对公众和媒体。监测技术的问题咨询由省总

站确定 1 位专家专人负责，确保对外一个声音发声，避免片面或不实信息外传。全程参与资阳市政府和市环保局组织的公众、媒体见面会，做好技术支持。

（五）提供决策与建议

本次应急调查监测根据所取土样均未检出多氯联苯，满足《展览会用地土壤环境质量评价标准（暂行）》（HJ 350—2007）表 1 中 A 级标准的要求，得出其土壤可适用于各类土地利用类型的决策参考建议。所测地表水水样均未检出多氯联苯，满足《地表水环境质量标准》（GB 3838—2002）中表 3 标准的要求。此外，在最终监测提供决策与建议方面总结凝练偏弱。

（六）监测工作为处置过程提供的预警等方面

无。

三、综合评判意见，后续建议

（一）综合评判意见

案例主要内容偏重于：应急调查监测方案编制、应急调查监测现场采样、样品制样及样品分析、报告编制和经验总结方面。该案例较为系统完整地回顾了应急调查监测全过程，针对案件社会关注度高的特殊性，提供了非常具体翔实的社会公开、公众参与工作经验，在多部门组织协调方面也提供了非常具有操作性的工作分工经验总结，此外还对监测方法的选择及干扰物质的科学排除进行了系统阐述，对今后此类事件的应急监测工作具有较好的借鉴参考作用。

（二）建议

针对社会公开、邀请公众参与方面的工作，进一步细化补充监测支撑的具体做法、成效和成功经验。

在本次事件处置过程中，充分考虑了公众、媒体的知情权，当地政府委托环保局牵头组织相关职能部门和相关单位，分别在事件期调查阶段、方案形成阶段和报告出具后回复公众疑问阶段召开 3 次正式公众、媒体见面会，现场踏勘及现场采样均邀请了公众及媒体参加，监测方案及报告形成后均在环保网站上进行了公示。以上做法有效地降低了不实信息传播导致的不利影响，消除了公众疑虑。

应急监测启动后，工作组注重收集历史资料，在调查地块确定、监测点位布设、采样深度、样品保存和运输、分析方法选用、评价标准确定、物资及后勤保障等方面均进行了全面考虑研讨，应急调查监测方案编制完成后组织对方案和报告进行审查评审，广泛听取意见，并进行公示。多氯联苯是一类含有 209 种同分异构体的混合物，本案例中涉及的原资阳机车厂多氯联苯的使用和封存距案发时已过去数十年，多氯联苯混合物在复杂环境条件下发生迁移转化和降解等变化无法预料和控制。工作组采用《全国土壤污染状况调查样品分析测试技术规定》中气相色谱法作为定量监测分析方法，《土壤和沉积物 多氯联苯的测定 气相色谱－质谱法》（HJ 743—2015）中气相色谱－质谱联用法辅助定性的方式进行监测并对多氯联苯总量的测试数据进行污染评价更加具有实际意义。

本案例为舆情事件处理提供了范例。

04

第四部分

固体废物（危险废物）环境污染事件

案例25

河南省南阳市淇河非法倾倒污染事件应急监测

类　别：

关键词： 水质环境污染事件　国标方法　在线自动分析仪　便携式仪器

摘　要： 2018 年 1 月 17 日 1 时许，河南省南阳市西峡县西坪镇淇河段发生跨省非法倾倒 31 t 化工废料污染事件。该事件导致淇河下营村河段约 1 km 河道水体呈乳白色并伴有刺激性气味。非法倾倒地点距淇河入丹江交汇处约 50 km，距丹江口水库仅 90 余千米，事发点位置敏感，直接威胁南水北调中线工程调水水质与沿线饮用水安全。

经过现场勘察、资料查阅并结合前期监测结果初步判断，受污染水体中无重金属、有机污染物异常监测因子，分析倾倒化工废料可能带来的污染，确定 pH、电导率、氨氮、总磷、磷酸盐为重点监测因子。

地表水中 pH、电导率使用便携式仪器现场测定，氨氮、磷酸盐采用国标方法开展分析。由于样品量的增加和分析时效要求的提高，面临实验室国标方法、多参数水质快速测定仪法、水质检测管法、快速消解自动分析仪法、模块法在线自动分析仪 5 种选择，经过多次现场试验对比和监测实践，选取实验室国标方法和模块法在线自动分析仪开展本次水中总磷监测。

一、工作背景

2018 年 1 月 17 日 1 时许，河南省南阳市西峡县西坪镇淇河段发生跨省非法倾倒 31 t 化工废料污染事件。1 月 17 日 11 时 30 分左右，原西峡县环保局接到群众反映西坪镇下营村淇河河道水质异常，有不法人员向淇河河道倾倒不明物质，导致淇河下营村河段约 1 km 河道水体呈乳白色并伴有刺激性气味。非法倾倒地点距淇河入丹江交汇处约 50 km，距丹江口水库仅 90 余千米，事发点位置敏感，直接威胁南水北调中线工程调水水质与沿线居民饮用水安全（图 1）。

西峡县委、县政府接报后，立即启动突发环境事件应急响应预案，组织人员和大型挖掘机械迅速构筑 9 条拦截坝，其中事故点上游来水拦截坝 3 条，事故点下游污水拦截坝 6 条，在拦截坝处对污水实施草栅、活性炭吸附，采用添加漂白粉、絮凝剂等方式进行初步处置，同时关闭西峡县境内淇河段 2 座发电站，淇河下游的淅川县政府也关闭其境内 7 座小型水电站，禁止发电泄水，确保污染水体被拦截在淇河流域（图 2）。

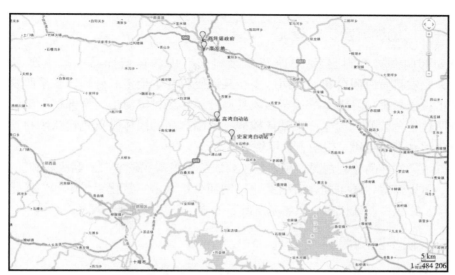

图 1　淇河污染事件污染河段与丹江、丹江口水库位置示意图

图 2　上河电站坝下临时坝筑现场

二、应急监测启动

2018 年 1 月 17 日 15 时，河南省南阳监测中心、河南省南水北调中线渠首监测中心、西峡县环境监测站、淅川县环境监测站在接到应急指令后，立即赶往事发地点，同时严密监控淇河下游高湾水质自动站（距事发点 51.7 km，位于淇河入丹江前 1.8 km）、史家湾水质自动站（位于淇河入丹江后 12.5 km）监测数据。

1 月 19 日，中国环境监测总站、河南省生态环境监测中心先后收到应急监测指令，于 21 时左右到达事发地点，同时陆续调集河南省郑州生态环境监测中心、河南省洛阳生态环境监测中心、河南省平顶山生态环境监测中心等监测力量进行支援。

（一）现场勘察及资料查阅

公安部门调查资料显示，31 t 化工废料来自山西运城绛县一家生产型化工企业——天龙农科贸有限公司。公司法人靳某说废料在本地不好处理，联系西峡县潘某让他帮忙拉走处理掉。潘某等运至西峡县西坪镇操场村淇河边，全部铲入淇河。从该公司查明这批危险废物为生产甲基亚磷酸二乙酯产品的固体微黄色粉状废料，其中含有危险化学品三氯化磷、铝粉、氯甲烷等。

根据污染物样品监测情况，确定其主要成分为甲基亚磷酸二乙酯废料和三氯化磷、氯化钠、氯甲烷等，还可能含有四氯化铝钠和少量六水三氯化铝、甲基二氯化磷、二氯甲基磷、二氯甲基硫代磷、氯氨基吡啶、2- 氯 -3- 甲基吡嗪等。

（二）初步监测情况

1. 监测内容

河南省南阳生态环境监测中心、河南省南水北调中线渠首生态环境监测中心赶赴现场后，先后在事故发生地上游 300 m 处、事发点（操场村下岗组）、事发地下游拦截坝前（上岗桥、鸡听河、前河大桥）以及狮子沟电站、梅池电站、马湾电站、高湾自动站设置 9 个监测断面；17 日、18 日监测频次为 1 次 /d，19 日增至 1 次 /8 h；监测因子为 pH、电导率、化学需氧量、锌、镉、铅、铜、砷、氰化物、总磷、挥发酚、氨氮、硫化物等。

2. 监测结果

（1）1 月 17 日，事发点（操场村下岗组）和事发地下游拦截坝前 3 个监测断面（上岗桥、鸡听河、前河大桥）的 pH 均为 5 左右，前河大桥总磷为 2.393 mg/L，超出《地表水环境质量标准》（GB 3838—2002）Ⅲ类标准 11 倍。

（2）1 月 18—19 日，经当地初步处置后，以上 4 个监测断面的 pH 均符合标准，总磷仍超出《地表水环境质量标准》（GB 3838—2002）Ⅲ类标准，最大超标 2.8 倍；氨氮未超标，但与同期监测数据相比，明显偏高。

（3）采集事发地水样和残留倾倒物样品，对有机污染物和重金属进行测定，无超标和明显检出因子。

3. 初步结论

经过现场勘察、查阅资料并结合前期监测结果初步判断，受污染水体中无重金属、有机污染物异常监测因子，分析倾倒化工废料可能带来的污染后确定 pH、电导率、氨氮、总磷、磷酸盐为下一阶段重点监测因子。

三、应急监测的实施

（一）监测因子的确定

国家、省、市等监测力量到达现场后，为进一步核实污染物类型、筛查监测因子，重点开展了以下 4 项工作：

1. 利用 5 台便携式 GC–MS 多次对前河大桥、上河电站、狮子沟大坝等 5 个断面开展氯乙烯、1,1– 二氯乙烯、二氯甲烷、反 –1,2– 二氯乙烯、1,1– 二氯乙烷等 56 种挥发性有机物监测，监测结果为均未检出。

2. 对前河大桥断面开展全面监测，涵盖《地表水环境质量标准》（GB 3838—2002）表 1 基本项目和表 2 补充项目，监测结果表明：除总磷外其余 28 项监测因子均符合《地表水环境质量标准》（GB 3838—2002）Ⅲ 类标准。

3. 赴山西涉事企业采集倾倒物原样，并对事发点（操场村下岗组）底泥开展金属类监测，监测结果表明：倾倒物原样及事发点底泥样品中重金属镉、铜、铅、锌、镍接近或低于《土壤环境质量标准》（GB 15618—1995）[①]。

4. 对事发点下游拦截坝前和所有电站出水（共 15 个断面）开展氯化物监测，监测结果均符合《地表水环境质量标准》（GB 3838—2002）中表 2 标准。

监测结论：根据以上筛查结果并结合连续 4 天事发点下游的监测情况可知，本次污染水体中挥发性有机物、重金属、《地表水环境质量标准》（GB 3838—2002）28 项监测因子均无异常，水体中 pH、氨氮、磷酸盐符合 Ⅲ 类标准，事发点下游拦截坝前 3 个点位总磷超出标准。

经报请应急指挥部批准，应急监测组确定本次污染特征因子为总磷，自 1 月 24 日 12 时起，pH、电导率、氨氮、磷酸盐不再监测。

（二）监测点位及监测频次

为全面掌握本次事件污染团的前端、污染程度及污染范围，应急监测工作组根据指挥部调度分析会要求，考虑淇河下游水电站分布状况，结合开闸放水情况，合理设置监测点位和监测频次。

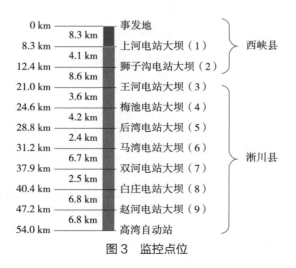

图 3　监控点位

---

1. 污染物调查阶段（20 日 4 时至 28 日 24 时）

（1）监控点位

以事发点下游第一个电站上河电站为分界点，上游布设 5 个监测点位（原有监测点位），在上河电站及下游电站、自动监测站布设 10 个监测点位，分别为上河电站坝上 1 km、坝上、坝下、梅池电站、后湾电站、马湾电站、双河电站、白庄电站、赵河电站和高湾自动站，监测频次为 1 次/（0.5～2 h）（依据电站开闸放水情况确定）。

（2）分布点位

在上河电站坝上左中右、上中下开展立体断面采样，监测频次为 1 次/12 h；上河电站坝上 500 m、1 km、1.5 km、2 km，狮子沟电站坝上 2 km、坝上、坝下、坝下 2 km，梅池电站坝上 1 km、2 km，王河电站大桥共计 11 个点位，监测频次为 1 次/（0.5～6 h）；在淇河入丹江交汇处上游 500 m，下游 1 km、6 km、12 km、16 km 处，丹江入库处布设监测点位，掌握水质变化情况。

扫码查看
高清彩图

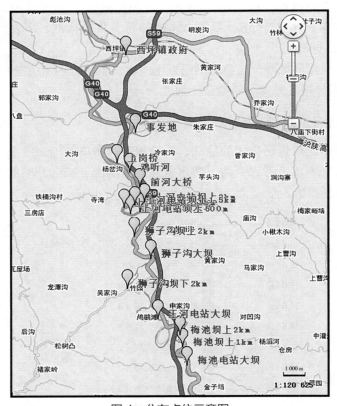

图 4　分布点位示意图

2. 污染物处置阶段（1 月 29 日至 2 月 8 日）

取消上河电站上游监测点位，同时根据开闸放水及恢复达标情况，适时调整监测频次。

3. 全线稳定达标阶段（2 月 8—11 日）

淅川境内梅池电站、后湾电站、马湾电站监测频次为 1 次 /12 h，双河电站、白庄电站、崖屋大桥为 1 次 /4 h，高湾自动站 1 次 /h。

（三）监测分析方法及仪器

1. 地表水中 pH、电导率使用便携式仪器现场测定，氨氮、磷酸盐在西平镇政府临时改造实验室内采用国标方法进行分析。

2. 地表水中《地表水环境质量标准》（GB 3838—2002）表 1 基本项目和表 2 补充项目、倾倒物原样和底泥中重金属均采用国标（或推荐）方法，由河南省南阳生态环境监测中心、河南省南水北调中线渠首生态环境监测中心实验室开展分析。

3. 水中有机污染物筛查采用便携 GC-MS 法进行。

4. 水中总磷分析方法：由于样品量的增加和分析时效要求的提高，面临实验室国标方法、多参数水质快速测定仪法、水质检测管法、快速消解自动分析仪法、模块法在线自动分析仪 5 种选择，经过多次现场试验对比和监测实践，选取实验室国标方法和模块法在线自动分析仪开展本次水中总磷监测。

（四）质量控制

1. 采样

利用高分遥感影像查看河道全貌，测量水体长度、河道宽度等数据，全面掌握河道中通、断流情况和各种支流、桥梁、水坝、明渠、暗渠等要素，综合道路里程和人员派驻情况精确布设点位。

全体采样人员组建微信群，采样过程及样品拍照或视频即时上传微信群，采样负责人根据照片内容判别采样是否符合规范要求。

采样器皿采样前进行充分清洗润洗，采样人员必须在指定位置采集流动水体，采集后尽快送达指定分析地点。

安排专人 24 小时值班负责样品交接，审核样品数量、信息及采样记录。

2. 实验室分析

工作曲线：更换试剂需重新绘制曲线，5 个标准系列点，同时分析空白。

质控要求：每批次分析平行样、加标样、标准样各 1 个。

操作要求：在每批次分析中，标准溶液移取、试剂添加、定容可分别由 1 人完成，每个步骤不可多人共同完成。

3. 自动监测

每天 7—9 时测 1 个空白样品，早、晚各分析 1 个标准样和 1 个平行样。根据监测结果，对浓度变化大的，抽样进行手工比对。

4. 实验室与自动监测比对

针对自动分析方法为非标方法的实际情况，为保证自动分析仪器所得数据与手工分析数据的有效与可比，每日抽取一定比例留样，将其自动分析结果与实验室分析方法进行数据比对，使样品分析处于受控状态。

（五）人员分工

应急监测工作组根据工作需要设置 4 个小组，即综合研判组、现场采样组、实验室分析组、自动分析组，各小组分工如下：

综合研判组负责接收应急指挥部应急指令，调整应急监测方案，收集汇总数据并适时开展趋势研判，绘制单点及全线数据图表，编制监测快报、监测报告，利用微信、短信和纸质文件等方式向指挥部报送监测信息，承担应急监测工作的后勤保障及对外联络。

现场采样组按照监测方案所确定的监测点位、监测频次开展采样工作，要求定人、定车、定时，做好监测点位核查及采样现场图片留存、采样记录填写和样品交接等工作。

实验室分析组主要承担氨氮、总磷、磷酸盐、挥发性有机物等项目分析和自动分析仪的质量控制。

自动分析组主要分析总磷，根据污染团分布和污水处置情况，及时调整分析地点，缩短样品运送时间，提高数据报出速率。

（六）数据统计、分析、汇总及上报

为及时了解本次事件的污染程度、污染范围，科学调整监测方案，综合研判组把抽象的数据和时间、空间联系起来，及时绘制实时单点位、实时全线沿程、重要点位 1 小时、4 小时、12 小时、24 小时、全程累积等数据图表，以直观的、可比较的、有趋势信息的形式呈现在应急指挥部决策者面前。

以梅池大坝为例，在应急过程中通过数据分析，污染团前锋已突破上河电站，尚未到达梅池电站，又正值上河电站临时坝筑成，即将调配下放，梅池数据的重要性不言而喻。因此，数据分析组将梅池电站数据单列，独立成图，连续绘制，牢牢抓住污染前锋这个龙头，详细掌握污染团前锋的浓度、均匀度、移动速度和超标水体总量，为应急指挥部综合调度各个电站大坝和临时坝储水、放水提供真实、可靠的数据支撑（图 5）。

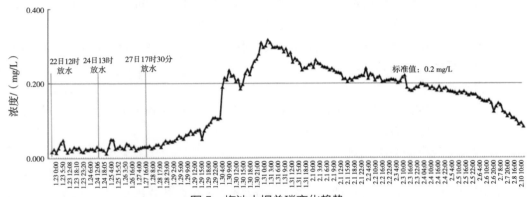

图 5　梅池大坝总磷变化趋势

数据分析组用图件辅助质量控制，将样品监测数据和质量控制数据紧密结合，科学分析数据波动水平，发现异常数据，及时反馈给采样和分析人员，用数据中隐藏的逻辑关系把好全过程质控的最后一道关口。

四、应急监测结果与评价

本次监测结果评价以《地表水环境质量标准》（GB 3838—2002）Ⅲ类标准作为标准限值。

（一）污染团位置及污染程度监测结果

为了有效应对本次事件，事发后西峡、淅川县政府采取筑坝拦截、关闭电闸、投放药剂、停止泄水等应急措施，将污染水体分段拦截在淇河流域各水电站及新建拦截坝内。

1月19—21日，所布设的15个监控点位pH、氨氮、磷酸盐均符合《地表水环境质量标准》（GB 3838—2002）Ⅲ类标准；鸡听河（下游3 km处）、上岗桥（下游4 km处）、前河大桥（下游6 km处）总磷监测结果部分时段超标，超标率为68.4%，上河电站坝上1 km、坝上断面总磷全部监测结果超出Ⅲ类标准，最大超标1.2倍；上河电站坝下9个监控点位总磷监测结果符合Ⅲ类标准；以事发地上游300 m处作为背景断面，在发生污染事件前，淇河水质总磷含量为0.015～0.028 mg/L（图6）。

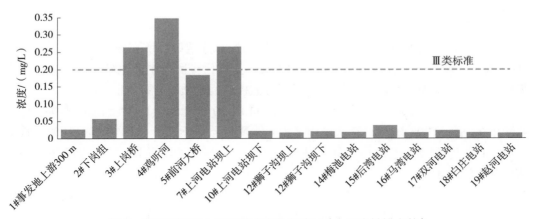

图6　淇河各监测点位总磷浓度分布情况（上河电站排水前）

以上监测结果表明，污染团主要集中在上河电站坝上库内，上河电站坝下各监控断面符合Ⅲ类标准。结合剖面监测数据和水文数据判断，污染物在水体中分布均匀，推进速度不快，污染水体总量相对河道承纳总量不大，污染形势总体可控。

（二）丹江口库区未受到本次事件的影响

1月22日，应急监测组对淇河入丹江河交汇处上游500 m，下游1 km、6 km、12 km、16 km处及丹江河入库处布设监测点位，总磷监测结果最大值为0.045 mg/L，远低于《地表水环境质量标准》(GB 3838—2002)Ⅲ类标准,表明事件发生后污水没有下泄,污染团还未对丹江河及丹江口库区产生影响。

(三)污染团沿淇河下移监测结果

1. 处置现场进展

由于连日来的水体拦截,新建的拦截坝、水电站坝体面临可导致溃坝或漫坝风险的蓄水压力,为确保不发生次生事故,同时考虑到淅川县境内临时应急池的建设需求,1月21—24日,应急指挥部决定实施分段泄水措施,淅川县赵河电站、后湾电站、西峡县梅池电站先后分别放水约30万 m³,以上电站放水后,西峡县上河电站分3次分别放水10万 m³、30万 m³和5万 m³。

2. 上河电站放水情况

第一次放水,1月21日17时至1月22日1时30分,放水8.5小时,约10万 m³;第二次放水,1月22日11时30分至20时30分,放水9小时,约30万 m³;第三次放水,1月24日12时至17时30分,放水3.5小时,约5万 m³。

3. 监测应对

为配合应急指挥部实施的放水方案,应急监测组严密监控上河电站坝下、梅池电站断面水质变化情况,监测频次由1次/2 h加密为1次/h、1次/30 min,同时调集省中心应急自动监测车、力合公司自动监测车分别驻扎,安排专职采样、分析和数据报送人员。

4. 监测结果

(1)上河电站第一次放水于1月22日1时30分结束,所布设的15个监控点位pH、氨氮、磷酸盐、总磷监测结果变化不大,上游污染团向上河电站坝前推移,但仍集中在上河电站坝上库内,上河电站坝下各监控断面水质符合标准。

(2)上河电站第二次放水于1月22日11时30分开始,16时上河电站坝下总磷监测浓度达到0.206 mg/L,首次超出《地表水环境质量标准》(GB 3838—2002)Ⅲ类标准,1月22日20时30分上河电站停止放水,上河电站坝下监测点位总磷浓度最高达到0.459 mg/L。

(3)经过1月21—22日上河电站的两次放水后,从1月23日15时开始,上河电站上游(上岗桥、鸡听河、前河大桥)断面总磷浓度符合标准;从上河电站下泄的污水沿河下移,1月24日5时,狮子沟大坝总磷浓度为0.205 mg/L,首次超标。

(4)上河电站第三次放水对狮子沟大坝及下游水质影响不大,至1月28日8时狮子沟大坝总磷一直处于超标状态,最大浓度值为0.357 mg/L;梅池电站坝上至1月28日8时总磷浓度最高值为0.051 mg/L,符合Ⅲ类标准。

(四)上河电站坝体内污染物分布状况监测

1. 为掌握上河电站大坝水体中总磷纵向分布情况,对拦截在上河电站的污染团进行分层多点采样,分别为左上、左中、左下、中上、中、中下、右上、右中、右下共

9 个点位，分析结果表明，总磷在水体中纵向分布总体均匀（图 7）。

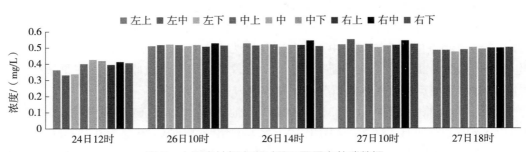

图 7　上河电站坝上同时段不同层次总磷数据

2. 通过对同时段上河电站上游 2 km、1.5 km、0.5 km、大坝处监测数据进行对比，可以直观地反映出污染物的迁移情况以及临时坝修建完成后上河电站上游水质的变化情况，为后期污水处置和总量估算提供数据支持（图 8）。

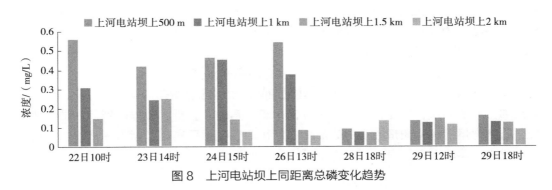

图 8　上河电站坝上同距离总磷变化趋势

（五）污染水体处置阶段监测结果

1. 主要应急处置措施

（1）2018 年 1 月 23 日，应急指挥部根据污染团位置、污染物分布和污染转移规律监测结果，结合实地勘查情况，认真分析研判，确定了"拦截污水、配比稀释、达标下排"的治理思路和"加大放水、严格监测、梯度沉降、精准管控"的实施原则，决定在上河电站下游修建临时坝，以对上河电站拦截的污水进行贮存，以腾空上河电站，便于上河电站贮存清水；1 月 27 日，临时坝修建完成。

（2）1 月 28 日，开始对临时坝进行放水，放水量按 0.5～1 个流量排放，上河电站所贮存的清水也同时排放，放水量为 2.6 个流量左右，以对临时坝贮存的污水进行稀释。

（3）1 月 31 日 15 时，因梅池电站总磷持续超标，上河电站停止放水，污染物通过逐级稀释排放，污染团主要集中在梅池电站。同时，应急指挥部要求在马湾电站和下游大石河桥之间建 2 道围堰存放污水，然后稀释排放。

2. 监测应对

为进一步做好应急处置期间的监测工作，应急监测组制定上河电站污水处置期间加密监测方案，主要有：一是严密监控上河电站出水、临时围堰出水及狮子沟坝上2 km 3 个监测点位，监测频次由 1 次 /2 h 加密为 1 次 /h、1 次 /30 min；二是增加上河电站坝下监测分析力量，又调配 3 台自动分析仪器安装于水质监测车；三是根据污染团下移和各监测点位恢复达标情况，做好监测力量转移准备。

（1）峰值监测结果：1 月 31 日 3 时，梅池电站出水总磷出现峰值，浓度为0.317 mg/L；2 月 1 日 12 时，马湾电站出水总磷出现峰值，浓度为 0.282 mg/L；2月 3 日 8 时，双河电站出水总磷出现峰值，浓度为 0.252 mg/L；2 月 8 日 8 时，赵河电站总磷出现峰值，浓度为 0.156 mg/L；2 月 11 日，高湾自动站总磷出现峰值，浓度为0.149 mg/L，污染团下移至高湾断面。

（2）上河电站下游监测点位先后达标结果：2 月 1 日 4 时，狮子沟坝下出水总磷浓度为 0.192 mg/L；2 月 3 日 12 时，梅池电站坝下出水总磷浓度为 0.187 mg/L；2 月4 日 12 时，后湾电站坝下出水总磷浓度为 0.199 mg/L；2 月 5 日 20 时，马湾电站坝下出水总磷浓度为 0.194 mg/L；双河电站总磷超标 28 小时，2 月 4 日 4 时，总磷浓度为0.199 mg/L；白庄、崖屋大桥、赵河、高湾断面自事故发生以来未出现超标情况。

2 月 6 日全线总磷浓度达到 0.2 mg/L 以下的标准限值。

在 1 月 28 日至 2 月 8 日的污染物处置期间，根据应急指挥部调排水方案，监测组多次加密监测频次，优化监测点位，样品采集、运输、分析、数据研判等人员密切配合，监测力量沿污染团适时下移，后期在淅川西簧镇豫西宾馆、淅川寺湾镇赵河村委会设置 2 个移动水质监测点，有效缩短了采样及送样时间，大幅提高了监测效率。

（六）全线稳定达标监测结果

2 月 8 日 8 时，赵河电站总磷浓度达到峰值，为 0.156 mg/L；2 月 11 日 20 时，高湾自动站总磷浓度达到峰值，为 0.149 mg/L，污染团下移至高湾断面。同时，梅池大坝、后湾电站、马湾电站、双河电站、白庄电站、崖屋大桥监测点位总磷浓度继续下降并逐步保持平稳，本次应急监测终止。

五、质量控制评价结果

（一）实验室质控结果

本次应急监测，临时实验室由乡镇行政会议室改造而成，条件简陋，但质量控制严格，实验室样品分析由总站 2 位专家实施全过程质量监督，确保各个环节尽可能符合技术规范。一是所有玻璃器皿每次用完均用稀硝酸浸泡并用纯水清洗干净；二是更换试剂时重新绘制曲线，并使用明码标准样品检验；三是在多人分工合作完成分析时，每人负责分析某一环节（溶液移取、试剂添加、定容等），每个步骤不应由不同人员共同完成；四是每批次样品均需分析平行样、加标样、标准样各 1 个，据统计共完成质控样品数据 82 个，占比 18.6%，其中空白样 36 个、平行样 15 个、标样 21 个、加标回收样 10 个，平行样相对偏差为 0～14.3%，加标回收率为 87.5%～106.5%，标准样品均在保证值范围内，符合规范要求。

（二）自动监测质控结果

本次应急监测共投入 12 台总磷自动监测设备，按要求每天对所使用的仪器进行质控样核查，测试结果均在 ±10% 以内，平行样相对误差小于 5%。

（三）实验室与自动监测方法比对结果

为使总磷自动分析仪器所得数据处于可控状态，监测组从每日采集的样品中抽取约 10%，计算自动分析仪器与国标方法的两组数据的相对偏差，结果统计见表 1。

表 1　总磷自动分析仪器与国标方法的两组数据的相对偏差结果统计

天数 /d	1	2	3	4	5	6	7	8	9
比对数据量 / 个	24	9	6	17	12	11	6	9	12
相对偏差范围 /%	2.52～21.6	1.42～33.3	3.49～42.9	0.27～3.90	0.74～7.74	1.73～5.61	0.89～7.78	0～32.1	0.16～3.54
合格数据 / 个	23	7	3	17	12	11	6	7	12
合格数据占比 /%	95.8	77.8	50	100	100	100	100	77.8	100
天数 /d	10	11	12	13	14	15	16	17	汇总
比对数据量 / 个	20	5	5	10	22	15	19	6	208
相对偏差范围 /%	0.59～15.4	0.40～8.11	0.21～10.4	0.76～30.4	0～16.8	0～12.7	0～5.88	0～7.17	0～42.9
合格数据 / 个	19	5	5	8	21	15	19	6	196
合格数据占比 /%	95	100	100	80	95.5	100	100	100	94.2

在已统计的 208 个样品数据中，总磷手工与自动两组监测数据合格率占比为 94.2%（含量范围＜0.025 mg/L 时，室间精密度≤30%；含量为 0.025～0.6 mg/L 时，室间精密度≤15%），说明自动监测数据与实验室分析数据可比。

在第 2、3 天出现不合格比对结果，通过审核数据发现部分自动分析仪器所得数据因空白高导致质控结果超出允许范围，在对相关自动分析仪器进行空白校核后，质控数据符合要求；为此增加了每日定期进行空白实验。第 8 天和第 13 天比对数据不合格，经查主要是由于分析时样品编码与所出具数据的自动分析仪器对应出现差错，在确认后对监测结果予以纠正。

六、总结

（一）经验做法

1. 应急监测工作顺利开展的关键——领导重视

此次应急事件发生以来，党中央、国务院和环境保护部领导高度重视，省委、省政府主要领导均作出批示。时任环保部副部长翟青、时任省政府副省长张维宁长期坚守在第一线坐镇指挥应急处置工作，每天早、晚主持召开调度分析会，解决应急处置现场出现的各种问题，多次勘察现场并慰问应急监测人员，解决应急监测中遇到的实际困难。时任中国环境监测总站副站长刘廷良始终驻守现场，统筹安排应急监测工作，研判污染团浓度和污染趋势，亲自发布监测数据。在各级领导的关怀和鼓舞下，环境监测人员认真履行职责，不畏严寒、全力以赴、攻坚克难、众志成城，快速、及时、准确、科学的监测和数据分析，为本次南阳淇河污染事件的处置提供了科学的数据支持。

2. 应急监测工作有序进行的前提——组织得力

本次应急监测工作组织有力、部署周密，应急监测队伍由国家、省、市、县监测部门和 2 家社会化检测机构等 10 多个单位、160 多名监测人员组成，呈现参加人员多、参与单位多、设备种类多、布设点位多、频次调整多"五多"特点，为了不打乱仗，在时任总站副站长刘廷良、主任刘方及时任省中心主任张军的领导下，应急监测工作组内部又成立了综合研判组、现场采样组、实验室分析组、自动分析组等，明确职责、定岗定人，确保"上传下达、执行合一"，尤其在监测指令执行、监测频次加密、异常数据复核、人员安全保障等方面发挥了重要作用。参加本次应急监测的各地环境监测站、力合科技公司、珠海云州公司服从大局，在省中心的协调和统一调度下，认真开展工作，充分体现了环境监测系统"上下一条龙，全省一盘棋"的团结协作精神以及过硬的工作作风。

3. 应急监测工作高效完成的核心——监测能力

本次应急监测严格执行河南省环境应急监测预案，从接报、监测力量的组织到污染物定性、定量及大范围地开展监测，体现出全省环境应急监测的能力。在仪器设备方面，5 台便携式 GC-MS 和 2 台便携式重金属分析仪同时开展工作，2 台 26 项监测因子的监测车发挥了关键作用，尤其省生态环境监测中心应急监测车自 2017 年 6 月采取第三方运维模式，随时处于应急待命状态；在总磷分析方法选择方面，面临实验室国标方法、多参数水质快速测定仪法、水质检测管法、快速消解自动分析仪法、模块法在线自动分析仪 5 种选择，经过多次现场试验对比和监测实践，选取实验室国标方法和模块法分析仪开展本次水中总磷监测。

4. 应急监测工作发挥作用的根本——数据质量

本次应急监测，时任中国环境监测总站副站长刘廷良特别强调数据质量控制的重要性，安排总站 2 位专家对实验室分析、自动分析实施全过程质量监督，并从每日样品中抽取 10% 开展比对监测。质量控制结果显示，实验室分析完成的 15 个平行样相对偏差为 0～14.3%，10 个加标回收样回收率为 87.5%～106.5%，21 个标样均在保证值范围内，符合规范要求；投入分析的 12 台总磷自动监测设备，按要求每天对所使用的仪器进行质控样核查，测试结果均在 ±10% 以内，平行样相对误差小于 5%；在开展的 208 个样品数据中，总磷手工与自动两组监测数据合格率占比为 94.2%，说明自动监测数据与实验室分析数据可比。

5. 应急监测工作全力推进的支撑——攻坚克难、无私奉献

本次污染应急监测正值春节前夕，时间紧迫，任务重大，工作条件恶劣，全体监测人不畏严寒、攻坚克难、众志成城，在 80 km 的淇河河道上连续监测近 1 个月，严格采样、送样、分析、质量控制、数据研判和发布等每一个环节，大家克服了道路湿滑、山体塌方、河道结冰等不利状况，亲历了车辆滑坡、车毁人亡的事故现场，涌现了一批爱岗敬业、甘于奉献的先进模范。全体监测人员"召之即来，来之能战、战之必胜"的工作作风多次受到部领导及省厅领导的表扬。

（二）问题和不足

此次应急监测污染河段长、下游水库多、采样条件险、数据报出急，恰逢暴雪严寒和道路结冰，给应急监测工作带来重重困难和挑战。应急监测工作组既要根据指挥部每天调度分析会要求，考虑淇河下游水电站分布状况、交通、天气等因素，又要严格按照应急监测技术规范制定监测方案，合理设置监测断面。在 26 天的应急监测中，应急监测工作组根据当天的监测结果及筑坝、放水情况，及时优化调整应急监测方案，但也暴露出了一些问题和不足。

1. 缺乏对应急监测各流程标准化控制的规范、要求

由于缺乏对应急监测各流程标准化控制的规范、要求，加上行政追责的压力，受应急监测的技术和资源限制，过于强调形式和面上工作，导致现有的应急监测过程中弊端频出：专业技术人员无力或无法承担应急指挥责任；监测点位、监测频次、监测项目无必要增减，过度监测或简化监测等。

2. 新技术、新设备配套的标准方法建设滞后

一些适用于应急监测的新技术、新设备，如可进行较大尺度范围监控的雷达扫描监测技术、长光程设备、无人机和无人船遥测设备等，在污染事故应急监测中具有重大实际价值，但是由于配套的标准方法建设滞后，导致其应用场景受限，既不利于应急监测工作的开展，也不利于相关新设备、新技术的发展。

专家点评 ///————————————————————————————————

一、组织调度过程

2018 年 1 月 17 日 11 时 30 分，接到群众反映西坪镇下营村淇河河道水质异常，有不法人员向淇河河道倾倒不明物质。2018 年 1 月 17 日 15 时，河南省南阳生态环境

监测中心、河南省南水北调中线渠首生态环境监测中心、西峡县环境监测站、淅川县环境监测站在接到应急指令后，立即赶往事发地点，严密监测水质自动站的数据，未及时开展监测工作，时效性和响应不符合要求。1月19日，中国环境监测总站、河南省生态环境监测中心才先后收到应急监测指令，应急监测启动时间较滞后。现场河道水体呈乳白色并伴有刺激性气味，最后确定 pH、电导率、氨氮、总磷、磷酸盐为重点监测因子，特征污染因子与前期的污染现状存在一定的差异。

西峡县委、县政府接报后，立即启动突发环境事件应急响应预案，组织人员和大型挖掘机械迅速构筑9条拦截坝。事故发生2天后才陆续调集河南省郑州生态环境监测中心、河南省洛阳生态环境监测中心、河南省平顶山生态环境监测中心等监测力量进行支援，体现出应急监测响应初期，对区域内监测力量组织调动的及时性不太高。

回顾整个监测过程，在中国环境监测总站、河南省生态环境监测中心的组织协调下，调度工作顺畅高效，具体如下：第一，实验室样品分析由总站2位专家实施全过程质量监督，确保各个环节符合技术规范。第二，投入12台总磷自动监测设备，按要求每天对所使用的仪器进行质控样核查。第三，参加本次应急监测的人员不仅包括各地环境监测站，还包括力合科技公司、珠海云州公司等第三方机构，合理配置各方监测力量。第四，专门针对开闸放水情况，合理设置了监测点位和监测频次。第五，针对上河电站污水处置情况制定加密监测方案，严密监控上河电站出水。为应急指挥部综合调度各个电站大坝和临时坝储水、放水提供真实、可靠的数据支撑。

二、技术采用

（一）监测项目及污染物确定

由于在2018年1月17日发生倾倒事故，现场河道水体呈乳白色并伴有刺激性气味。第一批赶赴现场的监测人员仅关注了9个水质自动监测的数据情况，并未及时对特征污染物进行锁定。待国家、省、市等监测力量到达现场后，利用5台便携式 GC-MS 开展挥发性有机物监测时，监测结果为均未检出。根据水质常规监测指标的分析，得出总磷指标超出地表水环境质量Ⅲ类标准要求，最终锁定本次污染特征因子为总磷。经过多次现场试验对比和监测实践，选取实验室国标方法和模块法在线自动分析仪开展本次水中总磷监测。

（二）监测点位、监测频次和监测结果评价及依据

1.监测点位布设

应急监测点位布设针对性较强，严格控制筑坝区域内拦截污水的水质处理情况，同时密切关注开闸稀释放流水质的变化情况，在不同应急监测阶段适时作出补充和优化调整。

2.监测频次的确定

在事故处置阶段，为配合应急指挥部实施的放水方案，严密监控上河电站坝下、梅池电站断面水质变化情况，多次加密监测频次、优化监测点位。

3.监测结果评价及依据

在监测过程中，严格按照有关环境质量标准对监测结果进行评价。对事发点（操

场村下岗组）底泥采用《土壤环境质量标准》（GB 15618—1995）进行评价，对水质监测指标采用《地表水环境质量标准》（GB 3838—2002）进行评价。

（三）监测结果确认

本次应急监测从监测方案制定、人员、分析方法、仪器设备、数据报出等方面进行质量控制，全过程均采取了严格的质量保证和质量控制措施。其中，利用高分遥感影像查看河道全貌，测量水体长度、河道宽度等数据，全面掌握河道中通、断流情况和各种支流、桥梁、水坝、明渠、暗渠等要素，综合道路里程和人员派驻情况精确布设点位。采样器皿采样前进行充分清洗润洗，采样人员在指定位置采集流动水体。样品分析过程严格采用空白样品分析、平行样分析、标样测试、加标回收等方法进行质量控制，该经验值得学习和推广。

（四）报告报送及途径

案例在此方面的总结偏弱。

（五）提供决策与建议

案例在此方面的总结偏弱。

（六）监测工作为处置过程提供的预警等方面

案例在此方面的总结偏弱。

三、存在的问题

现场勘查时，河道水体呈乳白色并伴有刺激性气味，最后确定pH、电导率、氨氮、总磷、磷酸盐为重点监测因子，而特征污染因子与前期的污染现状存在一定的差异，部分特征污物质的识别缺失，初期监测时应根据现场情况尽可能增加疑似特征污染的因子。应初步监测事故现场的色度、硫化物、挥发酚及有机物等指标。

四、综合评判意见

案例主要内容涵盖了工作背景、应急监测启动、应急监测的实施、应急监测结果与评价、质量控制评价结果、总结6部分。该案例对今后处理此类偷排事故的应急处置和监测具有一定的借鉴参考作用。

后续建议案例在回顾历史过程中，修改部分时间漏洞，尤其是针对筑坝处置的过程情况作一些详细说明。在问题和不足部分针对监测污染因子识别确认过程中出现的一些问题作出总结。

本次案例属于典型的跨省非法倾倒化工废料导致的水质环境污染事件，由于非法倾倒地点距淇河入丹江交汇处约50 km，距丹江口水库仅90余千米，事发点位置敏感，直接威胁南水北调中线工程调水水质与沿线居民饮用水安全，因此本次应急工作显得尤为重要。当地政府在接到群众举报后，立即启动突发环境事件应急响应预案，在事故点上、下游构筑9条拦截坝，并进行初步处置；同时关闭9座小型水电站，禁止发电泄水，确保污染水体被拦截在淇河流域。

倾倒的化工废料组成复杂、废料进入水体后性质发生变化，导致本次应急监测的特征指标在把控上存在难度。工作组首先根据倾倒废物样品监测情况，选择了测试指标。随后根据测试结果，确定下一阶段重点监测因子。在整个监测过程中，为及时了解事件污染的变化趋势、及时调整监测方案，工作人员绘制了测试数据与时间、空间相联系的实时全线沿程动态变化图，为应急指挥部综合调度各个电站大坝和临时坝储水、放水提供了真实、可靠的数据支撑。

本次应急监测工作组织有力、部署周密，使污染事件得到了有效处置，及时化解了下游饮用水水源地水质安全风险。

案例 26

济南章丘市普集镇危险废物倾倒致人中毒死亡事件应急监测

类　　别：危废倾倒地下水环境污染事件

关键词：地下水　危险废物　帷幕注浆

摘　　要：2015 年 10 月 21 日，在济南市章丘区普集镇上皋村废弃煤井发生一起重大非法倾倒危险废物事件，造成 4 人当场死亡，应急处置阶段直接经济损失约 3 000 万元。根据突发环境事件分级标准，该事件性质为重大（Ⅱ）突发环境事件。

经调查，污染物来自两家石化行业的碱洗和酸洗废液，含有大量石化有机污染物，经专家研判确定主要污染物为硫化物、挥发酚、苯、甲苯、二甲苯、三甲苯、萘、1-甲基萘、2-甲基萘、壬醛等物质，被倾倒的污染物主要集中在地下大约 77 m 的位置，并且随巷道向四周扩散，污染物被回填矿井用的煤矸石、土壤等大量吸附，巷道内地下水受污染的风险极大，必须立即采取应急处置措施。

章丘市政府迅速开展应急处置，委托专业机构自 2015 年 10 月 24 日起开始应急处置。根据采空区、巷道分布情况，以事故井为中心 100 m 半径范围内施工钻孔进行帷幕注浆，共施工钻孔 130 余个，注浆水泥 1.2 万余吨，黄沙近 1 500 m³，将污染源从外围封闭，杜绝污染物进一步渗漏。从后期监测结果来看，帷幕注浆措施得当，污染物得到有效控制。

环境应急监测自 2015 年 10 月 21 日起至 2017 年 7 月 21 日结束，共持续 1 年零 9 个月，出具应急监测快报 63 期。

一、事件基本情况

2015 年 10 月 21 日 2 时许，章丘市普集镇发生外地车辆向废弃煤井非法转移、倾倒危险废物事件，犯罪分子 4 人当场中毒死亡。事件发生后，章丘市政府高度重视，按照山东省环保厅、济南市政府和济南市环保局的要求，立即启动应急预案，全力开展应急相关工作，迅速锁定事件直接责任人和涉事企业。事件倾倒现场处置工作有序进行，应急处置措施落实到位，环境污染得到控制。

（一）倾倒废液情况

废弃煤井位于普集镇上皋村，井深 77 m，2005 年关闭，并用煤矸石回填。犯罪分子租赁普集镇上皋村已废弃的煤井院落，专门收集、倾倒危险废物。2015 年 9—10 月，从日照莒县山东弘聚新能源有限公司非法转运主要成分为废硫酸的危险废物约 585 t。10 月 21 日，从淄博桓台山东金诚重油化工有限公司转运加氢车间内废碱液 23.7 t，倾倒入上皋村废弃矿井。根据专家分析，正是倾倒的 23.7 t 废碱液与此前倾倒的废硫酸发生反应，产生有毒气体，造成当事人死亡。

（二）应急处置情况

为有效了解和控制废液污染情况，2015 年 10 月 23 日、10 月 26 日、11 月 4 日及 2016 年 1 月 14 日、2016 年 4 月 2 日，先后 5 次召开专家会，制定了应急监测及处置方案。一是确定了监测范围、内容和点位，对周边地下水进行持续跟踪监测。二是制定了应急处置方案，委托山东省地矿局八〇一水文地质大队对废弃矿井周边巷道布设及周边环境进行物探勘查。根据采空区、巷道分布情况，在事故井 100 m 范围内施工钻孔进行帷幕注浆，共施工钻孔 130 余个，注浆水泥约 1.2 万 t，黄沙近 1 500 m³，将污染源从外围封闭，杜绝污染物进一步渗漏。从后期监测结果及专家会的论证意见来看，帷幕注浆措施得当，污染物得到有效控制。

同时，委托山东腾跃化学危险废物研究处理有限公司对院内留存的 109 桶危险废物、黄土中掩埋的 101 桶危险废物（共计 78.45 t）及向矿井内排放废液的危险废物空罐车、排放废液的软管全部清运处置。

（三）修复处置情况

现场物探、勘查表明：一是污染物埋藏深。污染物主要集中在地下 77 m 的位置，并且随巷道向四周扩散，具体位置不明。二是成分复杂。污染物来自两家石化行业的碱洗和酸洗废液，含有大量石化有机污染物。三是污染形态复杂。有受污染的回填煤矸石及地下土壤等固态污染物，也有受污染的地下水，还有埋藏于地下尚未挥发的有机污染物及反应生成物。工程难度大，且存在极大的安全隐患，属于当时国内首例。

为进一步对深层污染场地进行修复治理，2016 年 7 月 18 日，通过招标确定由环境保护部南京环境科学研究所负责"上皋村污染场地调查及风险评估"工作。2017 年 3 月 8 日，又面向全国对污染修复工程实施招标。3 月 30 日，确定施工中标单位为山东省地矿工程勘察院（联合单位：永清环保股份有限公司），监理中标单位为山东利源康赛环境咨询有限责任公司（联合单位：山东鲁南建设工程检测有限公司）。

经过两年的工作，实际开挖事故井直径 3 m，开挖深度 84.65 m，清理与处置固体废物约 732 m³，完成率为 104.57%；修复污染土壤 707 m³，完成率为 100.43%；抽提处理污染地下水 39 489.5 m³，完成率为 148.46%；抽提处理巷道气体 2 707 650 m³，至此整个污染场地的修复工程全部完成。

该修复工程于 2021 年 4 月通过验收，2021 年 6 月通过生态环境部南京环境科学研究所的效果评估。

（四）刑事和民事追责情况

经章丘区人民法院判决，以污染环境罪判处被告单位山东弘聚新能源有限公司、山东麟丰化工科技有限公司 20 万元至 100 万元不等的罚金；以污染环境罪判处 17 人 6 个月至 6 年不等的有期徒刑，并处 8 000 元至 6 万元不等的罚金。2017 年年底，经山东省政府授权，山东省环境保护厅诉山东金诚重油化工有限公司、山东弘聚新能源有限公司非法倾倒危险废物致害的环境民事公益诉讼案经济南市中级人民法院判决，该两家公司被判承担应急处置费用、生态损害赔偿费用以及鉴定费和其他支出费用共计约 2.3 亿余元，并判决该两家公司在省级以上主流媒体上公开赔礼道歉。

（五）应急监测情况

自 2015 年 10 月 21 日事件发生至 2017 年 7 月 21 日应急监测终止，应急监测共分为 4 个阶段，每个阶段的起止时间、监测频次、监测点位等情况见表 1。

表 1　应急监测情况汇总

阶段	起止时间	监测频次	监测点位
初期应对阶段	2015 年 10 月 21 日至 11 月 4 日	1 次 /d	13 个
基本稳定阶段	2015 年 11 月 9 日至 2016 年 1 月 15 日	1 次 /7 d，第 1 周加密 1 次	6 个
稳定达标阶段	2016 年 1 月 25 日至 12 月 5 日	1 次 /10 d，每月 5 日、15 日、25 日监测	共 13 个点位，在上一阶段 6 个监测点位基础上，先后增加事故点周边 7 个点位
跟踪监测阶段	2016 年 12 月 27 日至 2017 年 7 月 21 日	1 次 /30 d	共 13 个点位，与稳定达标阶段保持一致

注：在实际采样过程中，会出现个别监测点位不具备采样条件的情况。

二、初期应对阶段（2015 年 10 月 21 日至 11 月 4 日）

（一）接报情况

2015 年 10 月 21 日 6 时 40 分左右，章丘市公安局 110 指挥中心接到报警，称在普集街道办上皋村废弃三号煤井（明皋二号副井）所在院落内发现有人中毒死亡。事发院落内发现 4 具男性尸体，淄博牌照黑色轿车和罐车各 1 台。罐车标示容积 42 m³，罐内废液已经全部倒空。

章丘市环保局接到报告后，第一时间派章丘市环境保护监测站开展应急监测，同时请求济南市环境监测中心站进行支援。

2015 年 10 月 21 日 10 时 5 分，济南市环境监测中心站应急监测人员到达现场，与章丘市环境保护监测站联合开展应急监测工作。

（二）污染物的主要理化特性

1. 现场初步判断，废水呈强碱性，pH＞14，含有机物成分。对事发地周边 500 m 范围内环境空气开展监测，监测总挥发性有机物（TVOC）和硫化氢、氨、氯化氢等有毒有害气体，监测结果表明，TVOC 瞬时最高浓度为 3.60 mg/m³，硫化氢最高浓度为 0.05 mg/m³，其他物质均未检出。数据与监测人员现场感官一致。

2. 通过对事发罐车内液体、铁桶内液体快速定性监测，废液中可能含有以下物质：甲基环己烷、三甲基庚烷、甲苯、乙苯、二甲苯、苯乙烯、1- 甲基 -2- 乙基苯、三甲基苯、茚、2,3- 二氢茚、萘、1- 甲基萘、1,7- 二甲基萘、苯并［b］噻吩、异喹啉、2- 甲基 - 苯并［b］噻吩、联苯、芘、二苯并呋喃、芴、2- 乙基 -1- 己醇、正丁酸 2- 乙基己酯、2- 乙基己基酯戊酸、3- 乙基辛烷、2- 乙基己酸、2- 乙基己酸 -2- 乙基己基酯、苯甲酸 -2- 乙基己基酯。

从快速测定结果来看，有机物组分很复杂，有的物质也只是定性检出，多种物质属于危险化学品，需要详细调查和实验室分析确定下一步的地下水监测项目。

（三）现场情况

应急监测人员到达现场时，事发院落及附近区域已经被封锁，死亡人员遗体已经运走，现场无明显刺激性气味。现场情况见图 1，事故模拟图见图 2。

图 1 事发现场

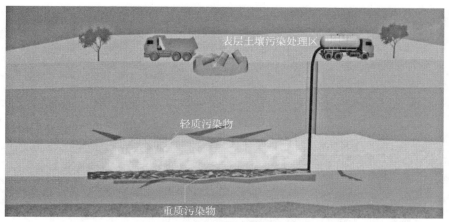

图 2　事故模拟图

（四）水文地质情况

1. 区域水文地质情况

事发地位于济南市章丘区，地处华北板块（Ⅰ）鲁西隆起区（Ⅱ）鲁中隆起（Ⅲ）泰山—济南断隆（Ⅳ）泰山凸起（Ⅴ）的北部，呈 NE 倾向的单斜构造。地层自下而上分别为奥陶纪马家沟群、石炭纪月门沟群本溪组、石炭－二叠纪月门沟群太原组以及第四系。事发地所处煤矿于 1990 年建井，2005 年 12 月闭坑，煤矿主要开采煤层为太原组下部的 10-1、10-2，煤层倾向 NNE，倾角 10°～15°。本组地层中含石灰岩五层（由下而上为一灰～五灰），较稳定，均为良好的标志层。矿山资料及物探勘查显示，场地中部有一条 NE 向断层，该煤矿采用走向短壁后退式采煤法，人工打眼，放炮落煤，全部冒落法管理顶板，局部地段采用条带式开采，矿层顶板垮落，地下空间支离破碎。从水文地质资料来看，该地区存在池子头断裂、东石河断裂、贺套庄断裂、绣水断裂、明水断裂、砚池断裂、杨胡断裂等多个断裂带，地质条件较为复杂，断裂构造及陷落柱沟通矿坑水及奥灰水，存在串层污染的潜在风险。地下水流向见图 3。

2. 事发地地下空间结构

专家组通过矿山地质资料收集分析、地球物理勘探、地质钻探等基本查明了污染深度范围内的地层结构、巷道走向、发育深度以及断层走向和破碎带发育深度。以事故井为中心，东西向、南北向贯穿一条巷道，事故井北侧发育一条断层，倾向 NNE，倾角 10°～15°，断裂带宽约 15 m。巷道层坡度方向从西南往东北，事故井位置较高，局部位置下陷与塌陷有关。第四系松散层以下为岩层，含水层主要位于石炭－二叠纪裂隙岩溶含水层，巷道内大部分区域处于充满水的状态。倾倒的化学废液以强酸、VOCs 为主，呈黏稠状，以地下水为介质，发生了复杂的气、液、固三相转化，巷道、破碎带成为优势径流通道，DNAPL（重质非水相液体）附着、吸附于巷道底部或裂隙中，LNAPL（轻质非水相液体）则伴随地下水迁移或转化为气态有机物在巷道和采空区扩散。事发地地质剖面示意图见图 4。

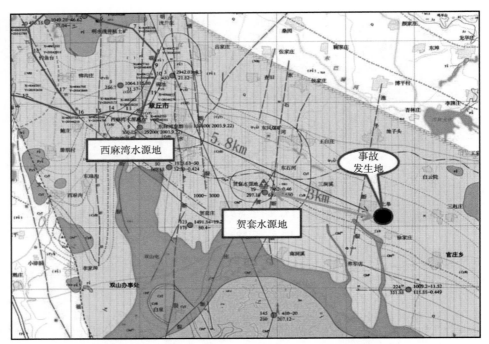

图3 事发地地下水流向（涉密原因，此图为部分截图）

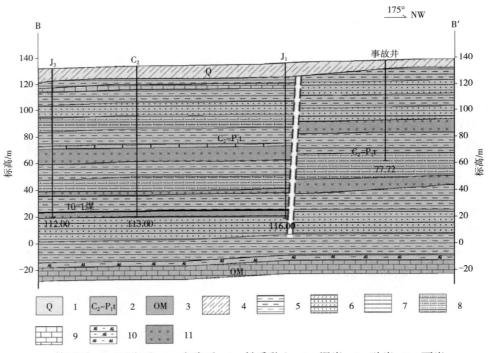

1—第四系；2—石炭系；3—奥陶系；4—粉质黏土；5—泥岩；6—砂岩；7—页岩；
8—砂质泥岩；9—灰岩；10—铝土岩；11—辉绿岩。

图4 事发地地质剖面示意图

（五）布点情况

1. 布点原则

本阶段为初期应对阶段，事发地的水文地质条件、废弃矿井巷道的分布及走向、涉事车辆的情况、被倾倒的污染物的来源等情况都在调查中，需要采取什么样的应急处置措施正在会商。因此本阶段的点位布设原则是根据已经掌握的情况，以最快的速度搞清污染物的种类、浓度和可能的污染范围，搞清污染物是否对周边地下水水质造成影响。

2. 环境空气监测点位布设情况

根据现场情况，对现场周围环境空气中 TVOC 浓度进行监测，围绕事发点周围共布设 5 个监测点位；对罐车内液体、罐车旁边铁桶内液体进行取样。5 个环境空气监测点位位于事发地院落周边东、南、西、北 4 个方向，距离事发地院落 50～500 m。

3. 地下水监测点位布设情况

综合事件调查情况、专家组意见、事发罐车内液体、铁桶内液体监测结果，根据事发地的水文地质条件、地下水流向，地下巷道的分布，布设 13 个点位（因为采样条件的限制，有个别点位调整），点位全部利用现有的工农业生产使用的水井。

初期应对阶段（2015 年 10 月 24 日至 11 月 4 日）地下水监测点位示意图见图 5，初期应对阶段地下水点位布设情况见表 2。

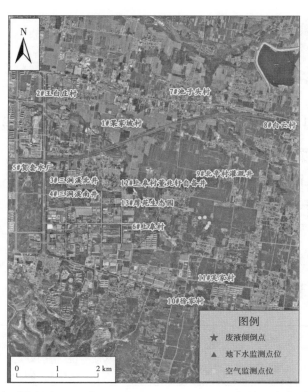

扫码查看
高清彩图

图 5　初期应对阶段（2015 年 10 月 24 日至 11 月 4 日）地下水监测点位示意图

表 2　2015 年 10 月 24 日至 11 月 4 日监测点位布设情况

序号	点位位置	点位名称	井深 /m	说明
1	呆家坡村水井	呆家坡村	330	—
2	王中村水井	王白庄村	450	—
3	三涧溪（东大井）	三涧溪北井	200	—
4	三涧溪南井	三涧溪南井	237	—
5	贺套水厂	贺套水厂	380	集中式生活饮用水水源地
6	上皋村东城庄社区	上皋村	250	—
7	池子头村水井	池子头村	100	—
8	白云村	白云村	200	—
9	北辛村灌溉井	北辛村灌溉井	80	—
10	官庄徐家	徐家村	350	地下水上游
11	官庄吴家	吴家村	300	地下水上游
12	上皋村董兆轩自备井	上皋村董兆轩自备井	100	—
13	厚苑生态园（煎饼卷大葱饭店）	厚苑生态园	200	10 月 28 日起增加

（六）监测频次要求

1. 环境空气

10 月 21 日 10—16 时，监测频次为 1 次 /h，共监测 7 个轮次。

2. 地下水

10 月 24 日—11 月 4 日，每天监测 1 次，采样时间为每天 8—12 时。

（七）监测项目

根据专家组意见，确定监测项目为 pH、硫化物、挥发酚、COD_{Mn}、苯、甲苯、二甲苯、三甲苯、萘、1- 甲基萘、2- 甲基萘、壬醛 12 项。

自 10 月 28 日起增加监测项目六价铬。

（八）监测方法

监测方法汇总见表 3。

表 3　监测方法汇总

监测项目	监测方法	标准
pH	玻璃电极法	《水质　pH 值的测定　玻璃电极法》（GB/T 6920—86）

续表

监测项目	监测方法	标准
硫化物	亚甲基蓝分光光度法	《水质　硫化物的测定　亚甲基蓝分光光度法》（GB/T 16489—1996）
挥发酚	4-氨基安替比林分光光度法	《水质　挥发酚的测定　4-氨基安替比林分光光度法》（HJ 503—2009）
COD_{Mn}	酸性高锰酸盐法	《水质　高锰酸盐指数的测定》（GB 11892—89）
六价铬	二苯碳酰二肼分光光度法	《生活饮用水标准检验方法　金属指标》（GB/T 5750.6—2006）
苯	顶空-气相色谱法	《水和废水监测分析方法（第四版）》
甲苯		
二甲苯		
三甲苯	液液萃取-气相色谱质谱法	《水和废水监测分析方法（第四版）》
萘		
1-甲基萘		
2-甲基萘		
壬醛		

（九）应急预案启动

1. 章丘市环保局启动了《章丘市环境保护突发环境事件应急预案》。
2. 济南市环保局启动了《济南市环境保护局突发环境事件应急预案》。
3. 济南市环境监测中心站启动了《济南市突发环境事件应急监测预案》。

（十）保障调度情况

1. 现场环境空气监测、地下水样品采集工作由济南市环境监测中心站、章丘市环境保护监测站共同承担。

2. 实验室分析由济南市环境监测中心站、章丘市环境保护监测站、山东省分析测试中心、章丘市疾病预防控制中心共同承担。

（十一）仪器设备准备

1. 环境空气现场快速监测设备：PhoCheck+5000EX便携式光离子化检测器、TY2000型便携式多种气体分析仪、Hapsite便携式GC-MS、无线视频传输单兵系统等。

2. 实验室分析设备：分光光度计、Agilent7890B气相色谱仪、岛津GCMS-QP2010、Trace1310-TSQ8000Evo气质联用仪等。

（十二）人员防护情况

1. 简易防护：3M 防毒面罩，配酸性气体和有机气体滤毒盒。
2. 全身防护：气体致密型全身防护服，正压式呼吸器。

三、基本稳定阶段（2015 年 11 月 9 日至 2016 年 1 月 15 日）

（一）布点情况

1. 布点原则

事件发生后，利用帷幕注浆的方式开展应急处置，在应急监测过程中，帷幕注浆持续进行，截至 2016 年 1 月，基本稳定阶段结束，第一期帷幕注浆工程完成。根据初期应对阶段的监测结果变化情况，结合帷幕注浆工程的持续实施，经专家组研判，可以调整监测点位和监测频次。

2. 地下水监测点位布设情况

根据初期应对阶段的监测结果和专家组意见，此阶段布设 6 个地下水监测点位。6 个监测点位全部包含在初期应对阶段的 13 个监测点位范围内。此阶段监测点位示意图见图 6，监测点位布设情况见表 4。

扫码查看
高清彩图

图 6　基本稳定阶段（2015 年 11 月 9 日至 2016 年 1 月 15 日）地下水监测点位示意图

表4 2015年11月9日至2016年1月15日监测点位布设情况

序号	点位位置	点位名称	井深/m	说明
1	呆家坡村水井	呆家坡村	330	—
2	三涧溪（东大井）	三涧溪北井	200	—
3	三涧溪南井	三涧溪南井	237	—
4	贺套水厂	贺套水厂	380	集中式生活饮用水水源
5	官庄徐家	徐家村	350	地下水上游
6	上皋村董兆轩自备井	上皋村董兆轩自备井	100	—

3. 管道井点位布设情况

在应急处置过程中，进行帷幕灌浆的管道井逸出白色气体，对现场9口管道井进行监测。管道井分布示意图见图7，点位汇总情况见表5。

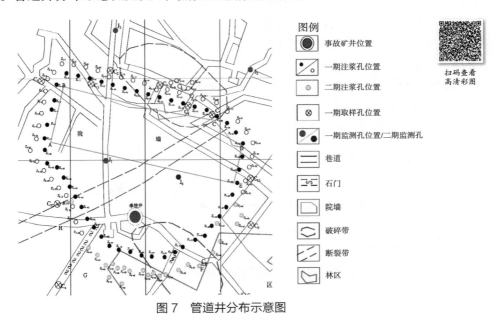

图7 管道井分布示意图

表5 管道井点位情况汇总

序号	点位名称	监测时间
1	Z1-36 管道	1月15日
2	Z1-34 管道	1月15日
3	Z1-33 管道	1月15日
4	Z1-35 管道	1月8日、1月15日

序号	点位名称	监测时间
5	Z1-38 管道	1 月 15 日
6	Z1-40 管道	1 月 15 日
7	Z1-32 管道	1 月 15 日
8	C-10 管道	1 月 15 日

（二）监测频次

1. 地下水监测频次

监测频次为 1 次 /7 d，第 1 周加密监测 1 次，监测数据若有异常，恢复 1 次 /d 的监测频次。其间，12 月 21 日，官庄徐家停水，上皋村董兆轩自备井泵坏，此两点位未采样；12 月 28 日，呆家坡村水井停用，官庄徐家错过供水时间，此两点位未采样；2016 年 1 月 4 日，呆家坡村水井停用，官庄徐家停水，此两点位未采样；1 月 11 日，呆家坡村水井已用自来水，上皋村董兆轩自备井不具备采样条件，此两点位未采样；1 月 25 日，呆家坡村水井停用，未采样；2 月 1 日呆家坡村水井停用，未采样；2 月 15 日，呆家坡村水井停用，未采样，上皋村董兆轩自备井不具备采样条件，此两点位未采样。

2. 管道井逸出气体监测频次

分别于 1 月 8 日、1 月 15 日各监测 1 次。

（三）监测手段

地下水人工采样送实验室分析。管道井逸出气体进行现场快速监测。监测项目减掉壬醛，其他项目与初期应对阶段监测项目相同。

（四）仪器设备

本阶段所用仪器设备与初期应对阶段仪器设备相同。

（五）人员

1. 地下水样品采集工作由章丘市环境保护监测站承担。管道井逸出气体监测由济南市环境监测中心站承担。

2. 常规项目实验室分析由章丘市环境保护监测站承担，有机物项目实验室分析由济南市环境监测中心站承担。

（六）结果及趋势预判

1. 从地下水的监测数据来看，检出的污染物种类较少，检出浓度较低。初期应对阶段监测结果统计见表 6，基本稳定阶段监测结果统计见表 7。

表 6 初期应对阶段监测结果统计

监测点位	污染物检出情况	达标情况
呆家坡村	1 次检出挥发酚	pH、挥发酚、高锰酸盐指数、六价铬达到《地下水质量标准》（GB/T 14848—1993）中Ⅲ类水质标准要求；硫化物、苯、甲苯、二甲苯达到《生活饮用水卫生标准》（GB 5749—2006）中"表3 水质非常规指标及限值"要求；未列明的特征污染物均未检出
王白庄村	1 次检出挥发酚	
三涧溪北井	—	
三涧溪南井	—	
贺套水厂	—	
上皋村	—	
池子头村	1 次检出萘、1- 甲基萘，但浓度水平均较低	
白云村	—	
北辛村灌溉井	1 次检出萘、1- 甲基萘，但浓度水平均较低	
徐家村	—	
吴家村	1 次检出挥发酚	
上皋村董兆轩自备井	9 次检出萘、1- 甲基萘、2- 甲基萘，有 2 次检出三甲苯，但浓度水平均较低	
厚苑生态园	1 次检出萘、1- 甲基萘，但浓度水平均较低	

表 7 基本稳定阶段监测结果统计

监测点位	污染物检出情况	达标情况
呆家坡村	—	pH、挥发酚、高锰酸盐指数、六价铬达到《地下水质量标准》（GB/T 14848—1993）中Ⅲ类水质标准要求；硫化物、苯、甲苯、二甲苯达到《生活饮用水卫生标准》（GB 5749—2006）中"表3 水质非常规指标及限值"要求；未列明的特征污染物均未检出
三涧溪北井	—	
三涧溪南井	2 次检出萘，但浓度水平均较低	
贺套水厂	—	
徐家村	—	
上皋村董兆轩自备井	8 次检出萘、1- 甲基萘、2- 甲基萘，但浓度水平均较低	

2. 经专家研判，污染物未对事故点周边地下水水质造成明显影响，污染物大部分被废弃巷道内回填用的煤矸石及土壤吸附，但是地下水被污染的风险依然存在，最紧迫的任务是利用帷幕注浆将污染物固定在限定范围内防止扩散，同时，对周边地下水特别是集中式饮用水水源地的监测不能放松。

（七）存在的问题、建议

1. 存在的问题

（1）专门针对地下水特别是深层地下水采样手段欠缺，现有的监测井如果没有水泵等自动抽水装置，采样时只能依靠手工，监测人员在监测时虽然自制了简易井架用来采样，但采样费时费力，效率不高。

（2）监测人员普遍缺乏相应的水文地质知识储备，同时缺乏测量地下水监测井水文参数的设备。

2. 建议

加强地下水监测能力建设，特别是要增加现场采样、监测设备的配备，加强人员培训。

（八）监测方案变化调整

1. 监测点位调整

监测点位由 13 个调整为 6 个，这 6 个监测点位全部在初期应对阶段的 13 个监测点位范围内。

2. 监测频次调整

监测频次由 1 次 /d 调整为 1 次 /7 d，同时监测数据若有异常则恢复为 1 次 /d。

（九）质量保证要求

1. 监测人员须做到持证上岗，掌握采样布点技术，熟知采样器具的使用，样品采集、固定、保存、运输条件和样品流转要求，熟悉仪器性能和操作规程、安全防护、质量保证及监测的工作程序。

2. 定期对分析仪器、量器进行计量检定 / 校准，经检定 / 校准合格且在有效期内，方准使用。

3. 样品要有唯一性标识。样品在采集和运输过程中应防止样品被污染及样品对环境的污染。运输工具应合适，运输中采取必要的防震、防雨、防尘、防爆、冷藏等措施，以保证人员和样品的安全。

4. 严格执行原始数据及监测报告的三级审核制度。

5. 每批次样品，需要加采至少 10% 的全程序采样空白样品。

（十）处置建议

1. 对污染区域持续进行帷幕注浆，防止污染物扩散。

2. 在帷幕注浆的过程中，对事发地的地下水、巷道气、受污染的土壤进行处理并修复。

3. 委托有资质的机构开展场地污染状况调查和环境损害司法鉴定，为后期司法程序提供证据。

污染场地处理修复示意图见图 8。

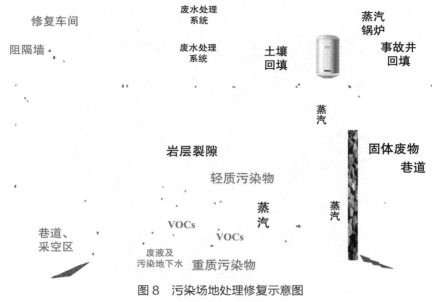

图 8　污染场地处理修复示意图

四、稳定达标阶段（2016 年 1 月 25 日至 12 月 5 日）

（一）监测方案调整

1. 布点原则

从初期应对阶段、基本稳定阶段的数据分析，污染物没有出现大范围扩散，这与事发地点复杂的地质条件、土壤及煤矸石的吸附、帷幕注浆措施的实施、断裂带的阻隔等多种因素有关。第 1 期帷幕注浆工程已经完成，专家组会商决定，继续实施第 2 期帷幕注浆工程。本阶段布点时，要保持对事发地周边地下水水质的监测监控不放松，保持地下水监测井的延续性，因此延续上一阶段的 6 口监测井不变，同时为了监控帷幕注浆区域的地下水水质情况，先后在事故点周边增加 7 口监测井，通过监测了解帷幕注浆的效果。

2. 监测点位

保持基本稳定阶段 6 个监测点位不变，根据专家组要求，先后增加事故点周边监测井点位 7 个，共 13 个监测点位。本阶段监测点位见图 9。

（1）2 月 25 日，增加事故井正北方向 100 m 一口 100 m 深的水井（只监测 1 次，所以没有编号）。

（2）3 月 7 日，增加事故地北 50 m 一口 112 m 深的事故地 1# 井，事故地北 150 m 一口 118 m 深的事故地 2# 井。

（3）3 月 15 日、3 月 31 日增加事故地西北 200 m 一口 137.6 m 深的事故地 3# 井。

扫码查看
高清彩图

图 9　稳定达标阶段（2016 年 1 月 25 日至 12 月 5 日）地下水监测点位示意图

（4）4 月 5 日，增加事故地东北 200 m 一口 130 m 深的事故地 4# 井。

（5）4 月 15 日、4 月 25 日，增加事故地西北 400 m 一口 150 m 深的事故地 5# 井。

（6）5 月 5 日、5 月 16 日，增加事故地北偏东 50 m 一口 108 m 深的事故地 6# 井；5 月 5 日，杲家坡村水井恢复采样。

（7）5 月 25 日至 12 月 27 日，增加事故地南偏东 150 m 一口 102.9 m 深的事故地 7# 井，监测项目及分析、分工，监测项目及分析方法不变。

3. 监测频次

每月的 5 日、15 日、25 日各监测 1 次。

4. 其他

监测项目、人员分工和分析方法与基本稳定阶段一致。

（二）趋势达标要求

1. 执行标准

《地下水质量标准》（GB/T 14848—1993）中Ⅲ类水质标准；《生活饮用水卫生标准》（GB 5749—2006）中"表 3　水质非常规指标及限值"。

2. 结果分析

从监测数据分析，从初期应对阶段就开始监测的 6 口监测井（表 8），污染物浓度变化不大，表明污染物未大范围扩散，特别是贺套水厂点位，作为集中式饮用水水源地未受到污染影响，所有特征污染物均未检出。

表8　6口监测井监测结果统计

监测点位	污染物检出情况	达标情况
杲家坡村	—	pH、挥发酚、高锰酸盐指数、六价铬达到《地下水质量标准》（GB/T 14848—1993）中Ⅲ类水质标准要求；硫化物、苯、甲苯、二甲苯达到《生活饮用水卫生标准》（GB 5749—2006）中"表3　水质非常规指标及限值"要求；未列明的特征污染物均未检出
三涧溪北井	1次pH超标，3次高锰酸盐指数超标，超标0.067～0.617倍	
三涧溪南井	5次检出萘，但浓度水平均较低	
贺套水厂	—	
徐家村	—	
上皋村董兆轩自备井	1次检出三甲苯、26次检出萘、25次检出1-甲基萘和2-甲基萘，但浓度水平均较低	

事故地周边新建的7口监测井（表9），高锰酸盐指数、硫化物等超标严重，其中事故地1#监测井（事故地北50 m、112 m深）高锰酸盐指数最高超标174倍，该井深度与污染物大量积存的深度基本一致；事故地5#监测井（事故地西北400 m、150 m深）硫化物最高超标19.95倍，该井深度与污染物大量积存的深度基本一致；这些数据同时表明，污染物被帷幕注浆形成的阻隔层固定在限定的区域。本阶段13个监测点位，特征污染物都时有检出，但是浓度水平较低。本阶段帷幕注浆工程已经全部完工。在帷幕注浆范围内，巷道、破碎带以及推测断裂周边的有机污染物浓度较高，符合关于优势径流通道的基本判断；帷幕注浆范围外地下水的上游，有机污染物均未检出，下游地下水中有机污染物虽有检出，但是总体含量较低，表明帷幕注浆对污染物的截留作用较明显。

表9　7口新建事故地监测井监测结果统计

监测点位	污染物检出情况	达标情况
事故地1#井	12次pH超标；15次硫化物超标，超标0.85～67.0倍；19次高锰酸盐指数超标，超标0.48～174倍；3次检出三甲苯、7次检出萘和2-甲基萘，8次检出1-甲基萘，但浓度水平均较低	未列明的特征污染物均未检出
事故地2#井	3次pH超标；3次高锰酸盐指数超标，超标0.14～2.60倍；1次检出三甲苯、9次检出萘、6次检出1-甲基萘、5次检出2-甲基萘，但浓度水平均较低	
事故地3#井	1次pH超标；2次高锰酸盐指数超标，分别超标0.11倍、1.69倍；1次检出三甲苯、2次检出萘和2-甲基萘、3次检出1-甲基萘，但浓度水平均较低	

续表

监测点位	污染物检出情况	达标情况
事故地 4# 井	2 次 pH 超标；2 次高锰酸盐指数超标，分别超标 0.05 倍、0.037 倍；2 次检出萘、1- 甲基萘和 2- 甲基萘，但浓度水平均较低	未列明的特征污染物均未检出
事故地 5# 井	1 次硫化物超标，超标 19.95 倍；1 次检出三甲苯、2 次检出萘和 1- 甲基萘、1 次检出 2- 甲基萘，但浓度水平均较低	
事故地 6# 井	3 次高锰酸盐指数超标，超标 0.04～5.73 倍；2 次检出萘、1- 甲基萘和 2- 甲基萘，但浓度水平均较低	
事故地 7# 井	2 次高锰酸盐指数超标，分别超标 0.24 倍、0.64 倍	

该场地土壤及地下水污染状况调查单位提供的地下水有机污染物总浓度分布见图 10。

扫码查看
高清彩图

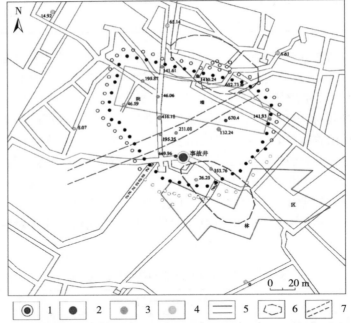

1—事故井；2—有机污染高浓度点；3—有机污染中浓度点；4—有机污染低浓度点；
5—巷道；6—破碎带；7—推测断裂。

图 10　地下水有机污染物总浓度分布示意图

（三）存在的问题

1. 环境监测部门没有参与场地调查与修复工作，不掌握场地调查和修复的实际情况，对污染区域范围内的土壤、地下水的污染情况不掌握，也没有开展监测。

2. 从工作机制来说，环境监测部门与水利、自然资源、地质勘探等部门没有建立直接工作联系，缺乏信息共享。

五、跟踪监测阶段（2016 年 12 月 27 日至 2017 年 7 月 21 日）

（一）监测方案调整

1. 监测点位

保持稳定达标阶段 13 个监测点位不变。本阶段监测点位同图 9。

2. 监测频次

监测频次为 1 次 / 月。

3. 其他

监测项目、人员分工和分析方法与稳定达标阶段一致。

六、监测结果

（一）监测结果

　　自 2015 年 10 月 21 日开始至 2017 年 7 月 21 日应急监测结束，从监测结果来看，由于处置迅速，方案科学，污染物没有对帷幕注浆范围以外的地下水造成严重污染，以距离事发地最近的贺套水厂（集中式饮用水水源地，距离事发地直线距离 3 km）监测井的数据为例，贺套水厂点位各项特征污染物均未检出。贺套水厂 2015—2017 年监测结果走势见图 11～图 13。

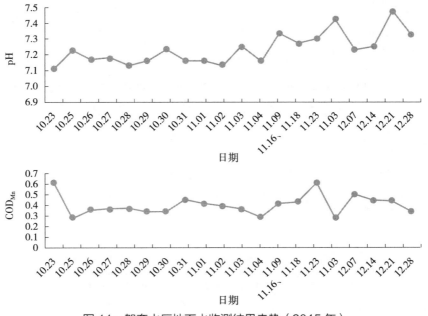

图 11　贺套水厂地下水监测结果走势（2015 年）

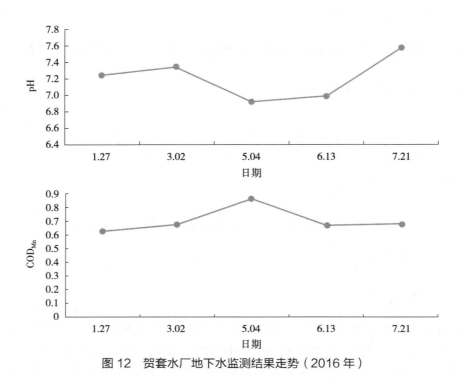

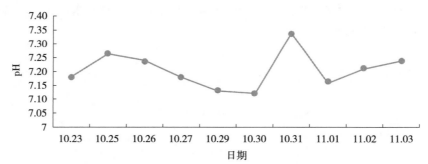

图 12　贺套水厂地下水监测结果走势（2016 年）

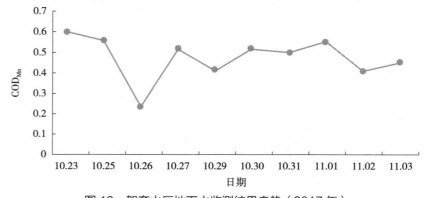

图 13　贺套水厂地下水监测结果走势（2017 年）

七、经验做法

（一）应急响应迅速

济南市环境监测中心站与章丘市环境保护监测站两级监测站联合行动，合理分工，提高了工作效率。及时协调章丘市疾控中心和山东省分析测试中心开展样品分析，及时判断污染物的种类、浓度范围。

（二）应急处置科学迅速

事件发生后第 3 天即开展帷幕注浆的应急处置措施，及时控制住污染物扩散，未对周边地下水特别是集中式饮用水水源地水质造成明显影响。本次污染事件的突出特点为地质条件复杂，污染深度大，污染物种类多，成分复杂，污染情况重，污染分布不明，存在有毒气体逸散风险，对周边地下水存在安全隐患，因此应急处置风险极高。地下空间支离破碎，含水层介质水文地质参数、污染物特性及其与地层介质的作用机制复杂，采用帷幕注浆技术对污染区进行永久性封闭，并有相关矿山帷幕注浆技术规范可供借鉴，环境污染风险可控。面对此类污染，首先要对污染源进行控制和清除，通过阻断、吸附等手段，防止污染源进一步扩散，确保污染风险可控，帷幕注浆技术可以推广。

（三）科学研判，及时调整应急监测方案

事件发生后，先后召开 5 次专家会，科学研判，为事件处理处置、调整应急监测方案提供了科学指导。

八、存在的问题

1. 涉及地下水类型的突发环境事件较少，缺乏应对经验。

2. 环境监测部门对于地下水监测还存在短板和弱项，地下水方面的知识有所欠缺，对于水文地质条件不了解也缺乏相关的资料。

3. 环境监测部门对于地下水特别是深层地下水缺乏现场采样设备，缺少地下水水文参数监测手段。

4. 受限于事件发生当时的各部门职责分工，环境监测部门与地下水污染防治主管部门及其技术支持机构之间缺乏有效的沟通和衔接。

5. 环境监测部门不具备对深层土壤样品的分层采样能力，未对事发地受污染的土壤开展监测。

九、建议

1. 加强生态环境监测部门地下水特别是深层地下水监测能力建设，相应的监测设备要配备齐全。

2. 加强生态环境监测部门人员队伍建设，针对地下水监测、水文地质等方面加强培训，引进具备水文地质专业知识背景的人才。

3. 建设地下水自动监测网络，提高地下水污染监测预警能力。

4. 加强与水利（水务）、自然资源、地矿、煤田地质等常年从事地下水勘探、监测、水文地质研究部门的联系和沟通交流，建立资源共享、数据共享渠道。

专家点评 //

一、组织调度过程

2015 年 10 月 21 日 6 时 40 分左右，章丘市公安局（现章丘区公安分局）110 指挥中心接到报警，称在普集街道办上皋村废弃三号煤井（明皋二号副井）所在院落内发现有人中毒死亡。事发院落内发现 4 具男性尸体，淄博牌照黑色轿车和罐车各 1 台。罐车标示容积 42 m³，罐内废液已经全部倒空。章丘市环保局接到报告后，第一时间派章丘市环境保护监测站开展应急监测，同时请求济南市环境监测中心站进行支援。2015 年 10 月 21 日 10 时 5 分，济南市环境监测中心站应急监测人员到达现场，与章丘市环境保护监测站联合开展应急监测工作，应急监测响应十分迅速。此后，现场环境空气监测、地下水样品采集工作由济南市环境监测中心站、章丘市环境保护监测站共同承担；实验室分析由济南市环境监测中心站、章丘市环境保护监测站、山东省分析测试中心、章丘市疾病预防控制中心共同承担。体现出应急监测响应初期，对区域内监测力量的组织调动十分顺畅高效。

回顾整个应急响应和监测过程，济南市环境监测系统的应急组织调度工作展现出应对充分、指挥有力、方案科学、统一高效等特点，具体体现在以下几个方面：一是首批应急队伍中除了应急人员还加入了相关专家；二是针对监测人员普遍缺乏相应的水文地质知识储备，也缺乏测量地下水监测井水文参数的设备这一情况，委托专业机构进行处置和监测。

二、技术采用

（一）监测项目及污染物确定

监测项目的确定体现出主次清晰、化繁为简、针对性和可操作性强的特点。在监测项目及污染物的确定过程中，第一时间使用了现场快速监测仪器，综合采用便携式气质法、便携式光离子化检测器等现场快速监测方法，对事发地环境空气进行了监测，最终锁定本次事故中的主要污染物。

（二）监测点位、监测频次和监测结果评价及依据

1. 监测点位布设

应急监测过程中对点位布设的原则把握准确、目标清晰、针对性强，紧密围绕应急处置工作需要，在不同应急监测阶段对环境空气、地下水和土壤监测点位适时作出补充和优化调整。

2. 监测频次的确定

监测频次的确定兼顾了初期应急处置急迫形势的需要和后期可持续跟踪事态发展的需要。事故发生初期开展加密监测，此后逐阶段优化降低了监测频次，既满足了污染物动态变化趋势监测分析的需要，又保证了监测工作的有序和可持续开展。

3. 监测结果评价及依据

在监测过程中，严格按照有关环境质量标准对监测结果进行评价。评价使用的标准包括《地下水质量标准》（GB/T 14848—1993）和《生活饮用水卫生标准》（GB 5749—2006）等。

（三）监测结果确认

本次应急监测从人员、样品、分析方法、仪器设备等方面进行质量控制，全过程均采取了严格的质量保证和质量控制措施。其中，每批次样品需要加采至少 10% 的全程序采样空白样品。样品分析过程严格采用空白样品分析、平行样分析、标样测试、加标回收等方式进行质量控制的经验做法值得学习。

（四）报告报送及途径

案例在此方面的总结偏弱。

（五）提供决策与建议

案例在此方面的总结偏弱。

（六）监测工作为处置过程提供的预警等方面

案例在此方面的总结偏弱。

三、存在的问题

无。

四、综合评判意见，后续建议

（一）综合评判意见

案例主要内容涵盖了事件基本情况（倾倒废液情况、应急处置情况、修复处置情况、刑事和民事追责情况、应急监测情况）、初期应对阶段（第一阶段）、基本稳定阶段（第二阶段）、稳定达标阶段（第三阶段）、跟踪监测阶段（第四阶段）、经验做法和存在的问题以及建议 9 个方面。案例较为系统完整地回顾了应急监测全过程，尤其是针对应急监测不同阶段方案的具体调整过程和内容，对今后此类事故的应急监测响应具有较好的借鉴参考作用。

本案例是非法倾倒危险废物导致重大地下水体污染事件。

地下水一旦污染，修复难度大、耗时长。因此，此污染事件引发环境应急监测持续 1 年 9 个月，工作阶段包括初期应对、基本稳定、稳定达标和跟踪监测 4 个阶段，包括了水体污染监测和修复处置工程评价两个方面。

在初期应对阶段，对事故发生点环境空气进行了监测，并快速定性监测了事发罐车内和铁桶内遗留的液体，初步掌握了倾倒废物的性质。同时，综合事件调查情况、专家组意见、事发罐车内液体、铁桶内液体监测结果，根据事发地的水文地质条件、地下水流向、地下巷道的分布及现有的工农业生产使用的水井布设了 13 个地下水点位，确定了监测项目和测试方法。在基本稳定阶段，根据前一阶段的监测结果变化情况，结合帷幕注浆工程，调整了监测点位与频次，强调了对周边集中式饮用水水源地的监测，测试结果显示污染物未对事故点周边地下水水质造成明显影响，大部分被废弃巷道内回填用的煤矸石以及土壤吸附，但是地下水被污染的风险依然存在。在稳定达标阶段，为保持对事发地周边地下水水质的监测监控，延续上一阶段的 6 口监测井不变，同时为了监测了解帷幕注浆的效果，新建 7 口事故地监测井。在跟踪监测阶段，保持稳定达标阶段 13 个监测点位不变，调整了监测频次。从监测结果来看，污染物没有对帷幕注浆范围以外的地下水造成严重污染，事故点周边集中式饮用水水源地点位各项特征污染物均未检出，也进一步证明了整个事故处置工作处置迅速、方案科学、效果显著。地下水监测专业性强，此次应急监测工作也显示出需要进一步加强地下水监测的知识人才储备与能力建设。

本案例对处理地下水污染事件具有很好的参考意义。

（二）建议

1. 案例中"第一时间"，建议调整为具体时间；

2. 建议增加地下水采样的质量控制措施等；

3. 在此次事故应急监测过程中，由于在地下水监测、水文地质等方面缺乏经验，建议在案例中补充有关对外部应急监测支援力量的统筹协调经验总结评估内容；

4. 案例中对于应急监测报告的报送及途径方面缺少总结回顾，建议进行补充。

05

第五部分

尾矿库泄漏环境污染事件

案例 27

黑龙江伊春鹿鸣矿业尾矿库泄漏事件应急监测

关键词：尾矿库泄漏　钼　水污染　石墨炉原子吸收　ICP-MS

摘　要：2020 年 3 月 28 日 13 时 40 分，伊春鹿鸣矿业有限公司尾矿库 4 号溢流井挡板开裂，致使约 253 万 m³ 尾矿砂污水泄漏。黑龙江省人民政府启动突发环境事件应急二级响应。此次事件造成大量伴有尾矿砂的含钼污水下泄，钼浓度最高超标约 80 倍，先后流入依吉密河、呼兰河，直接威胁松花江，是我国近 20 年来尾矿泄漏量最大、对水生态环境影响最大、应急处置难度最大的突发水污染事件，处理不好势必造成严重的国内国际负面影响。指挥部第一时间确定了"不让一滴超标污水进入松花江"的应急处置目标。

　　应急监测组本着精准掌握污染团迁移和污染物变化的原则，短时间内制定监测方案，调集监测力量，统一监测规范，坚持便携与手工相结合，在线与实验室相结合，无人机与地面核查相结合。前期采用便携式设备快速定位污染团位置和浓度水平，后期采用实验室监测和车载高精度设备，准确掌握污染团峰值和变化趋势，实现了快速及时和准确高效的统一。3 月 29 日至 4 月 12 日共出具 1.5 万余个监测数据，形成 39 期监测报告，准确定位和预测了超标污染团的移动轨迹和污染物浓度衰减规律，为实施"污染控制""削峰清洁"两大工程和"斩首行动"提供了重要决策依据，经过 14 天的昼夜奋战，依吉密河、呼兰河流域水质全线达标。

一、初期应对阶段

（一）启动应急监测预案

　　2020 年 3 月 28 日 13 时 40 分左右，伊春鹿鸣矿业有限公司尾矿库发生溢流事件，造成大量伴有尾矿砂的含钼污水下泄，接到黑龙江省生态环境厅应急指令后，黑龙江省生态环境监测中心立即启动应急监测预案，第一时间向伊春、绥化、哈尔滨部署监测任务。第一时间赶赴事发现场，研判污染态势。经前期勘查，此次事件造成大量含钼尾矿砂污水下泄，并将先后流入依吉密河、呼兰河，处理不当将直接威胁松花江。省指挥部第一时间确定了"不让一滴超标污水进入松花江"的应急处置目标，既为本次应急处置工作明确了目标，也为应急监测工作指明了方向。

　　本次污染有四大难点。一是泄漏量巨大，约 253 万 m³ 尾矿砂污水泄漏，为我国近 20 年尾矿库泄漏量最大的一次。二是治理难度大，泄漏的污水含有大量细小的尾矿砂颗粒，直径在 75 μm 以下，悬浮于水中不易沉降，造成水的浊度很高和钼污染。三是污染范围广，超标污水沿依吉密河持续进入呼兰河，形成了较长的污染带。四是自然降解慢，一般情况下，随着河水的流动，污染团长度会拉长，污染物浓度随之降低。但在本次污染事件中，后期监测数据显示，在没有生态补水和工程措施的情况下，入呼兰河上下游相隔 15～20 km 的几十个断面，钼的浓度基本没有下降。

（二）迅速编制监测方案

根据现场情况，应急监测工作组迅速编制监测方案，3 月 29 日 11 时，第 1 期监测方案通过指挥部审核开始实施。

1. 监测依据

《突发环境事件应急监测技术规范》（HJ 589—2010）

《突发环境事件应急管理办法》（环境保护部令　第 34 号）

《突发环境事件调查处理办法》（环境保护部令　第 32 号）

《地表水和污水监测技术规范》（HJ/T 91—2002）

《水质　采样方案设计技术规定》（HJ 495—2009）

《水质　采样技术指导》（HJ 494—2009）

《地表水环境质量标准》（GB 3838—2002）

2. 监测断面布设（第一版）

①尾矿库（源头）；②鹿鸣小溪内（入依吉密河前）；③依吉密河上游（背景）；④太平桥（依吉密河）；⑤源头漂（依吉密河）；⑥二股（依吉密河）；⑦创业（依吉密河）；⑧铁力依吉密河口内上；⑨依吉密河口内（入呼兰河前）；⑩呼兰河依吉密河口上；⑪呼兰河依吉密河口下；⑫呼兰河双河渠首（跨界，伊春—绥化）；⑬呼兰河庆安断面；⑭呼兰河绥化水源地；⑮呼兰河绥望桥；⑯呼兰河榆林镇（跨界，绥化—哈尔滨）；⑰呼兰河口内。①～②监测点位监测频次为 1 次 /2 h，⑬～⑰监测点位视情况开展监测。

3. 监测因子

pH、化学需氧量、氨氮、高锰酸盐指数、总磷、钼、铜、铅、锌、镉、铬、砷、汞、生物毒性和石油类。

4. 监测方法

监测方法见表 1。

表 1　监测方法

序号	监测因子	分析方法
1	pH	《水质　pH 值的测定　玻璃电极法》（GB/T 6920—86）
2	化学需氧量	《水质　化学需氧量的测定　快速消解分光光度法》（HJ/T 399—2007）
		《水质　化学需氧量的测定　重铬酸盐法》（HJ 828—2017）

续表

序号	监测因子	分析方法
3	氨氮	《水质　氨氮的测定　纳氏试剂分光光度法》（HJ 535—2009）
		《水质　氨氮的测定　水杨酸分光光度法》（HJ 536—2009）
4	高锰酸盐指数	《水质　高锰酸盐指数的测定》（GB 11892—89）
5	总磷	《水质　总磷的测定　钼酸铵分光光度法》（GB 11893—89）
6	铜、铅、锌、镉、铬	《生活饮用水标准检验方法　金属指标》（GB/T 5750.6—2006）（1.4　电感耦合等离子体发射光谱法）
		《水质　铜、锌、铅、镉的测定　原子吸收分光光度法》（GB/T 7475—87）
7	砷、汞	《水质　汞、砷、硒、铋和锑的测定　原子荧光法》（HJ 694—2014）
8	生物毒性	化学发光法
9	石油类	《水质　石油类和动植物油类的测定　红外分光光度法》（HJ 637—2018）
10	钼	《水质　65种元素的测定　电感耦合等离子体质谱法》（HJ 700—2014）
		《水质　钼和钛的测定　石墨炉原子吸收分光光度法》（HJ 807—2016）
		快速比色法

监测方法以实验室方法为主，快速方法为辅。

5. 质量控制

依据国家标准和监测质量保证的技术要求，为保证监测结果的准确性，采取下列措施：

（1）采样点位北斗卫星定位，做详细的现场采样记录。

（2）应急监测仪器按要求进行检定、校准、校核，在校准周期内使用，确保仪器设备始终保持良好的技术状态。试剂、药品在有效期内，所用标准物质为有证标准物质，监测仪器在离开实验室前必须进行检查。

（3）所有项目进行平行样分析。

（4）进行化学需氧量、氨氮明码质控样分析，通过标准对照，保证监测数据准确。

（5）采样记录、分析原始记录实行三级审核，并对数据合理性进行分析。

6. 监测点位示意图

第1期监测方案点位如图1所示。

（三）明确污染特点及迁移规律，准确提供应急参考

经过对3月28日以来监测结果的统计发现，铜、铅、锌、镉均未超标或检出，因此在对鹿鸣矿业有限公司生产工艺、矿渣和伴生物特点及浮选物使用情况综合分析的基础上，比较近3年依吉密河、呼兰河、松花江水质状况并考虑到呼兰河、依吉密河

图1 第1期监测方案点位示意图

的本底情况确定了特征污染物为钼、石油类和化学需氧量。根据前期监测情况，后期重点关注钼的迁移变化规律。为"保证水环境质量，确保不漏下一项污染物"，还选取3个代表性断面开展109项指标全分析，排除了其他指标污染可能，为指挥部处置准确提供应急参考。

二、基本稳定阶段

4月6日5时，呼兰河双河渠首断面率先达标。当日气温骤降，夜间更是达到-6℃，除钼效率由50%下降到10%左右。除此之外，泥河水库因低温封堵无水可用，倭肯河流量由20 m³/s降至4 m³/s，原本乐观的形势急转直下。应急监测组根据应急处置需要不断优化调整方案，调集多方力量保障，全力为应急处置提供支撑。

（一）优化调整监测方案

根据应急处置实际，先后8次优化监测方案，本着"切两头、控中间、抓峰值、勘态势"的原则，以准确把握污染峰位置为核心，以预测污染团迁移为目标，结合应急需要，优化调整监测断面、监测项目和监测频次，共设置13个重点监控断面、18个加密监测断面及投药点附近的13个监测断面，并根据污染团迁移趋势及时延伸监测，做到全过程、全时段监测水体变化。

规范设置重点监控断面，以确保饮用水安全，跟踪掌握污染团迁移为核心，以把握污染排放情况，实时监控污染物削减情况为目标，在依吉密河、呼兰河和松花江的重要饮用水水源地、县界、市界，以及依吉密河入河口、呼兰河入江口共布设13个监测断面，确保第一时间了解污染团的迁移情况，第一时间发布监测信息，不让超标污水进入松花江。

及时开展加密监测，为支撑依吉密河污染物控制工程和呼兰河污染物清洁工程，在呼兰河流域增设 7 个加密监测断面，严密监控呼兰河水质；污染团抵达绥望桥断面（入呼兰河约 140 km 处）后，在下游增设 11 个加密监测断面，精准支撑"斩首行动"；为评估污染治理成效，又在 1#～3# 坝、1#～3# 闸、绥望桥、兰西水电站等投药点附近增设 13 个投药成效评估断面，科学分析投药前后污染物钼浓度变化趋势。

（二）调集多方力量开展联合监测

全面调集省内外监测力量，并紧急协调社会化检测机构、仪器厂家，共调集 20 家单位的 110 台车辆、50 余台（套）设备、383 名采样和分析人员，持续支援伊春、绥化、哈尔滨开展应急监测工作。

1. 优化配置资源

统一调配黑龙江省环科院，省齐齐哈尔、大庆、佳木斯生态环境监测中心，省九〇四所共 55 名采样人员、8 名分析人员和 28 辆采样车辆前往绥化进行现场支援。

2. 全面组织动员

积极动员社会力量参与应急监测工作，其中谱尼派出 6 名采样人员、1 名分析人员和 4 台采样车，携带 1 台 ICP-MS；华测派出 9 名采样人员和 6 台采样车；龙江环保集团派出 2 名分析人员、6 名采样人员和 2 台采样车。

3. 加强实验监督

实施驻实验室监督员机制，派遣省监测中心副主任等人到绥化实验室进行 24 小时监督指导，保证样品标签使用规范。

（三）精心组织实现有序监测

建立国家、省级监测专家会商机制，统一采样规范、统一分析方法、统一数据分析，规定数据上报的时间和方式，实行矩阵式采样管理和驻实验室分析监督员制度，确保样本规范、优先优测、急用急报。

三、应急监测与重要处置工程节点

4 月 11 日 3 时，污染团通过兰西水电站，呼兰河钼浓度全线达标。"不让一滴超标污水进入松花江"的应急处置目标实现。应急监测工作按照重要的工程措施时间节点，将应急监测过程分为 5 个阶段。

（一）第一阶段

1. 目的

说清事件污染及应急响应情况。

2. 监测方案

2020 年 3 月 28 日 19 时，对依吉密河的伊春鹿鸣矿业桥、尾矿库、依吉密河水源地、二股 4 个断面进行采样，监测频次为 1 次 /2 h，根据企业环评报告书中的特征污染物，对 pH、化学需氧量、氨氮、高锰酸盐指数、总磷、钼、铜、铅、锌、镉、铬、砷、汞和石油类 14 项指标进行了监测和排查，最终确定钼为主要特征污染物，3 月 29 日 1 时完成了样品分析并出具监测结果。3 月 29 日 11 时，完善点位增设至 17 个断面，增加生物毒性指标，共计 15 项指标，第 1 期监测方案发布实施。

3. 工程措施

3 月 28—31 日，封堵拦截鹿鸣尾矿泄漏源头，在依吉密河建设 13 条拦截坝。

4. 监测结果

根据事件初期监测数据，迅速确定了此次事件的主要超标污染物为钼。监测初期现场水质浑浊，主要污染物钼的浓度峰值出现在 29 日 5 时，尾矿库断面钼浓度为 5.68 mg/L，超标 80.1 倍。

（二）第二阶段

1. 目的

分析污水受纳水体污染物沿程变化趋势。

2. 监测方案

结合初期应急监测结果，迅速在受纳污染水体依吉密河和下游汇入河流呼兰河、松花江全程布设 13 个重点监控断面。依吉密河：①尾矿库（源头）；②创业；③铁力市依吉密河口内上；④依吉密河口内（入呼兰河前），呼兰河；⑤呼兰河双河渠首（跨界，伊春—绥化）；⑥呼兰河庆安桥；⑦呼兰河绥化水源地；⑧呼兰河绥望桥；⑨通肯河入呼兰河口下；⑩呼兰河榆林镇（跨界，绥化—哈尔滨）；⑪呼兰河口内，松花江；⑫呼兰河口下；⑬大顶子山（图 2）。

图 2　第 2 期监测方案监测点位示意图

3. 监测因子

化学需氧量、钼、铜、铅、锌、镉、铁、锰、石油类等。

4. 发布项目

化学需氧量、钼和石油类。

5. 工程措施

依吉密河实施控制工程，最大限度地阻截泄漏水下移；优选提出絮凝控污工艺和絮凝剂，对污染物进行控制。在依吉密河建设 1#、2#、3# 坝，开展污水絮凝沉淀，控制污染；其中，3# 坝位于依吉密河口内上游 1 km，自 4 月 1 日起，1#、2#、3# 坝陆续投药。

6. 监测结果

依吉密河是本次事件初期污水的主要受纳水体，依吉密河钼浓度持续高于地表水环境质量标准限值，且超标倍数处于较高水平。3 月 29 日 18 时，距事发地 54 km 的创业出现超标；3 月 30 日 10 时，距事发地 72 km 的依吉密河口上断面出现超标；3 月 31 日 6 时，依吉密河口内断面（入呼兰河口内）出现超标，峰值出现在 3 月 31 日 12 时，最高浓度为 1.92 mg/L，超标 26.4 倍。

依吉密河口内自 4 月 1 日 16 时起，钼浓度呈明显下降趋势，峰值浓度呈明显削减趋势。自 4 月 11 日 4 时起持续达标。

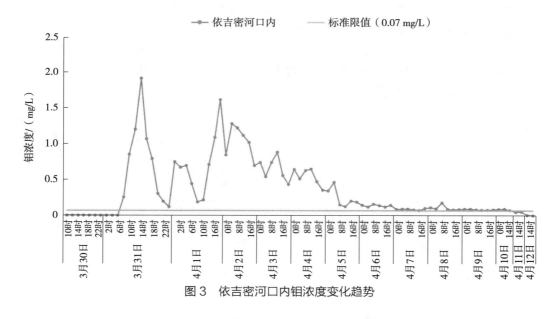

图 3　依吉密河口内钼浓度变化趋势

基于环境监测结果，通过现场踏勘、研讨会商，研判事件对水环境等的影响，及时向指挥部提出建议。以"尽可能减小事件环境影响，保障生态环境安全"为原则，以"源头控制—过程削减—全面净化"为思路，提出"尽快封闭泄漏点，控制污染泥水下泄，开展依吉密河污染控制工程、呼兰河水体净化工程，及时启动污泥清理"等对策建议。

（三）第三阶段

1. 目的

分析呼兰河污染团的迁移变化情况和控污削峰情况。

2. 监测方案

按照监测断面功能属性和空间距离特点，在 1 源 3 河 7 类区域共布设 29 个断面。污染团进入呼兰河后，为准确监控污染团移动和超标情况，在污染处置设施下游等共布设 18 个加密断面。

（1）污染源头

第 1 区域，目的为掌控污染源头水质：在尾矿库设置 1 个断面。

（2）依吉密河

第 2 区域，目的为监控依吉密河水质：在创业、依吉密河口内上、依吉密河口内处各设置 1 个断面。

（3）呼兰河

第 3 区域，目的为监控 3# 坝处理效果，监控依吉密河入呼兰河水质质量：在入呼兰河 15 km 处设置 1 个断面。

第 4 区域，目的为监控呼兰河上游水质：在入呼兰河 35 km、55 km、83 km 和 108 km 处各设置 1 个断面，共 4 个断面。

第 5 区域，目的为加密监测污染团，及时捕捉污染峰值：在入呼兰河 125 km 处设置 1 个断面，同时以呼兰河绥望桥为起点，在其下游 135 km 内设置 1#～14# 断面，本区域共 15 个断面。

第 6 区域，目的为预警污染团前锋：在入呼兰河 286 km、293 km 处各设置 1 个断面。

（4）松花江干流

第 7 区域，目的为监控呼兰河入松花江水质状况：在呼兰河口下、大顶子山各设置 1 个断面。

3. 监测因子

化学需氧量、石油类、钼。

污染团于 3 月 31 日 8 时到达双河渠首（入呼兰河 15 km），浓度为 0.073 5 mg/L，超标 0.05 倍。4 月 3 日 4 时达到峰值，浓度为 0.72 mg/L，超标 9.3 倍，持续超标 116 小时。自 4 月 6 日 5 时开始达标。监测数据显示，污染团在入呼兰河 15 km（双河渠首）达标时污染团长度为 110 km，入呼兰河 35 km（加密 2 次）达标时污染团长度为 100 km，长度基本一致，超标持续时间和峰值浓度相对一致。说明污染团在无生态补水和治理工程的情况下，污染物浓度难降解（图 4）。

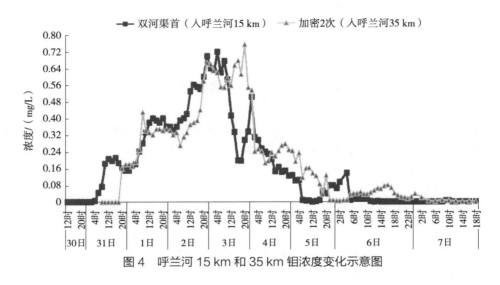

图4　呼兰河15 km和35 km钼浓度变化示意图

4.工程措施

（1）入呼兰河15～125 km

自4月4日起，呼兰河实施削峰清洁工程，在入呼兰河55 km、83 km和108 km附近设置1#、2#、3#闸，1#、2#、3#闸投药时间为4月4日16时左右。

（2）入呼兰河140～223 km

在入呼兰河140 km处（绥望桥）开展絮凝沉淀，削减污染峰值，于4月6日18时开始投加聚铁。

5.监测结果

（1）入呼兰河15～125 km

入呼兰河15 km（双河渠首）至125 km，污染团超标持续时间由116小时逐渐缩短为68小时，污水团长度由110 km缩短为45 km，峰值浓度逐渐削减，由0.76 mg/L削减为0.2 mg/L，平均削减率为22.2%。1#、2#、3#闸投药点前后，峰值浓度削减了61.8%，污染团长度缩短了53 km（图5）。

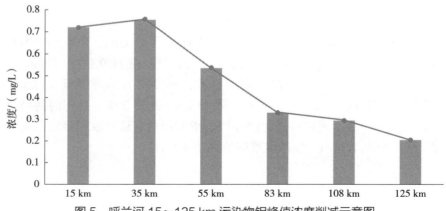

图5　呼兰河15～125 km污染物钼峰值浓度削减示意图

绥望桥断面（入呼兰河 140 km）污染团于 4 月 5 日 23 时到达，浓度为 0.075 mg/L，超标 0.07 倍。4 月 7 日 16 时达到峰值，浓度为 0.2 mg/L，超标 1.9 倍，超标持续了 61 小时。自 4 月 8 日 12 时开始持续达标（图 6）。

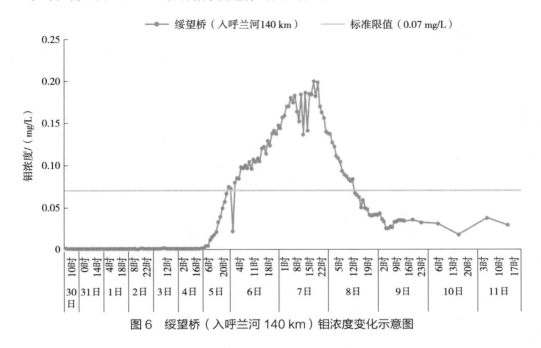

图 6　绥望桥（入呼兰河 140 km）钼浓度变化示意图

（2）入呼兰河 140～223 km

入呼兰河 140 km（绥望桥）至 223 km（绥望桥下 83 km），污染团超标持续时间由 61 小时逐渐缩短为 20 小时，峰值浓度逐渐削减，由 0.20 mg/L 削减为 0.09 mg/L，平均削减率为 8.1%。污染团长度缩短了 25 km（图 7）。

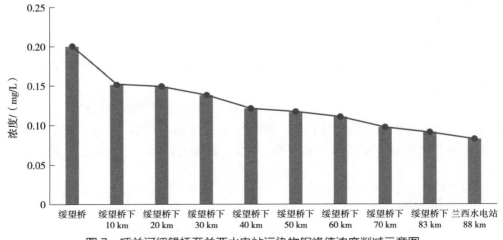

图 7　呼兰河绥望桥至兰西水电站污染物钼峰值浓度削减示意图

（四）第四阶段

1. 目标

"斩首行动"——兰西水电站消除污染峰值。

2. 监测方案

污染团抵达绥望桥断面（入呼兰河约 140 km 处）后，在下游增设 11 个加密监测点位，精准支撑"斩首行动"（图 8）。

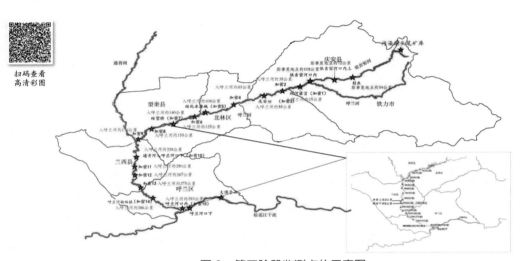

图 8　第四阶段监测点位示意图

兰西水电站（入呼兰河 228 km，距绥望桥 88 km）自 4 月 10 日 10 时开始钼浓度超标，浓度为 0.078 mg/L，超标 0.1 倍。4 月 10 日 17 时达到最高浓度 0.083 mg/L，超标 0.2 倍，持续超标 7 小时。

兰西水电站的上游设置 2 个用于预警兰西水电站污水团过境的预警断面，分别于 4 月 9 日 4 时和 23 时出现超标现象，浓度分别为 0.071 mg/L 和 0.072 mg/L。

3. 工程措施

随着预警断面的超标，在兰西水电站实施水质全面净化、清洁保障工程。于 4 月 9 日 18 时集中投药。

11 日 3 时，兰西水电站（入呼兰河 228 km）钼浓度低于标准限值，超标污染团长度削减为 0，峰值削减为标准以下，呼兰河全线达标。11 日 14 时，依吉密河 4 个监控断面的钼浓度也全部达标。实现了"不让一滴超标污水进入松花江"的应急处置目标。

（五）第五阶段

持续跟踪监测，长程有效监控依吉密河、呼兰河流域后续污染治理工作。

拟于 II 级响应结束后，连续实施监视性监测、例行性监测、巡查性监测，形成递进式组合型监测体系，从而持续长程有效监控依吉密河、呼兰河流域后续污染治理工作。

1. 监视性监测

为保证呼兰河全面、稳定、持续达标，监督依吉密河清污工程成效，实施连续跟踪监测，制定《伊春"3·28"鹿鸣矿业尾矿渣泄漏事件环境应急监视性监测方案》。从Ⅱ级响应结束之日起，连续监测7天，监测频次为1次/d。主要设置监测断面6个：依吉密河流域设于依吉密河口内上1个断面；在呼兰河流域设置双河渠首、绥化水源地、呼兰河口内3个断面；在松花江干流设置呼兰河口下、大顶子山2个断面。

2. 例行性监测

为掌握依吉密河和呼兰河水环境质量状况，待监视性监测结果无异常后，自动启动水环境质量月例行监测，制定《伊春"3·28"鹿鸣矿业尾矿渣泄漏事件例行监测方案》。主要设置监测断面8个：依吉密河流域设置依吉密河口内上（水源地）1个断面；呼兰河流域设置双河渠首、绥化水源地、呼兰河口内3个断面；松花江干流设置呼兰河口下、大顶子山2个断面；黑龙江干流设置松花江口上、抚远2个断面。

3. 巡查性监测

为长程监控清污工作成效，在例行性监测基础上，制定《伊春"3·28"鹿鸣矿业尾矿渣泄漏事件巡查监测方案》。在呼兰河流域实施巡查监测，以1年为周期，年内不少于2次。主要设置监测断面2个：呼兰河双河渠首断面、呼兰河口内断面。

四、经验总结

（一）创新开展矩阵式的采样管理

污染团抵达绥望桥断面（入呼兰河约140 km处）后，监测组决定在下游增设11个断面开展加密监测，绥化工作组临时增加80余名采样人员，现场采样总人数骤增至200余人，为保证采样时效，创新实行矩阵式采样管理，将采样人员分成若干组，每组设立1名负责人，采样人员"两两一组"再分成若干小组，每小组"两两对调"采样，配备1台专用车辆，样品流转效率大幅提高。

（二）建立实验室24小时值班制度

坚持来样即测，测样即报原则，伊春、绥化、哈尔滨三地工作组合理优化实验室人员结构，按需分配增援人员，并统一实行24小时轮流值班制度，确保样品流转到实验室后，能够第一时间开展分析，第一时间报送数据至指挥部。

（三）建立驻实验室监督员制度

建立从进样、分析到数据审核全过程的质量监督，样品从采到测，标签填写必须规范；根据采样时间顺序进行样品分析，若有紧急样品，优先优测；分析结果根据规定时间正常上报，若有紧急样品，急用急报监测结果。

（四）采用多种技术手段开展多层次复合监测

坚持便携与手工相结合，在线与实验室相结合，无人机与地面核查相结合的方式解决监测速度的问题。及时调整应急监测设备，前期采用便携式设备和无人机开展高密度监测，快速定位污染团位置和浓度水平；后期采用实验室监测和车载高精度设备，准确掌握污染团峰值和变化趋势，实现了快速及时与准确高效的统一，满足了综合分析对数据的各项要求。

（五）高效准确的监测数据支撑科学治污

第一时间把监测数据提供给专家组，评估不同处置措施对污染物的去除率，支持专家组不断改进处置方案；分析污染团移动趋势和污染物浓度峰值变化规律，支持专家组在呼兰河清洁工程中实施分段拦截，改进工程措施，修正治理目标。在兰西水电站断面，污染物去除率由 30% 提高到 80% 左右，不仅实现了钼达标，还基本实现了水变清。

五、主要问题

一是应急监测运行机制不够完善。初期对事件的严重性、长期性准备不足，在监测方案不断调整的前提下，没有及时调集足够的应急监测力量，暴露出监测人员储备不足、运行机制不够顺畅等问题。

二是应急物资储备有待加强。水质自动监测车及钼便携测定仪等快速机动监测设备配置不足，应急监测设备使用的快速监测方法缺乏标准支撑，不能充分满足快速、规范开展应急监测的实际需求。

三是部门之间和监测组与专家组之间缺乏有效联动。监测初期与专家组互动不够充分，未能集中优势力量快速完成攻关任务；水利、农业与生态环境部门之间的联动体系尚不够健全，协同作战、合力攻关能力不强。

六、对策建议

一是加强应急监测队伍建设，完善运行机制。分层次建立应急监测人员队伍储备机制，引导社会化检测机构参与应急监测工作，加强应急监测培训和演练，保障运行机制高效畅通。

二是加强应急监测能力建设，推进方法标准化。加大各级应急监测队伍能力建设投入力度，加强应急监测车（船、无人机）配备，优先配置自动化程度高的现场监测技术装备；加快应急监测方法标准制定，完善应急监测方法和标准体系。

三是加强各部门之间的统筹协调，提升联动攻关能力。建议设立协调机构统一领导，完善与其他部门及专家组的协同联动和会商机制，提升工作合力和推力。

专家点评 //

一、组织调度过程

3月28日13时40分左右，伊春鹿鸣矿业有限公司尾矿库发生溢流事件，造成大量伴有尾矿砂的含钼污水下泄，接到黑龙江省生态环境厅应急指令后，黑龙江省生态环境监测中心立即启动应急监测预案，第一时间向伊春、绥化、哈尔滨部署监测任务。第一时间赶赴事发现场，研判污染态势。经前期勘查，预测本次污染有四大难点。一是泄漏量巨大。约253万 m^3 尾矿砂污水泄漏，为我国近20年尾矿库泄漏量最大的一次。二是治理难度大。泄漏的污水含有大量细小的尾矿砂颗粒，直径在75 μm以下，悬浮于水中不易沉降，造成水的浊度很高和钼污染。三是污染范围广。超标污水沿依吉密河持续进入呼兰河，形成了较长的污染带。四是自然降解慢。一般情况下，随着河水的流动，污染团长度会拉长，污染物浓度随之降低。

回顾整个应急响应和监测过程，黑龙江省环境监测系统的应急组织调度工作展现出应对充分、指挥有力、方案科学、统一高效等特点，具体体现在以下几个方面：一是调集多方力量开展联合监测，全面调集省内外监测力量，并紧急协调社会化检测机构、仪器厂家，共调集20家单位的110台车辆、50余台套设备、383名采样和分析人员，持续支援伊春、绥化、哈尔滨开展应急监测工作。二是整个应急分为5个阶段，各阶段制定的应急监测方案充分考虑到不同阶段事故对水环境的影响，同时紧密结合应急指挥部的决策需要，及时作出优化调整，确保了应急处置不同阶段应急监测方案的科学性。三是创新开展矩阵式采样管理，污染团抵达绥望桥断面（入呼兰河约140 km处）后，监测组决定在下游增设11个断面开展加密监测，绥化工作组临时增加80余名采样人员，现场采样人数骤增至200余人，为保证采样时效，创新实行矩阵式采样管理，将采样人员分成若干组，每组设立1名负责人，采样人员"两两一组"再分成若干小组，每小组"两两对调"采样，配备1台专用车辆，样品流转效率大幅提高，该做法值得借鉴学习。

二、技术采用

（一）监测项目及污染物确定

监测项目的确定体现出主次清晰、化繁为简、针对性和可操作性强的特点。在监测初期首先根据涉事企业环评资料确定监测项目，同时根据监测结果及时优化精简监测项目，确定将钼作为主要监测项目。

（二）监测点位、监测频次和监测结果评价及依据

1. 监测点位布设

应急监测过程中对点位布设的原则把握准确、目标清晰、针对性强，紧密围绕应急处置工作需要，在不同应急监测阶段对涉事企业的污染源排查和地表水监测点位适时作出补充和优化调整。

2. 监测频次的确定

监测频次的确定兼顾了初期应急处置急迫形势的需要和后期可持续跟踪事态发展

的需要。监测初期开展加密监测，此后逐阶段优化降低了监测频次，既满足了污染物动态变化趋势监测分析的需要，又保证了监测工作的有序和可持续开展。

3. 监测结果评价及依据

在监测过程中，严格按照有关污染物排放标准和环境质量标准对监测结果进行评价。评价使用的标准包括《污水综合排放标准》（GB 8978—1996）和《地表水环境质量标准》（GB 3838—2002）等。

（三）监测结果确认

本次应急监测从监测方案制定、人员、分析方法、仪器设备、数据报出等方面进行质量控制，全过程均采取了严格的质量保证和质量控制措施。其中，建立了驻实验室监督员制度。建立从进样、分析到数据审核全过程的质量监督，样品从采到测，标签填写必须规范；根据采样时间顺序进行样品分析，若有紧急样品，优先优测；分析结果根据规定时间正常上报，若有紧急样品，急用急报监测结果，该经验做法值得学习。

（四）报告报送及途径

案例在此方面的总结偏弱。

（五）提供决策与建议

案例在加强应急监测队伍建设，完善运行机制、加强应急监测能力和加强各部门间的统筹协调，提升联动攻关能力 3 个方面提出了很好的建议，为今后属地应急监测指明了方向。

（六）监测工作为处置过程提供的预警等方面

案例中第一时间把监测数据提供给专家组，评估不同处置措施对污染物的去除率，支持专家组不断改进处置方案；分析污染团移动趋势和污染物浓度峰值变化规律，支持专家组在呼兰河清洁工程中实施分段拦截，改进工程措施，修正治理目标。在兰西水电站断面，污染物去除率由 30% 提高到 80% 左右，不仅实现了钼达标，还基本实现了水变清。

三、综合评判意见，后续建议

（一）综合评判意见

本案例是尾矿库泄漏导致重大地表水体重金属污染事件。由于泄漏量巨大，造成水体钼超标，污染团流经依吉密河、呼兰河，直接威胁松花江水质安全。此事件是我国近年来由尾矿泄漏量导致的应急处置难度最大的突发水污染事件。主要内容涵盖了初期应对阶段、基本稳定阶段、应急监测与重要处置工程节点、经验总结、主要问题和对策建议 6 个方面。案例较为系统完整地回顾了应急监测全过程，尤其是针对应急监测不同阶段方案的具体调整过程和内容，对今后此类事故的应急监测响应具有较好的借鉴参考作用。

由于本次污染泄漏量巨大、污染范围广，泄漏的污水含有大量直径在 75 μm 以下细小的尾矿砂颗粒，悬浮于水中不易沉降，治理难度大，整个应急监测工作过程一波三折，极为艰巨。在初期应对阶段，在涉事企业附近布设断面，根据企业环评报告进行特征污染物排查，最终确定钼为主要的特征污染物；接着在受纳污染水体依吉密河和下游汇入河流呼兰河、松花江全程布设 13 个重点监控断面，明确污染特点及污染团的迁移规律，为应急处置提供参考。在基本稳定阶段，气温骤降导致除钼效率下降，为应急处置工作增添了难度。根据处置的实际情况，先后 8 次优化监测方案，规范设置重点监控断面，确保饮用水安全；同时，及时开展加密监测，支撑依吉密河污染物控制工程和呼兰河污染物清洁工程。在稳定达标阶段，继续实施监视性监测、例行性监测、巡查性监测，形成递进式组合型监测体系，持续监控流域后续污染治理工作。

本案例对处理重大流域水体重金属污染事件具有很好的参考意义。

（二）建议

1. 增加溯源工作总结及对涉事人员的调查处理总结；

2. 增加应急工作的场景照片等；

3. 该事件是由企业尾矿库溢流引起的，建议增加如何对属地重大风险源隐患进行监控的内容。

案例 28

甘肃陇星锑业有限公司选矿厂尾矿库溢流井破裂致尾砂泄漏事件环境应急监测

类　别：水质环境污染事件

关键词：水质环境污染事件　尾矿库　泄漏　锑　原子荧光分光光度计

摘　要：2015 年 11 月 23 日 21 时，甘肃陇星锑业有限公司选矿厂尾矿库溢流井破裂致尾砂泄漏，与库区积水混合后进入太石河，后汇入嘉陵江支流西汉水。11 月 25 日 9 时 20 分，甘肃省环境监测中心站接到甘肃省环保厅应急通知后，立即启动《甘肃省突发环境事件应急监测预案》，组织应急监测小组于 25 日 10 时出发，赶赴现场。17 时到达现场后，根据实际情况，组织先期已开展监测的陇南市环境监测站共同开展本次事件应急监测工作。截至 2016 年 1 月 29 日解除应急响应，本次事件应急监测工作持续 64 天，先后在陇南市环保局、成县环保局、成县镡河乡政府、西和县大桥镇建立 4 个应急监测实验室，从省环境监测站及兰州、天水等 9 个市（州）调集 191 人，投入应急监测车辆 40 台、高性能应急监测车 2 台开展应急监测，提供有效监测数据 10 325 个，发布监测快报 498 期。

一、初期应对阶段

（一）事件基本情况

2015 年 11 月 23 日 21 时 20 分左右，陇星锑业发现尾矿库排水涵洞发生尾砂外泄。11 月 26 日 2 时，距离事发地 117 km 的西汉水甘陕交界处锑浓度出现超标。12 月 4 日 18 时，距离事发地 262 km 的嘉陵江陕川交界处锑浓度出现超标。12 月 7 日 2 时，距离事发地 318 km 的广元市西湾水厂取水口上游 2 km 的千佛崖断面锑浓度出现超标。12 月 26 日 0 时，即距事发 33 天后，陕川交界处持续稳定达标。2016 年 1 月 28 日 20 时，即事发 67 天后，甘陕交界处持续稳定达标。

经调查组认定，此次事件是一起因企业尾矿库泄漏责任事故次生的重大突发环境事件，事件的直接原因是陇星锑业尾矿库排水井拱板破损脱落，导致尾矿及尾矿水泄漏进入太石河，造成太石河、西汉水、嘉陵江约 346 km 河段锑浓度超标。事件应急处置结束后，甘肃省陇南市、陕西省汉中市和四川省广元市委托技术评估单位，按照环境保护部印发的《环境损害鉴定评估推荐方法》等相关文件开展了环境损害评估工作。

通过应急处置阶段的损害评估核算，此次事件有 2.5 万 m³ 的尾矿及尾矿水泄漏，直接经济损失为 6 120.79 万元，造成了甘肃省西和县至四川省广元市境内 346 km 河道锑浓度超标。本次事件共造成甘肃、陕西、四川 3 省 10.8 万人供水受到影响，甘肃部分区域乡镇地下水井锑浓度超标。甘肃省西和县太石河沿岸约 257 亩农田受到一定程度污染。

（二）污染物的主要理化特性

锑（antimony）是一种具金属光泽的类金属元素，元素符号 Sb，原子序数为 51。它在自然界主要存在于硫化物矿物辉锑矿（Sb_2S_3）中。质硬而脆，呈鳞片状晶体结构。在潮湿空气中会逐渐失去光泽，强热则燃烧成白色锑的氧化物。易溶于王水，溶于浓硫酸。密度为 6.68 mg/cm³，熔点为 630℃，沸点为 1 635℃，原子半径为 1.28Å，电负性 2.2。锑化合物通常分为 +3 价和 +5 价两类。与同主族的砷一样，它的 +5 氧化态更为稳定。锑及其化合物有毒，作用机理为抑制酶的活性，这点与砷类似；与同族的砷和铋一样，三价锑的毒性要比五价锑大。但是，锑的毒性比砷低得多。急性锑中毒的症状也与砷中毒相似，主要引起心脏毒性（表现为心肌炎），不过锑的心脏毒性还可能引起阿－斯综合征。有报告称，从搪瓷杯中溶解的锑等价于 90 mg 酒石酸锑钾时，锑中毒对人体只有短期影响；但是相当于 6 g 酒石酸锑钾时，就会在 3 天后致人死亡。吸入锑灰也对人体有害，有时甚至是致命的：小剂量吸入时会引起头疼、眩晕和抑郁；大剂量摄入，例如，长期皮肤接触可能引起皮肤炎，损害肝脏、肾脏，剧烈而频繁的呕吐，甚至死亡。

（三）现场情况

2015 年 11 月 23 日 21 时许，甘肃陇星锑业有限责任公司选矿厂尾矿库溢流井水面下约 6 m 处隐蔽部分封堵井圈出现破裂，导致溢流井周围约 3 000 m³ 矿浆流入涵洞，与库区积水及山体来水混合后流至太石河，而后汇入西汉水，流经甘肃省西河县、成县及康县，最终进入陕西省略阳县，事发地距离甘陕交界处约 120 km。陇南市及各县（区）环境监测人员在现场开展监测工作，甘肃省环境监测中心站技术人员接到通知后于 11 月 25 日 17 时到达现场，配合省环境厅前方工作组迅速开展调查监测。

（四）应急预案启动

11 月 24 日，陇南市启动《突发事件应急预案》Ⅲ级响应；11 月 25 日 8 时 40 分，省环境厅启动突发环境事件应急响应；11 月 27 日，省政府启动Ⅱ级应急响应；11 月 27 日，环境保护部派事故调查组及专家组抵达陕西略阳，召开了三省协调会。

（五）应急监测方案

初期先后制定并调整监测方案 4 期，共设置 1 个污染源点位和 11 个地表水断面，具体为：事发点太石河上游 300 m 处（背景点）、尾矿库涵洞口排水、尾矿排口汇入

太石河下游 1 000 m、太石河汇入西汉水前 300 m（事发点太石河下游 28 km 处）、汇
入口西汉水上游 300 m 处（西汉水背景点）、汇入口西汉水下游 1 000 m（事发点下游
约 30 km 处）、西汉水毛坝桥断面（事发点下游约 78 km 处）、罗湾村、镡河大桥上游
200 m 处（事发点下游约 120 km 处）、镡河乡建村下游 3 km 处（距陕西界约 10 km）、
西成大桥断面、略阳县西槐坝断面。监测频次为 1 次 /4 h，11 月 27 日在陕西略阳召开
三省协调会后调整为 1 次 /2 h。由于考虑尾矿中含有铜、铅、锌、镉、砷、汞等其他
伴生重金属，监测项目为 pH、铅、铜、锌、镉、砷、锑。

由于重金属应急监测仪器设备的检出限、稳定性、准确性无法满足应急监测的需
要，本次应急监测采取抽调实验室仪器设备搭建临时实验室的方式进行，主要用到的
仪器设备有 pH 计、原子吸收光谱仪、电感耦合等离子体质谱仪，原子荧光光谱仪。
监测方法具体见表 1。

表 1 监测方法

监测项目		分析方法	方法依据
污水	铅、铜、锌、镉	《水质 铜、锌、铅、镉的测定 原子吸收分光光度法》	GB 7475—87
	锑、砷	《水质 汞、砷、硒、铋和锑的测定 原子荧光法》	HJ 694—2014
	pH	《水质 pH 值的测定 玻璃电极法》	GB 6920—86
地表水	铅、铜、锌、镉	《水质 65 种元素的测定 电感耦合等离子体质谱法》	HJ 700—2014
	锑、砷	《水质 汞、砷、硒、铋和锑的测定 原子荧光法》	HJ 694—2014
	pH	《水质 pH 值的测定 玻璃电极法》	GB 6920—86

污水按照《污水综合排放标准》（GB 8978—1996）评价；地表水参照《地表水环
境质量标准》（GB 3838—2002）进行评价。具体评价标准见表 2。

表 2 评价标准

监测项目		标准限值	评价标准
污水	铅	1.0 mg/L	《污水综合排放标准》（GB 8978—1996）"表 1 第一类污染物最高允许排放浓度"
	镉	0.1 mg/L	
	砷	0.5 mg/L	
	pH	6～9 mg/L	《污水综合排放标准》（GB 8978—1996）"表 4 第二类污染物最高允许排放浓度"一级标准
	铜	0.5 mg/L	
	锑	—	
	锌	2.0 mg/L	
地表水	pH	6～9 mg/L	《地表水环境质量标准》（GB 3838—2002）"表 1 地表水环境质量标准基本项目标准限值"，Ⅲ类
	铅	0.05 mg/L	

监测项目		标准限值	评价标准
地表水	铜	1.0 mg/L	《地表水环境质量标准》（GB 3838—2002）"表 1　地表水环境质量标准基本项目标准限值"，Ⅲ类
	锌	1.0 mg/L	
	镉	0.005 mg/L	
	砷	0.05 mg/L	
	锑	0.005 mg/L	《地表水环境质量标准》（GB 3838—2002）"表 3　集中式生活饮用水地表水源地特定项目标准限值"

（六）监测结果

11 月 24 日的监测结果显示，部分断面铅、砷、锑有不同程度超标，11 月 25 日除锑以外的其他重金属浓度均达标。因此本次事件确定特征污染物为锑，并将地表水体中锑浓度达标 0.005 mg/L［参照《地表水环境质量标准》（GB 3838—2002）中"表 3　集中式生活饮用水地表水源地特定项目标准限值"］作为应急处置工作目标。

（七）保障调度

初期由陇南市环境监测站和成县环境监测站的实验分析人员负责样品分析，陇南市、成县、西和、康县、徽县等环保部门人员负责现场样品采集工作，共设置了武都区、成县两个应急监测实验室，投入原子荧光分光光度计 3 台和电感耦合等离子体质谱仪 2 台。由于陇南山大沟深，道路狭窄湿滑，时有雨雪落石，交通十分不便，为确保样品及时采集，根据采样断面的交通情况，对采样人员进行了分组，每个采样小组安排 3 台采样车，通过接力方式快速运送样品。

11 月 25 日，甘肃省环境监测中心站人员到达现场后共同开展样品分析工作，并且应急监测工作由省站统一组织实施，成立了应急监测领导小组、监测组、信息情报组和后勤保障组。应急监测领导小组组织实施应急监测工作，协调指导各小组工作，审核应急监测报告，及时向上级汇报；监测组收集污染事件有关监测资料和信息，编制应急监测方案，按指挥中心指令赶赴现场实施取样、监测工作；信息情报组及时收集、汇总应急监测数据及相关信息资料，审核数据质量，及时编制应急监测报表、报告、趋势图，上报领导小组；后勤保障组提供和解决环境应急监测所需的车辆、物资、实验用品、吃住等后勤保障工作。

二、基本稳定阶段

（一）现场处置措施

通过切断源头、筑坝拦截等手段全力控污降污，主要措施包括以下几个方面：

1. 切断源头

现场处置组采取多项措施实施源头封堵，切断污染物继续进入太石河的通道。
12 月 1 日完成了破损的 2# 排水井临时封堵，阻断了尾矿泄漏通道；通过铺设管道、
开挖防渗沟渠、修建防渗坝体对事发地上游清水进行引流，实现与受污染区域隔离；
截流尾矿库上游山泉水，阻止其进入排水涵洞冲刷残存尾矿浆；在尾矿库排水涵洞排
水口周边设置围堰和防渗池，拦截处置涵洞渗出的高浓度污水。

2. 筑坝拦截

现场处置组先后在太石河、西汉水构筑临时拦截坝 198 座，有效减缓污水下
泄，为下游应急处置争取时间的同时，也为在河道通过技术措施实现降污目的创造了
条件。

3. 水利调蓄

现场处置组先后对位于陇星锑业上游的红河水电站、苗河水电站实施关闸蓄水，
减缓污染团迁移速度。

4. 技术降污

经专家论证和实验，先后共建设了 6 套临时应急处置设施，采用铁盐混凝沉降法
降低水体中溶解态锑的浓度。

5. 河道清污

为有效减少沉降在河道底泥及附着物中污染物锑溶解释放，现场处置组调集大型
机械在太石河河床开挖深槽，主动引流河水腾出作业面，清运河道砂石、污染底泥及
沉积物。

（二）应急监测方案

先后 8 次调整应急监测方案，河流及污染源监测断面（点位）进行了 3 次调整，
分别调整为 7 个、5 个和 3 个；监测频次进行了 3 次调整，分别为 1 次 /2 h、1 次 /6 h
和 1 次 /12 h；监测项目为锑。

2015 年 11 月 30 日，为了解甘肃陇星锑业有限公司尾砂泄漏对太石河和西汉水水
系沉积物的影响，第 6 期方案增加了水系沉积物的监测，共设置 8 个监测点位（太石
河汇入西汉水前 2 km 处、太石河汇入西汉水下游凤凰桥、太石河乡建村下游、尾矿库
涵洞口外排口、事发地下游 3 km 处、西汉水毛坝大桥、西汉水成县镡河大桥、西汉水
成县镡河乡建村），监测项目为锑、铜、铅、锌、镉，具体监测方法见表 3。

表 3　监测方法

监测项目		分析方法	方法依据
沉积物	铜、锌	《土壤质量　铜、锌的测定　火焰原子吸收分光光度法》	GB/T 17138—1997
	镉、铅	《土壤质量　铅、镉的测定　石墨炉原子吸收分光光度法》	GB/T 17141—1997
	锑	《土壤和沉积物　汞、砷、硒、铋、锑的测定　微波消解 /原子荧光法》	HJ 680—2013

12月3日，为配合现场应急处置，增加了投药点的监控性监测（第8、9期监测方案），实时监控处理效率，共设置3个投药点位的6个监控断面，分别为太石河渔洞村上游100 m和下游650 m共2个投药点，在西汉水观音峡（索池隧道）上游100 m和下游650 m、土蒿坪村上游100 m和下游1 000 m共3个投药点。监测频次为1次/2 h，监测项目为锑。

2015年12月10日，为摸清太石河是否受其他污染源影响，制定补充监测方案，对太石河段的嘉庆沟和竹子沟进行调查监测。共设置4个污染源点位和14个地表水断面，监测项目为锑。

自12月10日起，甘肃出境断面锑最大浓度值超标倍数稳定在1倍左右且持续下降。12月15日，经商环保部应急指挥部，现场指挥部决定对应急监测方案进行调整（第10期），进一步优化监测点位和监测频次。

自12月21日起，超标倍数均在0.5倍以下并保持稳定，事发点太石河上游3 km处断面（太石河背景点）和西汉水上游300 m处断面（西汉水背景点）2个背景点断面锑浓度持续稳定达标。12月30日，经商环保部应急指挥部，现场指挥部决定对应急监测方案进行再次调整（第11期），进一步优化监测点位。从12月25日起，超标倍数均未超过0.4倍，而且自12月31日起稳定在0.3倍及以下，保持在0.2倍相对稳定态势；太石河汇入西汉水上游300 m处断面达标次数明显增多，自12月22日起出现连续达标后，在12月25日至1月11日18天的72次监测中，共有55次达标；西汉水西成大桥断面在26日、28日、29日、31日4天各出现1次超标，但均接近标准限值，之后自1月1日起持续达标。2016年1月12日，经商环保部应急指挥部，现场指挥部决定对应急监测方案进行再次调整，进一步优化监测频次。

（三）质量保证

为确保各应急实验室之间数据准确，4个应急监测实验室进行了仪器、人员比对，数据比对合格率100%。此外，各实验室通过质控样、平行样、加标回收、空白样（纯净水）等质量控制措施，进一步保证监测数据准确可靠。

12月2日，中国环境监测总站组织了甘肃、陕西、四川三省监测部门在陕西略阳进行了座谈，交流了应急监测开展情况，经会议讨论，统一了分析方法和质控措施，并建立了数据共享机制。

（四）保障调度

根据现场实际情况，监测组从省站、陇南市、天水市、成县、徽县等监测站等又调集了5台原子荧光仪，分别于11月28日、12月1日在镡河乡政府和太石河乡成立了第三、第四应急监测实验室，并从陇南、嘉峪关、张掖、金昌、白银、临夏、甘南、平凉、天水、定西等10个监测站抽调了19名具有水质锑持证上岗资格的专业分析人员参与应急监测工作。同时邀请了安捷伦和北京吉天2名厂家技术工程师到现场为实验室仪器正常运行提供技术保障。在确保前方应急工作顺利开展的同时，在省站成立了后方保障组，随时向前方调配有关仪器设备及耗材配件。

（五）监测结果

经监测分析，主要断面监测结果情况如下：

太石河上游 3 000 m 处断面（太石河背景点）：11 月 28 日至 12 月 30 日监测结果显示，该断面锑浓度符合《地表水环境质量标准》（GB 3838—2002）标准限值要求（标准限值为 0.005 mg/L），说明太石河上游 3 000 m 处水质未受到污染。

西汉水上游 300 m 处断面（西汉水背景点）：12 月 16 日至 30 日监测结果显示，该断面锑浓度符合《地表水环境质量标准》（GB 3838—2002）标准限值要求（标准限值为 0.005 mg/L），说明西汉水上游 300 m 处水质未受到污染。

太石河汇入西汉水前 300 m 处断面：按照《地表水环境质量标准》（GB 3838—2002）标准限值评价，该断面锑浓度从 11 月 26 日 0 时的超标峰值逐步下降至 12 月 12 日超标 1 倍左右，在 12 月 22 日开始出现连续达标后，虽不够稳定，但达标次数明显增多，尤其从 1 月 1—8 日连续 8 天均是全天达标，自 1 月 9 日 12 时起，出现小幅反弹，1 月 10—13 日 4 天均未能全天达标。1 月 14 日情况好转，开始恢复达标态势，持续 6 天后，1 月 21 日再次出现反弹超标后，1 月 22 日开始再次恢复达标，1 月 25 日 10 时又出现 1 次超标后，从 20 时开始稳定达标，未出现反弹，具体趋势见图 1。

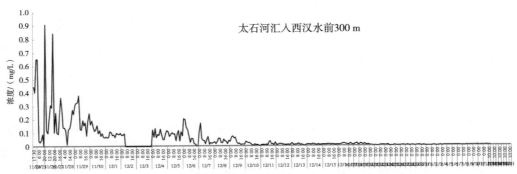

图 1　太石河汇入西汉水前 300 m 处断面锑浓度变化趋势

西汉水西成大桥断面：按照《地表水环境质量标准》（GB 3838—2002）标准限值评价，该断面锑浓度从 11 月 25 日 20 时超标峰值逐步开始下降至 12 月 7 日超标 1 倍以下，自 12 月 21 日起，在持续达标 7 天后，26 日、28 日、29 日、31 日 4 天各出现一次超标，但均接近标准限值，之后自 1 月 1 日起继续持续达标，截至 1 月 29 日持续达标 29 天，具体趋势见图 2。

西汉水成县镡河乡建村断面（出省界断面）：按照《地表水环境质量标准》（GB 3838—2002）标准限值评价，该断面锑浓度从最大超标 120.5 倍逐步下降到 12 月 11 日 1 倍以下，之后下降趋势放缓，从 12 月 31 日开始均在 0.3 倍及以下，在持续 17 天 0.2 倍相对稳定态势后，从 1 月 16 日 20 时起，下降到 0.1 倍相对稳定态势，在持续 8 天后，1 月 25 日 20 时出现首次达标后，持续达标，具体趋势见图 3。

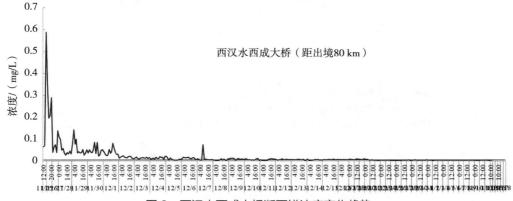

图2　西汉水西成大桥断面锑浓度变化趋势

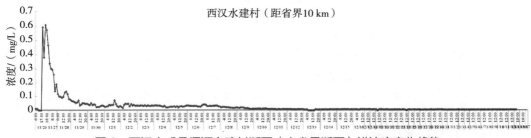

图3　西汉水成县镡河乡建村断面（出省界断面）锑浓度变化趋势

（六）相关处置建议

根据应急监测结果及趋势分析，应急监测组在做好监测工作的同时及时向指挥部提出合理建议，为指挥部科学决策提供技术支撑。主要建议如下：

1. 加密监测，跟踪污染团

对成县镡河乡建村（出省断面）进行加密监测，跟踪污染团，确定污染范围，监测频次为1次/h，监测结果显示：11月26日15时的监测结果为0.0023 mg/L，之后于16时出现高浓度超标数据，并在17时达到峰值。

2. 排查监测，阻断污染源

针对事发点太石河上游锑浓度超标情况，对太石河开展排查监测。监测结果显示，嘉庆沟汇入太石河处锑浓度超标，竹子沟陇星锑业采矿厂下游汇入太石河处锑浓度达标。结合现场排查发现嘉庆沟上游有弃渣场存在，对嘉庆沟水体造成污染。监测组提出加快对嘉庆沟的污染治理，切断事发点上游污染源的建议。现场处置组在《太石河锑污染控制工程总体方案》中增加太石河上游嘉庆沟弃渣场新建投药点，进行污染处置。

为了解甘肃陇星锑业有限公司尾砂泄漏量及范围，对太石河和西汉水水系沉积物开展监测。监测结果显示，本次污染泄漏尾砂主要聚集在受污太石河段，西汉水段泄入量不大，具体分布情况见图4。监测组建议清淤泥河段重点设置在太石河段。专家组结合监测数据测算，太石河段流域沉积的锑含量为 5.72 t，需清理底泥量约 4 800 t。现场处置组结合监测结果和专家意见制定处置方案并组织实施。

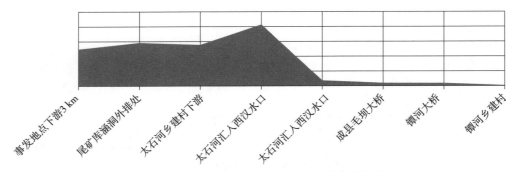

事发地点下游3 km　尾矿库涵洞外排处　太石河乡建村下游　太石河汇入西汉水口　太石河汇入西汉水口　成县毛坝大桥　镡河大桥　镡河乡建村

图 4　太石河—西汉水水系沉积物锑的含量分布

3. 实时跟踪监测，监控处置效率

12 月 6 日、7 日监测结果显示，太石河汇入西汉水前 300 m 处断面锑浓度除出现较大反弹，下游西成大桥断面锑浓度在 12 月 7 日 4 时、6 时达标后又开始反弹上升。经现场核查，太石河水质超标主要是由水量减少及鱼洞村投药点投药量不稳定造成的。针对上述情况，及时向前方工作组提出"进一步加大对太石河流域的现场治理工作，及时根据超标倍数调整投药量"的建议。

12 月 5 日、6 日监测数据显示，上游西汉水西成大桥断面锑超标倍数恒定在 1～2 倍，12 月 5 日 4 时、12 时、14 时、16 时等个别时段锑浓度出现达标现象，但下游观音峡索池隧道投药点的锑浓度最高超标近 10 倍，下游毛坝大桥、镡河大桥断面锑浓度超标倍数也稳定在 10 倍左右。综上判断，在西成大桥至观音峡索池隧道投药点河段可能存在沉积的尾渣未被清除或有前期拦截的高浓度污染团排放，导致锑浓度反弹。针对上述情况，向前方工作组提出了"应尽早排查并及时清除污染源，降低西成大桥至观音峡索池隧道投放点河段锑浓度"的建议。

根据镡河乡建村（出境断面）铁超标现象，及时向现场工作组提出了"在保证锑污染治理效果的前提下，及时调整加药工艺和加药量，确保出省断面铁浓度达标"的建议。

4. 配合处置，支撑决策

为配合处置组进行稀释处置对主要断面开展监测，毛坝大桥、西城大桥断面锑浓度随水量变化关系见表 4，监测结果显示：自 5 日 2 时起，西汉水流量从 5.45 m³/s 增加至 16 m³/s 后，西成大桥断面锑浓度从超标 3.4 倍下降至超标 1.7 倍，该断面 5 日 4 时、12 时、14 时、16 时 4 个时段水质达标，说明流量的增加对该断面锑浓度稀释作用明显。毛坝大桥断面锑浓度和流量不存在相关关系。结合现场实际分析原因为，与在河道内筑设拦截坝有关。在污染处置过程中，在西汉水河道内筑有大量的拦截坝，使河道内流速放缓，同时将河道内污染带切割为不规则的污染团，导致稀释作用不明显。

表 4　毛坝大桥、西成大桥断面锑浓度随水量变化关系

时间	流量 / (m³/s)	毛坝大桥超标倍数	西成大桥超标倍数
3 日 0 时	0.74	7.2	1.6
3 日 8 时	0.428	7.2	1.5
3 日 12 时	0.426	6.8	2.2
3 日 14 时	0.426	9.6	1.6
3 日 16 时	0.426	7.6	1.5
4 日 12 时	4.01	4.4	1.2
4 日 14 时	6.6	4.3	3
4 日 22 时	5.45	4.6	3.4
5 日 2 时	16	5	1.7
5 日 4 时	14.7	6.3	0
5 日 8 时	17.6	11.4	0.8
5 日 10 时	11.9	11.5	0.3
5 日 12 时	9.78	10.5	0
5 日 14 时	8.53	10.8	0
5 日 16 时	8.53	8.4	0

为确保镡河乡建村出省断面锑浓度达标，对底泥中锑溶解释放进行监测，监测结果显示，随着时间的推移，底泥中锑逐渐溶解释放（表 5）。结合监测结果和水文数据计算污染物通量。

表 5　西汉水底泥中锑溶解释放监测结果　　　　　　　　　单位：mg/L

采样点名称	4 h	8 h	12 h	24 h	48 h
太石河魏坝村	0.049 1	0.076 5	0.084 5	0.114 4	0.229 7
鱼洞村坝前絮体	0.016 7	0.028 7	0.032 3	0.031 2	0.014 7
太石河汇入西汉水口	0.016 2	0.023 5	0.095 3	0.102 1	0.274 9
太石河汇入西汉水口	0.075 7	0.117 6	0.117 2	0.195 5	0.173 5
龙凤大桥左侧	0.013 4	0.005 8	0.010 6	0.009 6	0.009 3
龙凤大桥右侧	0.006 7	0.004 1	0.008 2	0.006 7	0.005 6
成县毛坝大桥左侧	0.012 7	0.007 1	0.010 3	0.015 8	0.012 2
成县毛坝大桥右侧	0.005 6	0.003 1	0.005 7	0.004 3	0.003 8
镡河大桥左侧	0.070 0	0.037 6	0.093 2	0.078 8	0.116 4
镡河大桥右侧	0.018 7	0.016 6	0.016 6	0.018 8	0.020 2
镡河乡建村右侧	0.067 4	0.046 9	0.029 0	0.031 8	0.039 0

经分析，若不对嘉庆沟、竹子沟、山青村、太石河干流采取工程处置措施，太石河将锑浓度超标 8～10 倍，西汉水建村出省断面锑浓度将超标 1 倍左右，各影响因素贡献比如图 5 所示。可见太石河汇入锑通量最大，约 3.75 kg/d，占总通量的 51.1%；其次为西汉水含尾砂底泥（40.2%）、西汉水上游来水（7.2%）、西汉水含絮体底泥（0.8%）和其他支流汇入（0.7%）。

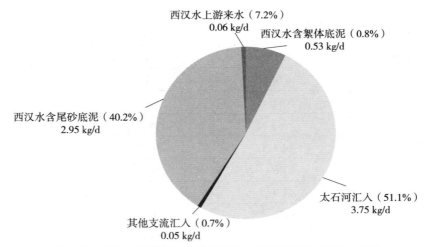

图 5　不采取工程措施西汉水建村出省断面锑污染贡献度分析

若采取工程措施，将对太石河污染负荷削减 91%，西汉水含尾砂底泥贡献量最大，约 2.95 kg/d，约占总通量的 74.9%；其次为西汉水上游来水（13.4%）、太石河汇入（8.9%）、西汉水含絮体底泥（1.5%）和其他支流汇入（1.3%），具体见图 6。

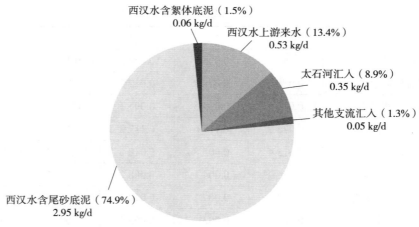

图 6　采取工程措施后西汉水锑污染贡献度分析

在采取工程措施的情况下，对西汉水锑浓度贡献度最大的河段为太石河交汇口至西武大桥的 20 km 长河段，贡献度为 44.5%。其次为西武大桥至镡河大桥 45 km 长河段（26.5%）、太石河交汇口西汉水上游（14.7%）、太石河汇入（8.9%）、镡河大桥至建村出省断面 27 km 长河段（5.5%），具体见图 7。

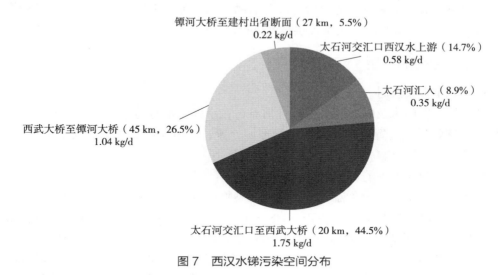

镡河大桥至建村出省断面（27 km，5.5%）
0.22 kg/d

太石河交汇口西汉水上游（14.7%）
0.58 kg/d

太石河汇入（8.9%）
0.35 kg/d

西武大桥至镡河大桥（45 km，26.5%）
1.04 kg/d

太石河交汇口至西武大桥（20 km，44.5%）
1.75 kg/d

图 7　西汉水锑污染空间分布

注：建村出省断面锑总通量 3.94 kg/d。

综上所述，监测组建议继续对太石河进行工程削污，并分阶段、分步骤地对太石河河床进行清理与整治；对西汉水河段河滩淤泥通过投加高效稳定剂阻隔锑溶解释放，为后续河流水位升高或滩涂淤泥清理做前期准备。

三、稳定达标阶段

西汉水成县镡河乡建村断面（出省断面）1 月 25 日 20 时出现首次达标后延续达标态势，截至 1 月 29 日已稳定达标 4 天。2016 年 1 月 29 日，经商环保部应急指挥部，现场指挥部决定解除应急监测状态，并自 1 月 30 日起转入后续监测，并制定后续监测方案，转入后续监测后由陇南市环境监测部门开始承担监测。设置 3 个监测点位，分别为太石河汇入西汉水前 300 m 处断面、西汉水西武大桥断面（距出省断面 80 km）、西汉水成县镡河乡建村（出省断面）；监测项目为锑；监测频次为 1 次 /7 d。

四、案件总结

（一）经验

1. 精心组织，合理安排，确保监测结果及时上报

由于陇南地形复杂，山大沟深，交通不便，为保障样品及时送达至实验室进行分析，本次应急监测在现场搭建临时实验室合理分配样品采集和分析任务，节约时间，有效保障了环境应急监测数据的及时性，为环境应急处置提供技术支撑。同时为保障应急监测工作顺利进行，全省一盘棋从其他 10 个市（州）抽调技术人员参与本次应急

监测工作。

2. 科学分析，合理建议，积极为现场指挥部提供技术依据

根据应急监测结果及趋势分析，应急监测组积极配合现场处置，及时向指挥部提出合理建议，为指挥部科学决策提供技术支撑。

（二）存在的不足

1. 信息上报不及时

当地环保部门未及时有效上报事件信息，在事件初期对污染严重性预见不足，未及时采取有效拦截处置措施。导致后续环境处置、环境应急监测工作处于被动状态，造成了较大范围的影响。

2. 缺少应急状态下的环境质量标准

本次突发环境事件应急监测所涉特征污染物锑没有相应的环境质量标准，全流域参照《地表水环境质量标准》（GB 3838—2002）"表3　集中式生活饮用水地表水源地特定项目标准限值"中的锑限值（0.005 mg/L）执行。通过情景反演分析，若本次锑污染事件执行 WHO《饮用水水质准则》（标准限值为 0.020 mg/L），将大幅缩短应急处置时间。建议参考美国做法，在设置常规标准限值的同时，增设应急处置阶段标准，作为在突发环境事件应急处置过程中执行的标准限值。这样既符合实际情况，也可降低突发环境事件处置成本，避免浪费社会公共资源。

3. 市、县级监测能力薄弱

受限于人员编制，市、县级监测人员严重不足，在本次应急监测中，为满足要求，各监测人员疲于奔命，连续作战，无形中增大了人员安全隐患。建议按实验室标准化建设要求，增加监测人员编制。

4. 基础数据缺乏

事发地太石河与太石河汇入西汉水后河流缺乏背景数据，造成事发前后监测数据对比困难，因此结合本次事件，建议对陇南市内所有河流重金属特征污染物情况进行一次摸底调查，说清现状，发现隐患及潜在风险及时向环境保护主管部门汇报。

专家点评 //————————————————

一、组织调度过程

本案例中的应急事件是一起因企业尾矿库泄漏责任事故次生的重大突发环境事件。造成了甘肃省西和县至四川省广元市境内 346 km 河道锑浓度超标，甘肃、陕西、四川三省 10.8 万人供水受到影响，甘肃部分区域乡镇地下水井锑浓度超标，甘肃省西和县太石河沿岸约 257 亩农田受到一定程度污染。起初当地环保部门未及时有效上报事件信息，在事件初期对污染严重性预见不足，未及时采取有效拦截处置措施。后经省环保厅和环保部介入后，响应迅速、处理及时，国家、省、地方精心组织，合理安排，应急方

案制定科学，数据上报及时，监测部门为事件最终成功处置提供了重要支撑。

二、技术采用

（一）监测项目及污染物确定

本案例中为甘肃陇星锑业有限公司选矿厂尾矿库溢流井破裂致尾砂泄漏，监测项目比较明确，主要为锑，考虑尾矿中含有铜、铅、锌、镉、砷、汞等其他伴生重金属，监测项目为pH、铅、铜、锌、镉、砷、锑。

（二）监测点位、监测频次和监测结果评价及依据

1. 监测点位布设

应急监测过程中对点位布设的原则把握准确、目标清晰、针对性强，紧密围绕应急处置工作需要。

2. 监测频次的确定

监测频次的确定兼顾了初期应急处置急迫形势的需要和后期可持续跟踪事态发展的需要。事故发生初期开展加密监测，此后逐阶段优化降低了监测频次，既满足了污染物动态变化趋势监测分析的需要，又保证了监测工作的有序和可持续开展。监测组先后对应急监测方案进行8次优化调整，涉及河流及污染源监测断面（点位），以及底泥及污染治理期间调整了监测频次。

3. 监测结果评价及依据

在监测过程中，严格按照有关污染物排放标准和环境质量标准对监测结果进行评价。评价使用的是《地表水环境质量标准》（GB 3838—2002）。

（三）监测结果确认

本次应急监测从监测方案制定、人员、分析方法、仪器设备、数据报出等方面进行质量控制，全过程均采取了严格的质量保证和质量控制措施。因事故地涉及三省，经中国环境监测总站统一协调，统一了分析方法和质量控制措施，并建立了数据共享机制。

（四）报告报送及途径

监测初期，当地环保部门未及时有效上报事件信息，对污染严重性预见不足，未及时采取有效拦截处置措施。后经省环保厅和环保部介入后，数据上报及时，途径畅通，整个应急监测期间，提供有效监测数据10 325个，发布监测快报498期，监测部门为事件最终成功处置提供了重要支撑。

（五）提供决策与建议

根据应急监测结果及趋势分析，应急监测组积极配合现场处置，及时向指挥部提出合理建议，为指挥部科学决策提供了技术支撑。

（六）监测工作为处置过程提供的预警等方面

通过加密监测，跟踪污染团；排查监测，阻断污染源；实时跟踪监测，配合现场应急处置，增加了投药点的监控性监测，提高了监控处置效率，为应急处置提供有效决策与建议。

三、综合评判意见

案例主要内容涵盖了应急监测响应及污染物筛查阶段（第一阶段）、监测范围持续

扩展阶段（第二阶段）、应急监测全覆盖阶段（第三阶段）、事故后期处置阶段（第四阶段）、应急监测结束后续工作、应急监测期间质量控制与质量保证、本次事故应急监测特点、应急监测建议等几个方面。案例较为系统完整地回顾了应急监测全过程，尤其是调度周边市（州）监测力量，跟踪污染团监测、监控处置效率的监测以及应急监测对决策部门的建议及后期处置过程对今后此类事故的应急监测响应具有较好的借鉴参考意义。

2015年11月23日21时20分左右，陇星锑业发现尾矿库排水涵洞发生尾砂外泄。11月24日，陇南市启动《突发事件应急预案》Ⅲ级响应；11月25日，甘肃省环境厅启动突发环境事件应急响应；11月27日，甘肃省政府启动Ⅱ级应急响应。事件初始阶段，市、省环保部门与政府均作出了积极响应，及时启动应急响应并根据事件的严重程度和发展态势变更了应急响应的等级，充分体现了应急监测工作响应的及时性、可行性与代表性。

在基本稳定阶段，现场指挥部先后8次调整应急监测方案，河流及污染源监测断面（点位）进行了3次调整，分别调整为7个、5个和3个；监测频次进行了3次调整，分别调整为1次/2 h、1次/6 h、1次/12 h，体现了应急监测工作的灵活性。同时，在该阶段为确保出省断面锑浓度达标，对底泥中锑溶解释放进行了监测，并结合水文数据计算污染物通量，所得结果有力地支撑了处置决策。

进行稀释处置对主要断面开展监测，可见随着时间的推移，底泥中锑逐渐溶解释放。

在应急监测测试项目方面，镉和锑在《地表水环境质量标准》（GB 3838—2002）中的标准限值均为0.005 mg/L，要求测试仪器的灵敏度较高，以阳极溶出伏安法为主的便携式重金属分析仪的检出限、稳定性、准确性无法满足应急监测的需要，只能采用实验室的仪器检测，这也影响了测试数据的及时报出。由此也说明在应急监测能力建设中，针对重金属污染需要增加高灵敏度监测设备的必要性。

事件应急处置结束后，甘肃省陇南市、陕西省汉中市和四川省广元市三市人民政府委托了技术评估单位，按照环境保护部印发的《环境损害鉴定评估推荐方法》等相关文件开展了环境损害评估工作，为做好事件善后处置工作提供了技术支撑。

此事件受影响水质断面涉及甘肃、陕西和四川三省，使三省10.8万人供水受到影响，造成甘肃部分区域乡镇地下水井锑浓度超标。此事件凸显饮用水水源地保护工作应不受地域限制，建立整个嘉陵江流域风险管控系统，建立上下游之间联动机制，将饮用水水源地污染风险化解于平时的管理控制工作过程之中，切实保护好饮用水水源地水质。

06

第六部分
地震灾害环境应急监测

案例 29

四川阿坝州九寨沟县 7.0 级地震应急监测

关键词：地震　水质监测　2017年　车载 GC-MS　便携式重金属分析仪

摘　要：2017年8月8日21时20分左右，四川阿坝州九寨沟县发生7.0级大地震。灾情发生后，四川省环保系统立即启动应急预案，在省生态环境厅的统一指挥调度下，四川省环境监测总站、阿坝州环境监测中心站、内江市环境监测中心站3支应急监测队伍携带应急监测设备（包括挥发性有机物监测设备、重金属监测设备、常规监测设备）相继挺进震中，现场成立了省、市、县三级联合应急监测指挥中心，负责现场应急监测与调查统一指挥调度。抗震救灾应急监测工作有条不紊地开展，对震区地表水和主要污染源开展了持续监测。

本次应急监测共调动省、市、县约40名应急监测人员，省、州两级共编制上报应急监测报告13份，为保障灾区饮用水安全、说清灾区及下游水体受影响情况、说清主要污染源污水排放状况提供了坚实的技术支撑。监测结果显示，此次地震未诱发明显的次生环境影响。

一、初期应对阶段

（一）应急监测响应

2017年8月8日，九寨沟县7.0级地震发生后，阿坝州环境保护局立即启动应急预案，由州局局长带领应急监测队伍携带常规监测设备于9日凌晨从州府马尔康向震中出发，受塌方导致的道路中断影响，应急监测队伍经过10多个小时的高强度行军，于9日19时抵达震区九寨沟县，成为第一支进入灾区的环境应急监测队伍。

到达县城后，阿坝州环境监测站（以下简称阿坝州站）、九寨沟县环境监测站（以下简称县站）两级应急监测队伍同尚在路上的四川省环境监测总站（以下简称省总站）、内江市环境监测站（以下简称内江市站）应急监测人员召开简短电话会议，成立了九寨沟"8·8"地震省、州、县三级环境保护应急工作组，分设应急监察组、样品采集组、监测分析组、信息收集整理报送组、后勤保障组，并完成各组工作任务分配，作出了应急工作纪律和安全防护要求。会后，州、县两级监测站迅速启动初期应急监测，构建应急监测首道防线。

（二）应急监测方案编制

8月9日晚，阿坝州站应急监测分队率先抵达九寨沟县后，商省总站制定了《九寨沟"8·8"地震应急监测方案》，依托州、县应急监测设备，初期应急监测以氨氮、总磷等常规监测指标为主。主要考虑地震本身可能导致天然水体地球化学性质的改变，反映在监测指标上主要为pH、电导率、水温等。另外，地震可能导致当地污水处理厂、垃圾填埋场等污染源的非正常排放，故增加了氨氮、总磷监测指标。应急监测在九寨沟县集中式饮用水水源地（包括县城和地震重灾区漳扎镇）和主要河流重点水质断面共布设了8个水质监测断面开展应急监测。具体监测内容详见表1、表2。

表1 初期应急监测断面、监测因子及监测频次

断面编号	监测断面名称	所属河段	断面属性及作用	监测因子	监测频次
1	漳扎镇牙屯水厂水源地	白河小支流	漳扎镇集中式饮用水水源地	水温、pH、电导率、氨氮（NH₃-N）、总磷（TP）	1次/d
2	九寨沟县城姚家沟水源地	白水江小支流	县城备用水源		
3	九寨沟县城潘家沟水源地	白水江小支流	县城在用水源		
4	漳扎镇上游500m断面	白河	灾区上游背景断面		
5	漳扎镇下游1km断面	白河	监控断面		
6	九寨沟风景名胜区出沟水质断面	白河	监控断面		
7	九寨沟县城上游500m岭岗岩断面	白水江	监控断面		
8	青龙桥出境断面	白水江	四川出境监控断面		

表2 监测方法、方法来源、使用仪器及检出限

项目	监测方法	方法来源	使用仪器及编号	检出限/（mg/L）
水温	便携式pH计法	《水和废水监测分析方法》（第四版）	便携式pH计	—
pH	便携式pH计法	《水和废水监测分析方法》（第四版）	便携式pH计	—
电导率	便携式电导率仪法	《水和废水监测分析方法》（第四版）	便携式电导率仪	—
氨氮	纳氏试剂分光光度法	《水质 氨氮的测定 纳氏试剂分光光度法》（HJ 535—2009）	TU-1810紫外可见分光光度计	0.050
总磷	钼酸铵分光光度法	《水质 总磷的测定 钼酸铵分光光度法》（GB/T 11893—89）	TU-1810紫外可见分光光度计	0.01

（三）应急监测实施

州、县应急监测队伍在九寨沟县搭建现场实验室，阿坝州站应急监测人员主要负责任务安排、人员统一调度、实验分析、报告编制工作，并兼顾现场采样。县站应急监测人员主要负责现场采样、后勤保障工作，并配合开展实验分析。

（四）结果及评价

8月10日，阿坝州站完成首期应急监测快报编制，并及时上报应急指挥组。监测结果显示，3个饮用水水源地和5个地表水水质断面的pH、溶解氧、氨氮、总磷均满足《地表水环境质量标准》（GB 3838—2002）Ⅲ类水质标准的要求。初期监测结果显示，未发现明显的次生环境影响。

二、全面应对阶段

（一）应急监测响应

省总站在接到地震灾情报告后迅速行动，派出6人应急监测小分队，携带车载式GC-MS、便携式重金属分析仪等设备赶赴地震区现场。

在省总站的统一调度下，内江市站派出4人应急监测队伍携带便携式重金属监测设备赴灾区开展支援监测。受救灾交通管制影响，省总站和内江站应急监测队伍于8月10日11时抵达九寨沟县城，会同阿坝州应急监测队伍，开展全面应急监测工作。

（二）应急监测方案编制

8月9日晚，阿坝州站应急监测分队率先抵达九寨沟县，并按省总站工作部署制定了《九寨沟"8·8"地震应急监测方案》，与九寨沟县环境监测站一同开展了现场应急监测分析工作。8月10日，省总站、阿坝州站、内江市站和县站根据前期监测结果和掌握的排查情况，结合应急监测能力现状对应急监测方案进行了完善。

1. 监测点位及地表水断面设置

本阶段在初期应急监测点位设置的基础上，增加了九寨沟县城污水处理厂和重灾区漳扎镇污水处理厂废水排放监测点位，同时增设灾区8个村寨饮用水水源地和马脑壳金矿周边3个地表水/地下水断面，开展了一次性摸排监测，详见表3。

2. 监测项目

依托支援监测站携带至现场的应急监测设备，在初期设定的氨氮、总磷等常规监测指标的基础上，因震区存在矿山开采企业，故增加了部分重金属监测指标，同时针对饮用水水源地增加了挥发性有机物监测指标。监测项目详见表3。

3. 监测频次

监测频次为1次/d，部分监测点位开展一次性摸排监测。监测点位、监测频次详见表3。

表3 应急监测点位、监测因子及监测频次

断面编号	监测断面名称	所属河段	断面属性及作用	监测因子	监测频次
1	漳扎镇牙屯水厂水源地	白河小支流	漳扎镇集中式饮用水水源地	pH、水温、电导率、氨氮（NH$_3$-N）、总磷（TP）、铜、铅、镉、挥发性有机物	1次/d 连续7天
2	九寨沟县城姚家沟水源地	白水江小支流	县城备用水源		
3	九寨沟县城潘家沟水源地	白水江小支流	县城在用水源		
4	漳扎镇上游500 m断面	白河	灾区上游背景断面		
5	漳扎镇下游1 000 m断面	白河	监控断面		
6	九寨沟风景名胜区出沟水质断面	白河	监控断面		
7	九寨沟县城上游500 m岭岗岩断面	白水江	监控断面		
8	青龙桥出境断面	白水江	四川出境监控断面		
	九寨沟县城污水处理厂出水	污水		pH、水温、电导率、氨氮（NH$_3$-N）、总磷（TP）、铜、铅、镉	
	漳扎镇污水处理厂出水	污水			
	灾区8个村寨饮用水水源地	饮用水水源地		pH、水温、电导率、氨氮（NH$_3$-N）、总磷（TP）、铜、铅、镉	1次
	马脑壳金矿周边3个地表水/地下水断面	矿区周边地表、地下水			

注：应急监测组8月14日采集了3个集中式饮用水水源地、白水江出境断面的水样带回省总站增测了高锰酸盐指数、挥发酚、部分重金属和部分半挥发性有机物。

4. 现场实验室布设

由省总站、阿坝州站和内江市站组成的应急监测小组携带车载式GC-MS、便携式阳极溶出仪等设备在九寨沟县城设立临时实验室。

5. 监测设备及方法

本次应急监测使用的设备及方法见表4。

表4 监测方法、方法来源、使用仪器及检出限

项目	监测方法	方法来源	使用仪器	检出限/（mg/L）
pH	便携式pH计法	《水和废水监测分析方法》（第四版）	便携式pH计	—
电导率	便携式电导率仪法	《水和废水监测分析方法》（第四版）	便携式电导率仪	—

续表

项目	监测方法	方法来源	使用仪器	检出限 /（mg/L）
氨氮	纳氏试剂分光光度法	《水质　氨氮的测定　纳氏试剂分光光度法》（HJ 535—2009）	TU-1810 紫外可见分光光度计	0.050
总磷	钼酸铵分光光度法	《水质　总磷的测定　钼酸铵分光光度法》（GB/T 11893—89）	TU-1810 紫外可见分光光度计	0.01
高锰酸盐指数	水质　高锰酸盐指数的测定	《水质　高锰酸盐指数的测定》（GB 11892—89）	—	0.5
挥发酚	4-氨基安替比林分光光度法	《水质　挥发酚的测定　氨基安替比林分光光度法》（HJ 503—2009）	V-1100D 可见分光光度计	0.000 6
铜、铅、镉	阳极溶出法	—	PDV6000	0.000 5
30 种挥发性有机物	便携式气相色谱-质谱联用法	《水和废水监测分析方法》（第四版）	便携式气相色谱-质谱联用仪	1 μg/L
20 种半挥发性有机物	气相色谱-质谱联用法	《水和废水监测分析方法》（第四版）	气相色谱-质谱联用仪	0.1 μg/L
汞	原子荧光光谱法	《水质　汞、砷、硒、铋和锑的测定　原子荧光光谱法》（HJ 694—2014）	原子荧光光度计	0.04 μg/L
砷	电感耦合等离子体发射光谱法	《水质　32 种元素的测定　电感耦合等离子体发射光谱法》（HJ 776—2015）	ICP-OES iCAP6000	0.02
镍				0.007
硒				0.01
锌				0.009

6. 任务分工

成立环境应急监测工作组，分设现场监测组、实验室分析组和数据报送组。省、市、县三级应急监测队伍在九寨沟县城搭建现场实验室，省总站主要负责统筹指挥、信息编报工作，并兼顾样品采集和挥发性有机物、重金属的实验分析；阿坝州站主要负责应急监测具体安排、快报编制并兼顾现场采样和实验分析；内江市站主要参与实验分析和现场采样；县站应急监测人员主要负责现场采样、后勤保障并配合开展实验分析。

（三）应急监测实施

8 月 9—13 日应急监测组对 3 个集中式饮用水水源地、白水江出境水质、8 个村寨零散饮用水水源地及马脑壳金矿周边地表水 / 地下水开展了应急监测，同时对九寨沟县城污水处理厂和重灾区漳扎镇污水处理厂出水水质进行了监测，监测结果显示，灾区集中式饮用水水源地、出川地表水、县城及重灾区漳扎镇污水处理厂外排废水均持续 5 天稳定达标。

（四）应急监测终止

应急监测结果显示，整个应急监测期间，灾区集中式饮用水水源地、出川地表水、县城及重灾区漳扎镇污水处理厂外排废水均持续 5 天稳定达标，未见明显次生环境影响，相关污染源排查未见异常排污，符合终止应急监测的条件，经请示应急指挥部后，本次应急监测终止，转入跟踪监测阶段。

三、跟踪监测阶段

8 月 14—15 日，阿坝州站和县站对 3 个集中式饮用水水源地、白水江出境水质开展了跟踪监测，同时对九寨沟县城污水处理厂和重灾区漳扎镇污水处理厂出水水质进行监测。跟踪监测未见异常。

四、应急监测结果及评价

1. 3 个集中式饮用水水源地及白水江出川断面水质持续 7 天满足《地表水环境质量标准》（GB 3838—2002）Ⅲ类标准的要求，饮用水水源地挥发性有机物和半挥发性有机物均未检出；灾区 8 个村寨饮用水水源地及马脑壳金矿周边 2 个地表水断面水质满足《地表水环境质量标准》（GB 3838—2002）Ⅲ类标准的要求，马脑壳金矿周边 1 个地下水点位水质满足《地下水质量标准》（GB/T 14848—93）Ⅲ类标准的要求。受灾区域及下游水体质量保持优良。

2. 九寨沟县城污水处理厂和重灾区漳扎镇污水处理厂出水持续 7 天满足《城镇污水处理厂污染物排放标准》（GB 18918—2002）的要求。灾区主要污染源污水排放稳定达标。

综上分析，本次地震震区重点污染源未出现异常排污，灾区饮用水水源地和其他主要地表水体未受到的明显的直接和次生环境影响。

五、案件经验总结

（一）监测点位的选取

地震应急监测一般是以保护饮用水水源为第一要务，会重点关注地震灾区集中式饮用水水源地和关键地表水断面水质状况。故本次应急监测点位涵盖了灾区的县城、各乡镇饮用水水源地，并在地表水出境断面及可能受地震影响的重点企业的上下游断面设置监测点位。同时震区污染源可能受到地震影响出现异常排污，故需密切关注各种受地震影响重点污染源排查情况，及时将排查出的可能存在异常的排污企业及其周边敏感目标列为监测对象，本次地震发生地以旅游业为主，工业企业分布少，故重点污染源确定为九寨沟县城污水处理厂和重灾区漳扎镇污水处理厂。

（二）监测项目的选取

地震本身可能导致天然水体地球化学性质的改变，所有常规的 pH、电导率是必须监测的指标。另外，还需要与环境风险源的排查相结合确定可能的特征污染物。本次地震虽然为 7.0 级，但是震中地区地广人稀，当地主要以旅游业为主，基本不涉及大型企业，主要的企业为市政工程企业，如污水处理厂、垃圾填埋场，并涉及少量的采矿企业，因此本次监测设置的监测项目主要选取了一些常规和重金属项目，并在饮用水断面增加了有机物项目。本次应急监测还初选了急性生物毒性监测指标，因菌种与监测设备不匹配，且灾区饮用水均得到较好保障，故实际监测过程中取消了该项初筛指标。若地震的强度烈度大，如"5·12"汶川大地震，造成了相当多的人员伤亡，当时甚至对尸胺和腐胺进行了监测。故地震监测项目选取应因地制宜、尽可能优化。

（三）地震应急监测的自查

大地震发生后，震区交通往往出现中断或管制情况，外部监测支援力量无法第一时间赶至现场，应急监测则需由震区市级生态环境监测站组织开展。因此监测人员和设备的安全自查是必要的。本次地震发生后，九寨沟县监测站优先开展了人员安全确认，然后开展了监测站实验室能否正常运行（站房是否因受损存在使用隐患、供水/供电是否正常、主要设备是否可用等）的自查，同时协助阿坝州站开展了辖区内国/省控水/气自动监测站运行及可能受损情况自查（包括远程视频或运行状态进行自查和条件允许时赴现场核实）。自查结束后及时上报了情况，自查为后续支援监测队伍在县站建立现场实验室和后续工作的开展提供了基础保障。

（四）安全防护与后勤保障

大地震发生后，震区安全环境复杂，在地震应急监测工作开展前，一般需对监测环境和条件（包括震区道路安全通行情况）进行了解核实，确认现场是否具备安全作业条件，确认现场无安全隐患，并组织制定合理的安全措施，开展监测工作时配齐安全防护装备，如安全帽、反光背心、医疗箱、救生衣、求生口哨等装备。较高级别地震可能涉及野外搭建现场临时实验室、野外宿营，应备齐现场临时实验室搭建、临时发电供电物资、野外宿营物资，应急医疗急救物资。较高级别地震可能导致无线通信中断，建议适当配置不联网对讲机，方便应急通信。

（五）服从统一指挥

生态环境应急监测应在地震抗震救灾指挥部的统一指挥下开展，服从救灾核心工作需求，视地震灾区抗震救灾实际情况适时启动。应注意保持同救灾核心工作的协同性，避免与救灾核心工作发生冲突。本次地震发生后，灾区核心救灾工作主要为人员抢救、安全转移安置，尤其对当时滞留在九寨沟景区的大量游客的经济安全转移是重中之重，因此对进出灾区的道路进行了较长时间的严格交通管制。省总站和内江市站支援监测力量抵达灾区外围后，服从统一的交通管制要求，有序进入灾区开展工作。

专家点评 //

一、组织调度过程

2017 年 8 月 8 日 21 时 20 分左右，四川阿坝州九寨沟县发生 7.0 级大地震。灾情发生后，四川省环保系统立即启动应急预案，在省生态环境厅的统一指挥调度下，省总站、阿坝州站、内江市站 3 支应急监测队伍携带应急监测设备（包括挥发性有机物监测设备、重金属监测设备、常规监测设备）相继挺进震中，现场成立了省、市、县三级联合应急监测指挥中心，负责现场应急监测与调查统一指挥调度。抗震救灾应急监测工作有条不紊地开展，对震区地表水和主要污染源开展了持续监测。

本次应急监测共调动省、市、县约 40 名应急监测人员参与应急监测工作，省、州两级共编制上报应急监测报告 13 份，为保障灾区饮用水安全、说清灾区及下游水体受影响情况、说清主要污染源污水排放状况提供了坚实的技术支撑。监测结果显示，本次地震未诱发明显的次生环境影响。

二、技术采用

（一）监测项目及污染物确定

本案例为震后的应急监测，主要是重点关注地震灾区集中式饮用水水源地和关键地表水断面水质状况。主要指标为常规指标，后期关注九寨沟县城污水处理厂和重灾区漳扎镇污水处理厂等公用环保基础设施的废水排放情况，增加了部分常规指标、重金属及有机物监测项目，监测项目选取应因地制宜、结合实际。

（二）监测点位、监测频次和监测结果评价及依据

1. 监测点位布设

监测点位初期为饮用水水源地点位及关键地表水断面，后期增加污水处理厂及地震重灾区的断面。应急监测点位涵盖了灾区的县城、各乡镇饮用水水源地，并在地表水出境断面及可能受地震影响的重点企业的上下游断面设置监测点位。

2. 监测频次的确定

本案例中，因震区交通出现中断及管制，主要监测频次为 1 次 /d，部分监测点位开展一次性摸排监测。监测频次的确定兼顾了地震初期应急处置急迫形势的需要和后期可持续跟踪事态发展的需要。

3. 监测结果评价及依据

本案例按照有关污染物排放标准和环境质量标准对监测结果进行评价。污水处理厂执行《城镇污水处理厂污染物排放标准》（GB 18918—2002），饮用水水源水及地表水执行《地表水环境质量标准》（GB 3838—2002）Ⅲ类标准，矿区周边 1 个地下水点位水质执行《地下水质量标准》（GB/T 14848—93）Ⅲ类标准。

（三）监测结果确认

案例在此方面的总结偏弱。

（四）报告报送及途径

案例在此方面的总结偏弱。

（五）提供决策与建议

案例在此方面的总结偏弱。

（六）监测工作为处置过程提供的预警等方面

案例在此方面的总结偏弱。

三、综合评判意见，后续建议

（一）综合评判意见

案例主要内容涵盖了初期应对（第一阶段）、全面应对（第二、第三阶段）、跟踪监测（第四阶段）、人员安全措施、本次事故应急监测特点、应急监测建议等几个方面。案例较为系统完整地回顾了应急监测全过程，尤其是针对震后应急监测不同阶段方案实施的具体监测内容，对今后此类事故的应急监测响应具有较好的借鉴参考作用。

（二）建议

1.对监测项目的设定存在遗漏，初期监测时应增加高锰酸盐指数、化学需氧量等指标；

2.总结部分章节缺少应急监测质量保证及质量控制篇幅，建议补充。

本案例属于地震引发的受灾地区应急监测事件。本事件提供的应急监测方案，充分体现了地震灾区应急监测工作的特点，监测点位首先考虑饮用水水源地，其次考虑了地震发生地企业的布设情况，根据灾情严重程度及企业行业特点优化选取监测项目。

在整个应急监测过程中，注重安全防护与后勤保障。开展工作前，了解核实震区的监测环境和条件，确认监测现场是否具备安全作业条件，监测人员在开展工作时配齐防护装备，而且注重将环境应急监测工作服从于地震救灾全局性工作。

附录　重大活动环境应急预警与保障

关键词： 重大活动　应急预警　环境应急监测　应急保障

摘　要： 环境安全是重大活动安全保障的重要组成部分，重视环境应急预警与保障能有效应对活动举办期间的环境风险。本文拟从重大活动前应急预警、监测预案建设、重大活动应急工作方案、应急监测演练、应急监测准备、应急技术储备等方面进行探究，夯实应急监测准备、完善应急监测响应机制和应急监测体系、提高应急监测工作水平，有效应对重大活动期间突发环境事件。

一、引言

突发环境事件具有偶发性、危害性、多样性、持续性[1]。因生产事故及外力原因导致污染物在短时间内大量进入水、气、土环境介质中，造成或者可能造成环境质量下降，危及公众身体健康和财产安全，或者造成生态环境破坏，或者造成重大社会影响[2]。

近年来，我国环境应急管理工作取得了长足发展，环境风险防范化解成效显著，突发环境事件总量明显下降并趋于稳定。然而，突发生态环境事件多发频发的高风险态势并没有根本改变[3]。重大突发环境事件时有发生，并呈复杂态势，涉危险化学品安全事故次生突发环境事件高发，涉水事件比例高，事件空间分布区域聚集特征明显，环境应急面临的形势依然严峻[4]。

国内学者对环境应急监测预警、环境应急的趋势和特征及应急监测体系建设等问题进行了研究。如豁清伟等[5]对我国突发环境事件演变态势、应对经验及防控进行了分析和总结。王东等[6]对四川省 2010—2019 年突发环境事件时空分布特征进行了分析并提出对策和建议。王世汶等[7]从重大环境事件中进行了反思，李倩倩等[8]对突发性环境污染事故应急监测技术进行了研究。

本文聚焦重大活动保障，从如何完善应急监测保障、提高环境应急监测能力，妥善应对突发环境事件，从重大活动前做实做细应急监测预案、开展针对性的应急演练、应急值守值班、应急技术储备等方面进行探究，对如何夯实应急监测准备、完善应急监测响应机制和应急监测体系、提高应急监测工作水平，保障重大活动顺利举办，为国内环境应急监测保障提供借鉴方法。

二、应急监测预警

环境应急预警是预防、控制、降低重大活动环境风险最有效的办法。针对水源地水质、地表水水质、环境空气，可以充分利用地表水水质自动监测站、环境空气自动站建立应急监测预警方法体系。以经过异常值判定与清洗等质量控制措施的水质、空气自动监测预警数据集为基础，采用综合预警模型组开展水质预警和空气预警，并对预警信息进行分析报告。自动监测预警模型可分为突变型预警和渐变型预警；根据预警因子和原理不同，突变型预警又分为单因子预警与多因子预警等模型，渐变型预警则包含状态预警和趋势预警等模型[9]。设置监测数据预警的方式有多种，如数据突变陡升、连续 3 次数据增长、超过警戒值或限值的 0.8 倍意味着污染增加，需尽快通知属地开赴现场核查情况并收集附近企业突发情况。对于自动监测数据持续不变或数据为零、超出量程应尽快检查核准监测仪器。

建立重要河流、湖库的水质动力学扩散模型，熟悉 SWAT（Soil and Water Assessment Tool）模型、EFDC（Environmental Fluid Dynamics Code）模型，建立多模型水质预测机制。能够熟练应用模型，模拟河湖附近风险源特征因子预测预警推演，并能有效地提出相应的处置建议。利用省级监控中心空气预警预报技术优势，开展重大活动举办地周围环境空气预警，及时提出相应的预案处置措施。建立多模型水质、环境空气预测机制，可根据实际情况结合多种模型建立综合预警模型组，从多个角度对水质、空气的短期形势和长期趋势进行综合研判，形成综合性的地表水水质、环境空气自动监测预警体系，辅助应急管理，有效消除环境风险，保障环境安全。

此外，应急预警按职责还应该建立政府预警（环境敏感目标预警）、企业预警（风险源预警），完善环境污染的预警机制，在重要区域建设监测预警系统以提升预警能力。

三、应急监测预案体系建设

（一）应急监测预案

应急监测预案是应对突发环境事件、高效开展应急监测工作的主要依据。首先，从纵向来看，应该按省、市、区（县）、企业应急职责，分级建立与辖区环境风险管理、职责能力相匹配的应急监测预案。明确各类突发性环境事件应急监测组织机构、工作程序和应急监测实施原则。其次，从横向来看，应急监测工作部门还可以按各类环境要素突发事故应急监测方案、监测仪器和监测项目、监测人员、保障目标的不同，按环境要素制定突发性大气环境污染、水环境污染、土壤环境污染等专项应急监测预案。即环境应急监测可采用"1+N"的预案体系建设模式，除综合性应急监测预案外，可同时配套建立突发性大气环境、水污染事件、土壤污染事件等分预案。

实践中，应急部门经常抱怨应急预案"不管用""不顶用"，其背后的根本原因是对应急工作的理解不够深刻，实践经验不足，长期不修订以致预案设计简单，情境与突发环境事件现场的复杂、不确定情境相去甚远[5]。因此要经常总结应急演练和应急实战经验，根据形势发展、技术发展来定期修订和完善预案。有针对性的应急监测预案，能够高效有序统筹组织多方力量开展应急监测工作，提高下级监测机构开展应急监测和组织对外支援的能力。在重大活动应急监测保障中，多部门、多技术手段立体化的应急监测预案体系建设，凸显预案的可行性、针对性以及适用性。应急监测保障纳入例行监测计划，业务化运行使应急监测工作各部门保持状态，更能有效地应对突发环境事件。

（二）应急监测能力评估

完善的预案还需要过硬的技术能力作为支撑，因此针对重大活动保障开展能力评估也十分必要。能力评估需要结合实际工作和辖区内的重要风险源特征因子，配备现场大气、水、土壤、生物、噪声等多种环境要素应急监测仪器设施，如便携式 GC-MS、便携式傅里叶红外仪、便携式土壤固体废物重金属检测仪、便携式有毒有害气体检测仪。监测能力能够覆盖有机、无机、生物、物理等多个类别上百种目标污染物监测能力，能够胜任突发、复杂污染物鉴别检测。结合实验室的检测能力，力求涵盖行政区域内环境风险目标污染物。人员、设备、车辆及物资配置能同时应对辖区内 2 起突发环境事件，有效支援临近区域应急监测事宜。

四、重大活动应急监测方案

（一）重大活动应急监测工作原则

制定专项的重大活动应急监测方案，有利于统一思想认识，形成工作原则，明确工作责任，细化工作准备，夯实技术基础，统一应急监测工作要求，指导应急监测演练等，将保障落到实处，可以避免多头指挥，高效开展工作。对于重大活动环境应急监测工作坚持"统一指挥、专常兼备、平战结合、部门联动、协同作战、快速反应、妥善应对、科学监测、资源共享、保障有力"的原则。遇多个监测机构分区域同时开展应急监测的，还应该按照跨区域、跨流域突发环境事件应急监测工作指南的相关要求统一采样要求、前处理方法、分析方法、数据报告格式及数据研判模型。

（二）重大活动应急监测组织体系

成立应急监测领导小组，明确指挥层人员组成、领导职责和分工。根据突发环境污染事件的污染物种类、性质等，组织开展大气、水质、土壤等应急监测工作，发布监测指令。明确相应的应急监测方案及监测方法，确定监测的点位布设原则和频次，调配应急监测设备、车辆，及时开展准确监测，为突发环境污染事件应急决策提供依据。

组建应急监测队伍，建立至少由专家组、综合应急组、现场采样组、实验分析组、后勤保障组等多个工作小组构成的应急监测组织体系，并明确每个工作组负责人及其职责，细化每个参与保障部门的职责，按职责做好应急准备工作。

（三）重大活动周边环境摸底调查

一是摸清周边环境质量现状。进行环境质量调研与收集，确定重大活动周边环境各要素（大气、地表水体、地下水、土壤）中的常见物质种类及其本底浓度值。梳理技术手段，充分利用大气自动监测站、水质自动监测站，遥感卫星、走航车等自动监测设备开展辅助监测。二是查清周边的风险源特征及影响范围。重点关注活动周边企业可能存在的安全生产、违法排污、危化品运输事故等潜在风险，形成风险源清单，收集周围环境敏感点，居民区、饮用水水源地等相对位置、推演与突发事故符合的应急监测应对措施，细化和完善物资准备。

（四）五位一体的响应机制

响应机制顺畅。完善"应急接报→事态研判→启动响应→现场勘查→监测方案制定→监测行动实施→监测结果报出→监测报告编制→跟踪监测→应急监测终止"的应急响应机制，详见《突发环境事件应急监测技术规范》附录 B[10]，将每一步的工作表格化、模板化，将工作落实落细。应急监测响应"内部调动"，还应尽量调动多部门或人员力量应急，重大活动期间采取"1+N 部门""全员参与"的保障模式。同时需要充分发挥属地优势，加强多级监测机构联动互动。

多技术手段立体化的应急监测响应。以突发大气污染事件应急响应为例，利用遥感卫星识别事故热异常及周边敏感点分布，地面自动监测站点识别事故周围环境空气／水质情况，走航监测车可以对事故地周围进行巡航监测，流动实验室采样分析、现场手工监测。遥感卫星、地面自动监测站点、走航监测车、现场手工监测多种监测方式并行；构建"天—空—地—人—移"一体化的大气污染事件应急监测响应和监测体系，见图 1。形成现场监测与远程监测互补，前方踏勘与远程踏勘结合；建立起多维度、立体化的应急监测响应机制。

五、夯实应急监测准备

（一）应急人员要求

应急人员能力是应急工作开展的关键因素。各部门应选优配强应急监测人员，做到"召之即来，来之能战，战之能胜"。应急监测人员应熟悉环境应急相关法律法规、标准规范和技术要求，了解不同类型突发环境事件的应急监测方法，熟练使用相关仪器设备。所有赴现场的应急监测队伍接受应急监测指挥部的统一调度指挥，有序开展突发环境事件应急监测工作。

（二）应急值班值守

制定人员应急值守、仪器巡检维护等应急监测保障机制。值班人员搭配按工作职

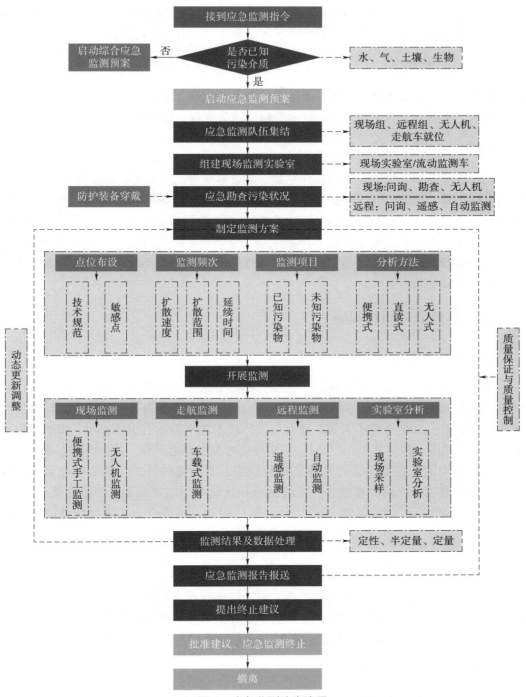

图 1 应急监测响应流程

责结合个人特长，形成人员能力和要素矩阵，确保每个值班小组能够独立承担一定规模的突发环境事件，每组人员能承担基本的水、大气、土壤、生物要素的监测。并做好值守状态的设备、车辆、通信的巡检和准备工作，确保突发环境应急监测工作联络顺畅，接到应急指令后，随时做好出动准备，保证第一时间赶赴现场。

（三）技术准备

收集环境突发事件监测工作可能涉及的资料，包括法律法规、标准规范、风险源、应急技术、监测方法等内容，上述技术资料可以为监测工作奠定良好的基础。

（四）物资和仪器准备

突发环境事件应急监测工作具有专业、复杂等特点，涉及大量的监测设备及工具，包括采样工具、监测仪器、防护装备等，同时需要监测车辆等辅助设备，环境应急监测物资坚持"宁可备而不用，不可用时无备"，相关物资储备充足、运送及时、供应到位，应急处置工作就会有条不紊。环境应急物资储备不足的时候，一旦发生突发环境事件大多需要从外地调运环境应急物资，耽误应急处置的最佳时机，极易造成事件升级，扩大环境负面影响[6]。

六、应急监测组织实施

（一）总体要求

在组织实施过程中，要体现以下几个方面的要求，一是要提高认识。要充分认识到应急监测的重要性，进一步增强重大活动的政治敏锐性和责任感，把生态环境安全放在首要位置。二是要技术引领。要充分发挥技术骨干的示范引领作用，做到"召之即来，来之能战，战之能胜"，及时、科学地应对突发环境事件。三是要抓好落实。应急监测保障期间，各相关部门要切实履行职责，明确责任分工，熟知应急监测工作程序，确保每项工作落到实处，并持续健全和优化应急监测预案。四是要强化联动。各部门要结合实际，发挥专业优势，加强部门联动，形成合力，确保应急监测保障效果。

（二）应急响应启动

环境应急监测机制应具有等级标准，进而能够按照不同等级的应急需要，启动不同的响应程序。环境事件突发后，应及时掌握相关信息，根据事件类型，结合事件实际情况，及时准确地对突发事件进行研判，进而给予适合的响应级别和处理措施。

（三）应急监测开展

应急监测工作总体上应按照《突发环境事件应急监测技术规范》程序组织开展。

首先，要对突发环境事件进行现场勘查。对突发环境进行有效勘查，能够及时对环境的突发事件作出预判，进而实现对环境事件的合理控制。

其次，应形成现场应急监测方案。环境突发事件的监测应具有实际意义，以使相关环境监测过程更有效率，以实现对突发事件的及时处置。现场监测方案主要包括突发环境事件的性质、规模；受污染的环境要素；污染源的种类、影响范围；事发区域的扩散条件、周边敏感点分布；应急监测的点位布设、监测项目、监测频次、质量控制；人员的安排和采取的防护措施情况等。

最后，在监测方案的基础上，各组协调配合，开展具体监测工作。按照《突发环境事件应急监测技术规范》《生态环境应急监测方法选用指南》等规范和文件要求，开展采样监测、实验分析工作。监测人员到达现场后，需做好必要的安全防护后方可进入现场，实施应急监测。应急监测的采样直接关系到监测结果的准确性，因此采样必须要科学合理。另外，突发性环境污染事故都具有突发性的特点，因此会在短时间内快速地扩散，所以监测要采取多频次的方式，这样才能全面地了解污染的具体情况。当污染物扩散了一段时间之后，整体的浓度会降低，这时监测的频次就可针对性地缩小。当突发性环境污染事故得到控制之后，仍然要进行后期的跟踪监测，这样才能判断处置措施是否有效。为了更快、更及时地对污染物质进行判断，优先选择现场监测设备，可以快速分析污染物质，如果不具备现场监测条件或设备，则要取最能代表现场情况的样品，通过实验室进行检测。如环境突发事件的位置距离相关实验室较远，最好设立流动实验室的方式解决。

（四）应急监测报告

突发性环境污染事件应急监测需要相应的报告，这是开展后续工作的基础，应急监测报告的结构、内容和格式应遵循《生态环境应急监测报告编制指南》的规定。应急监测报告要具备及时性和准确性的特点，及时性是指监测人员快速开展监测工作，然后根据采集到的数据汇总报告，之后环保部门就可根据报告有针对性地采取措施。准确性是指相应的监测报告要客观地反映出突发性环境污染事件的具体种类和污染程度，还要包括时间、地点和事件原因等，尽可能全面地描述事件的特征，这是判断其有效性的重要标准。

（五）应急监测终止

依据《突发环境事件应急监测技术规范》，由应急监测组根据突发环境事件现场实际，向环境应急指挥部提出应急监测终止建议。

七、加强应急监测技术储备

（一）物资和仪器巡检、性能核查和维护保养

各类应急仪器负责人按照职责分工，遵循"谁使用，谁负责"的原则，采用"一总多专"的管理方式，由仪器设备管理员总体牵头，其他专门人员分工负责相关仪器的管理。做好各类仪器设备的日常维护，确保应急监测期间仪器设备能够正常使用。单位的便携式气质联用仪、便携式余氯测定仪、便携式傅里叶红外分析仪及日常水、

大气、土壤等应急设备；轻型、重型、医疗防护服若干。重大活动保障期间水、大气、土壤三要素和必要的防护装备，指定专人负责，进行清单动态管理，确保应急监测设备及防护装备状态良好。如表1～表3所示。

表1　水环境应急监测仪器设备清单及负责人

序号	仪器设备名称（含耗材）	型号规格	责任人	备注
1	便携式气质联用仪	HAPSITE ER	××	挥发性有机物
2	HACH 便携式余氯测定仪	HI93734	××	余氯、总氯
3	多参数测定仪	YSI Pro plus	××	pH、溶解氧、电导率、硫酸盐
4	便携式重金属监测仪	HD Rocksand	××	铜、锌、铅、镉、汞、砷六项
5	发光菌毒性分析仪	TOXSCREEN Ⅱ	××	生物毒性
6	常规采样瓶	—	××	常备采样瓶3套（突发事件视情况准备）
7	防护装备	生化服及轻型防护服	××	常备生化服及轻型防护服4套

表2　大气环境应急监测仪器设备清单及负责人

序号	仪器设备名称（含耗材）	型号规格	责任人	备注
1	便携式气质联用仪	HAPSITE ER	××	挥发性有机物
2	便携式有毒有害气体仪	TY2000B	××	20种常见有害气体
3	便携式傅里叶红外分析仪	GASMET	××	50种有机及无机气体
4	便携式非甲烷总烃测定仪	Pollution PF-300	××	非甲烷总烃
5	大气采样器	ZR-3730	××	常备两套大气采样器及5L气袋
6	防护装备	轻型、重型防护服	××	常备轻型、重型防护服4套

表3　土壤环境应急监测仪器设备清单及负责人

序号	仪器设备名称	型号规格	责任人	备注
1	便携式X射线荧光测试仪	XOS	××	土壤中重金属项目
2	土壤采样设备	—	××	常备两套土壤采样设备
3	防护装备	生化服及轻型防护服	××	常备生化服及轻型防护服4套

（二）开展应急仪器培训

充分挖掘内部人才与拓展外部师资两种方式相结合，开展应急监测培训和应急监测讲座。内部采用高级工程师开展名师讲堂的方式授课，讲授应急仪器使用管理。外部指导完备专家组，邀请总站级相关专家指导与建议，邀请总站、兄弟省站开展相关经验的讲座。

重大活动事前开展应急仪器技术培训聚焦"二项要点"：仪器原理＋操作要领；"三大要素"水、大气、土壤应急仪器；"四项技能"穿戴防护设备＋现场采样＋现场测定＋编写简报。

（三）加强先进应急监测技术应用

应急监测中还应充分利用先进的技术手段，走航监测车携带便携式 GC-MS/ICP-MS 和无人船搭载快速监测探头或光谱仪，充分发挥第三方检测机构的作用。在应急演练以及突发性环境事件应急监测过程中，能够针对可能发生的异常情况做好充分的应急准备工作，确保及时响应、快速反应、迅速出击，保障应急监测设施的正常使用。

（四）建立健全环境应急监测指挥系统

良好的指挥系统能使应急监测单位充分利用及整合应急监测资源，保障应急监测活动高效、顺畅进行，提供充分有效的决策，是一项十分必要的技术支撑。通过开展应急监测支撑体系顶层设计，加强应急监测技术支撑体系搭建，可以将不同的支撑手段与应急监测技术进行衔接，将不同的手段为应急监测进行支撑服务，程序化应急监测流程，以更好地提升重大活动应急监测保障效率与效果（图2）。

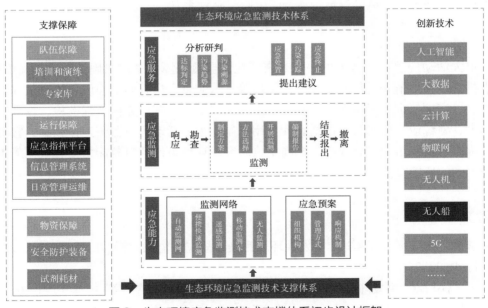

图2　生态环境应急监测技术支撑体系初步设计框架

八、开展应急监测演练

为检验应急监测预案和重大活动应急监测方案的充分性和协调性，提高重大活动时期应急监测应对能力，设置水、大气、土壤综合主题或专项主题，开展应急综合演练或专项演练。提高辖区内突发流域水污染／大气应急监测响应及技术支持能力，检验省级监测站与下级监测站两级应急监测协调能力、各部门之间协调配合能力，确保应急监测的时效性、全面性、科学性和先进性，体现突发大气／流域水污染事件应急监测方面的先进技术手段和成果，提升对于突发大气／流域水污染／环境污染事件的应急监测能力。

在演练方案制定、演练脚本撰写、实际演练等过程中，促进应急人员熟悉应急监测响应机制、应急职责、应对流程等。通过重大活动前的专项和综合演练，获得应急保障经验：一是突出协同联动顺畅，各级监测机构之间、监测部门之间，分工明确、机制合理、流程畅通。二是突出技术手段全面，便携式仪器设备、流动实验室、走航监测车、无人船等先进技术手段充分展示，手工监测、自动监测、遥感监测等多种监测方式相互配合，检验"天—地—空—移—人"五位一体的生态环境应急监测体系应用效果。三是突出指挥保障更加科学，充分发挥信息化优势，应用应急指挥系统进行应急监测的全流程操作，应用远程会议平台进行信息研判操作，使应急监测方案制定更加合理，信息交互更加全面。

应急监测演练也可以建立题库，采用不打招呼、不做脚本，随时抽取题库，临时发布应急指令，形成检验性演练。检验应急工作部门应急响应机制是否健全、应急工作流程是否熟练，人员设备是否具备应急监测应对能力。

九、结语

重大活动应急监测保障的要点是搭建应急监测保障体系，明确责任、提前谋划、重点排查、在岗值守、加密巡检、演练检验。从应急人员方面加强应急值班值守和技术培训、案例培训，保持在岗在责在状态。从仪器设备管理方面加强巡检、校准等维护力度，熟练应急监测仪器的搭配和使用。制定重大活动应急监测工作预案，宣贯职责，提高意识，组织应急演练，提高单位对突发环境事件的应急能力，有效保障重大活动期间的环境安全。

参考文献

［1］李君，崔慧贞，任军达．突发性环境污染事故应急监测分析［J］．低碳世界，2021，11(4): 23-25.

［2］环境保护部．突发环境事件应急管理办法（环境保护部令　第 34 号）［Z］．2015.

［3］王倩．深刻认识三个"没有根本改变"［N］．中国环境报，2020-05-27(3).

［4］曹国志．加强"十四五"环境应急管理体系和能力建设［N］．中国环境报，2021-04-22(3).

［5］虢清伟，邴永鑫，陈思莉，等．我国突发环境事件演变态势、应对经验及防控建议［J］．环境工程学报，2021，15(7): 2223-2232.

［6］王东，范龙，王彬洁 . 四川省 2010—2019 年突发环境事件时空分布特征分析 [J]. 四川环境，2021，40(2): 204-207.

［7］王世汶，陈青，熊雪莹 . 从重大环境事件特点看中国城镇的脆弱性及其启示 [J]. 中国发展观察，2019(7): 41-44.

［8］李倩倩，谢超，唐海龙 . 水体突发性环境污染事故应急监测技术研究 [J]. 环境与发展，2019，31(1): 123-125.

［9］嵇晓燕，孙宗光，杨凯 . 地表水水质自动监测预警方法初探 [J]. 环境监控与预警，2022，14(4): 24-30.

［10］生态环境部 . 突发环境事件应急监测技术规范：HJ 589—2021 [S]. 2021.